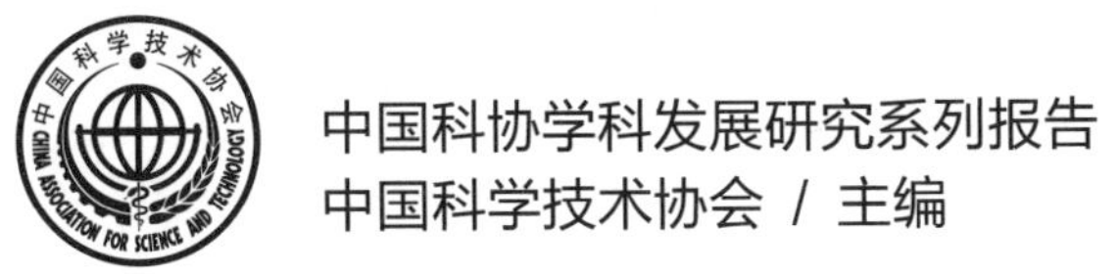

中国科协学科发展研究系列报告
中国科学技术协会 / 主编

COMPREHENSIVE REPORT ON ADVANCES IN SCIENCES

2020—2021
学科发展报告
综合卷

中国科协科学技术创新部 组编

中国科学技术出版社
·北 京·

图书在版编目（CIP）数据

2020—2021 学科发展报告综合卷 / 中国科学技术协会主编；中国科协科学技术创新部组编 . -- 北京：中国科学技术出版社，2022.8

（中国科协学科发展研究系列报告）

ISBN 978-7-5046-9520-8

Ⅰ. ① 2… Ⅱ. ①中… ②中… Ⅲ. ①科学技术—技术发展—研究报告—中国—2020—2021 Ⅳ. ① N12

中国版本图书馆 CIP 数据核字（2022）第 064990 号

策　　划　秦德继
责任编辑　赵　佳
封面设计　中科星河
正文设计　中文天地
责任校对　吕传新
责任印制　李晓霖

出　　版　中国科学技术出版社
发　　行　中国科学技术出版社有限公司发行部
地　　址　北京市海淀区中关村南大街16号
邮　　编　100081
发行电话　010-62173865
传　　真　010-62173081
网　　址　http://www.cspbooks.com.cn

开　　本　787mm × 1092mm　1/16
字　　数　465千字
印　　张　20.75
版　　次　2022年8月第1版
印　　次　2022年8月第1次印刷
印　　刷　河北鑫兆源印刷有限公司
书　　号　ISBN 978-7-5046-9520-8 / N · 291
定　　价　98.00元

2020—2021 学科发展报告综合卷

专家组

组　长　高鸿钧　包为民

副组长　张桂华　吕昭平　李党生

凯赛尔·阿不都克热木　赵巍胜

成　员　（按姓氏笔画排序）

于小虎　田　刚　田　伟　刘　峰　刘文杰

刘亚东　刘兴平　孙春雷　李　军　李晓刚

何满潮　张　莹　陈炳东　陈晔光　林　天

胡海岩　徐　颖　徐梦珍　康　乐　董尔丹

魏均民

编写组顾问

仇保兴　杨焕明　毛其智　俞孔坚　张爱林

王战军　李　迅　余　刚　徐文珍　乐可锡

何兴华　周　卫　孙久文　秦　波　王文岩

编写组成员（按姓氏笔画排序）

王　云　王　方　王　兰　王　焯　王广志

王文静　王亚男　王向荣　毛开云　方　丹

序

学科是科研机构开展研究活动、教育机构传承知识培养人才、科技工作者开展学术交流等活动的重要基础。学科的创立、成长和发展，是科学知识体系化的象征，是创新型国家建设的重要内容。当前，新一轮科技革命和产业变革突飞猛进，全球科技创新进入密集活跃期，物理、信息、生命、能源、空间等领域原始创新和引领性技术不断突破，科学研究范式发生深刻变革，学科深度交叉融合势不可挡，新的学科分支和学科方向持续涌现。

党的十八大以来，党中央作出建设世界一流大学和一流学科的战略部署，推动中国特色、世界一流的大学和优势学科创新发展，全面提高人才自主培养质量。习近平总书记强调，要努力构建中国特色、中国风格、中国气派的学科体系、学术体系、话语体系，为培养更多杰出人才作出贡献。加强学科建设，促进学科创新和可持续发展，是科技社团的基本职责。深入开展学科研究，总结学科发展规律，明晰学科发展方向，对促进学科交叉融合和新兴学科成长，进而提升原始创新能力、推进创新驱动发展具有重要意义。

中国科协章程明确把“促进学科发展”作为中国科协的重要任务之一。2006 年以来，充分发挥全国学会、学会联合体学术权威性和组织优势，持续开展学科发展研究，聚集高质量学术资源和高水平学科领域专家，编制学科发展报告，总结学科发展成果，研究学科发展规律，预测学科发展趋势，着力促进学科创新发展与交叉融合。截至 2019 年，累计出版 283 卷学科发展报告（含综合卷），构建了学科发展研究成果矩阵和具有重要学术价值、史料价值的科技创新成果资料库。这些报告全面系统地反映了近 20 年来中国的学科建设发展、科技创新重要成果、科研体制机制改革、人才队伍建设等方面的巨大变化和显著成效，成为中国科技创新发展趋势的观察站和风向标。经过 16 年的持续打造，学科发展研究已经成为中国科协及所属全国学会具有广泛社会影响的学术引领品牌，受到国内外科技界的普遍关注，也受到政府决策部门的高度重视，为社会各界准确了解学科发展态势提供了重要窗口，为科研管理、教学科研、企业研发提供了重要参考，为建设高质量教育体系、培养高层次科技人才、推动高水平科技创新提供了决策依据，为科教兴国、人才强国战略实施做出了积极贡献。

2020 年，中国科协组织中国生物化学与分子生物学学会、中国岩石力学与工程学会、中国工程热物理学会、中国电子学会、中国人工智能学会、中国航空学会、中国兵工学会、中国土木工程学会、中国风景园林学会、中华中医药学会、中国生物医学工程学会、中国城市科学研究会等 12 个全国学会，围绕相关学科领域的学科建设等进行了深入研究分析，编纂了 12 部学科发展报告和 1 卷综合报告。这些报告紧盯学科发展国际前沿，发挥首席科学家的战略指导作用和教育、科研、产业各领域专家力量，突出系统性、权威性和引领性，总结和科学评价了相关学科的最新进展、重要成果、创新方法、技术进步等，研究分析了学科的发展现状、动态趋势，并进行国际比较，展望学科发展前景。

在这些报告付梓之际，衷心感谢参与学科发展研究和编纂学科发展报告的所有全国学会以及有关科研、教学单位，感谢所有参与项目研究与编写出版的专家学者。同时，也真诚地希望有更多的科技工作者关注学科发展研究，为中国科协优化学科发展研究方式、不断提升研究质量和推动成果充分利用建言献策。

中国科协党组书记、分管日常工作副主席、书记处第一书记
中国科协学科发展引领工程学术指导委员会主任委员
张玉卓

前言

中国共产党第十九次全国代表大会提出“加快建设创新型国家”。在党中央的坚强领导下，在科技与社会各界的共同努力下，我国的科技水平不断提升，科技创新取得了新的历史成就。随着各学科世界一流成果不断涌现，学科发展步入新的历史阶段，学科发展的环境也呈现不断深化、持续改善的良好态势。2020 年，中国科协组织中国土木工程学会、中国城市科学研究会、中国风景园林学会等 12 个全国学会，分别就土木工程、城市科学、风景园林等 12 个学科的发展情况进行了系统研究，编辑出版了《中国科协学科发展研究系列报告》。

受中国科协委托，中国城市科学研究会组织有关单位和相关专家在 12 个学科发展报告的基础上，编写了《2020—2021 学科发展报告综合卷》（以下简称《综合卷》）。《综合卷》分为三章和附件：第一章以科学技术部、教育部、国家统计局、国家自然科学基金委员会、新华社等官方网站的资料文件，以 WOS、ESI、OECD 等数据库以及第三方权威报告中的数据信息作为客观数据来源依据，结合各学科领域专家的咨询建议，梳理 2020—2021 年我国科技领域学科发展的总体情况，并从宏观层面总结我国科技领域总体学科发展态势，评析学科发展存在的问题与挑战，提出促进学科发展的启示与建议；第二章以 12 个相关学科报告为基础，对 12 个学科近年的研究现状、国内外研究进展比较、学科发展趋势与展望等进行综述；第三章为 12 个学科发展报告主要内容的英文介绍；附件为 2020—2021 年与学科发展相关的部分资料。《综合卷》学科排序根据相关全国学会在中国科协的编号顺序排列。为做好《综合卷》的研究工作，中国城市科学研究会组织成立了《综合卷》专家组和编写组。专家组由中国科协学会与学术工作专门委员会及有关专家组成，编写组由中国城市科学研究会、清华大学、中国人民大学、北京理工大学的专家以及 12 个学会选派的学科专家组成。其中，第一章和附件由中国城市科学研究会组织开展研究工作并完成编写任务；第二章和第三章由相关学科对应的 12 个学会负责组织开展研究工作并完成编写任务。

《综合卷》第一章内容是对我国 2020—2021 年学科发展相关政策、经费投入、发展成效和学科相关科技成果动态的宏观概述。由于各个数据源的学科分类标准、体系的不同和数据颗粒度不相一致，不同指标的数据难以放在相同的学科分类标准下进行比较，因此相关指标数据均采用原始数据的学科分类予以呈现。此外，由于各个学科成果众多而篇幅有限，因此第一章中的“学科发展成果与动态”一节无法将各学科重大成果一一列举。《综合卷》的第二章主要在 12 个学科发展报告的基础上综合而成，仅概括相关学科的重要进展和总体情况，难以完整地反映我国科技领域学科发展的全貌。考虑到编写时间仓促，数据统计口径众多，任务量大，虽经多方努力，仍难免存在问题或遗憾，敬请广大读者谅解并指正。在此，谨向所有为《综合卷》编写付出辛勤劳动的专家学者和工作人员表达诚挚的谢意！

本书编写组

目 录

第三章　相关学科进展与趋势简介（英文）

附件

第一章

学科发展综述

第一节　学科建设进展

学科作为一种知识体系而提出，学科发展不仅包括知识的发现，还包括知识的整合和系统化。同时，作为一种学术制度，学科的构建也是学科从知识体系转化为学术制度的过程。随着历史的演进，学科内涵不断地发展，从早期的以学术分类为核心的人类知识体系的基本组成部分，到后来围绕组织制度形成的现代教育和科学研究体系，学科在科学的发展过程中起着结构性的组织作用。科学技术的发展以学科为谱系演变、增长、更替、分化乃至变革，科研机构通常以学科为基础开展研究活动，教育机构以学科为基础设置专业、传承知识，学术研究以学科为中心形成基于学科门类的科技期刊出版物和开展学术交流会议。

学科建设是提升自主创新能力和推进科技成果发展的重要基础。党的十九大报告提出"加快建设创新型国家"[①]，指出：创新是引领发展的第一动力，是建设现代化经济体系的战略支撑。基础研究与科技前沿"要瞄准世界科技前沿，强化基础研究，实现前瞻性基础研究、引领性原创成果重大突破"；科技成果应用要"加强应用基础研究，拓展实施国家重大科技项目，突出关键共性技术、前沿引领技术、现代工程技术、颠覆性技术创新，为建设科技强国、质量强国、航天强国、网络强国、交通强国、数字中国、智慧社会提供有力支撑"；学科建设环境需要"加强国家创新体系建设，强化战略科技力量"；学科队伍需要"培养造就一大批具有国际水平的战略科技人才、科技领军人才、青年科技人才和高水平创新团队"[②]。应对学科发展这四个方面的要求，国家在2020—2021年深入贯彻学科发展的中央精神，持续出台了多项学科政策，不断增加学科发展投入。学科布局进一步完善，逐步围绕综合性国家科学平台和国家重点实验形成科学创新体系，在大科学装置方面发展迅速。本节从学科政策措施、学科经费投入、交叉学科布局、学科建设平台和支撑基础条件五个方面对2020—2021年的学科建设发展进行综述。

---

① 人民网．习近平在中国共产党第十九次全国代表大会上的报告［EB/OL］.（2017-10-28）. http://cpc.people.com.cn/n1/2017/1028/c64094-29613660.html.

② 李静海．抓住机遇推进基础研究高质量发展［J］．中国科学院院刊，2019，34（05）：586-596.

一、学科政策措施

新时代下，我国科学技术成果不断涌现。航天航海事业突飞猛进，高端产业不断突破，生态环境持续改善。从 2019 年年底至今，新型冠状病毒肺炎（以下简称新冠肺炎）疫情的侵扰持续不断，全球经济受阻。医疗行业应对病毒的疫苗研制、应用发展迅速。党的十九大以来，我国科技界以习近平新时代中国特色社会主义思想为指导，深入贯彻落实党的十九大和十九届二中、三中、四中、五中、六中全会精神，认真贯彻执行党中央、国务院决策部署。国家依据国际科技创新态势，深入研判国内外形势，针对我国科技事业的主要问题和挑战，密集出台了多项政策措施，部署了多项行动方案，并进一步规范了相关法律法规，本部分从基础研究、成果转化、交叉学科与平台建设、队伍建设、评价机制和学术期刊六个方面对 2020—2021 年的相关政策进行总结和梳理。

1. 加强基础研究，推动原创导向

基础研究是科技创新的源头[①]，是整个科学体系的基础，是所有技术问题的总机关。近年来，基础研究发展整体实力显著加强，化学、材料、物理等学科整体水平明显提升，在量子信息、干细胞、脑科学等前沿方向上取得了一批重大原创性成果。成功组织了一批重大基础研究任务，"嫦娥五号"实现地外天体采样返回，"天问一号"开启火星探测，"怀柔一号"引力波暴高能电磁对应体全天监测器卫星成功发射，"慧眼号"直接测量到迄今宇宙最强磁场，500 米口径球面射电望远镜首次发现毫秒脉冲星，新一代"人造太阳"首次放电，"雪龙二号"首航南极，76 个光子的量子计算原型机"九章"、62 比特可编程超导量子计算原型机"祖冲之号"成功问世，散裂中子源等一批具有国际一流水平的重大科技基础设施通过验收[②]。但我国基础研究与国际先进水平仍然差距明显[①]，为促进科技创新能力提升，国家不断强化基础研究的原创性导向，持续加大基础研究投入，针对加强基础研究提出优化布局、深化改革、完善机制等重点举措。

（1）强化基础研究原创导向，制定工作方案

2020 年 1 月，为深入贯彻落实《国务院关于全面加强基础科学研究的若干意见》，充分发挥基础研究对科技创新的源头供给和引领作用，解决我国基础研究缺少"从 0 到 1"原创性成果的问题，科学技术部（以下简称科技部）、国家发展和改革委员会、教育部、中国科学院、国家自然科学基金委员会联合制定了《加强"从 0 到 1"基础研究工作方

① 新华网. 习近平主持召开科学家座谈会并发表重要讲话［EB/OL］.（2020–9–11）. http://www.xinhuanet.com/photo/2020–09/11/c_1126484169.htm.

② 新华网. 两院院士大会中国科协第十次全国代表大会在京召开 习近平发表重要讲话［EB/OL］.（2021–5–28）. http://www.xinhuanet.com/politics/leaders/2021–05/28/c_1127504936.htm.

案》[①]。该方案围绕重大科学问题和关键核心技术突破，强化基础研究的原创导向，激发科研人员创新活力，努力取得更多重大原创性成果，为建设世界科技强国提供强有力的支撑。该方案以突出问题导向、坚持以人为本、注重方法创新、优化学术环境、强化稳定支持为原则，从六个方面进行了重点部署安排：一是优化原始创新环境，建立有利于原始创新的评价制度，支持高校、科研院所自主布局基础研究，改革重大基础研究项目的形成机制。二是强化国家科技计划原创导向，强化国家自然科学基金的原创导向，国家科技计划突出支持原创方向，长期支持面向国家重大需求的关键核心技术中的重大科学问题。三是加强基层研究人才培养，建立健全基层研究人才培养机制，实施青年科学家长期项目，在国家科技计划中支持青年科学家，加大对博士后的支持力度。四是提出创新科学研究方法手段。五是进一步强化国家重点实验室原始创新和提升企业自主创新能力，发挥国家重点实验室的辐射带动作用，引导企业加大投入。六是加强管理服务，加强基层研究的组织协调和统筹实施。

（2）逐步增加经费投入，凸显基础研究地位

2020 年 3 月，《中华人民共和国国民经济和社会发展第十四个五年规划和 2035 年远景目标纲要》[②]（以下简称《“十四五”规划》）正式发布。《“十四五”规划》提到，全社会研发经费投入年均增长 7% 以上、基础研究经费投入占研发经费投入比重提高到 8% 以上、战略性新兴产业增加值占 GDP 比重超过 17%；对企业投入基础研究实行税收优惠，鼓励社会以捐赠和建立基金等方式多渠道投入，形成持续稳定投入机制。《“十四五”规划》还指出，以国家战略性需求为导向推进创新体系优化组合，加快构建以国家实验室为引领的战略科技力量。聚焦量子信息、光子与微纳电子、网络通信、人工智能、生物医药、现代能源系统等重大创新领域，组建一批国家实验室，重组国家重点实验室，形成结构合理、运行高效的实验室体系。

（3）落实基础研究重点举措，促进科技创新能力提升

2020 年 4 月，为深入贯彻落实《国务院关于全面加强基础科学研究的若干意见》，在新形势下进一步加强基础研究，提升我国基础研究和科技创新能力，科技部、财政部、教育部、中国科学院、中国工程院、国家自然科学基金委员会共同制定了《新形势下加强基础研究若干重点举措》[③]。为进一步加强基础研究，提升我国基础研究和科技创新能力，实现前瞻性基础研究、引领性原创成果重大突破，文件提出优化基础研究总体布局、激发创

---

① 科技部. 科技部 发展改革委 教育部 中科院 自然科学基金委关于印发《加强“从 0 到 1”基础研究工作方案》的通知［EB/OL］.（2020-3-3）. http://www.most.gov.cn/xxgk/xinxifenlei/fdzdgknr/fgzc/gfxwj/gfxwj2020/202003/t20200303_152074.html.

② 人民网. 中华人民共和国国民经济和社会发展第十四个五年规划和 2035 年远景目标纲要［EB/OL］.（2020-3-13）. http://politics.people.com.cn/n1/2021/0313/c1001-32050444.html.

③ 科技部. 科技部办公厅 财政部办公厅 教育部办公厅 中科院办公厅 工程院办公厅 自然科学基金委办公室关于印发《新形势下加强基础研究若干重点举措》的通知［EB/OL］.（2020-5-11）. http://www.most.gov.cn/xxgk/xinxifenlei/fdzdgknr/fgzc/gfxwj/gfxwj2020/202005/t20200511_153861.html.

新主体活力、深化项目管理改革、营造有利于基础研究发展的创新环境和完善支持机制五方面的重点举措，具体包括十项内容：加强基础研究统筹布局，完善国家科技计划体系，切实把尊重科研人员的科研活动主体地位落到实处，支持企业和新型研发机构加强基础研究，改革项目形成机制，改进项目实施管理，改进基础研究评价，推动科技资源开放共享，加大对基础研究的稳定支持和完善基础研究多元化投入体系。

2. 鼓励交叉学科发展，强化平台建设

现代科学技术发展进入大科学时代，科学研究的模式不断重构，科学、技术、工程、社会发展加速渗透融合，学科交叉、跨界合作和产学研协同成为趋势，学科前沿突破持续涌现，学科领域发展纵深推进，科学的开放性和全球化发展迅速，国际科学合作走向深化。应对全球性重大挑战，迫切需要重大科学突破，需要加强高校基础研究，加强学科平台建设，布局建设前沿中心，鼓励高校积极设置基础研究、交叉学科相关学科专业[①]，明确交叉学科设置和管理方式，推进国家技术创新中心建设，规范国家技术创新中心运行。

（1）健全学科体系，鼓励交叉学科发展

新一轮科技革命和产业变革加速演进，一些重要科学问题和关键核心技术已经呈现革命性突破的先兆，经济社会发展对高层次创新型、复合型、应用型人才的需求更为迫切，新的学科分支和新的增长点不断涌现，学科深度交叉融合成为当前科学技术发展的重大特征，是新学科产生的重要源泉，是培养创新型人才的有效路径，是经济社会发展的内在需求。交叉学科作为多个学科相互渗透、融合形成的新学科，已成为学科、知识发展的新领域，为鼓励交叉学科发展，健全学科体系，国家相关管理部门出台了多个政策文件和政策部署。2020 年 8 月，为健全新时代高等教育学科专业体系，进一步提升对科技创新重大突破和重大理论创新的支撑能力，在全国研究生教育会议上，决定新增交叉学科作为新的学科门类；2020 年 10 月，国家自然科学基金委员会设立交叉科学部；2020 年 12 月，按照《学位授予和人才培养学科目录设置与管理办法》的规定，经专家论证，国务院学位委员会批准，决定设置“交叉学科”门类（门类代码为 14）、“集成电路科学与工程”一级学科（学科代码为 1401）和“国家安全学”一级学科（学科代码为 1402）[②]。2021 年 11 月，为促进学科交叉融合，加快知识生产方式变革和人才培养模式创新，规范交叉学科管理，完善中国特色学科专业体系，国务院学位委员会制定了《交叉学科设置与管理办法（试行）》[③]。该办法提出编制交叉学科门类目录按照先试点再进目录的方式开展，并分别规范

---

① 新华网．习近平主持召开科学家座谈会并发表重要讲话［EB/OL］.（2020-9-11）．http://www.xinhuanet.com/photo/2020-09/11/c_1126484169.htm.

② 教育部．国务院学位委员会 教育部关于设置“交叉学科”门类、“集成电路科学与工程”和“国家安全学”一级学科［EB/OL］.（2020-12-30）．http://www.moe.gov.cn/srcsite/A22/yjss_xwgl/xwgl_xwsy/202101/t20210113_509633.html.

③ 国务院．国务院学位委员会关于印发《交叉学科设置与管理办法（试行）》的通知［EB/OL］.（2021-11-17）．http://www.gov.cn/xinwen/2021-12/06/content_5656041.htm.

了试点交叉学科设置与退出、目录编入与退出的原则、条件和程序。在国家政策的鼓励和引导下，国内各高校积极布局交叉学科，推动高校中的学科交叉、融合工作。

（2）促进技术创新能力提升，推进国家技术创新中心建设

2020 年 3 月，为深入贯彻落实习近平总书记关于推动国家技术创新中心建设的重要讲话精神，加强国家技术创新中心建设布局的顶层设计，有序指导推进国家技术创新中心建设工作，深化科技供给侧结构性改革，提升我国重点区域和关键领域技术创新能力，支撑高质量发展，科技部就推进国家技术创新中心建设制定《关于推进国家技术创新中心建设的总体方案（暂行）》①。该方案深入实施创新驱动发展战略，认真贯彻落实党中央关于强化战略科技力量建设和“补短板、建优势、强能力”重大决策部署，健全以企业为主体、产学研深度融合的技术创新体系，完善促进科技成果转化与产业化的体制机制，为现代化经济体系建设提供强有力的支撑和保障。该方案提出推进国家技术创新中心按照需求导向、聚焦关键的建设原则。国家技术创新中心的定位是实现从科学到技术的转化，促进重大基础研究成果产业化。根据功能定位、建设目标、重点任务等不同，国家技术创新中心分为综合类和领域类等两个类别进行布局建设。

（3）推动技术创新体系形成，规范国家技术创新中心建设运行

2021 年 2 月，为贯彻党的十九大关于“建立以企业为主体、市场为导向、产学研深度融合的技术创新体系”的战略部署，落实科技部、财政部《关于推进国家技术创新中心建设的总体方案（暂行）》，规范国家技术创新中心的建设和运行，两部委（科技部、财政部）制定了《国家技术创新中心建设运行管理办法（暂行）》②，针对国家技术创新中心涉及的机构进行了职责界定，并对国家技术创新中心的建设进行了条件约束和程序规范，要求其统筹布局，坚持“少而精”的原则。该管理办法同时明确了国家技术创新中心的运行管理和绩效评估方式。

（4）科学规划科技发展，推进区域科技创新

2020 年 12 月，科学技术部为贯彻落实党中央、国务院印发《长江三角洲区域一体化发展规划纲要》，持续有序推进长三角科技创新共同体建设，会同地方政府共同编制《长三角科技创新共同体建设发展规划》③。该规划提出以“科创+产业”为引领，充分发挥上海科技创新中心龙头带动作用，强化苏浙皖创新优势，优化区域创新布局和协同创新生态，深化科技体制改革和创新开放合作，着力提升区域协同创新能力，打造全国原始创新高地和高精尖产业承载区，努力建成具有全球影响力的长三角科技创新共同体。规划确定

---

① 科技部．科技部印发《关于推进国家技术创新中心建设的总体方案（暂行）》的通知［EB/OL］.（2020-3-23）. http://www.gov.cn/zhengce/zhengceku/2020-03/26/content_5495685.htm.

② 科技部．科技部 财政部印发《国家技术创新中心建设运行管理办法（暂行）》的通知［EB/OL］.（2021-2-10）. http://www.gov.cn/zhengce/zhengceku/2021-02/23/content_5588416.htm.

③ 科技部．科技部关于印发《长三角科技创新共同体建设发展规划》的通知［EB/OL］.（2020-12-29）. http://www.most.gov.cn/xxgk/xinxifenlei/fdzdgknr/fgzc/gfxwj/gfxwj2020/202101/t20210113_172235.html.

了坚持战略协同、高地共建、开放共赢和成果共享为基本原则，制定了 2025 年和 2035 年科技创新的发展目标。规划内容包括协同实施或参与国际大科学计划，围绕生命健康、资源环境、物质科学、信息科学等领域，集中优势资源，适时牵头和参与发起全脑神经联结图谱等国际大科学计划和国际大科学工程。鼓励在生物医药、能源、先进材料、信息技术、空间天文与海洋等领域加强国际科技合作。依托重大科技基础设施，吸引全球科学家力量，开展联合研究，突破重大科学难题。建立国际大科学计划组织运行、实施管理、知识产权管理等新模式、新机制，通过有偿使用、知识产权共享等方式，吸引国际组织、国内外政府、科研机构、高等院校、企业及社会团体等参与支持大科学计划建设、运营和管理。

3. 突出应用导向，促进成果转化

新形势下，高水平基础研究的供给是经济高质量发展的支撑，学科建设要尊重科学发展规律，突出目标导向、应用导向，以需求为牵引，推动科技成果转化，保障科研人员成果所有权，规范成果转化应用，完善科技成果评价体系。

（1）促进科技成果转化，建设高校技术转移机构

2020 年 5 月，为贯彻落实《中共中央国务院关于构建更加完善的要素市场化配置体制机制的意见》和《国家技术转移体系建设方案》要求，创新促进科技成果转化机制，进一步提升高校科技成果转移转化能力，科技部、教育部联合发布了《关于进一步推进高等学校专业化技术转移机构建设发展的实施意见》[①]（以下简称《实施意见》）。《实施意见》要求坚持新的发展理念，深入实施创新驱动发展战略，创新促进科技成果转化机制，以技术转移机构建设发展为突破口，进一步完善高校科技成果转化体系，强化高校科技成果转移转化能力建设，促进科技成果高水平创造和高效率转化，加快“双一流”建设，提升高校服务经济社会发展的能力，为高质量发展提供科技支撑。《实施意见》提出“十四五”期间的发展目标：在全国创新能力强、科技成果多的高校普遍建立技术转移机构，体制机制落实到位，有效运行并发挥作用；高校科技成果转移转化能力显著增强，技术交易额大幅提升，高校成果转移转化体系基本完善；培育建设 100 家左右示范性、专业化国家技术转移中心。《实施意见》设定重点任务，任务要求高校建立技术转移机构，明确成果转化职能，建立专业人员队伍，完善机构运行机制，提升专业服务能力，加强管理监督。科技部、教育部建立联合实施机制，会同相关部门和地方科技部门、教育部门加强政策引导和激励支持，推进专业化技术转移机构建设。各高校要高度重视科技成果转化工作，将其作为高校科技创新服务经济社会发展的重要举措，作为加快“双一流”建设、实现高等教育内涵式发展的重要内容，要加大支持力度，健全运行机制。组织试点示范，科技部、教育部在已认定的国家技术转移机构、高校科技成果转化和技术转移基地的基础上，总结经验，提高要求，指导和推动一批体制机制有创新、成果转化成效突出的高校，开展专业

① 科技部. 科技部 教育部印发《关于进一步推进高等学校专业化技术转移机构建设发展的实施意见》的通知［EB/OL］.（2020-5-19）. http://www.most.gov.cn/xxgk/xinxifenlei/fdzdgknr/fgzc/gfxwj/gfxwj2020/202005/t20200519_154180.html.

化国家技术转移中心建设试点，形成示范带动作用，促进高校技术转移机构专业化水平整体提升。完善支持激励政策，科技部支持高校技术转移机构与国家自主创新示范区、高新区、成果转移转化示范区建立合作机制，开展面向需求的“定制化”科技成果转化服务。教育部将技术转移机构促进科技成果转化的成效纳入一流大学和一流学科建设监测和成效评价，作为学科评估的重要指标。《实施意见》提出支持符合条件的技术转移机构开展技术合同认定服务，支持科技成果转化成效显著的高校牵头承担应用导向类国家科技计划项目，支持高校技术转移机构与天使投资、创业投资基金以及商业银行合作，为科技成果转化项目提供多元化科技金融服务，开展统计监测和绩效评价。科技部、教育部将进一步加强对高校科技成果转化的统计分析，逐步完善与国际接轨的高校科技成果转移转化统计指标体系，每年公布高校科技成果转化有关数据。科技部、教育部将组织第三方机构对纳入试点的高校技术转移机构开展绩效评价，建立动态调整机制，开展对高校科技成果转移转化案例宣传，及时总结推广新经验、新模式，对技术转移机构建设成效显著的高校和个人进行表扬。

（2）保障科研人员成果所有权，突破科技成果转化制度瓶颈

2020 年 5 月，为深化科技成果使用权、处置权和收益权改革，进一步激发科研人员创新热情，促进科技成果转化，根据《中华人民共和国科学技术进步法》《中华人民共和国促进科技成果转化法》《中华人民共和国专利法》相关规定，就开展赋予科研人员职务科技成果所有权或长期使用权试点工作，科技部、国家发展和改革委员会、教育部、工业和信息化部、财政部、人力资源和社会保障部、商务部、知识产权局、中国科学院 9 部门印发《赋予科研人员职务科技成果所有权或长期使用权试点实施方案》[①]。该方案以系统设计、统筹布局、问题导向、补齐短板、先行先试、重点突破为基本原则，聚焦科技成果所有权和长期使用权改革，从规范赋予科研人员职务科技成果所有权和长期使用权流程、充分赋予单位管理科技成果自主权、建立尽职免责机制、做好科技成果转化管理和服务等方面出发做好顶层设计，统筹推进试点工作。遵循市场经济和科技创新规律，着力破解科技成果有效转化的政策制度瓶颈，找准改革突破口，集中资源和力量，畅通科技成果转化通道。以调动科研人员创新积极性、促进科技成果转化为出发点和落脚点，强化政策引导，鼓励先行开展探索，破除体制机制障碍，形成新路径和新模式，加快构建有利于科技创新和科技成果转化的长效机制。该方案分领域选择 40 家高等院校和科研机构开展试点，探索建立赋予科研人员职务科技成果所有权或长期使用权的机制和模式，形成可复制、可推广的经验和做法，推动完善相关法律法规和政策措施，进一步激发科研人员创新积极性，促进科技成果转移转化。

（3）规范成果转化应用，提升基金管理水平

2020 年 2 月，为健全国家科技成果转化引导基金管理制度，进一步提高创业投资子

---

① 科技部．科技部等 9 部门印发《赋予科研人员职务科技成果所有权或长期使用权试点实施方案》的通知［EB/OL］．（2020-5-18）．http://www.most.gov.cn/xxgk/xinxifenlei/fdzdgknr/fgzc/gfxwj/gfxwj2020/202005/t20200518_153996.html.

基金管理服务水平，规范国家科技成果转化引导基金已设立子基金变更事项管理，提高转化基金管理效率，促进子基金健康有序发展，加快科技成果转化应用，根据《国家科技成果转化引导基金管理暂行办法》《国家科技成果转化引导基金设立创业投资子基金管理暂行办法》及相关法律法规，科技部、财政部制定了《国家科技成果转化引导基金创业投资子基金变更事项管理暂行办法》[①]。变更事项是指子基金批复设立后直至转化基金退出（含退出），所发生的可导致子基金构成要素发生变化的事项。子基金变更事项实行分类分级管理，要充分尊重市场规律，防范风险，发挥好政府引导、市场运作、专业管理的作用。科技部、财政部统筹负责子基金变更事项管理工作，转化基金受托管理机构负责子基金变更事项的具体管理工作，科技部、财政部对受托管理机构工作进行指导和监督。已设立子基金应严格按照相关法律法规及有限合伙协议或章程组织实施。对于确需变更的事项，子基金管理机构应按照此办法及时分类办理，认真组织落实。依据转化基金管理要求及对子基金运营的影响程度，子基金变更事项可分为重大变更事项、重要变更事项、一般变更事项。该办法根据子基金变更事项的分类阐述了变更事项管理内容，并提出了相应的监督管理要求。

（4）推动成果转化，完善科技成果评价机制

为健全完善科技成果评价体系，更好发挥科技成果评价作用，促进科技与经济社会发展更加紧密结合，加快推动科技成果转化为现实生产力，2021 年 7 月，经国务院同意，国务院办公厅发布《关于完善科技成果评价机制的指导意见》[②]（以下简称《指导意见》）。《指导意见》深入实施创新驱动发展战略，深化科技体制改革，坚持正确的科技成果评价导向，创新科技成果评价方式，通过评价激发科技人员积极性，推动产出高质量成果、营造良好创新生态，促进创新链、产业链、价值链深度融合，为构建新发展格局和实现高质量发展提供有力支撑。《指导意见》提出坚持科技创新质量、绩效、贡献为核心的评价导向，要求全面准确评价科技成果的科学、技术、经济、社会、文化价值，健全完善科技成果分类评价体系，发挥行业协会、学会、研究会、专业化评估机构等在科技成果评价中的作用，强化自律管理，健全利益关联回避制度，促进市场评价活动规范发展。《指导意见》针对成果评价机制的组织实施提出四方面的要求，一是加强统筹协调，二是开展改革试点，三是落实主体责任，四是营造良好氛围。

4. 加强队伍建设，完善教育体系

国家科技创新力的根本源泉在于人[③]，学科的发展离不开人才队伍的建设，针对学科

---

① 科技部. 科技部 财政部关于印发《国家科技成果转化引导基金创业投资子基金变更事项管理暂行办法》的通知［EB/OL］.（2021-2-10）. http://www.most.gov.cn/xxgk/xinxifenlei/fdzdgknr/fgzc/gfxwj/gfxwj2021/202103/t20210305_172967.html.

② 国务院办公厅. 国务院办公厅关于完善科技成果评价机制的指导意见［EB/OL］.（2021-8-2）. http://www.gov.cn/zhengce/content/2021-08/02/content_5628987.htm.

③ 新华网. 习近平主持召开科学家座谈会并发表重要讲话［EB/OL］.（2020-9-11）. http://www.xinhuanet.com/photo/2020-09/11/c_1126484169.htm.

队伍建设，党中央出台了《关于进一步弘扬科学家精神加强作风和学风建设的意见》，为调动科技工作者的积极性和创造力，2020 年 10 月，国务院修订了《国家科学技术奖励条例》。创新人才的教育培养为学科队伍提供了充足的人才保障，研究生作为学科人才的储备力量，是学科发展的后备军，为切实提升研究生教育，教育部、国家发展和改革委员会、财政部发布了《关于加快新时代研究生教育改革发展的意见》，在医学教育领域，国务院办公厅发布了《关于加快医学教育创新发展的指导意见》。

（1）深化职称制度改革，健全出版专业技术人员职称制度

出版专业技术人员作为科技期刊人才队伍，是促进出版业健康繁荣发展的重要力量。为贯彻落实《关于深化职称制度改革的意见》，2021 年 1 月，人力资源和社会保障部、国家新闻出版署提出《关于深化出版专业技术人员职称制度改革的指导意见》① 要求遵循出版专业技术人员成长规律，健全完善符合出版专业技术人员职业特点的职称制度，培养造就政治过硬、本领高强、求实创新、能打胜仗的出版专业技术人员队伍，为推动出版业持续健康繁荣发展、建设社会主义文化强国提供人才支撑。

（2）提高科技工作积极性，完善科学技术奖励体系

2020 年 10 月，为奖励在科学技术进步活动中作出突出贡献的个人、组织，调动科学技术工作者的积极性和创造性，建设创新型国家和世界科技强国，根据《中华人民共和国科学技术进步法》，国务院制定了《国家科学技术奖励条例》②（以下简称《条例》）。《条例》是继 2003 年第一次修订和 2013 年第二次修订之后的第三次修订，《条例》确定国务院设立的五项国家科学技术奖，具体包括国家最高科学技术奖、国家自然科学奖、国家技术发明奖、国家科学技术进步奖和中华人民共和国国际科学技术合作奖。《条例》明确了各奖项的设置条件，奖项的提名、评审和授予程序及相应的法律责任。

（3）完善研究生教育体系，深化研究生教育改革

为全面贯彻落实全国教育大会、全国研究生教育会议精神，促进研究生德智体美劳全面发展，切实提升研究生教育支撑引领经济社会发展能力，2020 年 9 月，在队伍建设和人才培养方面，《关于加快新时代研究生教育改革发展的意见》③ 提出研究生教育肩负着高层次人才培养和创新创造的重要使命，是国家发展、社会进步的重要基石，是应对全球人才竞争的基础布局。改革开放以来特别是党的十八大以来，我国研究生教育快速发展，已成为世界研究生教育大国。中国特色社会主义进入新时代，各行各业对高层次创新人才的

---

① 人力资源和社会保障部．人力资源社会保障部 国家新闻出版署提出关于深化出版专业技术人员职称制度改革的指导意见［EB/OL］.（2021-01-28）. http://www.mohrss.gov.cn/xxgk2020/fdzdgknr/zcfg/gfxwj/rcrs/202102/t20210223_409998.html.

② 国务院．国家科学技术奖励条例［EB/OL］.（2020-10-7）. http://www.gov.cn/zhengce/2020-12/26/content_5574255.htm.

③ 财政部．关于加快新时代研究生教育改革发展的意见［EB/OL］.（2020-9-23）. http://www.mof.gov.cn/zhengwuxinxi/caizhengxinwen/202009/t20200923_3593379.htm.

需求更加迫切，研究生教育的地位和作用更加凸显。该意见提出到 2025 年，基本建成规模结构更加优化、体制机制更加完善、培养质量显著提升、服务需求贡献卓著、国际影响力不断扩大的高水平研究生教育体系；到 2035 年，初步建成具有中国特色的研究生教育强国。该意见要求对接高层次人才需求，优化规模结构，深化体制机制改革，创新招生培养模式，全面从严加强管理，提升培养质量。

（4）完善医学教育体系，加快医学教育创新发展

医学教育是卫生健康事业发展的重要基石，党的十八大以来，我国医学教育蓬勃发展，为卫生健康事业输送了大批高素质医学人才。在新冠肺炎疫情防控中，我国医学教育培养的医务工作者发挥了重要作用。但同时，面对疫情提出的新挑战、实施健康中国战略的新任务、世界医学发展的新要求，我国医学教育还存在人才培养结构亟须优化、培养质量亟待提高、医药创新能力有待提升等问题。2020 年 9 月，为加快医学教育创新发展，经国务院同意，国务院办公厅发布《关于加快医学教育创新发展的指导意见》[①]，在新理念、新定位、新内涵、新医科的原则指导下，提出全面优化医学人才培养，全力提升院校医学人才培养质量，深化住院医师培训和继续医学教育改革及相应的实施保障措施。

5. 深化教育改革，改进评价机制

通过转变政府职能、深化科技体制改革，创造良好的学术环境是激发科技创新活力的基础，是学科建设发展的保障之一。为扭转不科学的教育评价导向，“坚决破除‘唯论文、唯职称、唯学历、唯奖项’”[②]的评价考核机制，中共中央、国务院印发了《深化新时代教育评价改革总体方案》。为贯彻落实《深化新时代教育评价改革总体方案》，教育部、财政部、国家发展和改革委员会印发《“双一流”建设成效评价办法（试行）》，教育部学位与研究生教育发展中心印发《第五轮学科评估工作方案》。

（1）深化教育评价改革，破除“五唯”顽疾

2020 年 10 月，中共中央、国务院印发了《深化新时代教育评价改革总体方案》[③]。该方案为深入贯彻落实习近平总书记关于教育的重要论述和全国教育大会精神，提出要完善立德树人体制机制，扭转不科学的教育评价导向，坚决克服“唯分数、唯升学、唯文凭、唯论文、唯帽子”的顽瘴痼疾，提高教育治理能力和水平，加快推进教育现代化、建设教育强国、办好人民满意的教育，要求推进高校分类评价，改进学科评估，完善高校教师科研评价。推进高校分类评价，引导不同类型高校科学定位，办出特色和水平。改进本科教育教学评估，评估突出思想政治教育、教授为本科生上课、生师比、生均课程门数、优势

① 国务院. 国务院办公厅关于加快医学教育创新发展的指导意见［EB/OL］.（2020-9-23）. http://www.gov.cn/zhengce/content/2020-09/23/content_5546373.htm.

② 新华网. 习近平主持召开科学家座谈会并发表重要讲话［EB/OL］.（2020-9-11）. http://www.xinhuanet.com/photo/2020-09/11/c_1126484169.htm.

③ 新华社. 中共中央 国务院印发《深化新时代教育评价改革总体方案》［EB/OL］.（2020-10-13）. http://www.gov.cn/zhengce/2020-10/13/content_5551032.htm.

特色专业、学位论文（毕业设计）指导、学生管理与服务、学生参加社会实践、毕业生发展、用人单位满意度等。改进学科评估，强化人才培养中心地位，淡化论文收录数、引用率、奖项数等数量指标，突出学科特色、质量和贡献，纠正片面以学术头衔评价学术水平的做法，教师成果严格按署名单位认定、不随人走。探索建立应用型本科评价标准，突出培养相应专业能力和实践应用能力。制定"双一流"建设成效评价办法，突出培养一流人才、产出一流成果、主动服务国家需求，引导高校争创世界一流。改进师范院校评价，把办好师范教育作为第一职责，将培养合格教师作为主要考核指标。改进高校经费使用绩效评价，引导高校加大对教育教学、基础研究的支持力度。改进高校国际交流合作评价，促进提升校际交流、来华留学、合作办学、海外人才引进等工作质量。探索开展高校服务全民终身学习情况评价，促进学习型社会建设。改进高校教师科研评价。突出质量导向，重点评价学术贡献、社会贡献以及支撑人才培养情况，不得将论文数、项目数、课题经费等科研量化指标与绩效工资分配、奖励挂钩。根据不同学科、不同岗位特点，坚持分类评价，推行代表性成果评价，探索长周期评价，完善同行专家评议机制，注重个人评价与团队评价相结合，探索国防科技等特殊领域教师科研专门评价办法。对取得重大理论创新成果、前沿技术突破、解决重大工程技术难题、在经济社会事业发展中作出重大贡献的，申报高级职称时论文可不作限制性要求。

（2）持续推进"双一流"建设，完善成效评价

为贯彻落实《深化新时代教育评价改革总体方案》，加快"双一流"建设，促进高等教育内涵式发展、高质量发展，推进治理体系和治理能力现代化，2020 年 12 月，教育部、财政部、国家发展改革委制定了《"双一流"建设成效评价办法（试行）》[①]。该办法采取高校自我评价、专家评价和第三方评价的多元多维评价方法，遵循分类评价、引导特色发展的原则，坚持以学科为基础，依据学科特色与交叉融合趋势，探索建立分类评价体系。学科建设成效评价重点分为整体建设评价和不同评价两个方面。整体建设评价主要考察建设学科在人才培养、科学研究、社会服务、教师队伍建设四个方面的综合成效；不同评价方面，相应设置整体发展水平、成长提升程度及可持续发展能力的评价角度，重视对成长性、特色性发展的评价，引导学科关注长远发展。成效评价组织应科学合理确定相关领域的世界一流标杆，结合大数据分析和同行评议等，对建设学科在全球同类院校相关可比领域的表现、影响力、发展潜力等进行综合考察。引导和鼓励学科在发展中突出优势，注重特色建设；同时也应以学科为基础，探索建设成效的国际比较。

（3）推进学科评估，制定新一轮工作方案

学科是高等学校办学的基本功能单元，学科水平直接反映高校教学、科研和师资等方面的实力，直接体现高等学校的办学质量。学科评估作为我国高等教育学科建设质量保障

---

① 教育部 财政部 国家发展改革委. 关于印发《"双一流"建设成效评价办法（试行）》的通知［EB/OL］.（2021-03-23）. http://www.moe.gov.cn/srcsite/A22/moe_843/202103/t20210323_521951.html.

体系的重要环节，是调整学科方向、衡量学科水平、诊断学科问题、发掘学科潜质的重要手段。学科评估准确把握学科建设内涵，积极发挥学科评估正确导向作用，对促进高校深化改革、加快内涵式发展、提升实力水平具有重要意义。2020 年 11 月，为贯彻落实《深化新时代教育评价改革总体方案》精神，教育部学位与研究生教育发展中心印发《第五轮学科评估工作方案》①（以下简称《工作方案》)，启动第五轮学科评估工作。《工作方案》深入贯彻中共中央、国务院《深化新时代教育评价改革总体方案》精神，落实立德树人根本任务，遵循教育规律，扭转不科学的评价导向，加快建立中国特色、世界水平的教育评价体系，提升我国学科建设水平和人才培养质量，推动实现高等教育内涵式发展。学科评估以聚焦立德树人、突出诊断功能、强化分类评价、彰显中国特色为原则。《工作方案》提出六方面的重要举措，强化人才培养中心地位，坚决破除“五唯”顽疾，改革教师队伍评价，突出质量、贡献和特色，提升数据可靠性和评价科学性，多元呈现评估结果。此外，《工作方案》规范了学科评估程序，确定了从自愿申请、信息采集到结果发布、诊断分析的十步学科评估流程。

6. 对标世界一流，提升期刊质量

学术期刊是开展学术研究交流的重要平台，是传播思想文化的重要阵地，是促进理论创新和科技进步的重要力量。加强学术期刊建设，对于提升国家科技竞争力和文化软实力，构筑中国精神、中国价值、中国力量具有重要作用。2021 年 5 月，中共中央宣传部、教育部、科技部印发《关于推动学术期刊繁荣发展的意见》② 的通知，提出坚持正确的价值取向，坚持服务大局、追求卓越、创新发展，坚持优化布局、分类实施和建管并举、规范发展的总体要求。加快提升学术期刊内容质量和传播力、影响力，不断完善体制机制，为建设世界科技强国和社会主义文化强国作出更大贡献；加强优质内容出版传播能力建设，创新内容载体、方法手段、业态形式、体制机制，实现学术组织力、人才凝聚力、创新引领力、品牌影响力明显提升，推动学术期刊加快向高质量发展阶段迈进，努力打造一批世界一流、代表国家学术水平的知名期刊；加强顶层设计和系统谋划，推动资源有效配置，健全期刊准入退出机制，明确各类学术期刊功能定位，统筹推进传统出版和新兴出版融合发展，形成总量适度、动态调整、重点突出、结构合理的学术期刊出版格局；坚持一手抓繁荣发展，一手抓引导管理，完善扶持措施，优化发展环境，改进评价体系，规范出版秩序，深化改革创新，推动学术期刊出版良性健康发展。该意见在出版能力中要求加强学术期刊作风学风建设，弘扬科学家精神，有效发挥学术期刊在学术质量、学术规范、学术伦理和科研诚信建设方面的引导把关作用，密切与学者和学术组织的联系互动，充分发挥学术期刊在学术交流中的桥梁纽带作用。在优化布局结构中强调加快完善基础学科、优

① 教育部. 第五轮学科评估工作方案［EB/OL］.（2020–11–3）. http://www.moe.gov.cn/jyb_xwfb/moe_1946/fj_2020/202011/t20201102_497819.html.

② 中宣部. 中共中央宣传部 教育部 科技部印发《关于推动学术期刊繁荣发展的意见》的通知［EB/OL］.（2021–05–18）. http://www.wenming.cn/bwzx/jj/202106/t20210625_6094851.shtml.

势重点学科、新兴学科和交叉学科期刊布局，重视发展工程技术、科学普及、通俗理论、具有重要文化价值和传承意义的“绝学”和冷门学科等类别期刊，支持根据学科发展和建设需要创办新刊。

为贯彻落实习近平总书记关于“办好一流学术期刊和各类学术平台，加强国内国际学术交流”的指示精神，加强我国科技期刊建设顶层规划，推动中文科技期刊创新发展，中国科协第十届常委会学术交流与期刊出版专门委员会制定了 2021 年工作计划，持续推进“中国科技期刊卓越行动计划”，中国科协科学技术创新部按照计划组织开展“2021 年度全国学会期刊出版能力提升计划”“中文科技期刊布局优化及创新发展路径研究”等多个项目，并多次组织科技期刊相关论坛。2021 年 3 月，中国科协发布了关于 2021 年世界一流科技期刊建设工作要点。2021 年 11 月，中国科协印发了《中国科协学会学术创新发展“十四五”规划（2021—2025 年）》，提出优化组织架构，做强系列品牌，搭建服务平台，拓宽交流渠道等重点任务，提出到 2025 年要形成一流科技期刊矩阵，20 个学会率先达到世界一流水平，10 种科技期刊进入全球百强①的发展目标。

二、学科建设投入

近年来，我国学科发展环境不断优化，学科建设经费投入稳步增长，学科队伍不断壮大，学科平台建设更加完善，国际合作和交流持续增强。由此，有力地推动了学科建设和科学研究的发展，基础学科和应用学科不断完善，学科间交叉融合孕育着创新，正在逐步改变学科结构。学科发展是一个动态持续的过程，随着国家对科技创新的高度重视，学科发展总体上取得了长足的进步。本部分从学科建设投入的数据出发进行定量分析，力求客观反映我国学科的整体发展现状。

1. 总体投入稳步增长

（1）总体经费投入

随着《国家创新驱动发展战略纲要》《国家中长期科学和技术发展规划纲要（2006—2020 年）》和《“十三五”国家科技创新规划》等一系列国家战略、规划的推动，政府引导和政策环境的不断优化，我国科技经费投入力度加大，国家财政科技支出实现较快增长，研究与试验发展（Research and Development，以下简称 R&D）经费投入强度稳步提高。根据《国家中长期科学和技术发展规划纲要（2006—2020 年）》要求，2020 年我国研发投入强度要达到 2.5%。《2020 年国民经济和社会发展统计公报》显示，2020 年度全年 R&D 经费支出 24393.1 亿元，与 2019 年的支出规模（2.23%）相比增长 10.3%，与国内生产总值之比为 2.40%。根据美国《研究与发展》期刊报告，新冠肺炎疫情导致的全球经

① 中国科协. 中国科协关于印发《中国科协学会学术创新发展“十四五”规划（2021—2025 年）》的通知［EB/OL］.（2021-11-16）. https://www.cast.org.cn/art/2021/11/16/art_458_173319.html.

济停滞直接影响创新投入，2020 年，全球研发总支出为 23252 亿美元（按购买力平价计算），同比缩减 4.5%。其中，亚洲地区的研发投入占全球的份额继续扩大，达 45.4%；北美地区的研发投入占全球的份额有所缩减，为 26.9%；欧洲地区的研发投入占全球的份额为 19.7%，同比下降 0.9%。中国是 2020 年唯一研发投入正增长的经济体。

“十三五”期间，我国 R&D 经费支出和投入强度见图 1-1-1。自 2013 年 R&D 经费总量超过日本以来，我国的 R&D 经费支出一直稳居世界第二，至 2020 年，经费总量超过美国。

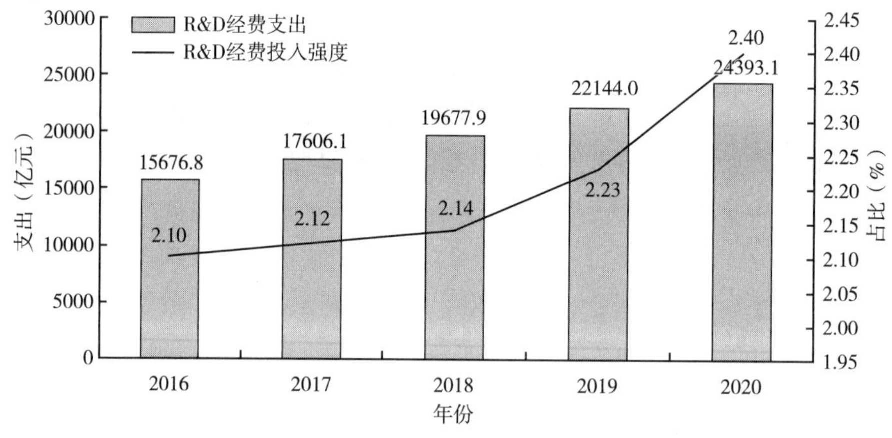

图 1-1-1 “十三五”期间我国 R&D 经费支出和投入强度

数据来源：《2020 年国民经济和社会发展统计公报》

对比世界上主要发达国家和地区，我国在研发投入强度方面仍然存在一定差距。根据经济合作与发展组织（Organization for Economic Cooperation and Development，以下简称 OECD）最新的数据显示，2019 年 R&D 经费强度超过 2.0% 的国家有 16 个，超过 3.0% 的国家有 5 个，超过 4% 的国家有 2 个，以色列位居首位达到 4.93%。我国 R&D 经费强度在 2019 年为 2.23%，在超过 1% 的国家行列中位于中间水平，超过欧盟 28 国 2.1% 的平均值，但不及 OECD 35 个成员国 2.47% 的整体平均水平，其中，美国和德国分别为 3.07% 和 3.18%。“十三五”期间，我国 R&D 经费强度增长了 14.3%，已超过欧盟 28 国的平均水平，高速的增长带来了与美国和德国之间差距的缩小。韩国 R&D 经费强度同我国一样增幅显著，五年间增长了 16.6%，达到 4.64%，仅次于以色列居世界第二位；日本在 2015—2019 年的 R&D 经费强度相对较高，均保持在 3% 以上的水平，年均 R&D 经费强度为 3.23%。表 1-1-1 总结了部分国家及地区 R&D 经费投入强度。

表 1-1-1　部分国家及地区 R&D 经费投入强度　　（单位：%）

序号	国家 / 地区	2015 年	2016 年	2017 年	2018 年	2019 年
1	以色列	4.26	4.52	4.69	4.85	4.93
2	韩国	3.98	3.99	4.29	4.52	4.64
3	日本	3.28	3.16	3.21	3.28	3.24
4	瑞典	3.22	3.25	3.36	3.32	3.40
5	丹麦	3.05	3.09	3.03	3.02	2.96
6	德国	2.93	2.94	3.05	3.12	3.18
7	芬兰	2.87	2.72	2.73	2.75	2.79
8	美国	2.72	2.79	2.85	2.95	3.07
9	比利时	2.43	2.52	2.67	2.67	2.89
10	法国	2.27	2.22	2.20	2.20	2.19
11	中国	2.06	2.10	2.12	2.14	2.23

数据来源：2021 年 11 月份 OECD 公布统计数据。

“十三五”期间，在 R&D 投入经费大幅提升的背景下，继续保持基础研究的经费占比，保障基础科学研究领域的经费投入，从而推动学科均衡协调可持续发展，“十三五”期间，我国基础研究经费占 R&D 经费支出投入强度见图 1-1-2。

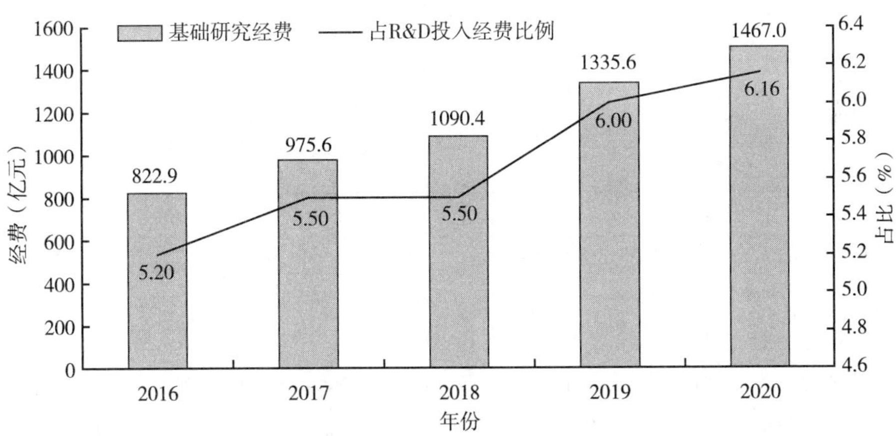

图 1-1-2　“十三五”期间我国基础研究经费占 R&D 经费支出投入强度

数据来源：历年《国民经济和社会发展统计公报》

根据《2020 年全国科技经费投入统计公报》数据显示，从研究类型看，全国基础研究经费 1467.0 亿元，比 2019 年增长 9.8%；应用研究经费 2757.2 亿元，增长 10.4%；试验发展经费 20168.9 亿元，增长 10.2%。基础研究、应用研究和试验发展经费所占比重分别为 6.0%、11.3% 和 82.7%。与主要发达国家 R&D 经费活动相比（表 1-1-2），我国在基础研究和应用研究领域的投入明显偏低。

表 1-1-2 主要发达国家及地区 R&D 经费活动分类占比 （单位：%）

序号	国家 / 地区	基础研究	应用研究	试验发展
1	韩国	14.67	22.50	62.83
2	日本	13.04	19.37	67.59
3	中国	6.00	11.30	82.70
4	美国	16.40	18.99	64.61
5	以色列	10.00	10.14	79.86

数据来源：2021 年 11 月份 OECD 公布统计数据，以上为 2019 年各国家 / 地区数据。

从研发主体看，2020 年各类企业 R&D 经费支出 18673.8 亿元，比 2019 年增长 10.4%；政府属研究机构经费支出 3408.8 亿元，增长 10.6%；高等学校经费支出 1882.5 亿元，增长 4.8%。企业、政府属研究机构、高等学校经费支出所占比重分别为 76.6%、14.0% 和 7.7%。企业已成为技术创新的主体，是全社会 R&D 经费增长的主要拉动力量。与主要发达国家 R&D 经费活动主体相比（表 1-1-3），活动主体经费支出所占比重相似，在企业和高等学校投入略低于主要发达国家，政府属研究机构高于平均值。

表 1-1-3 2019 年主要发达国家以及地区 R&D 经费活动主体分类占比 （单位：%）

序号	国家 / 地区	企业	政府属研究机构	高等学校	其他
1	以色列	88.91	1.47	8.66	0.96
2	韩国	80.30	9.99	8.28	1.43
3	日本	79.15	7.81	11.69	1.35
4	中国	76.42	13.91	8.11	1.56
5	美国	73.89	9.88	11.98	4.25

数据来源：2021 年 11 月份 OECD 公布统计数据。

从产业部门看，2020 年高技术制造业 R&D 经费 4649.1 亿元，投入强度（与营业收入之比）为 2.67%，比 2019 年提高 0.26%；装备制造业 R&D 经费 9130.3 亿元，投入强度为 2.22%，比上年提高 0.15%。在规模以上工业企业中，R&D 经费投入超过 500 亿元的行业大类有 10 个，这 10 个行业的经费占全部规模以上工业企业 R&D 经费的比重为 73.6%。

从地区看，2020 年 R&D 经费投入超过千亿元的省（市）有 8 个，分别为广东（3479.9 亿元）、江苏（3005.9 亿元）、北京（2326.6 亿元）、浙江（1859.9 亿元）、山东（1681.9 亿元）、上海（1615.7 亿元）、四川（1055.3 亿元）和湖北（1005.3 亿元）。R&D 经费投入强度（与地区生产总值之比）超过全国平均水平的省（市）有 7 个，分别为北京、上海、天津、广东、江苏、浙江和陕西。2020 年，我国东部、中部、西部和东北地区 R&D 经费分别为 15968.3 亿元、2878.6 亿元、4664.6 亿元和 881.7 亿元，分别比 2019 年增长

9.3%、11.5%、13.1% 和 9.7%。东部地区 R&D 经费占全国比重达 65.4%，继续保持领先优势；中西部地区追赶步伐加快，在“十三五”期间，西部地区占全国比重由 2016 年的 16.8% 提高到 2020 年的 19.1%，中部地区占比由 2016 年的 10.7% 提高到 2019 年的 11.8%，图 1-1-3 总结了 2020 年各地区 R&D 经费情况。

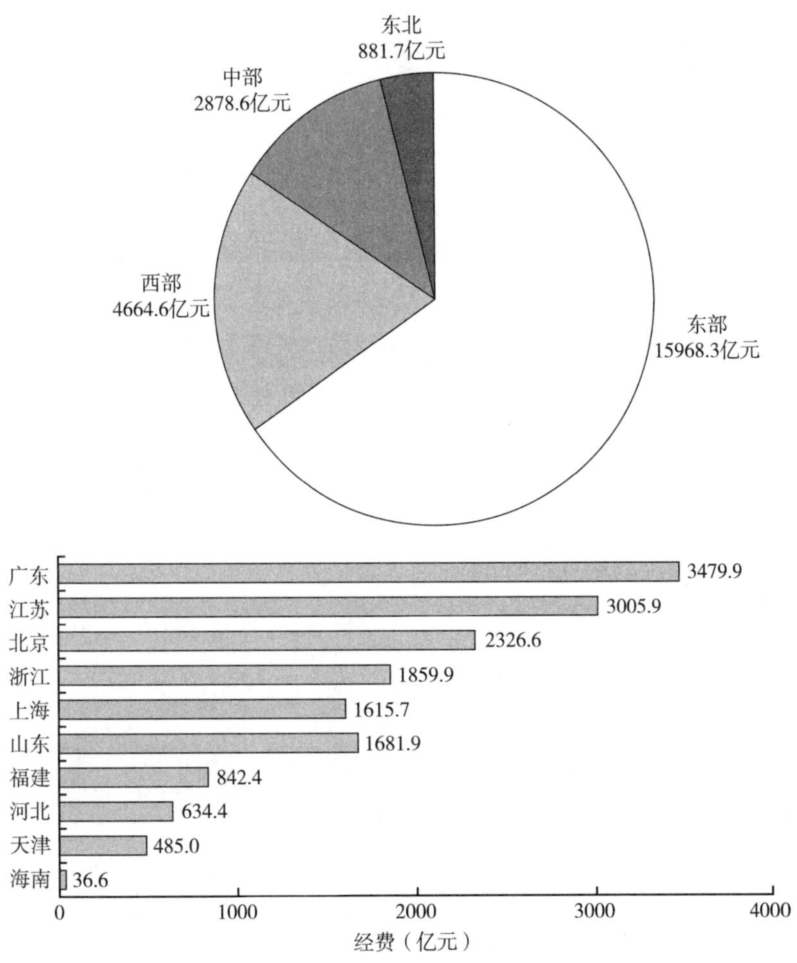

图 1-1-3 2020 年各地区 R&D 经费情况

数据来源:《2020 年全国科技经费投入统计公报》

（2）R&D 人员投入

我国 R&D 人员数量继续增长，高学历人员比重上升，研发人员素质进一步提高。按全时当量统计，2020 年我国 R&D 人员（全时当量）总量为 523.5 万人年，比 2019 年增加 43.4 万人年，增速为 9.05%，图 1-1-4 总结了“十三五”期间我国 R&D 人员全时当量与增速。

按研究性质分，R&D 活动可以分为试验发展、应用研究和基础研究三大类，2020 年 R&D 人员全时当量为 523.5 万人年，按照从事的研究类型分，占比最大的是从事试验发展的 R&D 人员，总量为 416.5 万人年，占比 79.56%，从事应用研究的人员为 64.3 万人年，占 12.28%，从事基础研究的人员为 42.7 万人年，占比 8.16%（图 1–1–5）。

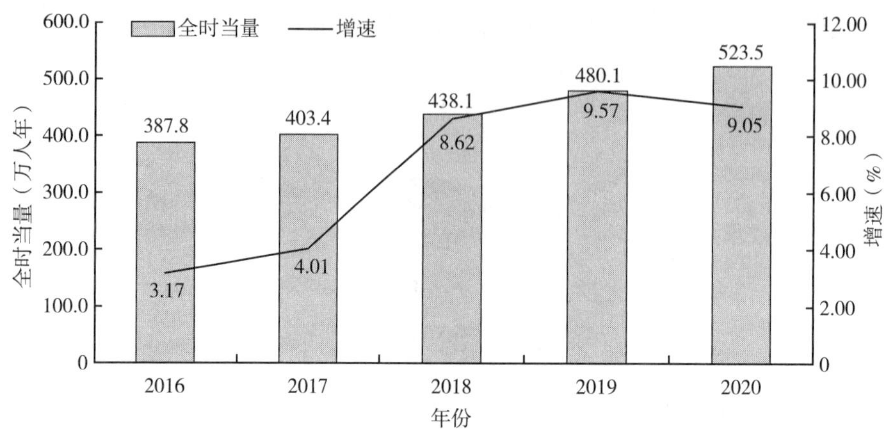

图 1–1–4 “十三五”期间我国 R&D 人员全时当量与增速

数据来源:《中国统计年鉴 2021》

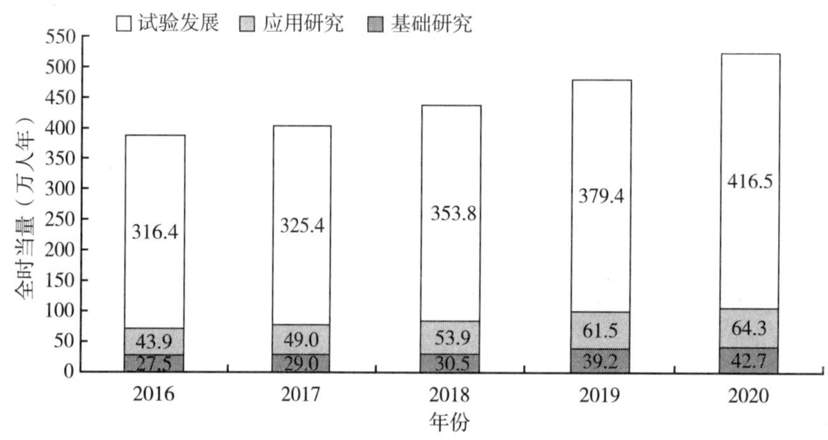

图 1–1–5 “十三五”期间 R&D 人员从事研究类型分布

数据来源:《中国统计年鉴 2021》

“十三五”期间，三类研究人员数量均保持稳定增长的态势，其中，2019—2020 年，基础研究人员增加 3.5 万人年，增速为 8.9%；应用研究人员增加了 2.8 万人年，增速为 4.6%；试验发展人员增加了 37.1 万人年，增速为 9.8%。

“十三五”期间，我国研发人力投入强度保持着逐年稳定增长态势，图 1–1–6 总结了“十三五”期间中国每万人口中的 R&D 人员和 R&D 研究人员，万名就业人员中 R&D 人员数从 2015 年的 48.5 人年 / 万人上升到 2019 年的 62.0 人年 / 万人，年均增长 6.4%。万名就业人员中 R&D 研究人员数从 2015 年的 20.9 人年 / 万人上升到 2019 年的 27 人年 / 万人，年均增速 6.7%，比同期万名就业人员中 R&D 人员年均增速高 0.3 个百分点。

在国际上，我国研发人力投入强度指标在国际上仍处于落后水平。根据经济合作发展组织（OECD）统计（图 1-1-7），2019 年欧盟每万名就业人员的 R&D 人员数量为 140 人年，多数发达国家的每万名就业人员的 R&D 人员数量仍然是中国的 2 倍以上。

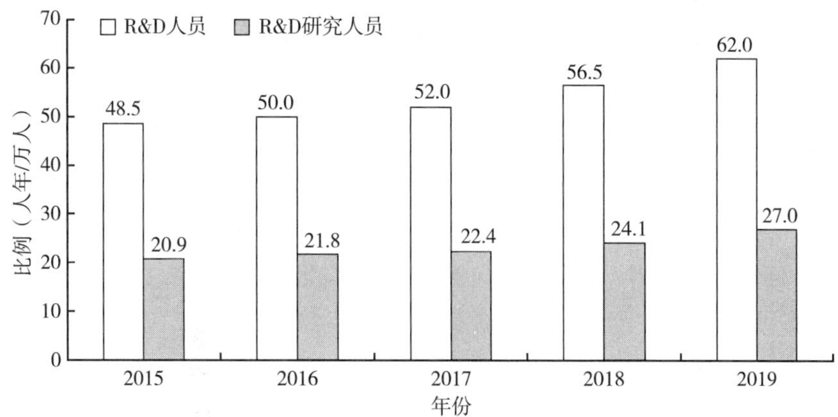

图 1-1-6　2015—2019 年中国万名就业人员中 R&D 人员和 R&D 研究人员比例

数据来源：《中国科技统计年鉴 2020》

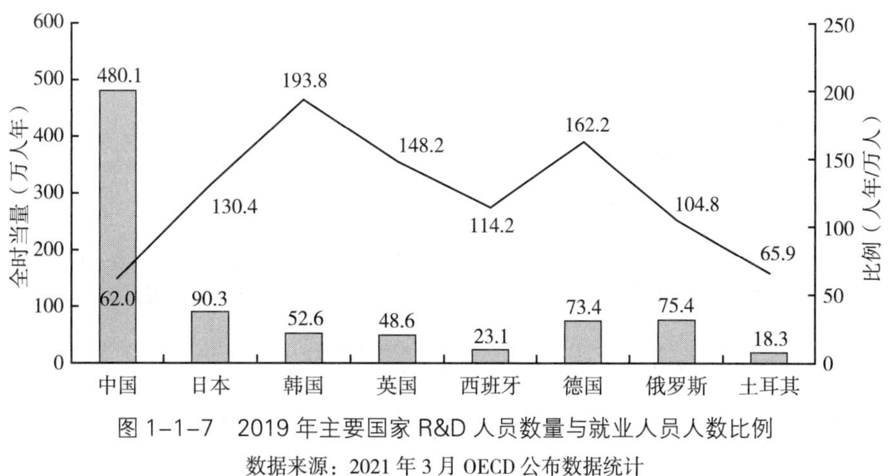

图 1-1-7　2019 年主要国家 R&D 人员数量与就业人员人数比例

数据来源：2021 年 3 月 OECD 公布数据统计

2. 项目资助略有波动

（1）国家自然科学基金

国家自然科学基金的定位是“资助基础研究和科学前沿探索，支持人才和团队建设，增强源头创新能力”。基础研究决定科技创新的深度和广度，国家自然科学基金为全面培育我国源头创新能力作出了重要贡献，成为我国支持基础研究的主要渠道。

2020 年，国家自然科学基金委员会启动了自然科学基金中长期和“十四五”发展战略的编制工作，克服疫情困难，完善多项管理政策机制，优化资助计划，有力推动我国基础研究发展与人才队伍建设。

2020 年自然科学基金财政预算 289.2 亿元（图 1-1-8），比 2019 年减少 22.2 亿元。

2020 年度共受理来自全国 2369 家单位的 28.12 万份申请，批准资助各类项目 45656 项，项目批准总经费为 336.33 亿元，其中：资助项目直接费用 283.03 亿元，核定项目间接费用 53.30 亿元。“十三五”期间，国家自然科学基金投入由 2016 年的 248.7 亿元增长至 2020 年的 289.2 亿元，资助投入年均增长率 4.1%。

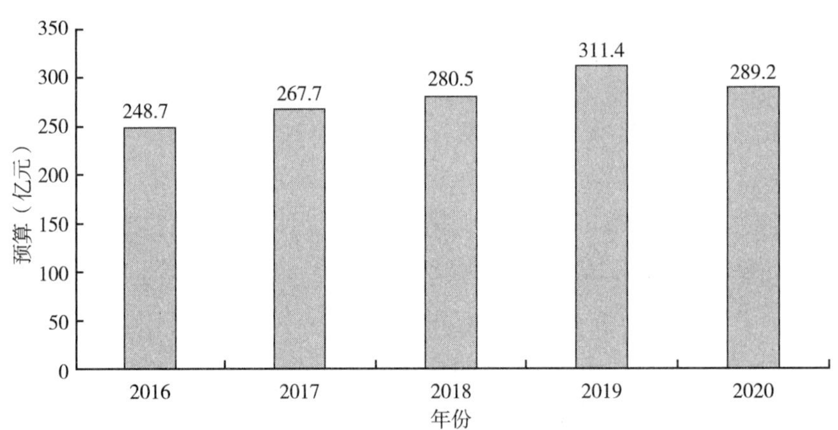

图 1–1–8 “十三五”期间国家自然科学基金历年财政预算情况

数据来源：《国家自然科学基金委员会 2020 年度报告》

2019 年国家自然科学基金资助（统计口径为面上项目、青年科学基金项目、地区科学基金项目、重点项目、国家杰出青年科学基金项目、海外及港澳台合作研究基金以及优秀青年基金项目）最多的 3 个学部分别是医学科学部、工程与材料学部和生命科学部。图 1–1–9 为 2019 年国家自然科学基金批准项目资助资金各学部分布情况。

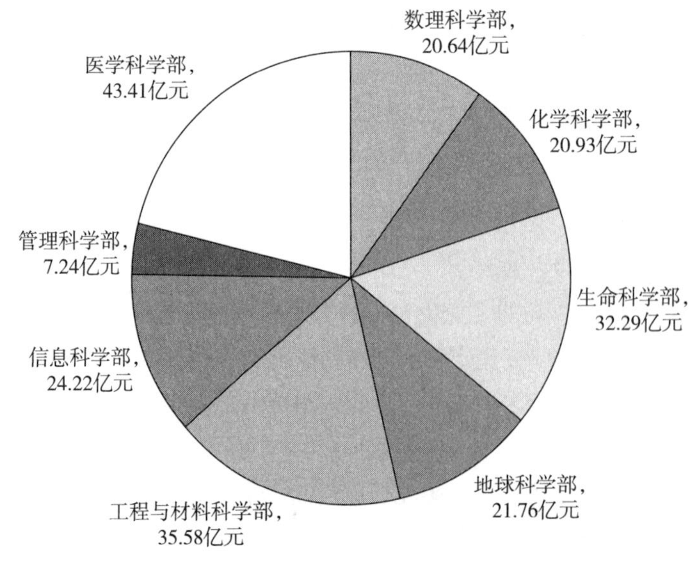

图 1–1–9 2019 年国家自然科学基金各个学部批准项目资助资金分布情况

数据来源：《国家自然科学基金委员会 2020 年度报告》

2019年和2020年自然科学基金资助包括面上项目、重点项目、重大项目、重大研究计划项目、国际（地区）合作研究项目、青年科学基金项目、地区科学基金项目、优秀青年科学基金项目、国家杰出青年科学基金项目、创新研究群体项目、联合基金项目、国家重大科研仪器研制项目、基础科学中心项目、专项项目、数学天元基金项目、外国青年学者研究基金项目、国际（地区）合作交流项目共17个项目类型，图1-1-10总结了2020年国家自然科学基金各类型项目资助额度情况。

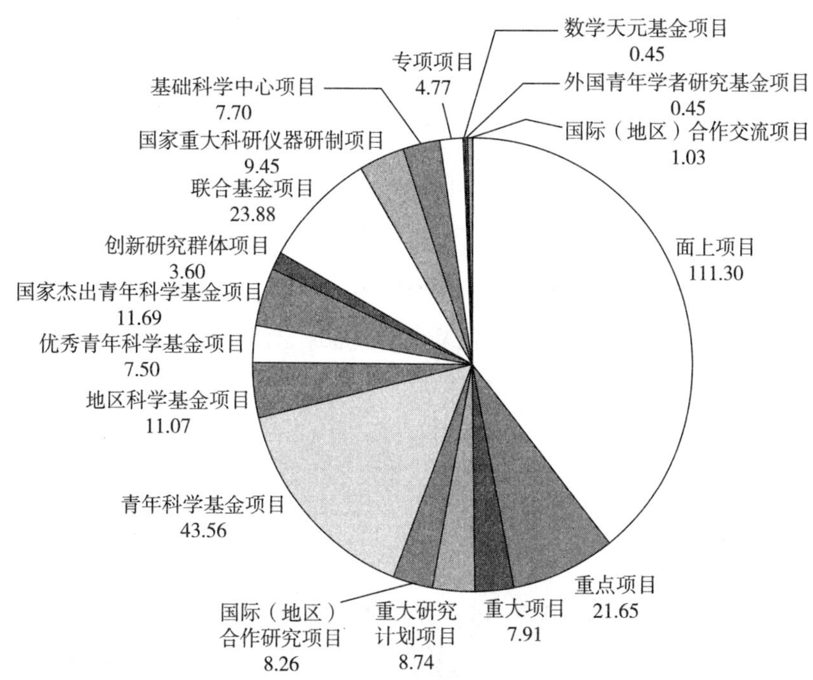

图1-1-10　2020年国家自然科学基金各类型项目资助额度情况（单位：亿元）

数据来源：《国家自然科学基金委员会2020年度报告》

随着国家自然科学基金改革的深入，在促进学科深度交叉融合、协同创新、学科发展，推动若干重要领域或者科学前沿取得突破等方面，基金的资助规模和力度持续扩大，如表1-1-4所示。为加强国家重大战略需求领域布局，重点支持前沿领域重大科学问题研究，国家自然科学基金委员会优先支持战略性关键核心技术相关的基础科学研究，加强源头部署。

表1-1-4　“十三五”期间面上项目情况

批准年度	项目执行期	项目数量（件）
2016	2017—2020	16934
2017	2018—2021	18136

续表

批准年度	项目执行期	项目数量（件）
2018	2019—2022	18947
2019	2020—2023	18995
2020	2021—2024	19357
合计	—	92369

数据来源:《国家自然科学基金委员会 2020 年度报告》。

面上项目是自然科学基金最早设立的项目类型，支持科学技术人员在国家自然科学基金资助范围内自主选题，开展创新性的科学研究，促进各学科均衡、协调和可持续发展。面上项目由众多单个项目组成，在自然科学基金各项目类型中，面上项目资助项目数量最多，广泛覆盖各学科领域。

重大研究计划项目的定位是围绕国家重大战略需求和重大科学前沿，加强顶层设计，凝练科学目标，凝聚优势力量，形成具有相对统一目标或方向的项目集群，促进学科交叉与融合，培养创新人才和团队，提升我国基础研究的原始创新能力，为国民经济、社会发展和国家安全提供科学支撑。重大研究计划于 2001 年试点实施，2006 年开始正式实施。2015 年，国家自然科学基金委员会委务会议通过《国家自然科学基金重大研究计划管理办法》，规定了重大研究计划的定位、目标、立项、申请及实施管理等主要内容，为重大研究计划的实施提供制度保障。2020 年部分重大研究计划如表 1–1–5 所示。

表 1–1–5　2020 年部分重大研究计划

序号	重大研究计划名称	主管科学部	批准时间
1	第二代量子体系的构筑和操控	数理	2020 年 8 月
2	极端条件电磁能装备科学基础	工程与材料	2020 年 8 月
3	未来工业互联网基础理论与关键技术	信息	2020 年 8 月
4	组织器官再生修复的信息解码及有序调控	医学	2020 年 8 月
5	冠状病毒 – 宿主免疫互作的全景动态机制与干预策略	医学	2020 年 12 月

数据来源：根据科技部网站整理。

（2）国家重点研发计划

国家重点研发计划是国家科技计划管理改革后实施的最新科技计划，由科技部管理的国家重点基础研究发展计划（“973”计划）、国家高技术研究发展计划（“863”计划）、国家科技支撑计划、国际科技合作与交流专项，国家发展和改革委员会、工业和信息化部共同管理的产业技术研究与开发资金，农业农村部、国家卫生健康委员会等 13 个部门管理的公益性行业科研专项等整合而成。

国家重点研发计划由中央财政资金设立，面向世界科技前沿、面向经济主战场、面向国家重大需求，重点资助事关国计民生的农业、能源资源、生态环境、健康等领域中的重大社会公益性研究，事关产业核心竞争力、整体自主创新能力和国家安全的战略性、基础性、前瞻性重大科学问题、重大共性关键技术和产品研发以及重大国际科技合作等，加强跨部门、跨行业、跨区域研发布局和协同创新，为国民经济和社会发展主要领域提供持续性的支撑和引领。表 1-1-6 为 2019 年部分国家重点研发计划专项资助情况。

到 2020 年，通过国家重点研发计划的组织实施，在现代农业、节能环保和新能源、产业转型升级、资源环境和生态保护、人口健康、新型城镇化、战略性前瞻性重大科学问题等领域，研究形成一批重大科学成果，研究开发一批重大技术系统以及重大战略产品，为经济社会发展提供强有力的科技支撑。

表 1-1-6　2019 年国家重点研发计划部分重点专项学科领域及经费资助情况

序号	项目名称	项目数	中央财政经费（万元）
1	科技冬奥（定向）	21	39866
2	干细胞及转化研究	14	32802
3	物联网与智慧城市关键技术及示范	11	21481
4	大科学装置前沿研究	8	15787
5	全球气候变化及应对	9	12651
6	量子调控与量子信息（定向）	4	9660
7	纳米科技	8	8683
8	蛋白质机器与生命过程调控	5	8340
9	海洋环境安全保障（定向）	3	4936
10	量子调控与量子信息	7	4666
11	蛋白质机器与生命过程调控（定向）	1	2358

数据来源：根据科技部网站整理。

截至 2021 年 7 月 30 日，已批准实施的国家重点研发计划“十三五”重点专项 69 个，多数专项已实施，立项项目达 3500 多项，中央财政经费投入近 760 亿元，数万家单位参与，项目牵头申报单位基本覆盖全国所有的省、自治区和直辖市。这些专项代表着国家重点发展的学科领域。“十四五”国家重点研发计划重点专项 2021 年拟支持 784 个项目 / 方向，国拨经费总计约 197 亿元，表 1-1-7 为 2021 年已启动项目情况。

表 1-1-7 “十四五”部分国家重点研发计划重点专项 2021 年已启动项目一览

序号	项目名称	拟支持项目、任务方向	拟国拨经费概算（亿元）
1	数学和应用研究	1）数据科学与人工智能的数学基础 2）科学与工程计算方法 3）复杂系统的分析、优化、博弈与调控 4）计算机数学理论与算法 5）基础数学重大前沿问题	1.45
2	干细胞研究与器官修复	1）干细胞命运调控 2）基于干细胞的发育和衰老研究 3）人和哺乳类器官组织原位再生 4）复杂器官制造与功能重塑 5）疾病的干细胞、类器官与人源化动物模型等	4.4
3	生物大分子与微生物组	1）生物大分子与生命活动维持及调控关系等方面的基本科学原理 2）标准微生物组及其与宿主 / 环境作用对生命活动影响的原理与机制 3）结构生物学、蛋白质组学等方向的新技术和新方法	4.43
4	纳米前沿	1）单纳米尺度等前沿科学探索 2）纳米尺度制备核心技术研究 3）纳米科技交叉融合创新	4.5
5	催化科学	1）催化基础与前沿交叉 2）催化剂创制 3）催化原位动态表征与模拟 4）可再生能源转换的催化科学 5）化石资源转化的催化科学 6）环境友好与碳循环的催化科学	4.5
6	工程科学与综合交叉	1）极端制造领域 2）可再生能源领域 3）交通工程领域 4）海洋领域 5）医工领域	3.475
7	大科学装置前沿研究	1）粒子物理 2）核物理 3）强磁场及极端条件 4）天文学 5）先进光源、中子源及前沿探索 6）交叉科学与应用	5.15
8	信息光子技术	1）光通信器件及集成技术 2）光计算与存储技术 3）光显示与交互技术	3.5
9	高性能计算	高性能计算机研发	0.75

数据来源：根据科技部网站整理。

3. 高校投入持续加大

全国高校研发经费投入持续增长。2020 年，高等学校 R&D 经费 1882.5 亿元，比 2019 年增 4.8%；其中，基础研究经费 724.8 亿元，应用研究经费 964.2 亿元，试验发展经费 193.5 亿元。全国基础研究经费中，高等学校占 49.4%；应用研究经费中，高等学校占 35.0%。全国科学研究经费（基础研究经费与应用研究经费之和）中，高等学校占 39.9%，比 2019 年略有上升。

政府资金是高等学校 R&D 经费的最大来源。2020 年，高等学校 R&D 经费中，政府资金为 1128 亿元，企业资金为 666 亿元，其他资金共 88.5 亿元，分别占高等学校 R&D 经费的 59.9%、35.4% 和 4.7%。2005 年至今，高等学校 R&D 经费中政府资金的占比一直最大，基本保持在 54% 以上。

高等学校 R&D 人员持续增加。2020 年，高等学校 R&D 人员全时当量为 61.5 万人年，比 2019 年增长 8.8%，占全国 R&D 人员全时当量的比重为 11.8%。

2019 年，全国高校科研共 1188769 项目（课题），经费支出共 1154 亿元，占总经费的 64.2%。按课题来源分，政府科技项目最多，共 603681 项，占比 50.8%，其次为企业委托科技项目占比 24.0%，自选科技项目占比 14.8%，以及其他科技项目占比 10.2%，来自国外的科技项目仅占比 0.2%。按合作形式分，绝大部分课题由高校独立完成，占比 77.6%。其他课题与境内外高校企业的合作占比均低于 4%。

三、学科建设体系

国家布局交叉学科门类，原创探索新科研范式，持续推进“双一流”建设，不断完善学科建设体系。学科本就是为研究问题而出现，随着新一轮科技革命和产业变革加速演进，面对人类社会发展中的重大科技问题愈来愈趋向综合化、复杂化的趋势，从多个视角来看问题才能看到问题的实质，促进多学科交叉、渗透、融合，加速“双一流”建设进程，越来越成为学科建设的重要方式和解决问题的新模式，交叉研究在基础研究中日益发挥重要作用，对于提升我国科技竞争力与突破“卡脖子”约束意义重大。

1. 国家布局增设交叉学科门类

新时代是交叉科学的时代。党中央、国务院高度重视交叉学科发展。2016 年，习近平总书记在全国科技创新大会、两院院士大会、中国科协第九次全国代表大会上提出“厚实学科基础，培育新兴交叉学科生长点”。2018 年，习近平总书记在北京大学考察时指出“要下大气力组建交叉学科群”。继而，教育部、国家自然科学基金委员会持续加强面向重大战略需求和新兴科学前沿交叉领域的统筹和部署，鼓励个性发展，打破传统禁锢观念，推动深度交叉融合，努力形成新的学科增长点和新的研究范式，推动新兴交叉领域取得重大原创突破，为国家培养变革性交叉科学人才，为促进我国基础研究高质量发展，建设世界科技强国作出应有贡献。

2018 年 8 月，教育部、财政部、国家发展和改革委员会三部委联合印发的《关于高等学校加快“双一流”建设的指导意见》，对当前高校落实“双一流”建设总体方案和实施办法提出具体指导，进一步明确建设高校的责任主体、建设主体、受益主体地位，引导高校深化认识，转变理念，走内涵式发展道路，确保实现建设方案的目标任务。针对学科建设，指导意见指出要明确学科建设内涵，坚持人才培养、学术团队、科研创新“三位一体”。突出优势与特色，分层分类推进学科建设，着眼于提高关键领域原始创新、自主创新能力和建设性社会影响。在学科育人方面，要以学科建设为载体，以人才培养为中心，强化科研育人，推进实践育人，加强创新创业教育。同时要打造高水平学科团队和梯队，完善开放灵活的引育机制，构建以学科带头人为领军、以杰出人才为骨干、以优秀青年人才为支撑，衔接有序、结构合理的人才团队和梯队。在创新学科组织模式方面，提出着重围绕大物理科学、大社会科学为代表的基础学科，生命科学为代表的前沿学科，信息科学为代表的应用学科，组建交叉学科，促进哲学社会科学、自然科学、工程技术之间的交叉融合。

2020 年 9 月，教育部学位管理与研究生教育司公布了学位授予单位（不含军队单位）自主设置二级学科和交叉学科名单，名单中共涉及 449 所高校，其中，各高校自设交叉学科 547 个。2020 年 10 月 30 日，国家自然科学基金委员会时隔 11 年成立第九大学部——交叉科学部，初步建立交叉科学领域项目自主管理体系和相应管理办法，基金单列从资源上保障了新兴的交叉学科建设发展研究可以获得稳定的经费支持。2021 年 1 月，国务院学位委员会、教育部印发通知，新设置“交叉学科”门类，使之成为我国第 14 个学科门类，目前下设两个一级学科，分别是“集成电路科学与工程”和“国家安全学”[①]。设置建设交叉学科是我国为解决“卡脖子”技术约束问题所采取的主动突破路径。在学科专业目录上直接体现，为新知识提供一种制度化的发展平台和合法身份，健全新时代高等教育学科专业体系，以增强学术界、行业企业、社会公众对交叉学科的认同度，为交叉学科提供更好的发展通道和平台，进一步提升对科技创新重大突破和重大理论创新的支撑能力。

交叉学科是一个容易产生新的科学和重大突破的学科，在众多学科的边缘或交叉点上常常会有某个领域新理论、新发明、新工程技术的产生或出现。在交叉学科建设进程中，“双一流”高校抢先布局，截至 2020 年 6 月底，自设交叉学科数（310 个）占全国自设交叉学科总数（547 个）的 56.67%。其中，一流大学建设高校共有 153 个交叉学科，占比 27.97%；一流学科建设高校共有 157 个交叉学科，占比 28.70%。交叉学科建设高校类型多样，涵盖理工类、综合类、师范类、财经类、医药类、政法类等 11 类。理工类高校共设置 196 个交叉学科，占比 35.83%。综合类高校共设置 189 个交叉学科，占比 34.55%。

① 教育部. 大力发展交叉学科 健全新时代高等教育学科专业体系——国务院学位委员会办公室负责人就《国务院学位委员会 教育部关于增设“交叉学科”门类、“集成电路科学与工程”和“国家安全学”一级学科的通知》答记者问［EB/OL］.（2021-01-13）. http://www.moe.gov.cn/jyb_xwfb/s271/202101/t20210113_509682.html.

据教育部公布的《学位授予单位（不含军队单位）自主设置二级学科和交叉学科名单》显示，截至2020年6月，完成交叉学科备案的高校共有160所，交叉学科共计547个。

从支撑学科间的交叉关系来看，计算机科学与技术和控制科学与工程、工商管理和应用经济学间的交叉关系最为紧密。同时，计算机科学与技术和信息与通信工程、材料科学与工程和化学工程与技术、生物学和临床医学、中国语言文学和中国史的交叉关系也较为紧密。

“智能+”、文化、医学成为热门交叉方向，随着我国数据科学的加紧布局，数据科学、人工智能等领域迎来了重大发展机遇，“智能+”逐渐融入制造、教育、医疗、交通等领域。随着文化产业的发展与革新和社会对医疗领域人才需求的增长，文化领域和医学领域成为热门的交叉方向，表1-1-8总结了部分大学在“智能+”、文化、医学领域的交叉学科设立情况。

表1-1-8 部分大学在“智能+”、文化、医学领域自主设置交叉学科名单

类型	学校	学科设置	包含学科
智能+	同济大学	智能科学与技术	控制科学与工程、计算机科学与技术、信息与通信工程、数学、物理学
	北京航空航天大学	人工智能	计算机科学与技术、软件工程、控制科学与工程、机械工程、交通运输工程
	西北工业大学	智能无人系统科学与技术	航空宇航科学与技术、兵器科学与技术、计算机科学与技术、信息与通信工程、管理科学与工程
文化	南京大学	艺术文化学	哲学、社会学、中国语言文学、世界史、戏剧与影视学
	中国传媒大学	文化产业	新闻传播学、艺术学理论、音乐与舞蹈学、戏剧与影视学、设计学
	福建师范大学	台湾文化研究	中国语言文学、中国史、音乐与舞蹈学、戏剧与影视学、美术学
医学	北京协和医学院	医学信息学	生物医学工程、基础医学、临床医学、公共卫生与预防医学、图书情报与档案管理
	吉林大学	医学信息学	计算机科学与技术、临床医学、公共卫生与预防医学、公共管理、图书情报与档案管理
	厦门大学	健康大数据与智能医学	计算机科学与技术、临床医学、生物学、管理科学与工程、物理学

资料来源：根据教育部网站整理。http://www.moe.gov.cn/jyb_xxgk/s5743/s5744/A22/202108/W020210820551678552765.pdf。

多学科交叉创新重要性前所未有。搭建交叉学科发展特区、交叉学科中心等国家级平台，聚焦关键领域核心技术，培养一批关键领域核心技术高层次人才，更好地解决“卡脖子”问题。学科交叉不能等同于交叉学科，为构建规范有序、相互衔接的交叉学科发展制度体系，2021年11月国务院学位委员会印发了《交叉学科设置与管理办法（试行）》，其中明确交叉学科是多个学科相互渗透、融合形成的新学科，具有不同于现有一级学科范畴的概念、理论和方法体系，已成为学科、知识发展的新领域。教育部建立放管结合的设置机制，坚持高起点设置，高标准培育，建立了先探索试点、成熟后再进目录的机制，由学位授权自主审核单位依程序自主开展交叉学科设置试点，先试先行，探索复合型创新人才培养的新路径。

在世界百年未有之大变局和新冠肺炎疫情全球大流行的交织影响下，我国经济正处于由高速增长阶段向高质量发展阶段转变的关键期，我国科技正面临从经典信息技术时代的跟随者和模仿者，转变为未来信息技术引领者的机遇期。一场以人、机器和资源间实现智能互联为特征的新科技革命正在蓬勃兴起，物理世界和数字世界、产业和服务之间的界限日益模糊，尤其是基础科学与技术的强交叉融合性孕育着重大突破。《“十四五”规划》中，明确提出将瞄准人工智能、量子信息、集成电路、生命健康、脑科学、生物育种、空天科技、深地深海等前沿领域，实施一批具有前瞻性、战略性的国家重大科技项目。信息、生命、制造、能源、空间、海洋等的原创突破为前沿技术、颠覆性技术提供了更多创新源泉，学科之间、科学和技术之间、技术之间、自然科学和人文社会科学之间日益呈现交叉融合趋势，这些前沿领域，将是未来全球科技竞争中的关键领域，更是新的科技革命和产业革命背景下的最核心领域。

2. 各地自主交叉学科和一流专业建设

北京市教育委员会开展了面向在京高校的 99 个高精尖学科和 100 个一流专业建设。2020 年 7 月，高精尖计划进入第二个建设周期。为了更好地推动高精尖中心建设，北京市教育委员会修订印发了《北京高等学校高精尖创新中心建设管理办法》。该办法提出以服务北京和国家创新驱动发展战略为出发点，以机制体制改革为重点，抓住国际创新要素加快转移、重组的机遇，坚持自主创新、重点跨越、支撑发展、引领未来的方针，整合中央在京高校、市属高校和国际创新资源三方力量，打造高精尖中心。高精尖中心主要建设领域在战略必争领域、基础科学、交叉前沿、战略性新兴产业和哲学社会科学等领域和方向上重点建设。2021 年预算安排 36505 万元，其中高精尖学科建设 21356.8 万元，一流专业建设 15148.2 万元。

上海市教育委员会自 2014 年推出了高峰学科和高原学科建设计划。根据学科发展水平及对接经济社会发展需求现状，面向国际学术前沿方向，瞄准国家和上海市重大发展战略需求，分类设置建设目标，配以相应的投入和保障政策，重点建设一批国内领先、国际一流的高峰学科和若干高峰方向（领域）；通过上海高等学校一流学科、知识服务平台和智库等项目的持续建设，引导高等学校根据社会需求进一步优化学科结构，凝练学科发展重点，努力提高学科建设水平，形成一批特色鲜明、贡献突出的高原学科，努力提升上海高等学校学科整体水平。

2021 年 6 月，上海市教育委员会、上海市财政局、上海市发展和改革委员会关于印发《上海市加快推进世界一流大学和一流学科建设实施方案（2021—2025 年）》的通知，提出推动学科交叉融合，鼓励高校打破现有学科边界，集聚优势资源形成关键领域先发优势。持续推进高峰、高原学科建设，实施“攀峰”“筑原”行动；支持高校用好学科交叉融合的“催化剂”，推进新工科、新医科、新农科、新文科建设，增设文理、理工、医工等交叉融合的新专业，增设服务人工智能、集成电路、生物医药等上海重点产业领域相关的专业。

交叉学科建设环境有待改善，院系设置带有明确的学科界限，不利于交叉学科教学与研究的开展。同时，院系之间缺乏有效沟通与协作，使得学科之间的交叉合作研究难以推进。师资管理考评机制固化，交叉类研究成果的认定和收益的分配事关教师的考评晋升和职业发展，需制定更为灵活的交叉学科人事管理制度和绩效考评机制。

3. 基础前沿交叉探索新科研范式

基础科学中心项目是国家自然科学基金委员会迄今定位最高的科学基金项目，着力推动学科深度交叉融合，瞄准学科前沿，发挥科学基金优势，依靠高水平学科带头人，稳定支持优秀的人才队伍，占领国际科学发展的制高点。项目自 2016 年设立至今总体资助情况见表 1-1-9，可分为两个阶段：第一阶段，试点启动实施（2016—2018 年），每年资助 2～3 项基础科学中心项目，资助周期采取 5+5 模式，5 年资助直接费用为 1～2 亿元，在实施期满 5 年时，组织评审委员会进行评估，决定是否给予第二个 5 年的延续支持；第二阶段，优化调整（2019 年至今），优化基础科学中心项目资助管理，增加资助指标，每年 15 项，每个科学部 1～2 项。截至 2021 年 8 月，基础科学中心项目设立以来，共资助 37 项基础科学中心项目，资助总额达到 42 亿元。其中，2020 年度基础科学中心项目接受申请 54 项，批准资助 13 项，具体资助与申请情况见表 1-1-10，部分立项情况见表 1-1-11。资助项目总量维持不变，但单项资助金额较之以往大幅下降。

表 1-1-9　2016—2021 年基础科学中心项目总体资助情况

年份	资助项数	资助金额（万元）		
		直接费用	间接费用	总计
2016	3	51170.00	5873.12	57043.12
2017	4	73000.00	8919.32	81919.32
2018	4	75000.00	8536.94	83536.94
2019	13	102000.00	12482.08	114482.08
2020	13	77000.00	9352.36	86352.36
合计	37	378170.00	45163.82	423333.82

数据来源：科学基金共享服务网。

表 1-1-10　2020 年度基础科学中心项目按科学部统计申请与资助情况

学部名称	申请项数	资助项数	直接费用（万元）
数理科学部	8	1	6000.00
化学科学部	8	2	12000.00
生命科学部	6	2	12000.00
地球科学部	7	1	6000.00
工程与材料科学部	7	2	12000.00
信息科学部	7	2	12000.00
管理科学部	6	1	5000.00
医学科学部	5	2	12000.00
合计	54	13	77000.00

数据来源：科学基金共享服务网。

表 1-1-11　2020—2021 年部分基础科学中心立项情况

序号	立项年份	项目名称	牵头单位	项目负责人
1	2020	功能介孔材料	复旦大学	赵东元
2	2020	人工光合成	中国科学院大连化学物理研究所	李灿
3	2020	基础能源物理的科学问题	中国工程物理研究院	孙昌璞
4	2020	超常调制特种金属材料	西北工业大学	魏炳波
5	2020	多场多体多尺度耦合及其对海工装备性能与安全的影响机制	中国海洋大学	李华军
6	2020	气候系统预测研究中心	南京信息工程大学	王会军
7	2020	数字经济时代的资源环境管理理论与应用	湖南工商大学	陈晓红
8	2020	能量代谢与健康	上海交通大学医学院附属瑞金医院	黄荷凤
9	2020	生物信息流的解码与操控	中国科学院分子植物科学卓越创新中心	何祖华

资料来源：科学基金共享服务网。

前沿科学中心是以前沿科学问题为牵引，开展前瞻性、战略性、前沿性基础研究的科技创新基地。强化鼓励开展“从 0 到 1”研究的导向，支持非共识和交叉融合创新。教育部 2018 年开始推出《高等学校基础研究珠峰计划》，批准清华大学、北京大学等 14 所高校依托“双一流”学科建设了 14 个前沿科学中心，包括脑科学、量子科学、合成生物、航空发动机、下一代移动通信技术等前沿领域。根据计划，到 2025 年，总体批准建设 40 个左右的前沿科学中心。

重大研究计划注重学科交叉。2018—2020 年度重大研究计划项目资助情况见表 1-1-12。例如，2021 年度重大研究计划中“冠状病毒 – 宿主免疫互作的全景动态机制与干预策略”

项目，鼓励申请人采用免疫学和多学科交叉的研究手段，注重临床医学与流行病学、比较医学与疾病动物模型、数学、信息学和人工智能、化学、材料科学、药学、地球科学等领域的合作。

表 1-1-12　2018—2020 年度重大研究计划项目资助情况

年度	重大研究计划	申请项数	资助项数	资助直接费用（万元）
2018	29	3347	513	88320.70
2019	28	3145	526	100150.46
2020	33	2780	460	87399.96

数据来源：国家自然科学基金委员会网站。

为进一步提升原始创新能力，促进学科交叉融合，适应科学研究范式变革，激励面向国家重大需求的引领性原创探索，2020 年国家自然科学基金委员会设立原创探索计划项目。除了管理科学部和交叉科学部，2020 年国家自然基金委员会共资助 53 项，资助直接费用达 11234.18 万元，总体资助情况见表 1-1-13，具体见表 1-1-14 和表 1-1-15。

表 1-1-13　2020 年度原创探索计划项目资助情况

项目类别	资助项数	资助直接费用（万元）
专家推荐类	35	6407.72
指南索引类	18	4826.46
合计	53	11234.18

数据来源：国家自然科学基金委员会网站。

表 1-1-14　2020—2021 年度专家推荐类原创探索项目资助情况（部分）

学部	序号	项目名称	负责人	依托单位	资助经费（万元）	年度
数理科学部	1	血管壁内组织液界面流动和循环动力学研究	殷雅俊	清华大学	280	2020
	2	解景观的计算方法与应用	张　磊	北京大学	100	
	3	新型非常规高温超导体的综合探索	曹光旱	浙江大学	200	
	4	力学驱动的纳尺度三维结构及电子器件组装	张一慧	清华大学	190	
	5	含氢二维钙钛矿基闪烁体辐射反响机理及脉冲快中子探测技术研究	刘林月	西北核技术研究院	300	
生命科学部	1	固氮根瘤共生招募胚胎干细胞程序的机制研究	王二涛	中国科学院上海生命科学研究院	300	2020
	2	临近细胞遗传操控技术的建立及其应用	周　斌	中国科学院上海生命科学研究院	300	

续表

学部	序号	项目名称	负责人	依托单位	资助经费（万元）	年度
生命科学部	3	形态发生素体外诱导胚胎和器官生成	徐鹏飞	浙江大学	300	2020
	4	镜像 DNA 信息存储	朱　听	清华大学	300	
	5	细胞坏死自主释放生物大分子重塑胞外微环境	孙丽明	中国科学院上海生命科学研究院	280	
	6	动物细胞中重组植物特异免疫通路潜在的抑癌及抗病毒肌理和应用研究	杜　鹏	北京大学	297	
地球科学部	1	地球大龟裂：基于热力学的地球演化动力学模型	唐春安	大连理工大学	143	2020
	2	地球轨道卫星对月观测研究	吴昀昭	中国科学院紫金山天文台	140	
	3	极端海洋新矿物的发现及其资源环境意义	束今赋	北京高压科学研究中心	90	
工程与材料科学部	1	有机自旋晶体管研究	孙向南	国家纳米中心	80	2020
	2	液浮粉末床增材制造技术研究	林　峰	清华大学		
	3	大跨径高速铁路桥梁车 – 桥动力互馈灾变预警理论研究	伊廷华	大连理工大学		
	4	血管内捕获并同步杀死循环肿瘤细胞——阻遏肿瘤转移的新途径探索	李春霞	山东大学	60	
	5	单原子流体升温降温协同解吸 CO_2 的能量传递优化和反应传热传质机理	余云松	西安交通大学		
	6	基于层间强化机制的自组装式高韧性水化硅酸钙凝胶的制备原理与方法	周　扬	东南大学		
医学科学部	1	人体组织液界面流动网络的循环功能和结构研究	李宏义	北京医院	300	2020
	2	基于同步辐射生物成像的组织液流动的微纳结构研究	诸　颖	中国科学院上海高等研究院	270	
	3	间质通道及与中医经络关系的研究	张维波	中国中医科学院针灸研究所	300	
	4	噬菌体靶向肠道共生菌干预肥胖探索	刘瑞欣	上海交通大学	100	
	5	利用自噬小体绑定化合物特异性降解生物大分子的研究	鲁伯埙	复旦大学	300	
	6	东莨菪碱神经阻滞治疗银屑病的机制研究	王宏林	复旦大学	300	
	7	靶向核周线粒体控制心力衰竭的机制研究	李　俊	上海交通大学	200	
	8	基于微肿瘤模型开展肿瘤异质性分子机制研究	席建忠	上海交通大学	200	
	9	联合肝脏分隔和门静脉结扎的二步肝切除术（ALPPS）治疗肝癌中肝脏快速再生与肿瘤转移复发防治的机制研究	周　俭	北京大学	300	

续表

学部	序号	项目名称	负责人	依托单位	资助经费（万元）	年度
医学科学部	10	肾周脂肪－下丘脑神经稳态致慢性高胆固醇血症的机制研究	孔祥清	复旦大学	300	2020
	11	RNA 颗粒重编程消除神经细胞的疾病易损性	白　戈	南京医科大学	200	
信息科学部	1	基于 f–D 跃迁的非掺杂型稀土化合物电致蓝光器件研究	唐　江	华中科技大学	100	2020
	2	超声神经调控的细胞选择性和生物物理机制研究	袁　毅	燕山大学	94	
	3	基于脑神经元信号传递机制的 6G 异构融合组网理论与资源动态协作方法	周海波	南京大学	100	
	4	锗铅合金材料外延生长及能带结构的基础研究	郑　军	中国科学院半导体研究所	100	
	5	面向新一代的人工智能存算一体数据库	寿黎但	浙江大学	100	
	6	自主意识学习	朱文武	清华大学	98	
	7	高灵敏高计数率全数字硅光电倍增器	谢庆国	华中科技大学	97.86	
	8	类脑计算完备系统的量化分析与比较	张悠慧	清华大学	97.86	

数据来源：国家自然科学基金委员会网站。

表 1-1-15　2020—2021 年指南索引类原创探索项目资助情况（部分）

学部	序号	项目名称	负责人	依托单位	资助经费（万元）	年度
信息科学部	1	面向可解释人工智能的复杂系统行为演化分析	韦　卫	北京航空航天大学	100	2020
	2	生物分子机器的智能设计与控制	汪小我	清华大学	96	
	3	基于知识塔的可解释神经网络	徐　迈	北京航空航天大学	100	
	4	人类细胞图谱复杂数据的智能表示理论与信息框架	张学工	清华大学	98.46	
	5	基于介科学的可解释学习模型及发票虚开检测实证应用	郑庆华	西安交通大学	100	
	6	基于介科学思想的气固复杂系统深度学习建模方法	郭　力	中国科学院过程工程研究所	100	
地球科学部	1	沉淀物知识图谱及其知识演化研究	胡锦棉	南京大学	496	2020
	2	矿产资源知识图谱与智能预测	成秋明	中国地质大学（北京）	497	
	3	含油气盆地岩相古地理解析与智能编图	侯明才	成都理工大学	496	
	4	图文书一体化的地学知识图构建与应用	王新兵	上海交通大学	499	
	5	地球科学知识图谱表示模式与群智协同构建	闾海荣	清华大学	494	

数据来源：国家自然科学基金委员会网站。

为了推进数学理论、方法与技术在人工智能辅助诊疗中的应用研究，推动数学在医学领域中的创新发展和应用落地，国家自然科学基金数学天元基金和人工智能与数字经济广东省实验室（广州）联合设立“数学与医疗健康交叉重点专项”。2020 年，围绕医学大数据应用的共性基础、典型重大疾病人工智能辅助诊疗的关键技术、分布式医疗设备的自主研发，开展数学理论、方法与技术的创新攻关研究，为医学大数据和人工智能的发展与应用落地提供创新模式，推动智联网医院建设，并为普惠医疗、分级诊疗的国家战略提供理论基础与技术支撑。2021 年，围绕疾病辅助诊断与辅助导航、肿瘤消融、脑病诊疗三个典型方向，开展数学理论、方法与技术的创新攻关研究，具体包括十大主题。近两年数学与医疗健康交叉重点专项攻关主题见表 1–1–16。

表 1–1–16 近两年数学与医疗健康交叉重点专项攻关主题

2020 年	2021 年
医学文本大数据标准化处理基础算法	支持病理诊断自动化的数学理论、方法与系统
支持区域医疗和分级诊疗的数据互操作与隐私保护数学技术	医生诊疗快速辅助支持系统
消化道胶囊内窥镜智能控制及病变识别的数学模型与算法	机器人辅助导航穿刺活检的数学技术
典型肺疾病的早期预警、病程演进建模与治疗方案优化	皮肤病智能辅助诊断的数学方法与系统
心脑血管堵塞救治中的溶栓风险评估与量化决策	恶性肿瘤预后预测中的数学方法与量化决策系统
小器官恶性肿瘤手术规划与术后评估的数学方法与演化建模	基于多模态影像融合的肿瘤精准消融方法与系统
基于多组学大数据的鼻咽癌个体化临床智能决策算法与支持系统	基于脑细胞外间隙途径药物分布与转运数学建模的脑卒中治疗
面向儿童脑发育障碍性疾病的神经机制建模与辅助诊疗算法	基于脑机接口技术的婴幼儿脑疾病诊疗数学方法与系统
分布式超快核磁共振成像的数学理论与算法	心梗后心脑血管事件早期预警及诊疗的数学建模与方法
超声医生手法模拟算法与机器人自主扫描关键技术	神经退行性疾病的多模态数据智能学习方法与早期识别

资料来源：国家自然科学基金委员会网站。

4.“双一流”建设稳步推进

“双一流”大学建设，包含建设世界一流大学和世界一流学科，是党中央、国务院作出的重大战略决策，对于提升我国教育发展水平、增强国家核心竞争力、奠定长远发展基础，具有十分重要的意义。2015 年，国务院发布《统筹推进世界一流大学和一流学科建设总体方案》。2017 年，教育部等三部委发布《统筹推进世界一流大学和一流学科建设实施办法（暂行）》。同年，教育部等三部委公布了世界一流大学和一流学科建设高校及建设学科名单。全国首批“双一流”大学名单共计 137 所，其中世界一流大学建设高校 42

所（A类36所，B类6所），世界一流学科建设高校95所，建设学科465个。

为贯彻落实《深化新时代教育评价改革总体方案》，加快“双一流”建设，促进高等教育内涵式发展、高质量发展，推进治理体系和治理能力现代化，2020年12月，教育部、财政部、国家发展和改革委员会制定了《“双一流”建设成效评价办法（试行）》。“双一流”建设成效评价是对高校及其学科建设实现大学功能、内涵发展及特色发展成效的多元多维评价，综合呈现高校自我评价、专家评价和第三方评价结果。成效评价由大学整体建设评价和学科建设评价两部分组成。大学整体建设评价，分别按人才培养、教师队伍建设、科学研究、社会服务、文化传承创新和国际交流合作六个方面相对独立组织，综合呈现结果；学科建设评价，主要考察建设学科在人才培养、科学研究、社会服务、教师队伍建设四个方面的综合成效①。目前，教育部正在会同财政部、国家发展和改革委员会推进首轮“双一流”建设成效评价工作，综合评价结果作为建设范围动态调整的主要依据。

四、学科平台建设

1.综合性国家科学平台：迈向国际科技创新中心

综合性国家科学中心是国家创新体系建设的基础，是国家科技领域竞争的重要平台。建设综合性国家科学中心，有助于汇聚世界一流科学家，突破一批重大科学难题和前沿科技瓶颈，显著提升中国基础研究水平，强化原始创新能力。2021年国务院总理在政府工作报告中明确提出：我国大力促进科技创新，建设国际科技创新中心和综合性国家科学中心②。《“十四五”规划》明确提出，加强原创性、引领性科技攻关；在事关国家安全和发展全局的基础核心领域，制定实施战略性科学计划和科学工程；持之以恒加强基础研究；强化应用研究带动，鼓励自由探索，制定实施基础研究十年行动方案，重点布局一批基础学科研究中心；建设重大科技创新平台；支持北京、上海、粤港澳大湾区形成国际科技创新中心，建设北京怀柔、上海张江、安徽合肥、大湾区综合性国家科学中心，支持有条件的地方建设区域科技创新中心③。

目前，至少八省市提出“十四五”期间创建综合性国家科学中心。在各省市近期公布的“十四五”规划建议中，2020年12月2日，湖北省委全会提出了“争创武汉东湖综合性国家科学中心”；2020年12月4日，四川省委全会提出了“推进综合性国家科学中心建设”“高标准规划建设西部（成都）科学城”；此外，南京、济南、杭州、兰州、沈阳

---

① 教育部. 教育部 财政部 国家发展改革委关于印发《“双一流”建设成效评价办法（试行）》的通知［EB/OL］.（2021-03-23）. http://www.moe.gov.cn/srcsite/A22/moe_843/202103/t20210323_521951.html.

② 国务院. 政府工作报告——2021年3月5日在第十三届全国人民代表大会第四次会议上［EB/OL］. http://www.gov.cn/zhuanti/2021lhzfgzbg/index.htm.

③ 新华社. 中华人民共和国国民经济和社会发展第十四个五年规划和2035年远景目标纲要［EB/OL］. http://www.gov.cn/xinwen/2021-03/13/content_5592681.htm.

等地也提出“十四五”期间创建综合性国家科学中心。以济南为例，其制定出台的《济南创建综合性国家科学中心中长期规划》明确指出，到 2025 年全面起势，聚齐综合性国家科学中心要件，全面打好坚实基础，到 2030 年高标准建成综合性国家科学中心，到 2035 年济南综合性国家科学中心走在全国前列。

综合性国家科学中心拥有重大科技基础设施群，也拥有国家级实验室、大科学装置，还具有国际影响力的创新型和研究型大学。2020 年初印发的《加强“从 0 到 1”基础研究工作方案》中，大湾区作为第四个综合性国家科学中心被写入国家五部委联合下发的文件，正式宣告着大湾区将迈入建设综合性国家科学中心新阶段。截至 2021 年 7 月，国内拥有四大综合性国家科学中心，即北京怀柔综合性国家科学中心、上海张江综合性国家科学中心、合肥综合性国家科学中心和大湾区综合性国家科学中心，四大综合性国家科学中心的规划与建设进展情况见表 1-1-17。

表 1-1-17　四大综合性国家科学中心的规划与建设进展情况

	北京怀柔综合性国家科学中心	上海张江综合性国家科学中心	合肥综合性国家科学中心	大湾区综合性国家科学中心
获批年份	2017 年 1 月	2016 年 2 月	2017 年 5 月	2020 年 1 月
相关规划	《怀柔科学城建设发展规划（2016—2020 年）》《“十四五”时期北京怀柔综合性国家科学中心发展规划》	《张江科学城建设规划》《上海市张江科学城发展“十四五”规划》	《合肥综合性国家科学中心实施方案（2017—2020 年）》	《中共中央国务院关于支持深圳建设中国特色社会主义先行示范区的意见》《深圳市人民政府关于支持光明科学城打造世界一流科学城的若干意见》《深圳光明科学城总体发展规划（2020—2035 年）》
目标使命	建设世界一流的综合性国家科学中心，打造世界级原始创新策源地	全球规模最大、种类最全、综合能力最强的光子大科学设施集聚地，成为中国乃至全球新知识、新技术的创造之地，新产业的培育之地	建设国家实验室、重大科技基础设施集群、交叉前沿研究平台、产业创新平台、“双一流”大学和学科“2+8+N+3”多类型 / 多层次的创新体系	以深圳为主阵地建设综合性国家科学中心，加快深港科技创新合作区、光明科学城、西丽湖国际科教城等平台建设，力争在关键核心技术攻关、战略性新兴产业发展等方面实现新突破
空间载体	“一核四区”，即核心区，科学教育区、科研转化区、综合服务配套区、生态保障区，规划面积约 41.2 平方千米	一心一核、多圈多点、森林绕城，总面积约 94 平方千米	三区：国家实验室核心区和成果转化区、大科学装置集中区、教育科研区	光明科学城：一心两区，规划面积约 99 平方千米

续表

	北京怀柔综合性国家科学中心	上海张江综合性国家科学中心	合肥综合性国家科学中心	大湾区综合性国家科学中心
科技基础设施	包含在用、在建29个科学设施平台：高能同步辐射光源、多模态跨尺度生物医学成像设施、综合极端条件实验装置、地球系统数值模拟装置、空间环境地基综合监测网共5个国家重大科技基础设施，以及11个科教基础设施和13个交叉研究平台	上海光源一期、国家蛋白质设施（上海）和在建的上海光源二期、超强超短激光实验装置、软X射线自由电子激光试验装置及用户装置等14个	包含全超导托卡马克、合肥同步辐射光源、稳态强磁场装置、聚变堆主机关键系统综合研究设施、未来网络试验设施（合肥分中心）、高精度地基授时系统（合肥一级核心站）、雷电防护与试验设施、先进光源、大气立体环境探测实验研究设施、强光磁实验设施共10个	未来网络基础设施、深圳国家基因库、国家超级计算深圳中心、材料基因组、精准医学影像、空间引力波探测、空间环境与物质作用研究、脑解析与脑模拟设施、合成生物研究设施
领域方向	物质、空间、地球系统、生命、智能	光子科学、计算科学、纳米科技、能源科技、生命科学、类脑智能	基础物理、量子科学、新能源、人工智能	生命科学、新材料、医学
运行机制	理事会 + 办公室	理事会 + 办公室	理事会 + 办公室	大湾区综合性国家科学中心建设领导小组

资料来源：根据四大科学中心规划建设相关通知信息整理（截至2021年9月）。

（1）北京怀柔综合性国家科学中心

北京怀柔综合性国家科学中心是北京建设具有全国影响力的科技创新中心的重要支撑，是世界级原始创新承载区。

2020年，怀柔科学城城市框架扎实起步。《怀柔科学城规划（2018年—2035年）》实施系统推进，国家和北京市在怀柔科学城布局的29个重大科技项目（5个大科学装置和24个科技研发平台）全部开工建设。已开工大科学装置建设进展上，截至2021年6月，高能同步辐射光源土建工程完成45.1%；多模态跨尺度生物医学成像设施土建工程完成41%；综合极端条件实验装置土建工程完成竣工验收，设备到货率达到48%，现场设备调试达28%；空间环境地基综合监测网（“子午工程”二期）土建工程完成86%。5个首批交叉研究平台完成土建竣工验收，设备采购完成70%以上，安装调试完成总量约在50%以上，其中先进光源技术研发与测试平台等3个项目计划2021年6月投入试运行。8个第二批交叉研究平台均已复工，其中国际子午圈大科学计划总部土建工程完成85%；介科学与过程仿真、分子科学、激光加速创新中心3个项目主体结构封顶，土建工程分别完成36%、36%和40%；脑认知机理与脑机融合平台土方工程基本完工、空地一体环境感知与智能响应和轻元素量子材料平台开始进行地下室工程施工、高能同步辐射光源配套楼已开工。

近两年来，北京怀柔综合性国家科学中心建设成效将初步显现，进入由建设为主转向了建设与运行并重的关键阶段。北京怀柔综合性国家科学中心已经成为全国重大科技基础设施和创新平台集聚度最高的区域之一：2021 年 8 月，高能同步辐射光源首台科研设备电子枪完成安装[①]。此次安装的首台设备——电子枪，位于高能同步辐射光源直线加速器端头，是加速电子产生的源头，采用全国产技术，自主设计，国内加工。电子枪由枪体、陶瓷桶、防晕环、阴栅组件四大部件构成，其中阴栅组件是电子枪的关键“卡脖子”部件。中国科学院高能物理研究所的科研人员通过多年技术攻关，成功解决一系列技术难题，目前已基本实现阴栅组件国产化。

2021 年 6 月，地球系统数值模拟装置在北京怀柔科学城落成启用。地球系统数值模拟装置的建成将服务于应对气候变化、生态环境建设、双碳愿景目标、防灾减灾等国家重大需求，为国际气候与环境谈判提供有力的科学支撑[②]。综合极端条件实验装置是怀柔综合性国家科学中心首个基建竣工验收并部分进入科研试运行阶段的国家重大科技基础设施。该设施将建设国际先进的集极低温、超高压、强磁场和超快光场等综合极端条件为一体的装置，提升我国在物质科学及相关领域的基础研究与应用基础研究综合实力。2021 年 7 月，综合极端条件实验装置完成竣工验收备案，全面进入设备安装调试阶段，预计于 2022 年 6 月整体建成并面向国内外用户开放使用。先进光源技术研发与测试平台项目（以下简称 PAPS）的平台科研设备部分进行了现场测试，完成了项目初验环节中的性能工艺测试及验收。PAPS 是北京怀柔综合性国家科学中心首批交叉研究平台中，首个通过性能工艺测试及验收的平台项目。

创新资源集聚效应凸显，部分装置设施平台进入科研状态并产出创新成果。“一装置两平台”——综合极端条件实验装置、材料基因组研究平台、清洁能源材料测试诊断与研发平台已率先启用，10 个课题组已开始进行科研攻关。目前，PAPS 项目已取得了多项成果，尤其是在 1.3GHz 9-cell 超导腔研制方面，达到了国际领先水平。北京怀柔综合性国家科学中心空间科学实验室挂牌后完成首个科学卫星发射任务，在西昌卫星发射中心用长征十一号运载火箭，以“一箭双星”方式将引力波暴高能电磁对应体全天监测器卫星（又称“怀柔一号”）送入预定轨道，发射获得圆满成功。“怀柔一号”科学卫星将全天监测引力波伽马暴、快速射电暴高能辐射等高能天体爆发现象，推动破解黑洞、中子星等致密天体的形成、演化奥秘。投入使用后，“怀柔一号”卫星的探测数据将下传到位于怀柔的中国科学院国家空间科学中心，供科学家开展科学研究。

（2）上海张江综合性国家科学中心

2020 年，张江综合性国家科学中心、张江科学城、张江示范区，初步建成集聚上海

---

① 中科院之声．高能同步辐射光源首台科研设备安装［EB/OL］．（2021-06-29）．https://www.cas.cn/zkyzs/2021/07/305/kyjz/202107/t20210706_4797098.shtml.

② 怀柔区人民政府网．“地球系统数值模拟装置”在怀柔科学城落成启用［EB/OL］．（2021-06-24）．http://www.bjhr.gov.cn/ywdt/rdgz/lbt/202106/t20210624_2420286.html.

最优质的科技创新资源，上海具有全球影响力的科技创新中心基本框架体系建设已接近完成。2021 年是“十四五”规划开局之年，张江科学城空间优化调整提质扩区，全面提升创新策源能力。7 月 15 日，《中共中央国务院关于支持浦东新区高水平改革开放打造社会主义现代化建设引领区的意见》公布；16 日，《上海市张江科学城发展“十四五”规划》印发，规划指出努力把张江科学城建设成为“科学特征明显、科技要素集聚、环境人文生态、充满创新活力”的国际一流科学城。

2020 年以来，张江科学城创新引擎全力做强，创新空间和载体建设深入推进。加快提升张江综合科学中心的集中度和显示度，全力建设国家实验室、省部共建国家重点实验室、长三角国家技术创新中心、国家重大科技基础设施等国家级科创基地和平台。首轮 73 个“五个一批”项目，除硬 X 射线项目外，均已完工；第二轮 82 个“五个一批”项目全部开工；目前正积极谋划第三轮项目，初步遴选 80 多个重大项目。

张江科学城建成和在建的国家重大科技基础设施达到 8 个。张江科学城的科学特征日益明显，重大科技基础设施和研发机构加速集聚，“从 0 到 1”的原始创新持续增加。上海光源一期累计提供实验机时 35 万小时，发表论文 6000 余篇；上海超级计算中心“魔方 i”“魔方 iii”全年提供计算资源 18748 万核小时；国家蛋白质科学研究（上海）设施累计提供实验机时 67.5 万小时，发表论文 1520 篇。与此同时，新建大科学设施进展顺利：上海超强超短激光实验装置正式建成并通过专家验收，上海光源二期新建 4 条线站调束出光，活细胞结构与功能成像等线站工程部分实验站已开展测试性实验。

在基础研究方面，高水平科技创新主体加快集聚。张江实验室和上海脑科学与类脑研究中心先后挂牌成立，李政道研究所、张江药物实验室、张江复旦国际创新中心、上海交通大学张江高等研究院、同济大学上海自主智能无人系统科学中心、浙江大学上海高等研究院、国家时间频率计量中心上海实验室等一批创新机构和平台落地张江。科学家在脑科学、基因与蛋白质、量子、纳米等前沿领域取得多项具有国际影响力的成果。2020 年，在国际顶尖学术期刊《科学》《自然》《细胞》发表论文 124 篇，比 2019 年增长 42.5%，占全国总数的 32%。获国家科学技术奖 52 项，占获奖总数的 16.9%。上海光源和蛋白质科学研究（上海）设施两项用户成果是：①上海科技大学的“首个新冠病毒蛋白质三维结构的解析及两个临床候选药物的发现”；②中国科学院分子细胞科学卓越创新中心的“抗原受体信号转导机制及其在 CAR-T 治疗中的应用”入选中国科协生命科学学会联合体公布的 2020 年度“中国生命科学十大进展”。上海张江综合性国家科学中心君实生物公司自主研发的抗 PD-1 单抗药物特瑞普利单抗注射液获得国家药品监督管理局批准，用于既往接受过二线及以上系统治理失败的复发 / 转移性鼻咽癌患者的治疗，成为全球首个获批鼻咽癌治疗的抗 PD-1 单抗药物，实现了该领域内免疫治疗零的突破。

（3）合肥综合性国家科学中心

2017 年 1 月，合肥综合性国家科学中心正式获批，成为全国第三个综合性国家科学中心[①]。合肥综合性国家科学中心聚焦信息、能源、健康、环境四大领域，建设由国家实验室、重大科技基础设施集群、交叉前沿研究平台和产业创新转化平台、“双一流”大学和学科组成的多类型、多层次的创新体系，使之成为代表国家水平、体现国家意志、承载国家使命的综合性国家科学中心。

合肥综合性国家科学中心获批启动建设四年来，不断取得新突破，基本建成综合性国家科学中心框架体系。合肥滨湖科学城实质运行，安徽创新馆建成使用。“十四五”期间，合肥综合性国家科学中心高水平推进能源、人工智能、大健康、环境科学等重大综合研究平台建设布局，着力推动建设国家实验室，合肥市还将争取国家布局基础学科研究中心，力争建设高水平新型研发机构 50 个。2020—2021 年，稳步推进空间载体建设。中国科学院量子信息与量子科技创新研究院、合肥离子医学中心、聚变堆主机关键系统综合研究设施、中国科大高新园区、地球和空间科学前沿研究中心工程、物质科学交叉前沿研究中心工程、医学前沿科学和计算智能前沿技术研究中心等在建重点项目稳步有序推进。

围绕四大领域，加快大科学装置优化布局建设。2020 年 6 月，国家重大科技基础设施 EAST 全超导托卡马克装置（又称“东方超环”）启动新一轮升级改造，历时一年，装置性能得到了全面提升，是 EAST 装置首次在国际上采用全金属主动水冷第一壁、高性能钨偏滤器、稳态高功率波加热、等离子体位形精密控制等一系列未来聚变堆必须采用的关键技术的验证。目前，EAST 装置是国际上唯一具备与国际热核聚变实验堆 ITER 类似加热方式和偏滤器结构的磁约束聚变实验装置，是唯一能在百秒量级条件上全面演示和验证 ITER 未来 400 秒科学研究的实验装置。2020 年 12 月，未来网络试验设施合肥分中心正式开通，该项目是合肥综合性国家科学中心第一批重点建设项目。分中心的建设内容包括以合肥为中心的 8 个城市的 13 个边缘网络节点、5000 个网络接入节点的合肥边缘网络试验站点、云数据中心、试验服务平台、创新实验中心、运行管控中心以及示范应用实例。合肥分中心的开通意味着首个未来智能科学与技术试验装置正式落地和启用，标志着国家未来网络试验设施正式具备智能网络试验服务能力，为我国智能网络创新成果跨越“成熟度壁垒”提供可复现、可测量、可验证的创新环境。2021 年 2 月，合肥市启动大科学装置集中区规划，把合肥先进光源等装置纳入国家重大科技基础设施规划。聚变堆主机关键系统综合研究设施园区项目已完成投资额约 19.08 亿元，项目于 2021 年 9 月底完工。

高水平研究机构等科技平台建设。目前合肥市与中国科学技术大学、中国科学院、清华大学等高校及科研院所合作，已经共建平台 26 个。2021 年 3 月，合肥综合性国家科学中心大健康研究院进入实质性组建阶段。2021 年 7 月，安徽省和中国科学院共建的合肥综合性国家科学中心能源研究院（安徽省能源实验室）成立。能源研究院重点部署煤炭清

① 安徽省人民政府网．国家点名大力推进合肥综合性国家科学中心建设［EB/OL］.（2021–03–10）. https://www.ah.gov.cn/zwyw/jryw/553964181.html.

洁高效利用、磁约束聚变、可再生能源以及智慧电力电网四个研究方向，统筹加强基础研究、应用基础研究、技术创新，带动能源领域科研力量优化布局和自主创新能力跃升，形成在能源技术发展领域拥有重要话语权和影响力的战略科技创新力量，争创国家实验室，打造面向世界科技前沿的"航母级"研究平台。

原始创新力不断加强，重大科研成果不断涌现。加强前瞻性基础研究和关键核心技术攻关，在量子科学、磁约束核聚变、类脑科学、生命科学、生物育种、空天科技等前沿基础领域，形成更多引领性原创成果。2021 年 5 月 28 日，东方超环物理实验实现了可重复的 1.2 亿度 101 秒等离子体运行和 1.6 亿度 20 秒等离子体运行，再次创造托卡马克实验装置运行新的世界纪录①。将去年 EAST 装置物理实验实现的 1 亿度 20 秒的世界纪录提高了 5 倍，表明 EAST 装置综合研究能力获得重大突破，标志着我国在稳态高参数磁约束聚变研究领域引领国际前沿。强磁场科学中心研究团队利用稳态强磁场实验装置对糖尿病候选药物 FGF21 进行改造后制成 $FGF21^{SS}$，糖尿病小鼠实验结果表明 $FGF21^{SS}$ 表现出更加优异的降血糖、减体重效果，具有良好的成药性。相关研究成果发表于国际期刊《欧洲分子生物学组织报告》上。改造后，$FGF21^{SS}$ 表现出远优于 FGF21 的热稳定性；同时，糖尿病小鼠实验结果表明 $FGF21^{SS}$ 展现出了更高的生物学活性：在炎症脂肪细胞中，能够逆转由炎症因子引起的细胞胰岛素抵抗，恢复对胰岛素的敏感性；在治疗肥胖小鼠的糖尿病实验中，具有优秀的降血糖、减体重和降低血清胰岛素的能力，并且优于 FGF21。由于 $FGF21^{SS}$ 的热稳定性高，有利于药物的制作、存储以及运输，同时其降血糖活性功能有较大提高，可有效减少给药次数，极大改善糖尿病患者的治疗方案。

（4）大湾区综合性国家科学中心

2019 年 8 月，《中共中央 国务院关于支持深圳建设中国特色社会主义先行示范区的意见》印发实施，明确提出支持深圳强化产学研深度融合的创新优势，以深圳为主阵地建设综合性国家科学中心，在粤港澳大湾区国际科技创新中心建设中发挥关键作用。2020 年 7 月，国家发展和改革委员会、科技部批复同意东莞松山湖科学城与深圳光明科学城共同建设大湾区综合性国家科学中心先行启动区。

2021 年，深圳出台《深圳市推进粤港澳大湾区建设 2021 年工作要点》《深圳市委全面深化改革委员会 2021 年工作要点》《深圳市建设大湾区综合性国家科学中心先行启动区实施方案（2020—2022 年）》《深圳市推进大湾区综合性国家科学中心建设 2021 年工作要点》多项政策文件，公布了《深圳光明科学城总体发展规划（2020—2035 年）》。依据规划，至 2022 年年底，综合性国家科学中心核心框架基本形成。

光明科学城核心片区范围重大项目 36 个，总投资 912 亿元。截至 2021 年 3 月，光明科学城建设项目共 28 个，总投资近 110 亿元，包括国家超级计算深圳中心二期等在内的

① 合肥综合性国家科学中心．EAST 装置实现重大物理实验成果［EB/OL］．（2021-05-28）．http://www.hfcnsc.cn/home/detail/3f9cfcfca5768db5d23e68fe645258df&A.

多个国家级科技创新平台体持续落地。光明科学城装置集聚区按“一主两副”空间规划，布局了大科学装置集群、科教融合集群、科技创新集群“三大集群”。脑解析与脑模拟、合成生物研究两大装置土建工程主体已于 2021 年 1 月正式封顶，精准医学影像设施、材料基因组正加快组织实施关键技术和设施研发；在集聚的高水平研究型大学和科研机构方面，光明区高起点高标准建设中山大学深圳校区、中国科学院深圳理工大学，支持紧密结合重大科技基础设施培育一批优势学科、打造国际一流研究型大学。

2020 年 7 月，松山湖科学城正式纳入粤港澳大湾区综合性国家科学中心先行启动区①。东莞发布《关于加快松山湖科学城创新发展的若干政策意见》，聚焦源头创新、技术创新、成果转化、企业培育、科技人才、科技金融、营造创新环境等七大方面，激发科技创新活力。该意见指出，松山湖科学城将围绕打造重大原始创新策源地、中试验证和成果转化基地、粤港澳合作创新共同体、体制机制创新综合试验区四大定位，建设成具有全球影响力的原始创新高地。中国散裂中子源、松山湖材料实验室一期项目等重大科技基础设施和创新平台已经入驻东莞松山湖科学城，集聚了 1000 多名科研人员，众多科技成果在东莞实现转移转化。2019 年 9 月 25 日，南方光源研究测试平台项目举行动工仪式；2020 年，中国散裂中子源束流功率提前达到 100kW 设计指标，成功研制我国首台自主研发加速器硼中子俘获治疗（BNCT）实验装置；松山湖材料实验室关于单晶铜的重要科研成果在国际顶尖学术期刊《自然》刊登，两项成果分别入选“2019 年度中国科学十大进展”和“2020 年中国重大技术进展”；2021 年 4 月，香港城市大学（东莞）、湾区大学（松山湖校区）开工建设。

2. 国家重点实验室：优化重组稳步推进

国家重点实验室是国家组织开展基础研究和应用基础研究、聚集和培养优秀科技人才、开展高水平学术交流、具备先进科研装备的重要科技创新基地，是国家创新体系的重要组成部分。国家重点实验室启动建设至今已有 38 年，国家重点实验室体系与建设是我国科学技术体制改革的重大举措，在统筹部署、适度新建、定期评估、择优支持、动态管理等创新制度的推动下，已成为我国组织开展高水平基础研究和前沿技术研究、聚集和培养优秀科学家、开展学术交流的重要基地，在科学前沿探索和解决国家重大需求问题方面均作出了突出贡献。

根据科技部、财政部下发的《关于加强国家重点实验室建设发展的若干意见》，到 2020 年，要基本形成定位准确、目标清晰、布局合理、引领发展的国家重点实验室体系，实验室经优化调整和新建，数量稳中有增，总量保持在 700 个左右。其中，学科国家重点实验室保持在 300 个左右，企业国家重点实验室保持在 270 个左右，省部共建国家重点实验室保持在 70 个左右。《中华人民共和国 2020 年国民经济和社会发展统计公报》数据显

① 新华社．大湾区综合性国家科学中心先行启动区（松山湖科学城）全面启动［EB/OL］．（2021–04–23）．http://www.gov.cn/xinwen/2021–04/23/content_5601577.htm.

示，截至 2020 年年末，正在运行的国家重点实验室 522 个。

（1）国家重点实验室建设

2019 年以来，国家和各部委相继出台了加强基础科学研究和国家重点实验室建设以及优化整合发展的意见文件。党的十九届四中全会《决定》和 2019 年、2020 年、2021 年政府工作报告都提出了“抓紧布局国家实验室，重组国家重点实验室体系”等内容；2020 年 3 月，科技部分别与中国科学院、中国工程院就“重组国家重点实验室体系方案”进行沟通交流。2021 年 5 月 28 日，习近平总书记出席中国科学院第二十次院士大会、中国工程院第十五次院士大会、中国科协第十次全国代表大会并发表重要讲话，再次提出了打造国家战略科技力量，积极参与国家实验室体系建设，推进国家重点实验室体系重组工作，服务国家创新体系整体效能提升。

2019—2020 年，科技部重点围绕网络信息、能源、海洋、物质科学、空天、人口与健康等重大创新领域布局了国家重点实验室建设，批准建设的国家重点实验室见表 1-1-18。为适应全媒体时代发展需求，推动媒体融合向纵深发展，强化科技支撑，经专家评审，科技部批准建设媒体融合与传播国家重点实验室、传播内容认知国家重点实验室、媒体融合生产技术与系统国家重点实验室、超高清视音频制播呈现国家重点实验室 4 个实验室；为加强疑难重症及罕见病科学研究，服务人民生命健康，批准建设疑难重症及罕见病国家重点实验室。

表 1-1-18　2019—2020 年批准建设的国家重点实验室

实验室名称	依托单位	主管部门	批准日期
媒体融合与传播国家重点实验室	中国传媒大学	教育部	2019 年 11 月 6 日
传播内容认知国家重点实验室	人民日报社人民网	人民日报社	
媒体融合生产技术与系统国家重点实验室	新华通讯社新媒体中心	新华通讯社	
超高清视音频制播呈现国家重点实验室	中央广播电视总台	中央广播电视总台	
疑难重症及罕见病国家重点实验室	中国医学科学院 北京协和医院	卫生健康委员会	2020 年 9 月 29 日

资料来源：科技部网站。

省部共建国家重点实验室是国家重点实验室体系的重要组成部分，是国家面向区域经济社会发展战略布局、解决区域创新驱动发展瓶颈问题、提升区域创新能力和地方基础研究能力的重要举措。省部共建国家重点实验室是国家区域创新体系的基础，对促进区域自主创新能力提升、深化科技体制改革、推进创新型国家建设具有深远意义。

2013 年启动建设省部共建国家重点实验室以来，截至 2021 年 8 月，正式批准的省部共建国家重点实验室共 53 个，2019—2021 年批准建设的省部共建国家重点实验室见表 1-1-19。省部共建国家重点实验室主管部门为共建各省科技厅、市科委、市科技局，批准的 53 个实验室中有 48 个依托单位为地方高校，仅有农业、林业、牧业等领域的 5 个实验室的依托单位为地方科研院所。

表 1-1-19　2019—2021 年批准建设的省部共建国家重点实验室

<table>
<tr><th>序号</th><th>实验室名称</th><th>依托单位</th><th>主管部门</th><th>批准日期</th></tr>
<tr><td>1</td><td>省部共建作物逆境适应与改良国家重点实验室</td><td>河南大学</td><td>河南省科技厅</td><td rowspan="2">2019 年 10 月</td></tr>
<tr><td>2</td><td>省部共建食管癌防治国家重点实验室</td><td>郑州大学</td><td>河南省科技厅</td></tr>
<tr><td>3</td><td>省部共建组分中药国家重点实验室</td><td>天津中医药大学</td><td>天津市科技局</td><td>2020 年 2 月</td></tr>
<tr><td>4</td><td>省部共建交通工程结构力学行为与系统安全国家重点实验室</td><td>石家庄铁道大学</td><td>河北省科技厅</td><td rowspan="2">2020 年 2 月</td></tr>
<tr><td>5</td><td>省部共建华北作物改良与调控国家重点实验室</td><td>河北农业大学</td><td>河北省科技厅</td></tr>
<tr><td>6</td><td>省部共建木本油料资源利用国家重点实验室</td><td>湖南省林业科学院</td><td>湖南省科技厅</td><td>2020 年 2 月</td></tr>
<tr><td>7</td><td>省部共建超声医学工程国家重点实验室</td><td>重庆医科大学</td><td>重庆市科技局</td><td rowspan="2">2020 年 3 月</td></tr>
<tr><td>8</td><td>省部共建山区桥梁及隧道工程国家重点实验室</td><td>重庆交通大学</td><td>重庆市科技局</td></tr>
<tr><td>9</td><td>省部共建西南特色中药资源国家重点实验室</td><td>成都中医药大学</td><td>四川省科技厅</td><td>2021 年 1 月</td></tr>
<tr><td>10</td><td>省部共建西南作物基因资源发掘与利用国家重点实验室</td><td>四川农业大学</td><td>四川省科技厅</td><td>2021 年 1 月</td></tr>
<tr><td>11</td><td>省部共建纺织新材料与先进加工技术国家重点实验室</td><td>武汉纺织大学</td><td>湖北省科技厅</td><td>2021 年 1 月</td></tr>
<tr><td>12</td><td>省部共建煤基能源清洁高效利用国家重点实验室</td><td>太原理工大学</td><td>山西省科技厅</td><td>2021 年 1 月</td></tr>
<tr><td>13</td><td>省部共建农产品质量安全危害因子与风险防控国家重点实验室</td><td>浙江省农业科学院、宁波大学</td><td>浙江省科技厅</td><td>2021 年 1 月</td></tr>
<tr><td>14</td><td>省部共建非人灵长类生物医学国家重点实验室</td><td>昆明理工大学</td><td>云南省科技厅</td><td>2021 年 1 月</td></tr>
<tr><td>15</td><td>省部共建碳基能源资源化学与利用国家重点实验室</td><td>新疆大学</td><td>新疆维吾尔自治区科技厅</td><td>2021 年 3 月</td></tr>
<tr><td>16</td><td>省部共建有机电子与信息显示国家重点实验室</td><td>南京邮电大学</td><td>江苏省科技厅</td><td>2021 年 3 月</td></tr>
</table>

资料来源：科技部网站。

企业国家重点实验室是国家技术创新体系的重要组成部分。《科技部 财政部关于加强国家重点实验室建设发展的若干意见》提出：大力推动企业国家重点实验室建设发展。截至 2020 年年底，正在建设和运行的企业国家重点实验室共 174 个（含前两批通过评估的 95 个，2015 年第三批 77 个和 2017 年批准建设 2 个）。当前企业国家重点实验室建设总量与规划的约 270 个尚有较大差距。

2006 年启动建设企业国家重点实验室以来，科技部先后启动和批准建设三批企业国家重点实验室，并于 2017 年 9 月—2018 年 6 月开展了前两批共 99 个企业国家重点实验室评估工作，评估认定半导体照明联合创新、高速铁路轨道技术、矿物加工科学与技术、电网安全与节能、乳业生物技术、光纤光缆制备技术、中药制药过程新技术、压缩机技术等25个实验室为优秀类国家重点实验室；固废资源化利用与节能建材、生物源纤维制造技术、煤矿安全技术、车用生物燃料技术、肉食品安全生产技术、数字多媒体芯片技术、中药制药共性技术、全断面掘进机共8个实验室限期整改，整改期为2年；风力发电系统、主要农作物种质创新、软件架构、高档数控机床共4个实验室未通过评估，不再列入国家重点实验室序列。2020年11月，科技部委托国家科技基础条件平台中心开展2015年批准建设的企业国家重点实验室建设运行情况总结工作。

企业国家重点实验室所属部门以地方科技厅和国务院国有资产监督管理委员会为主，其中地方科技厅占比约70%；国务院国有资产监督管理委员会占比约30%。领域分布较为均衡，主要集中在材料、制造、能源等8个领域。具体来说，材料领域43个，占实验室总数的24.71%；制造领域24个，占实验室总数的13.79%；能源领域24个，占实验室总数的13.79%；矿产领域23个，占实验室总数的13.22%；医药领域18个，占实验室总数的10.34%；农业领域16个，占实验室总数的9.20%；信息领域13个，占实验室总数的7.47%；交通领域13个，占实验室总数的7.47%。

（2）部级重点实验室建设

教育部重点实验室是国家科技创新体系的重要组成部分，在高校学科建设、人才培养、科技创新、培育国家级科研平台上发挥着重要作用。2016年11月，教育部科技司发布《关于征集“十三五”教育部重点实验室重点建设指南的通知》，文件提出“十三五”时期择优新建实验室70个左右，原则上不与国家和教育部已有布局重复、雷同。2018年，教育部共批准上海建设6个重点实验室。其中，地方高校仅上海大学和上海理工大学两所学校的实验室获批建设；2019年2月，同意安徽省8所高校8个教育部重点实验室立项建设，8所高校包括中国科学技术大学、合肥工业大学、安徽大学、安徽工业大学、淮北师范大学、安徽理工大学、安徽医科大学、安徽工程大学，上述高校各获批1个；2019年5月，批准海南师范大学数据科学与智慧教育教育部重点实验室立项建设。

为加强实验室管理，提升实验室创新能力和水平，根据《教育部重点实验室建设与管理办法》和《教育部重点实验室评估规则（2015年修订）》的要求，教育部重点实验室每年评估1～2个领域，每个实验室的评估周期为5年。“十三五”时期，教育部对生命科学、信息、材料、工程、化学化工、交叉、数理科学以及地球科学共8个领域502个实验室开展了评估工作，评估总体情况见表1-1-20。其中：2016—2019年，共有418个教育部重点实验室参与评估，其中优秀类实验室71个，良好类实验室306个，未通过类41个；2020年7月，教育部组织开展了对数理科学领域29个和地球科学领域55个共84个实验室评估工作，依托高校共66所。教育部根据定期评估结果，对实验室进行动态调整。未通过评估的实验室不再列入实验室序列，评估结果为优秀的实验室优先推荐申报国家科技创新基地。

表 1–1–20 “十三五”时期教育部重点实验室评估总体情况 （单位：个）

评估年度	评估领域	评估总量	评估结果		
			优秀	良好	未通过
2016	生命科学	156	26	116	14
2017	信息	56	10	41	5
2018	材料	49	8	36	5
	工程	96	17	69	10
2019	化学化工	51	9	36	6
	交叉	10	1	8	1
2020	数理科学	29	—	—	—
	地球科学	55	—	—	—

数据来源：教育部网站。

为进一步加强自然资源科技创新能力，更好支撑服务自然资源主责主业，依据《自然资源部科技创新平台管理办法（试行）》，组织开展自然资源部重点实验室新建工作。建实、建优、建强重点实验室，聚焦国家、行业和区域重大需求，突破自然资源关键科学理论和核心技术，为自然资源治理能力和治理体系现代化打造科技支撑力量。重点在国土空间生态保护修复、国土空间规划、自然资源调查监测、极地深海探测、地质灾害预报预警等应用基础研究和前沿技术研究以及大数据、人工智能、区块链等新兴技术在自然资源管理中的应用等急需、空白、交叉研究领域。2021 年 7 月，自然资源部办公厅公布自然资源部浅层地热能重点实验室等 42 个重点实验室建设名单。

（3）省级重点实验室建设

省级重点实验室是各省（市、自治区）区域性科技创新体系的重要科技基础设施和开展科技创新的重要基地。我国各省（市、自治区）着力开展重点实验室体系建设，为各省（市、自治区）整合优化科技创新资源，提高省（市、自治区）高能级创新平台的科技实力，争创国家级创新平台奠定了坚实基础。

浙江省已累计建设省级重点实验室（工程技术研究中心）370 家，国家重点实验室（工程技术研究中心）28 家，初步形成国家和省级重点实验室建设体系。浙江省科技厅印发《浙江省实验室体系建设方案》，到 2022 年，浙江省重点围绕“互联网 +”、生命健康两大世界科技创新高地建设和新材料等重点发展领域，基本形成由国家实验室、国家重点实验室、省实验室、省级重点实验室等共同组成的特色优势明显的实验室体系①。到 2022 年，围绕重点发展领域建设省实验室 10 家左右；到 2030 年，建成突破引领、学科交叉、综合集成、国际一流的高水平科技创新高地和产业支撑高地，形成战略性科技力量，全面提升浙江自主创新能力。

① 浙江省科学技术厅. 浙江省科学技术厅关于印发《浙江省实验室体系建设方案》的通知［EB/OL］.（2020–05–12）. http://kjt.zj.gov.cn/art/2020/5/12/art_1229080140_650868.html.

2020年，河南省科技厅建设河南省储能材料与过程重点实验室等23个学科类省级重点实验室和河南省智能康复设备重点实验室等12个企业类省级重点实验室，省级重点实验室总数达到240家①。新建的学科类重点实验室，吸引集聚了一批以中国科学院院士、国家杰青、中原学者、青年千人等优秀中青年人才担任实验室主任。比如，依托郑州大学建设的河南省晶态分子功能材料重点实验室，实验室主任由国家杰出青年科学基金获得者臧双全教授担任。依托河南工业大学建设的河南省小麦生物加工与营养功能重点实验室，实验室主任由中原学者黄继红教授担任。

3. 产学研融合平台：协同创新助推高质量发展

（1）多种国家级创新载体纷纷落地

为了弥补技术创新与产业发展之间的断层，促进实验室技术向实际产品转移转化，国家部署建立多种创新载体，如国家技术创新中心、国家工程研究中心、国家制造业创新中心等。2020年3月23日，科技部印发《关于推进国家技术创新中心建设的总体方案（暂行）》，提出围绕国家创新体系建设总体布局，形成国家技术创新中心、国家产业创新中心、国家制造业创新中心等分工明确，与国家实验室、国家重点实验室有机衔接、相互支撑的总体布局。部分创新载体建设情况统计分析见表1–1–21。

表1–1–21 部分创新载体建设情况统计分析

项目名称	部门	主要方向	至今总体建设数量（个）
国家产业创新中心	国家发展和改革委员会	产业升级和聚集	2
国家技术创新中心	科技部	科学到技术的转化	10
国家制造业创新中心	工业和信息化部	制造业升级	17
国家工程研究中心	国家发展和改革委员会	重点工程实施	127
国家企业技术中心	国家发展和改革委员会	企业设立研发机构	1636
国家绿色数据中心	工业和信息化部	绿色数据中心	60

资料来源：根据国家发展和改革委员会、科技部、工业和信息化部网站以及中国学位与研究生教育信息网资料整理。

备注：

1）2017年后，科技部、国家发展和改革委员会、财政部印发，不再批复新建国家工程实验室、国家工程技术研究中心。

2）国家技术创新中心数据为：2016年9月，科技部和国务院国有资产监督管理委员会批复同意中国中车集团、青岛市共同建设国家高速列车技术创新中心；2018年，科技部批复国家新能源汽车技术创新中心与国家合成生物技术创新中心两个中心建设方案；2020—2021年，京津冀、长三角、粤港澳大湾区3个综合类及国家新型显示技术创新中心、国家生物药技术创新中心、国家第三代半导体技术创新中心与国家川藏铁路技术创新中心4个领域类纷纷揭牌、组建。

3）依据2020年12月底，国家发展和改革委员会、科技部、财政部、海关总署、国家税务总局联合印发的《关于发布2020年（第27批）新认定及全部国家企业技术中心名单的通知》，国家企业技术中心为1636家、分中心为108家。

① 河南省科技厅．我省新建一批省级重点实验室［EB/OL］．（2020–11–16）．http://kjt.henan.gov.cn/2020/11-16/1891028.html.

国家工程研究中心是国家发展和改革委员会根据建设创新型国家和产业结构优化升级的重大战略需求，以提高自主创新能力、增强产业核心竞争能力和发展后劲为目标，组织具有较强研究开发和综合实力的企业、科研单位、高等院校等建设的研究开发实体。2021年，国家发展和改革委员会组织优化整合重组的 89 家工程研究中心中，仅有 38 家纳入新序列管理。

国家技术创新中心分为综合类和领域类两个类别进行布局建设。综合类创新中心围绕落实国家重大区域发展战略和推动重点区域创新发展，开展跨区域、跨领域、跨学科协同创新与开放合作，成为国家技术创新体系的战略节点、高质量发展重大动力源，形成支撑创新型国家建设、提升国家创新能力和核心竞争力的重要增长极。2020 年 12 月，科技部研究部署京津冀、长三角、粤港澳大湾区 3 个综合类国家技术创新中心建设工作。领域类创新中心围绕落实国家科技创新重大战略任务部署，开展关键技术攻关，为行业内企业特别是科技型中小企业提供技术创新与成果转化服务，提升我国重点产业领域创新能力与核心竞争力。2020—2021 年国家技术创新中心组建情况见表 1–1–22。

表 1–1–22　2020—2021 年国家技术创新中心组建情况

获批或揭牌时间	中心名称	地点	类型
2020 年 12 月	京津冀国家技术创新中心	北京	综合类
2021 年 4 月	粤港澳大湾区国家技术创新中心	广州	
2021 年 6 月	长三角国家技术创新中心	上海	
2021 年 3 月	国家新型显示技术创新中心	广州	领域类
2021 年 3 月	国家生物药技术创新中心	苏州	
2021 年 3 月	国家第三代半导体技术创新中心	苏州	
2021 年 5 月	国家川藏铁路技术创新中心	成都	

资料来源：根据科技部网站相关通知信息整理。

2021 年 3 月，国家新型显示技术创新中心获得科技部批准组建，它或将彻底改变中国乃至全球显示产业的发展走向。同月，科技部批复同意以苏州市生物医药产业创新中心为主体，联合国内外顶尖科研院所、高等院校、研发机构和创新型企业，共同建设国家生物药技术创新中心。4 月，粤港澳大湾区国家技术创新中心揭牌仪式在广州举行。6 月，长三角国家技术创新中心揭牌。5 月 23 日，国家川藏铁路技术创新中心在成都揭牌组建，聚焦川藏铁路建设运营工程需求，坚持以突破关键核心技术、实现重大科技创新成果产业化为使命，重点围绕川藏铁路工程建设、环境保护、灾害防护、装备研制、运营管理等任务，搭建技术创新平台，组织开展重大科技攻关和技术方案论证，构建大数据智能支持、检验检测和咨询培训等全链条服务体系，推进创新成果转化。

国家制造业创新中心建设是构建国家制造业创新体系的重要举措。2016 年启动制造业创新中心建设工程以来，发布了36个国家制造业创新中心建设重点领域。出台《制造业创新中心建设工程实施指南》《关于推进制造业创新中心建设　完善国家制造业创新体系的指导意见》《省级制造业创新中心升级为国家制造业创新中心条件》等文件，明确面向行业关键共性技术，创建一批制造业创新中心，开展市场化运作，提出统筹推进国家和省级两级创新中心建设思路，以创新中心为核心节点，构建多层次、网络化制造业创新体系，明确了省级制造业创新中心升级为国家制造业创新中心的条件。

2016年6月30日，我国首家制造业创新中心——国家动力电池创新中心正式成立，通过协同技术、人才、资金等资源，打通技术研发供给、商业化等链条，着力突破制约我国新能源汽车产业发展的最大技术瓶颈。截至2020年年底，已有农机装备、智能网联汽车、先进印染技术等领域17家国家制造业创新中心获批建设，以共建联合实验室、成立创新联合体等方式，打造高水平的创新合作模式。2020—2021年国家制造业创新中心如表1-1-23所示。

表1-1-23　2020—2021年国家制造业创新中心建设情况

获批时间	中心名称	地点	建设单位
2020年3月	国家稀土功能材料创新中心	包头	依托公司为国瑞科创稀土功能材料有限公司，公司股东单位包括江西理工大学、中国北方稀土（集团）高科技股份有限公司、江西铜业集团有限公司、中国南方稀土集团有限公司、中国科学院包头稀土研发中心等16家行业重点单位
2020年4月	国家集成电路特色工艺及封装测试创新中心	无锡	依托江苏华进半导体封装研究中心有限公司组建，股东包括江苏长电科技股份有限公司、南通富士通微电子股份有限公司、天水华天科技股份有限公司、深南电路股份有限公司、苏州晶方半导体科技股份有限公司和中国科学院微电子研究所等集成电路封测与材料领域的骨干企业和科研院所
2020年4月	国家高性能医疗器械创新中心	深圳	由中国科学院深圳先进技术研究院、深圳迈瑞生物医疗电子股份有限公司、上海联影医疗科技股份有限公司、先健科技（深圳）有限公司和哈尔滨工业大学等单位牵头组建
2020年6月	国家先进印染技术创新中心	青岛	依托山东中康国创先进印染技术研究院有限公司组建，核心建设单位包括山东康平纳集团、东华大学、青岛大学、传化智联股份有限公司、北京机科国创轻量化科学研究院、上海安诺其集团股份有限公司、鲁泰纺织股份有限公司、青岛即发集团等多家纺织印染行业骨干单位

资料来源：根据工业和信息化部官方网站相关通知信息整理。

为加快绿色数据中心建设，引领数据中心走高效、低碳、集约、循环的绿色发展道路，2021年1月，工业和信息化部、国家发展和改革委员会、商务部、国家机关事务管理局、银行保险监督管理委员会、国家能源局确定了60家2020年度国家绿色数据中心名单，其中通信领域21家、互联网领域25家、金融领域10家、能源领域1家、公共机构领域 3 家。目前，我国在用数据中心标准机架总规模超过 400 万架，总算力约 90EFLOPS，其中湖南省约 10 万架。围绕国家重大区域发展战略，已逐步形成京津冀、长三角、粤港澳大湾区、成渝等核心区域协调发展，内蒙古、贵州、湖南等地协同补充的发展格局。我国数据中心算力规模已基本满足各地区、各行业数据资源存储和算力需求，支撑我国经济社会数字化转型升级。

（2）国家产教融合试点示范引领

党的十九大报告明确提出深化产教融合。习近平总书记指示，“在全面建设社会主义现代化国家新征程中，职业教育前途广阔、大有可为”。国家发展和改革委员会、教育部等 6 部门印发的《国家产教融合建设试点实施方案》明确指出，通过 5 年左右的努力，试点布局 50 个左右产教融合型城市，在试点城市及其所在省域内打造一批区域特色鲜明的产教融合型行业，在全国建设培育 1 万家以上的产教融合型企业，建立产教融合型企业制度和组合式激励政策体系。

2021 年 7 月，国家发展和改革委员会办公厅和教育部办公厅联合印发通知，公布了首批 21 个国家产教融合试点城市和首批 63 个产教融合型企业名单。21 家国家产教融合试点城市分别为天津市津南区、河北省唐山市、辽宁省沈阳市、中国（上海）自由贸易区临港新片区、江苏省常州市、浙江省杭州市、浙江省宁波市、安徽省合肥市、福建省泉州市、江西省景德镇市、山东省济南市、山东省青岛市、河南省郑州市、湖北省襄阳市、湖南省长株潭城市群、广东省广州市、广东省深圳市、广西壮族自治区柳州市、四川省宜宾市、陕西省咸阳市、新疆维吾尔自治区巴音郭楞蒙古自治州；63 个产教融合型企业包括北京 18 个、上海 6 个，覆盖机械装备、能源化工、交通运输等传统产业，信息技术、生物医药、航空航天等战略性新兴产业，以及社会急需的养老等生活性服务业，既有“世界前沿、大国重器”，也有“专精特新、单项冠军”。

（3）产学研用平台深度融合

产学研深度融合，是深化科技体制改革的一项重要内容，在宏观层面能推动经济增长方式由要素驱动向创新驱动转变，在微观层面能实现企业、高校和科研院所等产学研主体的深度融合，形成创新合力。《中共中央关于制定国民经济和社会发展第十四个五年规划和二〇三五年远景目标的建议》指出，推进产学研深度融合，支持企业牵头组建创新联合体，承担国家重大科技项目。

产学协同上，教育部近年来开展实施产学合作协同育人项目。为深入贯彻《国务院办公厅关于深化产教融合的若干意见》精神，落实《教育部 工业和信息化部 中国工程院关于加快建设发展新工科 实施卓越工程师教育培养计划 2.0 的意见》要求，深化产教融合、校企合作，教育部组织有关企业和高校深入实施产学合作协同育人项目。2021 年 1 月，《教育部产学合作协同育人项目管理办法》，高质高效推进项目实施。教育部产学合作协同育人项目旨在通过政府搭台、企业支持、高校对接、共建共享，深化产教融合，促进教育链、人才链与产业链、创新链有机衔接，以产业和技术发展的最新需求推动高校人才培养改革。2021 年 3 月公布 2020 年度 9553 项，8 月公布 2021 年第一批产学合作协同育人项目依托于包括阿里云计算有限公司、华为技术有限公司、北京字节跳动科技有限公司、同方知网（北京）技术有限公司等 399 家公司共 9433 项。2021 年 12 月公布 2021 年第二批产学合作协同育人项目共 660 家公司立项 15168 项。

产业联动上，上海张江科学城围绕“张江研发 + 上海制造”，建立园区之间产业转移承接机制。目前，正在推动张江与奉贤、金山等园区在生物医药领域的产业联动。深圳湾实验室规划建设测序等九大科研平台，实验室 44 台仪器设备实现对外开放共享，2021 年上半年有效工作总机时约 1 万小时，支持中山大学附属第七医院、晶泰科技、科兴药业等 30 多家企事业单位共享大型科研设备开展科研工作，多措并举推动科学创新生态发展。深圳光明科学城统筹实施《光明区国家高新技术企业培育认定工作方案》，联动组织 13 场线上线下专题培训活动，2021 年首批申报国高企业数量达 499 家；新增市级企业科技创新平台 2 个，全区各级各类科技创新服务平台达 102 个；新增入驻留创园海归团队 12 个、入驻深港澳科技成果转移转化基地项目 11 个。东莞松山湖科学城，建立“学校 + 大科学装置（科研机构）+ 龙头科技企业”的“科教产合作共同体”，构建人才培养、基础研究、成果转化全过程合作链条。

科技成果转移转化基地加快建设，2019 年 2 月，教育部拟认定依托清华大学等 22 个中央所属高校的基地、首都师范大学等 25 个地方高校的基地为首批高等学校科技成果转化和技术转移基地。2020 年 9 月 8 日，教育部公布第二批高等学校科技成果转化和技术转移基地认定名单，认定北京市丰台区人民政府等 5 个地方和北京大学等 24 所高校为第二批高等学校科技成果转化和技术转移基地。

（4）新型研发机构遍地开花

新型研发机构作为顺应新一轮科技革命和产业变革的产物，立足于基础前沿研究、产业共性关键技术研发，作为支撑区域创新发展的新型载体，在盘活创新资源、实现创新链条有机重组，带动相关领域突破性发展，推动源头创新向新技术、新产品、新市场快速转化方面，发挥着越来越重要的作用。《“十四五”规划》提出，支持发展新型研究型大学、新型研发机构等新型创新主体，推动投入主体多元化、管理制度现代化、运行机制市场化、用人机制灵活化。《中共中央国务院关于构建更加完善的要素市场化配置体制机制的意见》提出，支持科技企业与高校、科研机构合作建立技术研发中心、产业研究院、中试基地等新型研发机构。这对于推动新型研发机构健康有序发展，具有重要的意义。近年来，新型研发机构建设受到各地高度重视，普遍视之为科技创新的“加速器”和“生力军”，目前已成星火燎原、遍地开花之势。

2020 年 4 月科技部的调查统计显示，全国已有 26 个省市出台了新型研发机构扶持政策，对机构的投资主体、功能定位、认定条件、经费支持、政策配套等作出明确规定。目前全国认定的新型研发机构已达 2069 家，其中超过 70% 集中在东部地区，广东、江苏、上海、浙江、北京等省市数量较多。注册类型包括事业单位、民办非企业和股份化企业三种类型和政府主导型、大学主导型和科研院所主导型三种运行模式[①]。

北京怀柔科学城新型研发机构建设形成九大模式[②]：①“整体搬迁 + 聚集人气”，北京市新型研发机构——北京纳米能源与系统研究所 2020 年 9 月整建制迁入怀柔科学城；②“顶尖领衔 + 团队引进”，国际著名数学家丘成桐院士领衔的北京市新型研发机构——北京雁栖湖应用数学研究院落户在北京金隅兴发公司地块改造成的高等研究机构集聚区；③“人才牵引 + 项目落地”，北京海创产业技术研究院正在推动多个成果转化项目；④“科教融合 + 供需对接”，中国科学院大学怀柔科学城产业研究院着力构建综合创新创业平台；⑤“央地合作 + 引入要素”，有色金属新材料科创园建成启用，13 家企业和机构正式入驻或者签署了入驻协议；⑥“专业机构 + 打造品牌”，创业黑马科创加速总部基地引导高端创新要素聚集怀柔；⑦“量身定制 + 空间保障”，海创硬科技产业园将现有腾退厂房改造成为科技企业孵化器；⑧“功能融合 + 学术生态”，北京怀柔综合性科学中心创新小镇努力建设要素完备、功能完善的创新创业示范区；⑨“头部企业 + 研发平台”，机械科学研究总院集团怀柔科技创新基地正在推进前期手续办理。

五、支撑基础条件

国家重大科研基础设施和大型科研仪器是用于探索未知世界、发现自然规律、实现技术变革的复杂科学研究系统，是突破科学前沿、解决经济社会发展和国家安全重大科技问题的技术基础和重要手段。我国大型科研仪器和重大科研基础设施整体上呈现较好的发展建设状况。大型科研仪器建设投入持续增加，重大科研基础设施建设势头强劲，科研仪器自主创新取得显著成效。近年来，大型科研仪器数量年均增长率和开放率均不断提高，大型科研仪器实现跨省域开放共享的比例逐年增加。

1. 科技基础设施展现后发优势

我国重大科研基础设施建设数量展现较强后发优势。世界各科技强国都清楚地认识到重大科研基础设施发展在国际科技竞争中的重要性，纷纷制定长远发展规划，把重大科研基础设施的发展作为提升和保持国际科技竞争优势的重要举措。中国虽然与发达国家相比起步较晚，但通过近年来持续地增大投入，目前无论在设施建设数量还是质量上，都在接近甚至超越部分发达国家，体现出较强的后发优势。

中国重大科研基础设施的发展，经历了从无到有、从小到大，从学习跟踪到自主创新的过程，规模持续增长，覆盖领域不断拓展。1988 年，中国科学院建成了中国第一个国家重大科研基础设施——北京正负电子对撞机。目前，中国重大科研基础设施已覆盖了

---

① 汝绪伟. 支持发展新型研究型大学、新型研发机构等新型创新主体［N］. 大众日报，2021-08-11.

② 科技日报. 北京怀柔科学城携“硬核”成绩单走向未来［N/OL］.（2021-02-25）. http://digitalpaper.stdaily.com/http_www.kjrb.com/kjrb/html/2021-02/25/content_463132.htm?div=-1.

包括物理学、地球科学、生物学、材料科学、力学和水利工程等20多个一级学科，对中国科技发展发挥着广泛的支撑作用。同时，重大科研基础设施集聚效应已经初步显现，北京、上海、合肥等地区已初步形成学科领域相对集中、布局比较合理的重大科研基础设施集聚态势，当前我国重大科研基础设施地域分布情况统计如表1-1-24所示。

目前经科技部批准建立的国家级超级计算中心有5个，分别位于天津、深圳、长沙、济南和广州。

表1-1-24　我国重大科研基础设施地域分布情况

	数量（个）	总原值（万元）		数量（个）	总原值（万元）
北京	17	205155.0	黑龙江	2	1429.0
天津	3	27074.0	安徽	3	94192.0
河北	1	23500.0	湖北	1	13385.0
辽宁	4	37368.0	湖南	1	86000.0
上海	8	370423.0	内蒙古	1	7325.0
江苏	3	4280.0	陕西	2	11229.0
浙江	2	4429.0	甘肃	2	57669.0
福建	2	72500.0	四川	1	89590.0
山东	10	235358.0	贵州	1	114959.0
广东	9	442950.0	云南	1	14800.0
海南	3	55407.0	西藏	1	22600.0
吉林	3	50372.0			

数据来源：根据重大科研基础设施和大型科研仪器国家网络管理平台整理。

中国科学院重大科技基础设施的建设稳步推进，涉及时间标准发布、遥感、粒子物理与核物理、天文、同步辐射、地质、海洋、生态、生物资源、能源和国家安全等众多领域，是承担我国重大科技基础设施建设和运行的主要力量。2021年，共有运行、在建设施30多个，这些设施按应用目的可分为三类：①为特定学科领域的重大科学技术目标建设的专用研究设施，如北京正负电子对撞机、兰州重离子研究装置等；②为多学科领域的基础研究、应用基础研究和应用研究服务的，具有强大支持能力的公共实验设施，如上海光源、合肥同步辐射装置等；③为国家经济建设、国家安全和社会发展提供基础数据的公益科技设施，如中国遥感卫星地面站、长短波授时系统等。中国科学院重大科技基础设施运行稳定，成果丰硕，极大提升了我国基础前沿研究水平，为多学科前沿研究提供先进的实验平台，为社会发展提供必不可少的保障，促进和拉动国家高新技术发展，为国家大型科研基地建设奠定基础，提升了参与国际合作的地位。

长三角是我国重大科技基础设施密度最高的区域之一。统计显示，2021年5月，长三角科技资源共享服务平台已集聚重大科学装置 22 个，科学仪器 35551 台（套），总价值超过 431 亿元。在此基础上，三省一市统筹推进科创能力建设、联合开展重大科技攻关。

2. 大型仪器使用效率提高

为进一步提高科研仪器使用效率，充分释放潜能，规范使用流程，全国各省市地区纷纷制定出台了关于科研基础设施与大型科研仪器面向社会开放共享相关政策文件。截至 2017 年年底，中国高校和科研院所大型科研仪器总量为 85173 台（套），原值合计 1251.2 亿元；大型科研仪器近一半分布在京津冀与长三角地区。然而，中国大型科研仪器的购置 72.8% 依赖进口。

2020 年 6—9 月，科技部、财政部会同有关部门，委托国家科技基础条件平台中心，组织开展了 2020 年中央级高等学校和科研院所等单位科研设施与仪器开放共享评价考核工作。考核对象涵盖 25 个部门 356 家单位，涉及原值 50 万元以上科研仪器共计 4.1 万台（套），其中原值 1000 万元以上的 341 台（套），涵盖同步辐射光源、加速器、科考船、风洞等重大科研基础设施 86 个①。

总体看来，与 2019 年相比，参评单位对开放共享更加重视，科研设施与仪器利用率进一步提升，支撑科技创新的成效更加显著。参评的科研仪器年平均有效工作机时为 1450 小时，纳入国家网络管理平台统一管理的仪器入网比例为 97%，90% 的参评单位建立了在线服务平台。参评的 86 个重大科研基础设施运行和开放共享情况较好，在支撑国家重大科研任务、推动产业技术创新、服务国家重大战略需求和国民经济持续发展等方面取得了显著成效。中国科学院生物物理研究所等 50 个单位管理制度规范，科研仪器设备运行使用效率高，对外开放共享成效明显，考核结果为优秀；华中师范大学等 100 个单位管理制度比较健全，运行使用效率较高，对外开放共享成效较好，考核结果为良好；中国科学技术大学等 197 个单位达到了开放共享的基本要求，考核结果为合格；中国热带农业科学院热带生物技术研究所等 9 个单位开放共享情况较差，存在重视不够、统筹管理不力、通用仪器利用效率低、制度建设缺失、实验队伍支撑薄弱等不足，考核结果为较差。同时，通过评价考核，也发现仍存在一些问题；一是部分大型仪器利用率不高，依然存在分散重复的问题；二是部分单位未按要求建立在线服务平台，仪器信息化管理水平不高；三是部分单位对仪器购置缺乏统筹，仍然存在仪器低效购置。

3. 科学数据资源加快推进

科学数据是开展科学研究和创新发现的重要基础性战略资源，开展科技计划项目科学数据汇交，规范科学数据的汇交管理、长期保存和共享应用，将有效解决科学数据分散重复的问题，促进科学数据的流转、利用和增值，推动科学研究和科技成果产出，提升数据生产者和持有者的影响力，极大发挥国家财政投入产出效益，提高我国科技创新、经济社

---

① 科技部. 科技部办公厅 财政部办公厅关于发布 2020 年中央级高校和科研院所等单位重大科研基础设施和大型科研仪器开放共享评价考核结果的通知［EB/OL］.（2020-11-23）. http://www.most.gov.cn/xxgk//xinxifenlei/fdzdgknr/qtwj/qtwj2020/202011/t20201128_169791.html.

会发展和国家安全支撑保障能力。2021 年 3 月，由国家科技基础条件平台中心牵头研究起草的《科技计划项目形成的科学数据汇交技术与管理规范》《科技计划项目形成的科学数据汇交通用数据元》《科技计划项目形成的科学数据汇交通用代码集》三项国家标准由国家标准化管理委员会正式发布。三项国家标准面对各级科技计划项目所形成的科学数据汇交的标准化需求，规范了科学数据汇交的原则、明确了汇交的管理主体与职责、确定了数据汇交的主要内容、提出了标准化的数据汇交流程，同时规范了通用数据元和通用代码集，对于规范科技计划项目科学数据汇交具有重要的基础性作用。

数据资源开发利用加快推进。2020 年 12 月，国家知识产权局发布《知识产权基础数据利用指引》，推动提高知识产权信息公共服务能力和社会公众、创新创业主体知识产权数据利用水平。各地区纷纷研究制定专门制度规则，不断推进政府数据共享开放，开展数据资源开发利用的积极探索。贵州省发布《贵州省政府数据共享开放条例》，加快政府数据汇聚、融通与应用。深圳市发布《深圳经济特区数据条例（征求意见稿）》，在组织机构规范数据活动、促进公共数据开放利用等方面进行探索。天津市发布《数据交易管理暂行办法（征求意见稿）》，拟从交易主体、交易数据、交易行为、交易平台、交易安全等方面明确管理要求。数据要素市场建设加快，2020 年 8 月，北部湾大数据交易所成立，截至 2020 年年底，交易规模突破 1500 万元，登记注册企业超过 120 家，数据服务调用次数超过 1.2 亿次。

科学数据共享是我国国家科技创新体系建设的重要内容，也是大数据时代科技创新和经济社会发展的重要基础。教育资源开放共享程度不断深化，国家数字教育资源公共服务体系日益完善，截至 2020 年年底已接入各级上线平台 212 个，应用访问总数达到 3.6 亿人次。国家数字化学习资源中心积极开发汇聚海量优质数字化学习资源，2020 年入库课程达 7.9 万余门，各类媒体资源数量超过 37.8 万条，涵盖了学历教育、非学历教育和公共媒体素材等多个方向。截至 2020 年年底，我国上线慕课课程数量增加至 3.4 万门，学习人数达 5.4 亿人次。在线教学模式覆盖范围持续拓展，“一师一优课，一课一名师”活动持续推进，晒课数量达到 2012 万堂。“网络学习空间人人通”加速发展，应用范围从职业教育拓展到各级各类教育，师生网络学习空间开通数量超过 1 亿个。高校在线教学英文版国际平台“爱课程”和“学堂在线”入选教科文组织全球教育联盟，首批已上线 500 余门英文版课程。

科学数据中心是促进科学数据开放共享的重要载体。为提升科学数据资源和共享服务能力，建立科学数据共享的可持续发展机制，为科学研究提供基础支撑，科学数据中心作为公益性的国家级科学大数据设施按不同领域陆续成立。2020 年以来，国家青藏高原科学数据中心青海分中心建设有序推进，国家微生物科学数据中心和传染病所、病毒病所分别签署合作协议，正式成立国家微生物科学数据中心病原菌分中心和病毒分中心。

自科技部、财政部 2019 年首批成立了 20 个国家科学数据中心以来，各数据中心在推动不同学科领域科学数据汇交采集、存储管理、处理加工、分析挖掘与开放共享工作都取得了重要的进展[①]。

（1）国家微生物科学数据中心

国家微生物科学数据中心由科技部、财政部共同支持建设，依托中国科学院微生物研究所建设运行。中心长期以来致力于微生物领域的数据资源体系建设和数据共享服务，数据内容完整覆盖微生物资源、微生物及交叉技术方法、研究过程及工程、微生物组学、微生物技术以及微生物文献、专利、专家、成果等微生物研究的全生命周期。中心在微生物领域开展了超过 30 年的数据汇交工作，数据来源覆盖中国科学院及其他科研院所、高校、企业等百余家国内单位，另外还接收了全球 46 个国家 120 个单位的数据汇交和全球共享，是全球微生物领域最重要的数据中心。

微生物资源是国家的重要战略资源，微生物数据资源则是微生物资源共享和开发的关键环节，数据资源的丰富性、准确性和共享水平，决定着微生物学领域研究和应用的综合能力。

2020 年 11 月 9 日，国际标准化组织生物技术委员会（ISO/TC 276）正式发布《微生物资源中心数据管理和数据发布标准》（ISO 21710 *Biotechnology-Specification on data management and publication in microbial resource centers*）。这是国际微生物领域的第一个 ISO 级别的数据标准，也是我国在国际生物技术标准委员会主导制定的第一个国际标准。

（2）国家对地观测科学数据中心

我国对地观测数据总量已经接近 100PB、拥有超过 30 万在线注册用户群体。国家对地观测科学数据中心依托中国科学院空天信息创新研究院组建，由十几个国家级和行业性遥感数据中心共同参与建设，目前有 18 个数据资源分中心单位，基本覆盖了我国规模以上的民用、商用、科研类卫星数据管理和信息产品生产单位，初步建立了覆盖遥感数据全生命周期的数据治理和服务规范体系。国家对地观测科学数据中心和国家综合地球观测数据共享平台发起和主导的国际重大灾害数据援助机制，协调我国民用和商业高分辨卫星资源，在 2020 年对伊朗洪涝、乌兹别克斯坦溃坝、黎巴嫩贝鲁特港口爆炸、哥伦比亚洪涝、斐济亚萨台风等国际重大灾害开展应急响应，得到国际社会的高度关注和评价；2020 年我国洪涝灾害期间启动了数据应急响应工作，快速组织了基础地理数据、社会经济本地数据、灾前遥感数据等 100 多个数据集，并协调多个卫星机构动态提供了大量灾后遥感数据。

为应对新冠肺炎疫情，国家对地观测科学数据中心和武汉大学等联合开展了“武汉封城 76 天遥感纪实”工作，协调组织和整理了 30 多颗卫星在封城期间开展 120 次观测，为武汉抗疫工作提供了大量决策数据支撑；对接地球观测组织的抗疫号召，标准化整理和发布了我国科学家基于空间技术开展的 15 个科研团队的抗疫成果。

（3）国家海洋科学数据中心

在海洋科学数据共享方面，国家海洋科学数据中心整合了海洋水文、气象、生物、化

---

① 中国科技资源共享网［DB/OL］. http://www.escience.org.cn.

学等九大学科实测数据，研制了海洋环境统计分析、实况分析和再分析等数据产品，以及海洋经济、海域海岛、海洋灾害等专题信息产品，空间覆盖全球海域，数据类型齐全。

在服务科学研究方面，国家海洋科学数据中心研制了全球高分辨率冰 – 海耦合再分析系统 CORA2.0，制作了全球 9000 米水平分辨率的气候态海面高、三维温盐和海流产品，为把握海洋气候变化规律、减轻海洋灾害风险提供了科学支撑。在服务海洋资源开发利用方面，研制的知海宝近海水环境在线监测系统已完成第三代升级，具有垂向海温数据剖面连续、无间断监测等特点，为海洋渔业养殖生产提供便捷服务；依托上百个海上平台观测平台，开展长时序精细化海流、海浪和台风现场观测和预报产品研发，为海上石油平台生产、船舶通航提供精准服务。在支撑政府决策方面，研制了东海区海上风电项目数据集，反映了风电站建造、运行、退役全生命周期轨迹信息，为政府部门发展利用海上风能提供决策依据。

（4）其他国家科学数据中心

国家地球系统科学数据中心主要为地球系统科学的基础研究和学科前沿创新提供科学数据支撑和数据服务。截至 2020 年 12 月底，国家地球系统科学数据中心已开放共享数据集 3.6 万余个，数据资源量超过 2.14PB，为 9935 个重大科研项目 / 课题提供了数据服务。国家天文科学数据中心根据 500 米口径球面射电望远镜（以下简称 FAST）数据管理政策，FAST 第六批科学数据于 2021 年 8 月 1 日公开，此次公开的数据为 2020 年 5 月 1 日—7 月 31 日的科学观测数据。

为进一步推动人类疾病动物模型资源利用和开放共享，依据《国家科技资源共享服务平台管理办法》，经研究，科技部、财政部决定批准建设国家人类疾病动物模型资源库，纳入国家科技资源共享服务平台管理，具体批准信息见表 1–1–25 所示。

表 1–1–25　国家人类疾病动物模型资源库

实验室名称	依托单位	主管部门	实验室主任	批准日期
国家人类疾病动物模型资源库	中国医学科学院实验动物研究所	国家卫生健康委员会	秦川	2020 年 4 月 14 日

资料来源：科技部网站。

2020 年 1 月，国家基因组科学数据中心（国家生物信息中心）发布“2019 新型冠状病毒资源库”，整合世界卫生组织、中国疾病预防控制中心、美国国家生物技术信息中心、全球流感序列数据库等机构公开发布的冠状病毒基因组序列数据等信息，并对不同冠状病毒株的基因组序列进行变异分析与展示。国家微生物科学数据中心联合多家单位发布新型冠状病毒国家科技资源服务系统，截至 2020 年 11 月，系统总访问量达到 1132 万次，其中境外访问 172.2 万次。科技部积极应用超算中心和人工智能医学影像技术，开展算力资源应急调度共享、病毒与药物联合研究、肺炎辅助诊断治疗等方面工作。国家卫生健康委员会搭建互联网健康咨询服务平台，为海外华人华侨提供免费健康咨询服务，截至 2020 年 12 月 6 日，累计服务 776 万人次。

本节撰稿人：王云、林斌辉、王文静、张新伊、田大江

第二节　学科发展成果与动态

在国家全面加强学科建设，完善科技人才队伍建设，促进科技成果转化等政策的指引下，随着科研经费投入的不断增加和支持科技创新税收政策减免金额的持续增长，我国科技成果产出丰富。据《自然指数》（*Nature Index*）2020 年度榜单显示，中国成为在自然科学领域科研产出增量最大的国家，自 2015 年以来增加 63.5%。世界知识产权组织公布的 2019 年中国通过专利合作协定（Patent Cooperation Treaty，以下简称 PCT）进行国际专利申请量（5.899 万件）首超美国（5.784 万件），成为提交国际专利申请量最多的国家；2020 年，中国专利申请量同比增长 16.1%，以 6.872 万件稳居世界第一[①]；2021 年全球创新指数中国排在第 12 位，连续 9 年稳步上升，位于中等收入经济体首位，超过日本、以色列、加拿大等发达经济体[②]。学科发展队伍不断扩大，高校专任教师、研究生招收与毕业人数持续增长，入榜“高被引科学家”的人数和百分比持续提升，国际合著论文数量增长，《细胞研究》影响因子超过 20，进入全球百强，我国科学家和科技期刊正逐步走向国际舞台。随着中国科技创新水平的提升，部分学科取得重要进展，如：8 英寸石墨烯晶圆的量产、光量子信息的掩蔽、新型冠状病毒人工智能（Artificial Intelligence，以下简称 AI）系统等。由此可见，我国在落实创新驱动发展战略方面取得了显著成效，科技创新实力稳步提升，科研成果产出与转化量显著增加，助力我国成为科技创新强国。本节从学科研究成果、学科发展队伍、学科国际合作交流、学术期刊发展、学科科技成果发展动态及前沿领域、交叉学科科技成果六部分对 2020—2021 年的学科发展情况进行综述。

---

① 央视新闻. 世界知识产权组织：2020 年中国继续领跑国际专利申请［EB/OL］.（2021-03-02）. https://baijiahao.baidu.com/s?id=1693110168071618109&wfr=spider&for=pc.

② 中国经济网.《〈2021 年全球创新指数报告〉发布》［EB/OL］.（2021-09-22）. https://baijiahao.baidu.com/s?id=1711580150253024607&wfr=spider&for=pc.

一、学科研究成果

1. 论文质量不断提高

（1）总体产出

近年来，中国科研论文数量增速惊人。多个数据库显示，我国近两年发表论文数量稳步增长，中国卓越科技论文总体产出增长，高质量国际论文数量显著提高。

《科学引文索引》（Science Citation Index，以下简称 SCI）收录世界权威的、高影响力的学术期刊，主要反映基础研究状况，分为 22 个学科大类；《工程索引》（Engineering Index，以下简称 EI）主要覆盖工程、应用科学相关研究领域的主要期刊；《科技会议录引文索引》（Conference Proceedings Citation Index–Science，以下简称 CPCI–S）则收录了自然科学、医学、农业科学和工程技术等领域的大部分会议文献，在一定程度上反映了科学前沿和最新研究动向。

根据 SCI 数据库统计，2019 年世界科技论文总数为 230.51 万篇，比 2018 年增加 11.4%。2019 年收录中国科技论文 49.59 万篇，连续第 11 年排在世界第二位，占世界份额的 21.5%，所占份额比 2018 年提升了 1.3 个百分点。排在首位的美国共发表论文 59.01 万篇，是我国的 1.2 倍，占世界份额的 25.6%。根据 EI 数据库，2019 年收录期刊总数为 79.99 万篇，比上年增长 6.8%，其中收录中国论文 29.96 万篇，占世界份额的 37.5%，数量比 2018 年增长 11.9%，所占份额增加 1.7%，排在世界首位。CPCI–S 数据库 2019 年收录世界重要会议论文 53.62 万篇，比 2018 年增加了 7.1%，共收录中国作者论文 7.09 万篇，比 2018 年减少 3.8%，占世界份额的 13.2%，排在世界第二位。CPCI–S 数据库收录美国论文最多，为 16.26 万篇，占世界份额的 30.3%，是中国的 2.3 倍，如表 1–2–1 所示。

表 1–2–1　2019 年中国国际论文产出情况

数据库	论文数量（万篇）	世界份额（%）	世界排名	相对第一比例（%）	第一作者论文数量（万篇）	第一作者论文世界份额（%）
SCI	49.59	21.5	2	84.0	45.02	19.5
EI	29.96	37.5	1	100.0	27.15	33.9
CPCI–S	7.09	13.2	2	43.6	5.12	9.5

数据来源：《中国科技论文统计结果 2020》[①]。

2010—2020 年（截至 2020 年 10 月），中国科技人员发表国际论文总数保持增长态势，为 301.91 万篇，仅次于美国，依旧排在第二位，数量比 2019 年统计时增加了 15.8%；10

① 中国科学技术信息研究所．中国科技论文统计结果 2020［R］．北京：中国科学技术信息研究所，2020.

年间论文共被引用 3605.71 万次，比 2019 年统计数据增加了 26.7%，排在世界第二。中国平均每篇论文被引用 11.94 次，比上年度统计时的 10.92 次 / 篇提高了 9.3%，位列第 16 位。世界整体篇均被引次数为 13.26 次，美国篇均被引用次数为 19.13 次，中国篇均被引次数虽与世界平均相比还存在一定差距，但每年都在以较快速度提升。中国各十年段国际科技论文被引用次数世界排位如表 1–2–2 所示。

表 1–2–2 中国各十年段国际科技论文被引用次数世界排位变化

年度	1998—2008	1999—2009	2000—2010	2001—2011	2002—2012	2003—2013	2004—2014	2005—2015	2006—2016	2007—2017	2008—2018	2009—2019	2010—2020
世界排位	10	9	8	7	6	5	4	4	4	2	2	2	2

数据来源：《中国科技论文统计结果 2020》①。

据中国科技论文统计结果数据，2019 年中国卓越科技论文共 38.73 万篇，其中国际论文 22.56 万篇，国内论文 16.17 万篇。国际论文中，中国发表的高质量国际论文 59867 篇，占世界份额（190661 篇）的 31.40%，排名世界第二，仅低于排名第一的美国 1.49 个百分点，我国与美国的差距正逐步缩小。

从高校产出看，2019 年我国的清华大学、浙江大学、上海交通大学和北京大学四所高校发表的高质量国际论文数量进入世界排名前十，其中清华大学以发表 2420 篇高质量国际论文排名第二，占世界份额的 1.3%，排在首位的是哈佛大学，发表 4413 篇，占 2.3%。

从研究机构产出看，2019 年我国有五所机构进入世界排名前十，分别为中国科学院生态环境研究中心、中国科学院化学研究所、中国科学院地理科学与资源研究所、中国科学院大连化学物理研究所、中国科学院物理研究所，其中，中国科学院生态环境研究中心以 492 篇论文的产出量排在首位。

（2）各学科产出

按科技论文的学科进行统计，从国内论文学科分布看，2019 年国内论文数最多的 10 个学科分别是临床医学，计算技术，电子、通信与自动控制，中医学，农学，预防医学与卫生学，地学，环境科学，土木建筑和化工；被引用次数最多的 10 个学科为临床医学，农学，地学，电子、通信与自动控制，中医学，计算技术，环境科学，生物学，预防医学与卫生学，土木建筑。

中国科技核心期刊收录的论文中，累计被引用时序指标大于发表时间的论文称为“卓越国内科技论文”。2019 年中国卓越科技论文产出数量最多的 10 个学科分别为临床医学，化学，生物学，电子、通信与自动控制，材料科学，计算技术，地学，基础医学，农学和物理学；卓越科技论文数量超过 10000 篇的学科还包括药学，中医学，环境科学，能源科

① 中国科学技术信息研究所. 中国科技论文统计结果 2020［R］. 北京：中国科学技术信息研究所，2020.

学技术，如表 1-2-3 所示。

表 1-2-3　2019 年中国卓越科技论文产出学科分布

位次	学科	卓越论文数（篇）
1	临床医学	58721
2	化学	40004
3	生物学	28209
4	电子、通信与自动控制	23804
5	材料科学	19164
6	计算技术	18304
7	地学	17857
8	基础医学	16582
9	农学	15812
10	物理学	14546
11	药学	13325
12	中医学	13135
13	环境科学	12367
14	能源科学技术	11562
15	化工	9091
16	预防医学与卫生学	8157
17	土木建筑	7210
18	数学	6053
19	机械、仪表	4929
20	食品	4846
21	力学	3885
22	畜牧、兽医	3197
23	林学	3183
24	交通运输	3049
25	冶金、金属学	2956
26	矿山工程技术	2729
27	水产学	2092
28	水利	1964
29	动力与电气	1931
30	航空航天	1696
31	工程与技术基础学科	1434
32	轻工、纺织	1354

续表

位次	学科	卓越论文数（篇）
33	管理	1287
34	测绘科学技术	1178
35	天文学	1076
36	信息、系统科学	972
37	军事医学与特种医学	936
38	核科学技术	607
39	安全科学技术	256

数据来源：《中国科技论文统计结果 2020》①。

对 2019 年高质量国际论文进行统计，我国有工程技术、化学、环境与生态学、计算机科学、材料科学、农业科学、物理学和数学 8 个学科高质量国际论文数量居世界第一，生物学、地学、综合交叉学科和药学 4 个学科领域高质量国际论文数居世界第二。我国高质量国际论文占本学科高质量国际论文比超过 40% 的有工程技术、化学、环境与生态学、计算机科学和数学，其中我国数学领域高质量国际论文占比最高，达 45.20%，如表 1–2–4 所示。

表 1–2–4　2019 年中国发表高质量国际论文学科排名

学科名称	中国高质量国际论文数（篇）	世界高质量国际论文数（篇）	占本学科高质量国际论文比（%）	世界排名
工程技术	12890	31826	40.50	1
化学	12091	27262	44.35	1
环境与生态学	7550	18076	41.77	1
计算机科学	3786	9198	41.16	1
材料科学	3616	9044	39.98	1
农业科学	2334	8028	29.07	1
物理学	2094	6368	32.88	1
数学	1814	4013	45.20	1
生物学	4958	20507	24.18	2
地学	3011	8673	34.72	2
综合交叉学科	1634	7146	22.87	2
药学	1025	3412	30.04	2
医学	2951	35665	8.27	5
社会科学	113	1443	7.83	5
合计	59867	190661	31.40	—

数据来源：《中国科技论文统计结果 2020》①。

① 中国科学技术信息研究所．中国科技论文统计结果 2020［R］．北京：中国科学技术信息研究所，2020.

2010—2020 年间，我国各学科论文累计被引用次数进入世界前 1% 的高被引国际论文 37170 篇，排名世界第二，占世界总份额的 23.0%，其中临床医学、化学、生物学与生物化学、材料科学和工程学成为被引次数最高的 10 篇国际论文所在的学科领域。

与前几年相比，2019 年我国 SCI 论文分布最多的十个学科位次发生了明显变化，除化学依然排在第一位外，生物学，电子、通信与自动控制，基础医学，环境科学等学科排名上升，进入前十，而工程科学的论文数量下降明显，从之前的第二位跌出前十名（图 1-2-1）。

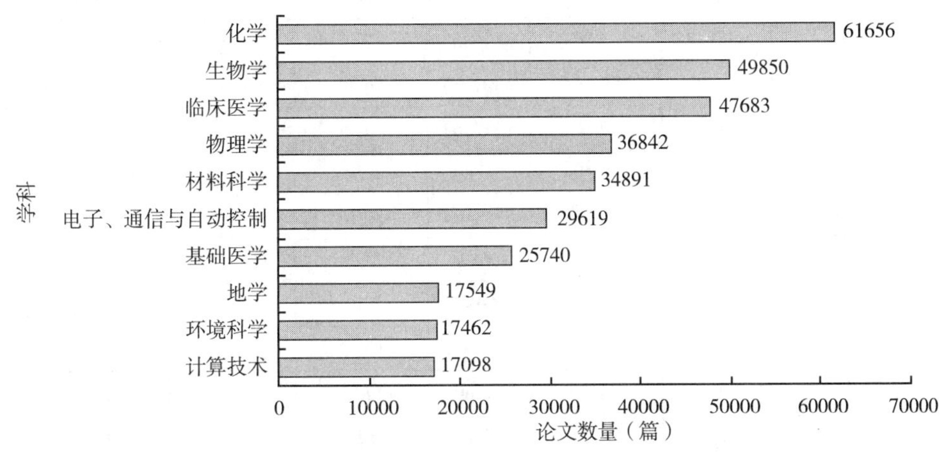

图 1-2-1 2019 年 SCI 论文数量最多的十个学科

数据来源：《中国科技论文统计结果 2020》①

从被引次数的世界份额占有率看，我国排前三位的学科分别为材料科学、化学和工程技术，占世界份额的世界排位均为首位。计算机科学、物理学、地学、数学等学科，虽然发文量相对不高，但是其世界份额百分比却较高，相反临床医学虽然发文量很高，但是其占世界份额百分比较低，仅为 11.1%。影响力方面，得益于各学科发文量的提升，各学科总引用量均稳步上升，从篇均被引及其相对影响（我国篇均被引与其世界篇均被引平均值之比）来看，我国社会科学、数学、农业科学、材料科学、计算机科学、综合类、化学与世界平均影响力水平相当，学科数量明显多于上一统计年，其他学科均低于世界平均水平，各个学科的论文影响力正在逐步提升，具体见表 1-2-5。

① 中国科学技术信息研究所. 中国科技论文统计结果 2020［R］. 北京：中国科学技术信息研究所，2020.

表 1-2-5　2010—2020 年我国各学科产出论文与世界平均水平比较

学科	论文数量（篇）	占世界份额（%）	被引用次数	占世界份额（%）	世界排位	位次变化趋势	篇均被引用	相对影响
农业科学	75508	16.38	795839	16.99	2	—	10.54	1.04
生物与生物化学	138151	17.85	1684592	12.36	2	—	12.19	0.69
化学	516127	28.25	8215221	28.12	1	—	15.92	1
临床医学	326651	11.10	3273179	8.28	6	↑ 1	10.02	0.75
计算机科学	108137	26.45	940420	27.00	2	—	8.7	1.02
经济贸易	22098	7.34	165611	5.67	7	↑ 1	7.49	0.77
工程技术	415934	27.89	3824857	27.17	1	—	9.2	0.97
环境与生态学	115497	19.79	1313965	16.48	2	—	11.38	0.83
地学	111055	22.10	1337564	19.49	2	—	12.04	0.88
免疫学	28346	10.40	359405	6.84	5	—	12.68	0.66
材料科学	348953	35.41	5748403	36.16	1	—	16.47	1.02
数学	98963	21.57	499826	22.76	2	—	5.05	1.05
微生物学	33262	15.01	348087	9.72	3	↑ 1	10.47	0.65
分子生物学与遗传学	106242	21.19	1540655	12.72	3	↑ 1	14.5	0.6
综合类	3419	14.61	62360	14.71	3	—	18.24	1.01
神经科学与行为学	52823	9.79	657275	6.55	6	↑ 2	12.44	0.67
药学与毒物学	83319	19.13	862383	14.94	2	—	10.35	0.78
物理学	268479	24.09	2776267	20.94	2	—	10.34	0.87
植物学与动物学	98757	12.69	993526	12.74	2	—	10.06	1
精神病学与心理学	16717	3.72	140573	2.43	12	↑ 1	8.41	0.65
社会科学	34374	3.36	289482	3.62	7	↑ 6	8.42	1.08
空间科学	16256	10.51	227659	7.81	13	↓ 4	14	0.74

数据来源:《中国科技论文统计结果 2020》①。

备注：统计时间截至 2020 年 9 月。“↑ 1”的含义是：与上年度统计相比，位次上升了 1 位；“—”表示位次未变。相对影响：我国篇均被引用次数与该学科世界平均值的比值。

2. 前沿领域表现突出

（1）研究前沿

中国科学院科技战略咨询研究院、文献情报中心和科睿唯安每年联合向全球发布研究前沿数据和报告，对世界主要国家在主要科学领域的研究活跃程度进行评估。通过持续跟踪全球最重要的科研和学术论文，研究分析论文被引用的模式和聚类，特别是成簇的高被引论文频繁地共同被引用的情况，可以发现研究前沿。当一簇高被引论文共同被引用的情

① 中国科学技术信息研究所. 中国科技论文统计结果 2020［R］. 北京：中国科学技术信息研究所，2020.

形达到一定的活跃度和连贯性时，就形成一个研究前沿，而这一簇高被引论文便是组成该研究前沿的“核心论文”。研究前沿热度指数是衡量研究前沿活跃程度的综合评估指标，从核心论文和施引论文的数量和被引频次的份额角度，由贡献度和影响度两者加和构成。国家研究前沿热度指数由国家贡献度和国家影响度组成，国家贡献度包括国家核心论文份额和国家施引论文份额，国家影响度包括国家核心论文被引频次份额和国家施引论文被引频次份额。研究前沿热度指数可以针对特定研究前沿、特定学科或主题领域研究前沿群组和年度十一大学科领域研究前沿整体，测度相关国家、机构、实验室、团队以及科学家个人等的表现。

表 1–2–6、表 1–2–7 可以看出，2020 年国家研究前沿热度指数排名前四的国家在三个指标维度的排序完全一致，第 5 ~ 20 位的国家在三个指标维度的排序也基本稳定，仅有个别位次略有不同。中国位居第二，排名仅次于美国，美国研究前沿热度仍最为活跃。2021 年，在十一大学科领域整体层面，排名前七的国家在三个指标维度的排序完全一致，研究前沿热度最为活跃的国家仍为美国，中国继续稳居第二，且与美国的差距进一步缩小。

表 1–2–6 2020 年十一大学科领域整体层面的国家研究前沿热度指数得分及排名

	国家研究前沿热度指数		国家贡献度		国家影响度	
	得分	排名	得分	排名	得分	排名
美国	226.63	1	119.58	1	107.04	1
中国	151.29	2	90.7	2	60.59	2
英国	77.81	3	40.43	3	37.38	3
德国	73.86	4	37.54	4	36.32	4
法国	45.71	5	23.44	5	22.27	6
加拿大	44.04	6	21.66	6	22.38	5
澳大利亚	41.71	7	20.31	8	21.4	7
荷兰	41.06	8	20.1	9	20.95	8
意大利	38.09	9	20.41	7	17.68	10
西班牙	37.8	10	19.21	10	18.59	9
瑞士	33.83	11	16.77	11	17.06	11
日本	29.53	12	16.17	12	13.35	12
印度	22.58	13	12.74	13	9.85	15
瑞典	22.47	14	11.02	15	11.45	13
韩国	21.79	15	11.56	14	10.23	14
丹麦	17.57	16	8.73	16	8.85	17
巴西	17.38	17	8.15	17	9.22	16
比利时	15.58	18	7.27	18	8.32	18

续表

	国家研究前沿热度指数		国家贡献度		国家影响度	
	得分	排名	得分	排名	得分	排名
俄罗斯	13.44	19	6.91	19	6.53	21
波兰	13.27	20	6.13	21	7.14	19

数据来源：《2020 研究前沿热度指数》[①]。

表 1-2-7　2021 年十一大学科领域整体层面的国家研究前沿热度指数得分及排名

国家	国家研究前沿热度指数		国家贡献度		国家影响度	
	得分	排名	得分	排名	得分	排名
美国	209.23	1	113.06	1	96.17	1
中国	191.43	2	108.66	2	82.78	2
英国	85.59	3	44.73	3	40.86	3
德国	64.13	4	34.2	4	29.93	4
意大利	51.71	5	27.54	5	24.16	5
法国	48.66	6	25	6	23.66	6
澳大利亚	45.18	7	23.19	7	21.98	7
加拿大	39.54	8	20.81	9	18.73	9
西班牙	39.42	9	20.88	8	18.54	10
荷兰	37.48	10	18.45	10	19.04	8
日本	31.59	11	17.75	11	13.85	11
瑞士	27.52	12	13.78	13	13.74	12
印度	25.84	13	14.82	12	11.02	14
韩国	21.23	14	11.91	14	9.32	15
比利时	20.94	15	9.91	15	11.03	13
瑞典	15.76	16	7.9	18	7.86	16
巴西	15.35	17	8.28	16	7.07	19
俄罗斯	14.94	18	7.93	17	7.01	20
丹麦	14.92	19	7.73	19	7.2	18
新加坡	14.86	20	7.56	20	7.3	17

数据来源：《2021 研究前沿热度指数》[②]。

① 中国科学院科技战略咨询研究院. 2020 研究前沿热度指数 [R]. 北京：中国科学院科技战略咨询研究院，2020.

② 中国科学院科技战略咨询研究院. 2021 研究前沿热度指数 [R]. 北京：中国科学院科技战略咨询研究院，2021.

分领域比较，2020 年，中国在农业科学、植物学和动物学领域，化学与材料科学领域，数学领域以及信息科学领域这 4 个领域排名第一；在生态与环境科学领域，物理学领域和经济学、心理学及其他社会科学领域排名第二；但在天文学与天体物理学领域和临床医学领域分别排在第八名和第十二名，短板仍然明显。美国除了在农业科学、植物学和动物学领域，化学与材料科学领域，数学领域和信息科学领域排名第二之外，在其他 7 个领域的研究前沿热度指数得分均居首位，领先优势明显（表 1-2-8）。

2021 年，中国在农业科学、植物学和动物学领域，生态与环境科学领域，临床医学领域，化学与材料科学领域，数学领域，信息科学领域，经济学与心理学及其他社会科学领域这 7 个领域排名第一，比去年增加了 3 个领域；在地球科学领域，生物科学领域及物理学领域这 3 个领域排名第二，在天文学与天体物理学领域排名第八。美国在地球科学领域，生物科学领域，物理学领域，天文学与天体物理学领域等 4 个领域排名第一，在其他 7 个领域均排名第二。除英国在天文学与天体物理学领域的研究前沿热度指数排名第二外，其他领域的前两名均被中国和美国包揽（表 1-2-9）。

表 1-2-8　2020 年十一大学科领域整体及分领域层面的中国及 G7 国家研究前沿热度指数得分及排名

学科	指标	美国	中国	英国	德国	法国	加拿大	意大利	日本
十一大学科领域整体	得分	226.63	151.29	77.81	73.86	45.71	44.04	38.09	29.53
	排名	1	2	3	4	5	6	9	12
农业科学、植物学和动物学	得分	7.90	15.16	4.84	3.47	2.28	3.70	3.93	1.24
	排名	2	1	3	7	11	6	4	17
生态与环境科学	得分	15.38	11.92	3.30	4.47	2.68	2.55	1.62	0.91
	排名	1	2	6	3	8	9	14	21
地球科学	得分	22.74	5.55	6.29	6.14	6.67	5.05	2.83	2.05
	排名	1	5	3	4	2	6	10	14
临床医学	得分	53.27	7.10	19.95	17.89	12.13	10.37	7.95	7.68
	排名	1	12	2	3	4	5	9	10
生物科学	得分	37.28	12.87	13.92	10.22	2.80	6.26	5.67	1.70
	排名	1	3	2	4	18	7	9	23
化学与材料科学	得分	14.73	39.49	1.88	2.81	1.13	0.91	0.58	1.16
	排名	2	1	6	4	11	13	16	10
物理学	得分	19.14	12.43	3.36	6.22	2.68	2.47	2.94	6.34
	排名	1	2	6	4	9	11	7	3
天文学与天体物理学	得分	23.23	6.80	12.35	14.95	11.47	5.28	9.58	5.85
	排名	1	8	3	2	4	12	5	11

续表

学科	指标	美国	中国	英国	德国	法国	加拿大	意大利	日本
数学	得分	10.42	15.98	0.98	2.01	0.42	1.28	0.47	0.28
	排名	2	1	13	6	24	12	22	30
信息科学	得分	9.27	14.97	4.77	1.52	1.57	3.83	0.51	1.35
	排名	2	1	3	11	10	4	19	12
经济学、心理学及其他社会科学	得分	13.27	9.03	6.17	4.15	1.88	2.35	2.02	0.97
	排名	1	2	3	4	12	9	11	19

数据来源：《2020 研究前沿热度指数》①。

表 1-2-9　2021 年十一大学科领域整体及分领域层面的中国及 G7 国家研究前沿热度指数得分及排名

学科	指标	美国	中国	英国	德国	意大利	法国	加拿大	日本
十一大学科领域整体	得分	209.23	191.43	85.59	64.13	51.71	48.66	39.54	31.59
	排名	1	2	3	4	5	6	8	11
农业科学、植物学和动物学	得分	13.82	18.34	3.86	3.45	1.87	2.29	2.10	1.80
	排名	2	1	5	6	11	8	10	13
生态与环境科学	得分	13.31	15.11	5.90	5.60	3.92	2.23	2.97	0.85
	排名	2	1	3	4	7	10	9	21
地球科学	得分	21.47	11.29	7.83	6.71	2.96	7.35	4.60	1.56
	排名	1	2	4	6	12	5	8	15
临床医学	得分	44.03	45.32	20.60	10.65	18.40	13.22	9.36	6.65
	排名	2	1	3	6	4	5	8	10
生物科学	得分	30.68	16.05	9.55	11.33	5.09	4.18	5.38	3.69
	排名	1	2	4	3	9	11	7	16
化学与材料科学	得分	7.01	24.80	2.41	1.95	0.80	1.65	0.68	0.70
	排名	2	1	3	4	12	6	14	13
物理学	得分	15.43	9.19	4.12	5.89	1.73	2.14	1.25	6.14
	排名	1	2	5	4	9	7	13	3
天文学与天体物理学	得分	25.59	7.77	14.06	12.80	9.80	11.46	6.20	6.38
	排名	1	8	2	3	5	4	12	11
数学	得分	10.91	15.90	3.37	2.87	1.94	1.27	1.06	0.38
	排名	2	1	3	4	5	9	11	23

① 中国科学院科技战略咨询研究院．2020 研究前沿热度指数［R］．北京：中国科学院科技战略咨询研究院，2020.

续表

学科	指标	美国	中国	英国	德国	意大利	法国	加拿大	日本
信息科学	得分	9.49	9.78	4.78	1.30	1.25	1.69	2.08	3.04
	排名	2	1	4	12	13	10	8	5
经济学、心理学及其他社会科学	得分	17.48	17.88	9.12	1.59	3.95	1.18	3.86	0.40
	排名	2	1	3	9	4	13	5	34

数据来源：《2021 研究前沿热度指数》[①]。

2020 年，在十一大学科领域的 110 个热点前沿和 38 个新兴前沿中，中国排名第一的前沿数为 42 个，约占全部 148 个前沿的 28.38%，美国研究前沿热度指数排名第一的前沿有 79 个，约占 53.38%。英国有 10 个前沿排名第一，德国有 4 个前沿排名第一，法国有 1 个前沿排名第一（表 1–2–10）。

表 1–2–10　2020 年十一大学科领域整体及分领域层面的排名前五国家研究前沿排名第一的数量

领域	研究前沿数	排名第一前沿数				
		美国	中国	英国	德国	法国
十一大学科领域综合	148	79	42	10	4	1
农业科学、植物学和动物学	11	1	5	2	0	0
生态与环境科学	11	5	4	1	0	0
地球科学	11	8	1	0	1	0
临床医学	24	19	0	3	0	1
生物科学	19	15	3	0	0	0
化学与材料科学	16	1	14	0	1	0
物理学	12	10	2	0	0	0
天文学与天体物理学	11	10	0	0	1	0
数学	10	2	5	0	1	0
信息科学	10	2	6	1	0	0
经济学、心理学及其他社会科学	13	6	2	3	0	0

数据来源：《2020 研究前沿热度指数》[②]。

① 中国科学院科技战略咨询研究院. 2021 研究前沿热度指数［R］. 北京：中国科学院科技战略咨询研究院，2021.

② 中国科学院科技战略咨询研究院. 2020 研究前沿热度指数［R］. 北京：中国科学院科技战略咨询研究院，2020.

2021年，在十一大学科领域的110个热点前沿和61个新兴前沿中，中国排名第一的前沿数为65个，约占全部171个前沿的38.01%，份额进一步上升，美国研究前沿热度指数排名第一的前沿有81个，约占47.37%。英国有6个前沿排名第一，德国有2个前沿排名第一，意大利有4个前沿排名第一（表1-2-11）。

表1-2-11　2021年十一大学科领域整体及分领域层面的排名前五国家研究前沿排名第一的数量

领域	研究前沿数	排名第一前沿数				
		美国	中国	英国	德国	意大利
十一大学科领域综合	171	81	65	6	2	4
农业科学、植物学和动物学	14	5	6	1	0	0
生态与环境科学	12	5	5	0	1	1
地球科学	11	9	2	0	0	0
临床医学	39	18	16	1	0	1
生物科学	21	13	5	0	0	0
化学与材料科学	13	1	10	1	0	0
物理学	11	7	3	1	0	0
天文学与天体物理学	12	10	0	0	1	0
数学	10	4	5	0	0	1
信息科学	11	2	5	1	0	0
经济学、心理学及其他社会科学	17	7	8	1	0	1

数据来源:《2021研究前沿热度指数》①。

中国多领域表现突出，但学科领域发展不平衡的问题仍有待改善。2020年，十一大学科领域中，中国在化学与材料科学领域，信息科学领域，数学领域及农业科学、植物学和动物学领域等4个领域排名第一，前沿数分别为14个、6个、5个和5个，占比为87.50%、60.00%、50.00%和45.45%，表现最为活跃；生态和环境科学领域中国有4个前沿排名第一，落后美国1个；生物科学领域中国有3个前沿排名第一；物理学领域和经济学、心理学以及其他社会科学领域这两个领域中国分别有2个前沿排名第一；地球科学领域中国有1个前沿排名第一；临床医学领域和天文学与天体物理领域中国没有排名第一的研究前沿。与中国相反，美国在化学与材料科学领域，数学领域，信息科学领域和农业科学、植物学和动物学领域排名第一的前沿较少，低于20%，这4个领域也是中国高度活跃的优势领域；美国在天文学与天体物理学领域，物理学领域，临床医学领域，生物科学领域和地球科学领域等5个领域排名第一的前沿数均超过70%，这5个领域是美国高度活跃

① 中国科学院科技战略咨询研究院. 2021研究前沿热度指数［R］. 北京：中国科学院科技战略咨询研究院，2021.

的领域。美国在生态和环境科学领域和经济学、心理学及其他社会科学领域这 2 个领域分别有 45.45% 和 46.15% 的前沿排名第一。美国和中国排名第一的前沿占 148 个前沿的约 80%，紧随其后的英国、德国和法国也表现出较强的实力。其中英国在临床医学领域和生物科学领域排名第二，德国在天文学与天体物理领域排名第二，法国在地球科学领域排名第二。

2021 年，中国在化学与材料科学领域优势依旧突出，在该领域 13 个研究前沿中，中国有 10 个研究前沿热度指数排名第一，占比 76.92%；在临床医学领域有 16 个排名第一的研究前沿，在经济学、心理学以及其他社会科学领域有 8 个排名第一的研究前沿，在农业科学、植物学和动物学领域有 6 个排名第一的前沿，在生态和环境科学、数学和信息科学领域，中国均有 5 个排名第一的前沿，研究热度与美国相当；但生物科学领域、物理学领域及地球科学领域中国排名第一的前沿数分别为 5 个、3 个和 2 个，与美国存在一定差距；天文学与天体物理学领域中国没有排名第一的研究前沿，短板依旧明显。美国在天文学与天体物理学领域及地球科学领域始终占据统治地位，其排名第一的前沿数量均占该领域的 80% 以上。美国和中国排名第一的前沿占 171 个前沿的 85%，较 2020 年提高约 5%。值得一提的是，在临床医学领域 10 个热点前沿和 29 个新兴前沿中，有 6 个热点前沿和所有新兴前沿都涉及新冠肺炎主题，占临床医学领域的 89.7%。得益于中国科学家在抗击新冠肺炎科学研究中的突出表现，中国在临床医学领域进步显著，排名第一的前沿数由 2020 年的 0 个增加到 2021 年的 16 个，在该领域的排名从 2020 年的第十二位跃升至第一位。

（2）工程前沿

工程科技是改变世界的重要力量，工程前沿是工程科技未来方向的重要指引。当今，世界面临百年未有之大变局，新一轮科技革命和产业变革持续深化演进，工程科技创新前沿加速交叉融合、不断衍生突破。把握全球工程科技大势，瞄准世界工程科技前沿，大力推动工程科技创新发展，有效地应对全球性重大挑战，实现人类社会可持续发展，已经成为世界各国的战略选择。中国工程院自 2017 年起连续组织开展“全球工程前沿”重大咨询研究项目，通过分析全球工程研究前沿和工程开发前沿，研判全球工程科技演进变化趋势。中国工程院 2020 年度的工程前沿创新发展研究工作进一步加大了数据与专家的交互力度，在以专家为核心、数据为支撑的原则下，采用专家与数据多轮交互、迭代遴选研判的方法，实现了专家研判与数据分析的深度融合，通过领域专家与图书情报专家深度参与数据准备、数据分析、图表制作、报告撰写等环节，将专家智慧与客观数据在多轮迭代中不断融合，使前沿研究更具专业性和前瞻性。

依托中国工程院 9 个学部，《全球工程前沿 2020》共遴选出 93 个工程研究前沿和 91 个工程开发前沿，并筛选出 28 个工程研究前沿和 28 个工程开发前沿进行重点解读。前沿研究按数据准备、数据分析、专家研判 3 个阶段分步实施。在数据准备阶段及数据挖掘之后两次征集专家提名前沿，以弥补因数据定量分析所导致的前沿性不足。各领域专家通过问卷调查、会议研讨等方式，最终遴选出本领域 10 个左右工程研究前沿和 10 个左右工程开发前沿，并从中选出 3 个研究前沿和 3 个开发前沿进行重点解读。

表 1–2–12 是中国在各个领域排名前三工程研究前沿中核心论文的比例、被引频次、篇均被引频次以及篇均被引频次占第一名的比例。从整体看，在数字孪生驱动的智能制造、吸气式高超声速飞行器、类脑智能芯片、重大工程社会责任研究等工程研究前沿中，中国的核心论文占比相对较高，排名靠前，但在其他一些工程研究前沿中，如增减材复合制造方法、多尺度时空超分辨医学成像仪器、海洋生物固氮的新空间格局和调控机制、基于肠道菌群干预的精准膳食调控技术、供应链韧性等，中国核心论文相对落后，占比低于 10%，说明中国在这些学科领域的发展较为缓慢，可加大研究力度和资金投入。

表 1–2–12　中国在各领域排名前三工程研究前沿中核心论文占比情况

序号	领域	工程研究前沿	论文比例（%）	被引频次	篇均被引频次	篇均被引对比第一名数据（%）
1	机械与运载工程	数字孪生驱动的智能制造	77.78	630	90	60.81
		增减材复合制造方法	9.09	25	25	18.80
		吸气式高超声速飞行器	100.00	984	39.36	100.00
2	信息与电子工程	类脑智能芯片	63.33	3702	97.42	53.09
		多尺度时空超分辨医学成像仪器	5.83	467	66.71	64.14
		边缘计算	47.56	15171	64.83	71.54
3	化工、冶金与材料工程	用于肿瘤诊疗的智能纳米药物	53.68	12767	125.17	68.07
		可快速充电电池 – 电容器储能体系电极材料结构调控及制备	53.67	13859	145.88	69.56
		强磁场下冶金和材料过程及功能材料制备	43.88	1870	30.66	40.51
4	能源与矿业工程	可再生合成燃料	42.53	6863	185.49	36.90
		先进乏燃料后处理工艺研究	14.29	67	22.33	95.02
		石油资源就地转化与高效利用研究	30.00	105	35	17.41
		智能钻井基础理论与方法	38.64	66	3.88	25.87
5	土木、水利与建筑工程	基于地理时空大数据的智慧城市与智慧流域综合感知	27.78	198	19.8	26.76
		风 – 浪 – 流和地震作用下海洋工程结构与海床地基系统的耦合响应机理	57.50	618	26.87	58.41
		基于大数据的城市空间分析和优化方法	41.38	1189	49.54	35.18

续表

序号	领域	工程研究前沿	论文比例（%）	被引频次	篇均被引频次	篇均被引对比第一名数据（%）
6	环境与轻纺工程	复合污染工程的微界面行为	36.84	1192	56.76	41.51
		海洋生物固氮的新空间格局和调控机制	—	—	—	—
		基于肠道菌群干预的精准膳食调控技术	7.50	747	124.5	44.76
7	农业	动物病毒的溯源、进化、遗传变异	13.79	743	92.88	85.21
		动植物精准设计育种	25.69	2120	75.71	82.11
		土壤生物多样性与生态系统功能	32.73	241	13.39	4.93
8	医药卫生	完善公共卫生防疫体系和应急机制	12.08	412	14.71	59.12
		新型冠状病毒及潜在新发高致病病毒的全球研究	24.01	64924	99.88	85.41
		肠道微生态失调与疾病	16.75	4554	138	59.33
9	工程管理	重大突发公共卫生事件下的医疗物资供应与配置研究	30.00	56	18.67	93.35
		供应链韧性	—	—	—	—
		重大工程社会责任研究	61.76	489	23.29	70.41

数据来源:《全球工程前沿 2020》①。

备注：能源与矿业工程领域共遴选出 12 个工程研究前沿，比其他领域多，因此顶级工程研究前沿为 4 个。

3. 专利申请走向国际

（1）专利申请概况

发明专利是技术创新的产物，发明专利的数量和质量可以反映一个国家或机构的创新能力。根据世界知识产权组织最新发布的《世界知识产权指标 2020 年度报告》②，2019 年全球专利申请量出现了 10 年来的首次下降，主要是因为中国申请量的下降，2020 年恢复增长。2020 年，中国国家知识产权局受理的发明专利申请数量为 149.7 万件，申请量是排名第二的美国主管部门收到专利申请量（59.7 万件）的 2.5 倍，排名全球第一，第三到第五名依次为日本、韩国和欧洲。

向国外提交专利申请是有意将市场向海外扩张的一大信号。近年来，我国在海外申请专利数量明显增加，但总量仍然不足，专利申请覆盖地理范围小。2020 年，我国海外申请量比 2019 年有所增加，但与同期海外申请量排名第一的美国（22.63 万件）仍有较大差距，排在美国之后的是日本（19.59 万件）、德国（9.98 万件）、中国（9.63 万件）和韩国（8.01 万件）。

① 中国工程院全球工程前沿项目组．全球工程前沿 2020［M］．北京：高等教育出版社，2020.

② 世界知识产权组织．世界知识产权指标 2020 年度报告［R］．瑞士：世界知识产权组织，2020.

2020 年，全球有效专利申请增长了 5.9%，达到约 1590 万件。美国（330 万件）拥有的有效专利数量最多，排在其后的是中国（310 万件）、日本（200 万件）、韩国（110 万件）和德国（80 万件）；以增速进行比较，中国的有效专利数量增长最快（+14.5%），其次是德国（+8.1%）、美国（+6.9%）和韩国（+4.6%），而日本（–0.7%）则出现小幅下降。2020 年全球已公布专利申请中出现频率最高的是计算机技术（28.41 万件），其次是电气机械（21.04 万件）、测量（18.26 万件）、数字通信（15.50 万件）和医疗技术（15.47 万件）。

国家知识产权局公布数据显示，2020 年，我国授权的发明专利约 53.0 万件，同比增长 17.1%，按第一专利权人（申请人）的国别看，中国机构（或个人）获得授权的发明专利数约为 44.1 万件，约占 83.1%。截至 2020 年年底，我国国内（不含港澳台）发明专利有效量 221.3 万件，每万人口发明专利拥有量达到 15.8 件，超额完成国家“十三五”规划[①]预期的 12 件目标。2020 年，我国共受理 PCT 国际专利申请 7.2 万件，其中国内申请人提交 6.7 万件，同比增长 17.9%，说明我国企业的海外知识产权布局能力进一步增强。

截至 2020 年年底，我国国内有效发明专利中，维持年限超过 10 年的达 28.1 万件，占总量的 12.3%，较上年提高 1.0%。企业创新主体地位进一步巩固，国内拥有有效发明专利的企业共 24.6 万家，较上年增加 3.3 万家。其中，高新技术企业 10.5 万家，拥有有效发明专利 92.2 万件，占国内企业有效发明专利拥有量的近六成。我国国内发明专利结构不断优化、质量进一步提升。

由于各国专利体系存在差别，因此不能仅根据各国专利局颁发的专利总数进行国际比较。OECD 提出的“三方专利”指标，通常是指向美国、日本以及欧洲专利局都提出了申请并至少已在美国专利商标局获得发明专利权的同一项发明专利。通过分析三方专利，可以研究世界范围内最具市场价值和技术竞争力的专利状况。

据 OECD 2020 年发布的统计数据显示，2018 年中国发明人拥有的三方专利数为 5323 项，占世界份额的 9.3%，与 2017 年相比由世界第四位上升至第三位，仅落后于日本和美国。

2019 年美国专利商标局的国外专利授权统计显示，中国申请人获得的专利授权共 21760 件，占美国国外专利授权总数的 6.5%，位次比 2018 年提升一位，排名第三，排在前两位的是日本和韩国。

（2）工程领域成果

根据《2020 全球工程前沿》[②]的数据，表 1–2–13 列出了中国在各领域排名前三工程开发前沿中核心专利的公开比例情况，中国在废塑料降解与回收循环利用、极端条件下地下工程智能建造技术与装备等工程开发前沿的核心专利公开量比例很高，超过 90%，但是

① 国务院．“十三五”国家知识产权保护和运用规划［EB/OL］.（2017–01–13）. http://www.gov.cn/zhengce/content/2017-01/13/content_5159483.htm.

② 中国工程院全球工程前沿项目组．全球工程前沿 2020［M］．北京：高等教育出版社，2020.

平均被引数却比较低，这说明中国和中国企业在此工程开发前沿的专利被关注度并不高。相反，中国在水利工程隐患深水探测与处理技术领域的工程开发前沿核心专利公开量比例和被引数比例都超过了90%，说明我国是该工程开发前沿的重点研究国家之一，且在该领域的研究具有一定的实力。

表 1-2-13　中国在各领域排名前三工程开发前沿中核心专利的公开比例情况

序号	领域	工程开发前沿	公开量比例（%）	被引数	被引数比例（%）	平均被引对比第一名数据（%）
1	机械与运载工程	基于5G技术的无人驾驶系统开发	70.07	82	77.36	27.07
		水下无人航行器及其舰载技术	36.57	398	16.49	22.63
		柔性电子制造技术	24.59	292	5.79	7.38
2	信息与电子工程	用于集成电路芯片纳米光刻的EUV激光光源开发	19.01	23	2.35	3.92
		无线通信与感知一体化技术	60.87	332	29.83	5.87
		智能机器人集群协作系统设计与实现	75.89	122	47.47	9.60
3	化工、冶金与材料工程	废塑料降解与回收循环利用	90.27	409	63.02	1.26
		基于固态锂电池与锂电容器技术的全天候“功”“能”兼备的电化学储能系统	28.73	562	15.16	27.73
		新一代舰船钢铁材料制造技术	40.67	404	15.60	14.12
4	能源与矿业工程	电动汽车与智能电网耦合关键技术	3.39	26	61.00	13.76
		可控核聚变实验堆工程化关键技术	37.93	10	8.85	11.00
		三维立体对地勘察成像系统	60.00	196	49.00	34.56
		煤矿灾害智能监测预警信息采集系统	14.39	660	12.14	58.34
5	土木、水利与建筑工程	应对突发公共卫生事件的规划与设计技术	86.84	17	77.27	41.60
		极端条件下地下工程智能建造技术与装备	91.97	408	70.59	14.30
		水利工程隐患深水探测与处理技术	90.00	179	98.90	100.00
6	环境与轻纺工程	空气传播病原体探测器系统和方法	7.20	589	2.01	15.33
		自然灾害预防预警和恢复决策工程	60.56	387	47.43	7.42
		碳基纤维材料电子器件	32.30	459	3.78	3.19
7	农业	无人农场智能装备	49.51	218	22.02	21.40
		人工智能辅助育种	83.93	15	100.00	100.00
		植保无人飞机病虫害智能识别与精准对靶施药	82.22	165	39.38	12.29

续表

序号	领域	工程开发前沿	公开量比例（%）	被引数	被引数比例（%）	平均被引对比第一名数据（%）
8	医药卫生	突发重大传染病疫苗与药物研发	15.45	1183	3.92	9.31
		突发重传染病诊断试剂与设备研发	28.74	560	7.20	12.96
		人体类器官芯片技术	37.04	35	7.56	10.77
9	工程管理	基于区块链的供应链管理系统与方法	84.62	157	78.11	64.86
		基于移动高速率网络的远程诊疗系统与方法	13.33	26	1.24	0.89
		面向城市安全的综合应急技术	57.14	175	66.29	100.00

数据来源:《全球工程前沿 2020》。

4. 成果转化持续活跃

（1）技术合同

技术合同登记是我国特有的科技管理方式，统计对象包括技术服务、技术开发、技术转让、技术咨询四类合同。技术含量是合同登记的金标准，因而成交额一定程度上反映了我国科技创新和技术转移情况。据《中国科技成果转化 2020 年度报告》数据显示，2019 年，3450 家高校院所以转让、许可、作价投资方式转化科技成果的合同项数为 15035 项，比 2018 年增长 32.3%；技术合同成交总金额达 152.4 亿元，较 2018 年下降 19.1%；当年到账金额 44.3 亿元，同比增长 29.8%。财政资助项目产生的科技成果转化合同项数为 2815 项，比 2018 年增长 10.9%；产生的科技成果转化合同金额为 47.0 亿元，比 2018 年下降 18.9%。科技成果交易均价有所降低；以转让、许可、作价投资方式转化科技成果的平均合同金额为 101.4 万元，比 2018 年减少了 35.4%①。

在区间分布上，单项合同金额集中在 1 万 ~ 10 万元的合同项数占合同总项数的 44%，该区间的合同金额为 2.2 亿元，仅占合同总金额的 1.5%；100 万元及以上的合同项数占比为 10.0%，合同金额占比达 89.6%；单项科技成果转化合同金额超过 1 亿元的成果有 24 项，较 2018 年下降 20%。

（2）科研人员奖励力度

据《中国科技成果转化 2020 年度报告》统计结果，2019 年，全国现金和股权奖励科研人员 74496 人次，比 2018 年增长 1.7%；个人获得现金和股权奖励金额达 53.1 亿元，较上年下降 23.6%；其中现金奖励金额为 30.9 亿元，比 2018 年增长 17.9%，股权奖励为

① 高校科技进展．中国科技成果转化 2020 年度报告（高等院校与科研院所篇）发布［EB/OL］.（2021-04-15）. https://www.163.com/dy/article/G7KFI6QS05382249.html.

22.2 亿元[①]。研发与转化主要贡献人员获得的现金和股权奖励总金额达 47.6 亿元，比 2018 年下降 26.2%，占奖励个人总金额（53.1 亿元）的比重达到 89.6%，超过《实施〈中华人民共和国促进科技成果转化法〉若干规定》[②] 奖励占比不低于 50% 的规定，政策红利显著释放。

（3）专利成果

习近平总书记在中共中央政治局第二十五次集体学习时强调，要全面加强知识产权保护工作，激发创新活力，推动构建新发展格局。知识产权创造是推动创新经济和高质量发展的关键所在。“十三五”时期，我国有效发明专利产业化率整体稳定在 30% 以上，其中，企业有效发明专利产业化率保持在 40% 以上。

据《2020 年中国专利调查报告》[③] 显示，2020 年我国专利实施状况总体平稳，有效专利转移化活跃度不断提升。调查显示，我国有效专利实施率（表 1-2-14）从 2019 年的 55.4% 上升到 2020 年的 57.8%，专利实施状况稳步上升。从发明专利来看，2020 年有效发明专利实施率为 50.7%、产业化率为 34.7%、许可率为 7.9%、转让率为 6.2%，较 2019 年分别提升 1.3、1.8、2.4、1.8 个百分点，发明专利实施状况逐步提高。高校和科研单位有效专利实施率（表 1-2-15）（高校 11.7%，科研单位 30.0%）、产业化率（高校 3.0%，科研单位 12.0%）远低于企业的 62.7%、46.0%；许可率（高校 4.4%，科研单位 5.8%）和转让率（高校 3.6%，科研单位 3.5%）也明显低于企业的 6.5%、4.5%；作价入股比例则是高校（2.7%）和企业（2.8%）稍低于科研单位（3.2%）。调查显示，高校专利权人认为制约专利技术有效实施的主要因素为“自身缺乏实施该专利的技术条件”，专利转移转化的最大障碍是“缺乏技术转移的专业队伍”；科研单位专利权人认为制约专利技术有效实施的主要因素为“信息不对称造成专利权许可转让困难”，专利转移转化的最大障碍是“专业技术产业化经费支撑不足”。

表 1-2-14　2019—2020 年有效发明专利各指标情况　（单位：%）

	实施率	产业化率	许可率	转让率
2019 年	49.4	32.9	5.5	4.4
2020 年	50.7	34.7	7.9	6.2
同比增长	1.3	1.8	2.4	1.8

数据来源：《2020 年中国专利调查报告》。

① 高校科技进展．中国科技成果转化 2020 年度报告（高等院校与科研院所篇）发布［EB/OL］．（2021-04-15）．https://www.163.com/dy/article/G7KFI6QS05382249.html.

② 国务院．实施《中华人民共和国促进科技成果转化法》若干规定［EB/OL］．（2016-03-02）．http://www.gov.cn/zhengce/content/2016-03/02/content_5048192.htm.

③ 国家知识产权局．2020 年中国专利调查报告［R］．北京：国家知识产权局，2021.

表 1-2-15　2020 年企业、高校和科研单位有效专利各指标情况　　（单位：%）

	实施率	产业化率	许可率	转让率	作价入股比例
企业	62.7	46.0	6.5	4.5	2.8
高校	11.7	3.0	4.4	3.6	2.7
科研单位	30.0	12.0	5.8	3.5	3.2

数据来源:《2020 年中国专利调查报告》。

二、学科发展队伍

1. 研发人员队伍规模持续扩大

R&D 人员的规模和素质决定国家创新活动的质量，是实现我国科技发展规划目标的前提条件。2010—2020 年，我国 R&D 人员折合全时当量数据每年都有所增长，2020 年为 523.5 万人，比 2019 年增长 9.05%，约是 2010 年时的 2 倍。

高校专任教师、R&D 人员是我国人才培养与各学科科研创新的中坚力量，其规模和素质对提高我国科技创新水平有重要意义。根据《全国教育事业发展统计公报》①，2016—2020 年我国高等学校专任教师数量分别为 160.20 万、163.32 万、167.28 万、174.01 万、183.30 万人，呈逐年增长趋势，增速分别为 1.95%、2.42%、4.02% 和 5.34%，增幅逐年加大（图 1-2-2）。根据《2020 年高等学校科技统计资料汇编》② 数据，2019 年我国高校 R&D 人员数量为 60.62 万人，比 2018 年增长 36.18%，增幅较之前几年大幅提高。

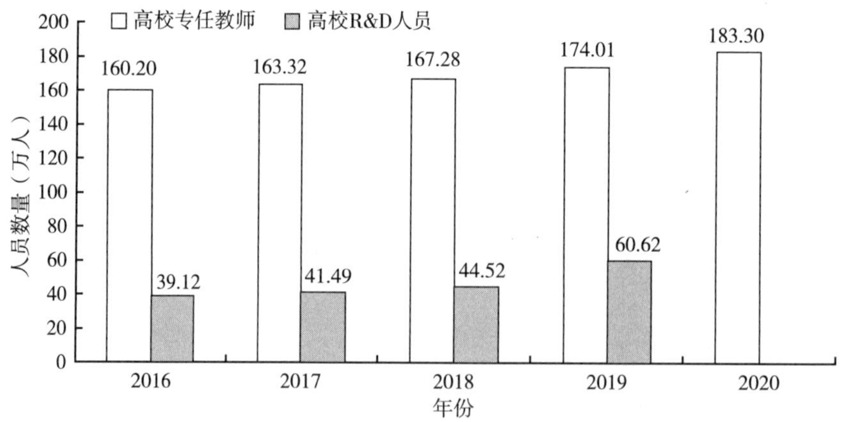

图 1-2-2　2016—2020 年我国高等学校专任教师及 R&D 人员数量变化

数据来源:《全国教育事业发展统计公报》、2020 高等学校科技统计资料汇编

① 教育部. 全国教育事业发展统计公报［EB/OL］. http://www.moe.gov.cn/jyb_sjzl/sjzl_fztjgb.

② 教育部. 2020 年高等学校科技统计资料汇编［EB/OL］. http://www.moe.gov.cn/s78/A16/A16_tjdc/202107/t20210714_544672.html.

根据教育部2016—2020年《全国教育事业发展统计公报》，“十三五”期间，我国研究生招生人数增长65.9%，毕业人数增长29.2%，研究生培养规模不断扩大。2019年招收研究生91.65万人，其中博士生10.52万人，硕士生81.13万人；毕业研究生63.97万人，其中博士生6.26万人，硕士生57.71万人。2020年，由于受突发疫情的影响，总共招收研究生110.66万人，增幅20.74%，其中博士生11.60万人，硕士生99.05万人，硕士研究生大幅扩招，较上年增加17.92万人；毕业研究生72.86万人，其中博士生6.62万人，硕士生66.25万人，各项数据与往年相比均呈现逐年递增的趋势，见表1–2–16、图1–2–3。

表1–2–16　2016—2020年我国研究生招收与毕业人数变化　（单位：万人）

年份	招生人数			毕业人数		
	研究生	博士生	硕士生	研究生	博士生	硕士生
2016	66.71	7.73	58.98	56.39	5.5	50.89
2017	80.61	8.39	72.22	57.80	5.8	52.0
2018	85.80	9.55	76.25	60.44	6.07	54.36
2019	91.65	10.52	81.13	63.97	6.26	57.71
2020	110.66	11.60	99.05	72.86	6.62	66.25

数据来源：《全国教育事业发展统计公报》。

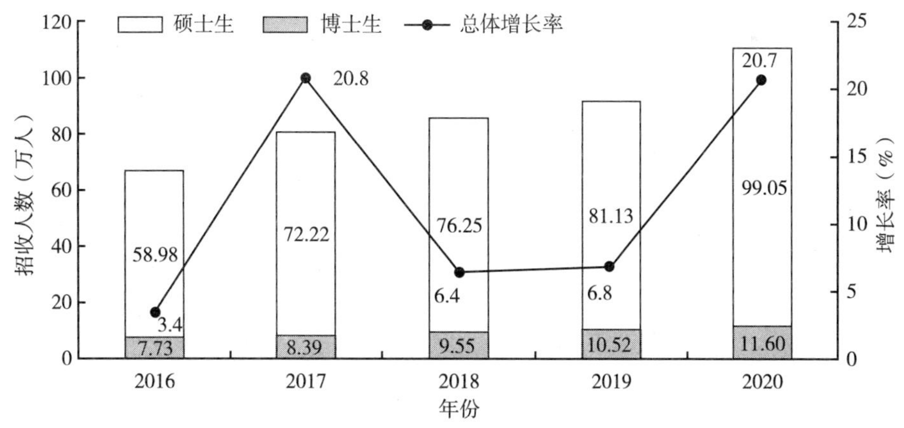

图1–2–3　2016—2020年我国研究生招收人数变化图

数据来源：《全国教育事业发展统计公报》

自2017年起，我国硕士研究生报名人数已连续4年保持两位数增长的热度，随着研究生的进一步扩招，研究生导师队伍的规模也在不断发展壮大。2019年全国研究生导师规模达到462099名，较2018年增加了7.41%。生师比例达到6.2∶1，比2018年的6.35∶1有了进一步的提升，总体上更有利于加强研究生的培养。根据教育部统计数据，在结构上，研究生导师队伍中有正高级职称的导师人数为216545名，占比46.86%；副高级为

204797 名，占比 44.32%，两者综合超过了 90%。高质量的研究生导师队伍是学科发展坚实的人力资源基础。

2. 学科领军人才不断涌现

在科睿唯安发布的年度“高被引科学家”名单中，2021 年，全球 70 多个国家和地区的 6602 位来自各领域的高被引科学家入榜，较 2020 年度的 6167 人次增长 7.05%。入榜科学家在过去十年间均发表了多篇高被引论文，被引频次在 Web of Science 中位于同学科的前 1%，彰显了他们在同行中的重要学术影响力。表 1–2–17 给出了 2020 年度和 2021 年度高被引科学家上榜人次排名前十的国家和地区名单，可以看出，中国内地科学家上榜人数持续激增，入选科学家比 2020 年的 770 人次（占比 12.1%）增长 20.91%，上升到 931 人次（占比 14.1%），位列美国之后，居第二位。美国学者的科学研究水平依然居于世界领先水平，其高被引科学家数量仍遥遥领先，但所占份额有所下降。

表 1–2–17 2020—2021 年度高被引科学家上榜人次前 10 的国家和地区名单

排名	2020 年度			2021 年度		
	高被引科学家所在国家和地区	高被引科学家（人次）	入榜“高被引科学家”名单占比（%）	高被引科学家所在国家和地区	高被引科学家（人次）	入榜“高被引科学家”名单占比（%）
1	美国	2650	41.5	美国	2622	39.7
2	中国	770	12.1	中国	935	14.2
3	英国	514	8.0	英国	492	7.5
4	德国	345	5.4	澳大利亚	332	5.0
5	澳大利亚	305	4.8	德国	331	5.0
6	加拿大	195	3.1	荷兰	207	3.1
7	荷兰	181	2.8	加拿大	196	3.0
8	法国	160	2.5	法国	146	2.2
9	瑞士	154	2.4	西班牙	109	1.7
10	西班牙	103	1.6	瑞士	102	1.5

数据来源：Highly Cited Researchers 2020①，Highly Cited Researchers 2021②。

图 1–2–4 给出了 2020—2021 年度中国高被引科学家的学科分布情况，2020 年入选的 770 名学者中，达到 10 人次的有 11 个，比 2019 年增加 2 个学科，分别为材料科学（84

① 科睿唯安. Highly Cited Researchers 2020［EB/OL］.（2020–11–21）. https://ibook.antpedia.com/x/543882.html.

② 科睿唯安. Highly Cited Researchers 2021［EB/OL］.（2021–11–16）. https://mp.weixin.qq.com/s/SZqlVlcnc82s–5ouoUBqKA?scene=25#wechat_redirect.

人次）、化学（79 人次）、工程学（61 人次）、计算机科学（46 人次）、物理学（23 人次）、植物学与动物学（21 人次）、地球科学（19 人次）、数学（17 人次）、环境科学与生态学（12 人次）、生物与生化（12 人次）及农业科学（11 人次）。2021 年入选的 931 名学者中，达到 10 人次的学科有 11 个，与 2020 年持平，分别为化学（98 人次）、材料科学（88 人次）、工程学（57 人次）、计算机科学（33 人次）、植物学与动物学（27 人次）、地球科学（26 人次）、物理学（22 人次）、数学（21 人次）、环境科学与生态学（21 人次）、农业科学（21 人次）及生物与生化（10 人次）。高被引科学家的学科分布情况与我国论文的发表情况基本相符，同时也彰显了我国世界级水平科学家在这些学科领域的研究实力。

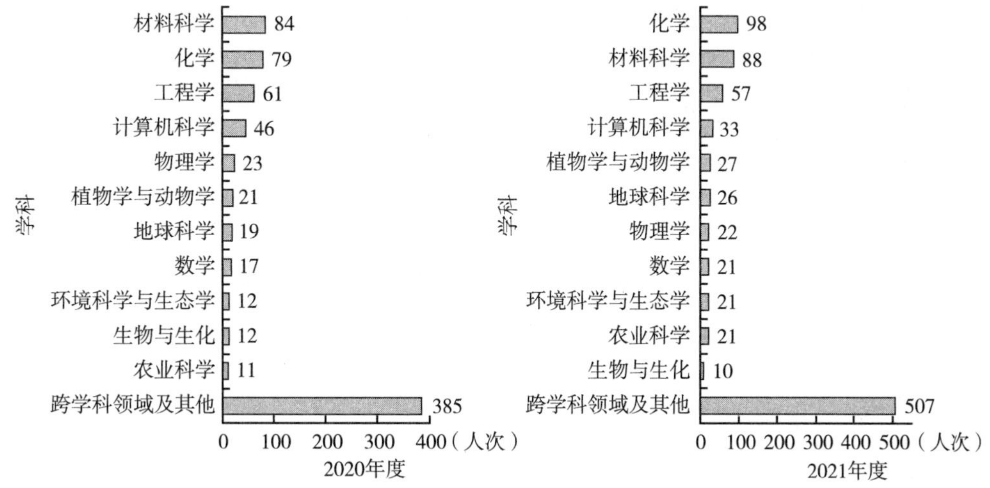

图 1-2-4　2020—2021 年度中国高被引科学家主要学科分布

数据来源：Highly Cited Researchers 2020①，Highly Cited Researchers 2021②

三、学科国际合作交流

1. 国际合作规模与影响力持续扩大

随着科学技术全球化进程的推进，国际合作日益广泛多元，国际合著论文的增长表明我国科技发展正在与世界科技快速融合。国际科技合作实施情况通过国际合著论文这一重要载体得以体现，其作者国别与机构单位能够准确反映国际合作信息。据 SCI 数据库统计，2019 年收录的中国论文中，国际合作论文 13.01 万篇，占中国发表论文总数的

① 科睿唯安．Highly Cited Researchers 2020［EB/OL］．（2020-11-21）．https://ibook.antpedia.com/x/543882.html.

② 科睿唯安．Highly Cited Researchers 2021［EB/OL］．（2021-11-16）．https://mp.weixin.qq.com/s/SZqlVlcnc82s-5ouoUBqKA?scene=25#wechat_redirect.

26.2%，数量比 2018 年增加了 1.93 万篇，增幅 17.4%，我国科学家参与国际合作论文的比例正在迅速提高。

2019 年，中国作者为第一作者的国际合著论文共 96157 篇，占中国全部国际合著论文的 73.9%，合著论文量比 2018 年增加 25.5%，合作伙伴涉及 167 个国家（地区），比 2018 年增加 10 个国家（地区），其中排在前六位的分别是美国、英国、澳大利亚、加拿大、德国和日本（图 1–2–5）。其他国家作者为第一作者，中国作者参与工作的国际合著论文 33968 篇，与 2018 年相差不大，合作伙伴涉及 190 个国家（地区），比 2018 年增加 8 个，其中排在前六位的是美国、英国、德国、澳大利亚、日本和加拿大。由以上数据可以看出，中国的合著论文中 41.9% 是与美国合写的，说明美国仍是我国作者国际合作论文的最重要合作伙伴，其在国际科研合作中始终占据着主导地位。随着科学合作的发展，我国作者的合作伙伴范围越来越大，日趋全球化。

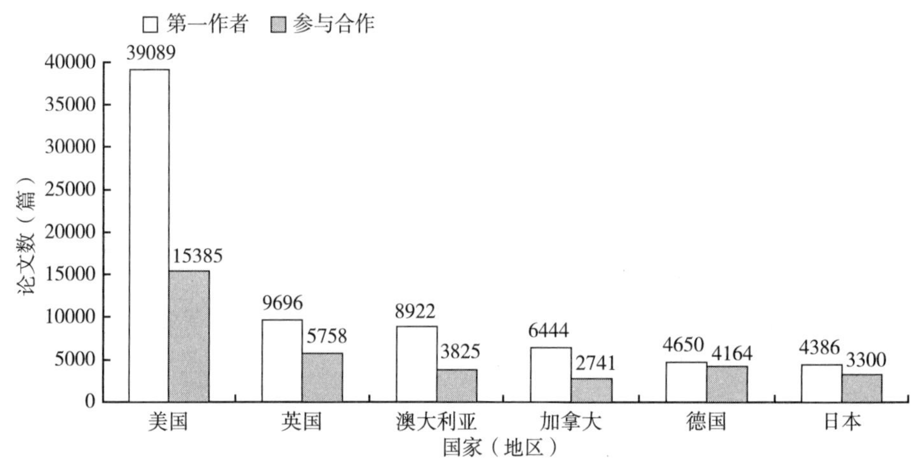

图 1–2–5　2019 年中国作者作为第一作者和作为参与方产出合著论文较多的 6 个国家（地区）

数据来源：《中国科技论文统计结果 2020》[①]

2. 国际合作学科分布较为集中

根据 SCI 对国际科技论文学科分布的统计数据，2019 年在中国为第一作者的国际合著论文中，数量较多的六个学科为化学，生物学，电子、通信与自动控制，临床医学，物理学和材料科学，各学科所发表合著论文篇数及比例见表 1–2–18。由此可见，化学、生物学等学科是当前我国科学工作者和世界各国学者开展科学研究的主要领域。

① 中国科学技术信息研究所．中国科技论文统计结果 2020［R］．北京：中国科学技术信息研究所，2020.

表 1-2-18　2019 年中国作者作为第一作者和作为参与方产出合著论文较多的 6 个学科

排序	中国作者为第一作者			中国作者为参与方		
	学科	论文数（篇）	占本学科论文比例（%）	学科	论文数（篇）	占本学科论文比例（%）
1	化学	11498	17.18	生物学	4389	7.94
2	生物学	10071	18.23	化学	4340	6.48
3	电子、通信与自动控制	7820	24.45	临床医学	4115	7.49
4	临床医学	7198	13.10	物理学	3292	8.08
5	物理学	7005	17.20	材料科学	2010	5.38
6	材料科学	6646	17.80	基础医学	1875	6.63

数据来源:《中国科技论文统计结果 2020》①。

近年来，随着综合国力和科技实力的增强，中国已具备参与国际大科学和大科学合作的能力，通过参与国际热核聚变实验堆计划、国际综合大洋钻探计划、全球对地观测系统等一系列大科学计划，中国与美、欧、日、俄等主要科技大国和地区开展平等合作，为参与制定国际标准、解决全球性重大问题作出了应有贡献。

在 2019 年中国发表的国际论文中，作者数大于 1000 人、合作机构数大于 150 个的论文共有 262 篇。作者数超过 100 人且合作机构数大于 50 个的论文共 784 篇，比 2018 年增加 201 篇，增幅为 34.5%。涉及的主要学科均与物理学相关，如粒子与场物理、核物理、天文与天体物理、多学科物理研究等。其中，中国机构作为第一作者的论文 94 篇，中国科学院高能物理所 61 篇，占 64.9%，遥遥领先其他机构。

3. 国际交流学习多元化发展

教育部数据显示，2016—2019 年，我国出国留学人数 251.8 万人，回国 201.3 万人，学成回国占比将近八成。2019 年度我国出国留学人员总数为 70.35 万人，较 2018 年增加 4.14 万人，同比增长 6.27%（图 1-2-6）；各类留学回国人员总数为 58.03 万人，较 2018 年度增加 6.09 万人，增长 11.73%。乐观的中国经济发展前景及广阔的职业发展空间是更多留学生回国发展的主要原因。根据《中国留学发展报告（2020—2021）》② 显示,2020 年我国出国留学人数继续保持正增长，新冠肺炎疫情并未明显影响我国学生对国际化优质高等教育的需求，但在留学目的地选择上呈现更加多元化的发展趋势，不少计划出国留学的中国留学生更加倾向选择留学环境及签证政策更为友好、疫情控制更为有效的国家和地区。

① 中国科学技术信息研究所．中国科技论文统计结果 2020［R］．北京：中国科学技术信息研究所，2020.

② 全球化智库，西南财经大学发展研究院．中国留学发展报告（2020—2021）［M］．北京：社会科学文献出版社，2021.

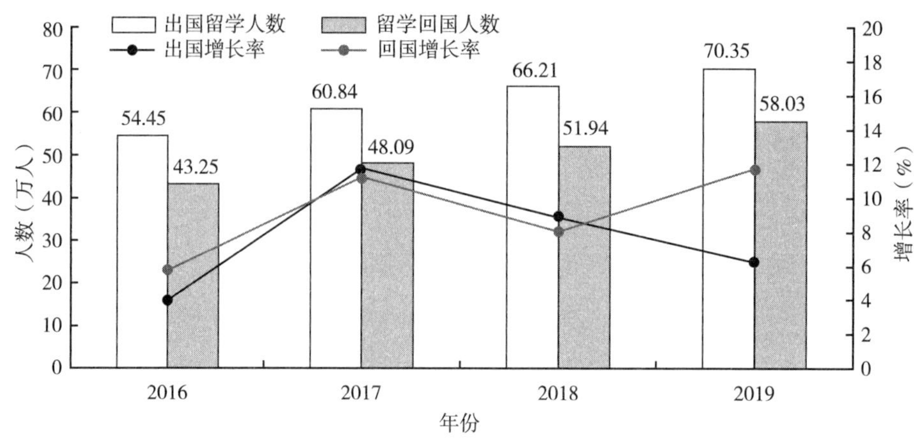

图 1-2-6　2016—2019 年中国出国留学和留学回国人数及增长趋势

数据来源：《全国教育事业发展统计公报》①

留学人员从年龄阶段上来看，出国留学所攻读的学位依然以硕士及博士为主体，本科阶段是主力，研究生已经达到平台期，高中阶段是增长点。从留学目的国来看，赴美留学人数仍在中国留学生群体中占比最大，但是中国留学生的去向也会越来越多元化。从留学生的生源结构和质量上来讲，出国留学已经不再是精英阶层的特权，越来越多的普通家庭学生也可以走出国门，获得出国深造机会，出国留学将逐步常态化、平民化。

“十三五”期间，我国不断规范高校接受国际学生的资格条件，来华留学质量规范与监管体系不断完善，来华留学生结构不断优化，来华留学生比例也逐年增高，2019 年，来华留学的学历生占留学生总人数比例达 54.6%，比 2016 年提高了 7%。2016 年，教育部出台《推进共建“一带一路”教育行动》，2019 年，在我国学习的“一带一路”沿线国家留学生占留学生总人数比达 54.1%。同年，中国与俄罗斯双向留学交流人员规模突破 10 万人，提前一年实现两国元首确定的目标。来华留学生的专业选择也更加多元，从以往以汉语学习为主过渡到多学科领域。

中外合作办学呈良性增长态势。“十三五”期间，教育部共审批和备案中外合作办学机构和项目 580 个（独立法人机构 7 个，非独立法人机构 84 个，项目 489 个），其中本科以上 356 个。截至 2020 年年底，现有中外合作办学机构和项目 2332 个，其中本科以上 1230 个。国内本科以上中外合作办学在读学生已超过 30 万人，我国成为世界一流大学的重要合作方。此外，“十三五”期间，我国新签 11 份高等教育学历学位互认协议，已累计覆盖 54 个国家和地区②。

① 教育部．全国教育事业发展统计公报［EB/OL］．http://www.moe.gov.cn/jyb_sjzl/sjzl_fztjgb.

② 封面新闻．教育部：中外合作办学机构和项目达 2332 个，本科以上 1230 个［EB/OL］．https://baijiahao.baidu.com/s?id=1686743707021180797&wfr=spider&for=pc.

四、学术期刊发展

1. 培育世界一流科技期刊成果初显

科技期刊是传承人类文明、荟萃科学发现、引领科技发展的重要载体，是国家科技竞争力和文化软实力的重要组成部分。为深入贯彻落实《关于深化改革　培育世界一流科技期刊的意见》的文件精神，在中国科协等七部门联合实施的“中国科技期刊卓越行动计划”推动下，我国一流科技期刊建设成效显著。“十三五”时期，我国已有 25 种期刊进入国际前 5%，3 种进入全球百强，一批优秀期刊已跻身世界一流阵营。《园艺研究》影响因子从 2018 年的 3.368 上升到 2020 年的 5.404，位于园艺、植物科学和遗传学一区，是 2020年唯一登顶学科榜首的中国期刊，《国家科学评论》《光：科学与应用》《镁合金学报》《畜牧与生物技术》等期刊影响因子排名位居学科前三，《细胞研究》影响因子超过 20，进入全球百强，连续十年蝉联生命科学领域亚洲第一[①]。2020 年 2 月，《细胞研究》发表了中国科学院武汉病毒研究所与军事科学院军事医学研究院的重要研究成果，这是全球第一个发表在同行评审的期刊上的针对抗新冠病毒候选药物筛选的实验性研究成果，已有超过 120 万次的浏览量。2020 年，ESI 顶尖论文全球排名前 100 的机构中，有 78 家机构在我国领军期刊发文共计 1965 篇，较 2019 年增加了 549 篇，增幅达 39%，领军期刊的头部效应初步显现。另外，高起点新刊加快了提质增量。与 2019 年相比，2020 年申报高起点新刊的数量增幅达到 40%，创历史新高，入选的 30 种新刊涉及人工智能、航空航天、能源材料、生物医药等多个新兴前沿热点领域，其中 24 种高起点新刊成功创刊[②]。

近年来，我国一批期刊在办刊理念、标准规范等方面快速与国际接轨，开放办刊迈出坚实步伐，质量品质和传播能力快速提升，以往大部分中国作者的国际科技论文发表在国外期刊上的状况正在扭转。《工程》《细胞研究》《园艺研究》等世界一流科技期刊领军期刊通过加大组稿、约稿力度，聚集青年科学家力量，建立线上、线下多渠道立体宣传体系，开拓期刊受众，打造学术品牌等众多举措，提升期刊影响力和传播能力，吸引越来越多的中外优秀科研成果在中国品牌期刊发表。

2. 期刊发展稳步向前

自 2012 年起，中国学术文献国际评价研究中心和清华大学图书馆每年联合研制《中国学术期刊国际引证年报》，该报告汇总我国学术期刊被国际期刊引用的他引总被引频次（TC）、他引影响因子（IF）和影响力指数（CI）等重要的期刊评价指标，遴选排名前 10% 的期刊为“国际影响力品牌学术期刊”（以下简称 TOP 期刊），CI 排名前 5% 的期刊为“中

---

① 中国科协. 荟萃科学发现　引领科技发展——我国加快建设世界一流科技期刊体系［EB/OL］.（2021-05-21）. https://www.cast.org.cn/art/2021/5/21/art_90_156556.html.

② 中国科协. 中国科技期刊卓越行动计划交出亮眼“成绩单”一流科技期刊之路［EB/OL］.（2021-04-27）. https://www.cast.org.cn/art/2021/4/27/art_80_153927.html.

国最具国际影响力学术期刊”（以下简称 TOP 5% 期刊）、排名前 5% ~ 10% 的期刊为“中国国际影响力优秀学术期刊”（以下简称 TOP 5% ~ 10% 期刊）。

通过我国科技 TOP 期刊与 SCI 期刊对比分析，我国大部分科技 TOP 期刊位于期刊引证报告（Journal Citation Reports，以下简称 JCR）的中等水平，且已经高于很多 SCI 期刊，甚至有几种期刊已经进入国际顶尖期刊行列，如：*Cell Research*、*Molecular Plant*、*Nano Research*、*Light: Science & Applications*、*Journal of Environmental Science* 等。

通过分析我国和 JCR 期刊 TOP 期刊各年国际刊均他引影响因子和国际刊均他引总被引频次的均值，可以看出，我国 TOP 期刊及 TOP 5% 期刊的刊均他引总被引频次和刊均他引影响因子均逐年上升，与 JCR 期刊的差距逐步缩小，说明我国 TOP 期刊的影响力在逐步加大，向世界先进水平靠拢。

如图 1-2-7 所示，2019 年，中国科技 TOP 5% 期刊刊均他引总被引频次达到 2812 次，2020 年达 3800 次，同比增长 35.14%；刊均他引影响因子 2019 年为 3.246，2020 年达到 4.475，同比增长 37.86%。TOP 期刊刊均他引总被引频次 2019 年为 1885 次，2020 年达到 2462，同比增长 30.61%；刊均他引影响因子 2019 年为 1.983，2020 年达到 2.740，同比增长 38.17%。TOP 期刊刊均他引总被引频次与刊均他引影响因子的同比增幅已连续 9 年超

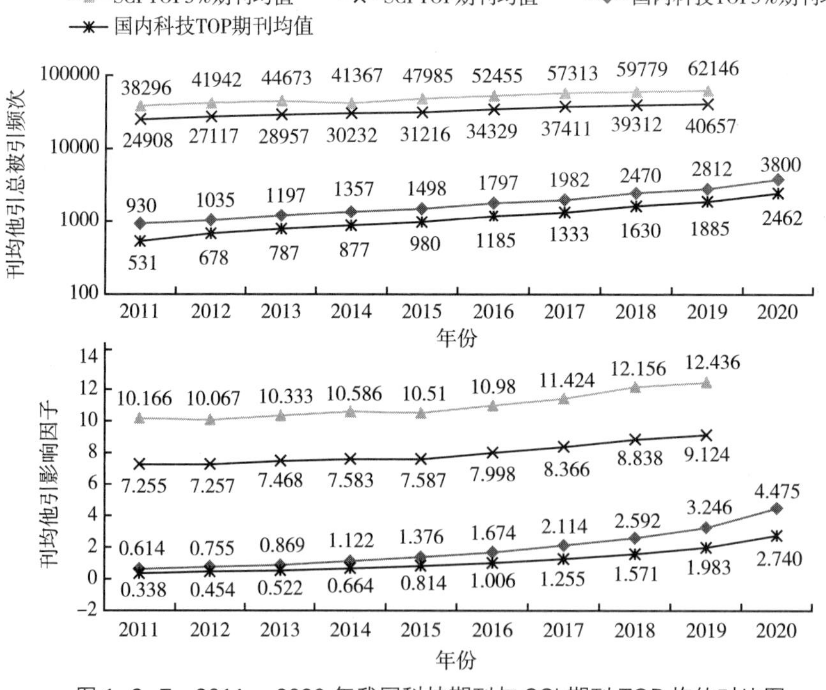

图 1-2-7　2011—2020 年我国科技期刊与 SCI 期刊 TOP 均值对比图

数据来源：《中国学术期刊国际引证年报（自然科学与工程技术）2021 年》[①]

① 中国学术文献国际评价研究中心，清华大学图书馆. 中国学术期刊国际引证年报（自然科学与工程技术）2021 年［M/CD］. 北京：《中国学术期刊（光盘版）》电子杂志社有限公司，2021.

过 10%，2020 年 TOP 期刊整体影响力水平已与 2018 年 TOP 5% 期刊的影响力水平相当，为我国建设世界一流科技期刊增强了底气与自信。

自 2011 年起，10 年来，连续入选“中国最具国际影响力学术期刊”和“中国国际影响力优秀学术期刊”名单的科技类期刊共 221 种，其中连续入选“中国最具国际影响力学术期刊”的科技类期刊有 94 种，部分期刊已经进入所在学科领域国际先进行列，越来越得到国内外读者的高度关注，正在迈向“世界一流期刊”行列。通过遴选，这两类期刊品牌也已经得到期刊界和科研管理部门的广泛认同，在助力中国期刊走向国际舞台、树立国际学术品牌和文化自信方面发挥了积极、重要的作用。

3. 国际影响力逐渐提升

根据 2021 年《中国学术期刊国际引证年报（自然科学与工程技术）》① 对我国出版的自然科学与工程技术类学术期刊（以下称“科技期刊”）的国际被引频次的统计，2020 年共有 4175 种科技期刊被引至少 1 次，被引文献为 459318 篇，国际他引总被引频次为 1271694 次，首次突破百万次，较 2019 年增长了 27.82%，与 2011 年相比增长了三倍多。2011—2020 年，我国科技期刊国际他引总被引频次连续 10 年呈现增长态势，说明我国科技期刊国际影响力正在显著提升（图 1-2-8）。2020 年遴选的 350 种科技 TOP 期刊国际他引总被引频次达 86.15 万次，较 2019 年增长 20.16 万次，对所有科技期刊国际他引总被引频次的贡献率达 73%，同样呈现逐年增长的趋势。

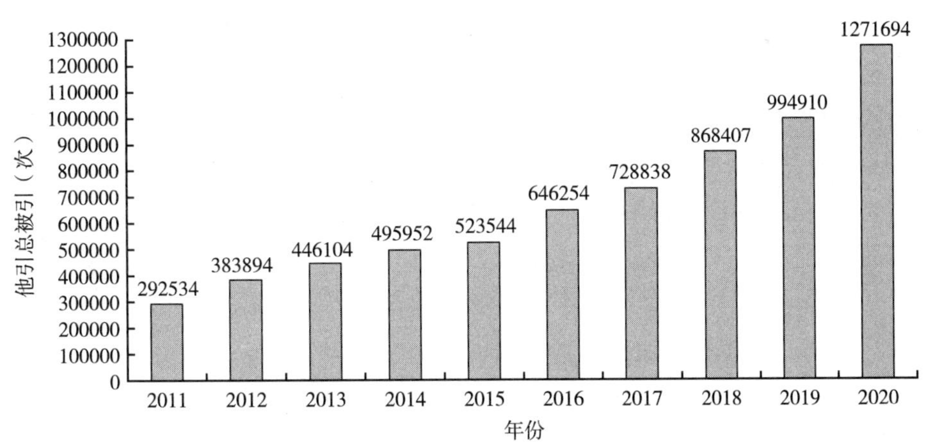

图 1-2-8 我国科技期刊 2011—2020 年国际他引总被引频次变化趋势

数据来源：《中国学术期刊国际引证年报（自然科学与工程技术）2021 年》

从刊均数据来看，2020 年我国科技期刊刊均国际他引总被引频次为 305 次，较 2019 年的 238 次增长了 28.15%；刊均国际他引影响因子 0.287，较 2019 年的 0.211 增长了

① 中国学术文献国际评价研究中心，清华大学图书馆．中国学术期刊国际引证年报（自然科学与工程技术）2021 年［M/CD］．北京：《中国学术期刊（光盘版）》电子杂志社有限公司，2021.

36.02%。其中 350 种科技 TOP 期刊的刊均国际他引总被引频次为 2462 次，刊均国际他引影响因子为 2.740，刊均国际他引总被引频次科技 TOP 期刊约为所有科技期刊均值的 8.07 倍，刊均国际他引影响因子科技 TOP 期刊约为所有科技期刊均值的 9.55 倍，说明 TOP 期刊对提高我国学术期刊的国际影响力起到了积极的带动作用（表 1–2–19）。

表 1–2–19　2019—2020 年我国科技期刊国际影响力变化

年份	国际他引总被引频次		刊均国际他引总被引频次		刊均国际他引影响因子	
	科技期刊	科技 TOP 期刊	科技期刊	科技 TOP 期刊	科技期刊	科技 TOP 期刊
2019	994910	659877	238	1885	0.211	1.975
2020	1271694	861526	305	2462	0.287	2.740

数据来源:《中国学术期刊国际引证年报（自然科学与工程技术）2021 年》。

从期刊语种来看，2020 年，350 种中国科技 TOP 期刊中，英文刊有 234 种，占比 66.86%，比 2019 年增加了 17 种。2020 年英文科技 TOP 期刊的国际他引总被引频次贡献较大，达 63.40 万次，占科技 TOP 期刊的 73.59%，相比 2019 年的 67.33% 增长 6.26%，英文刊的刊均他引影响因子为 3.827，是中文刊的 7 倍。这说明，由于采用了国际通用的语言，英文刊在向国际社会传播中国优秀文化、交流最新学术成果方面比中文刊更具优势。从增长率来看，2020 年 TOP 期刊他引总被引频次比 2019 年增长约 20.16 万，其中，英文科技期刊增长率为 42.70%，远高于中文刊 5.54% 的增长率，说明我国英文科技期刊在近几年出台的“中国科技期刊登峰行动计划”“中国科技期刊国际影响力提升计划”等政策的推动下正加速发展（表 1–2–20）。

表 1–2–20　2019—2020 年中英文 TOP 期刊国际影响力增长对比

语种	刊数		国际他引总被引频次		刊均国际他引总被引频次		刊均国际他引影响因子	
	2019 年	2020 年	2019 年	2020 年	2019 年	2020 年	2019 年	2020 年
中文	133	116	215586	227540	1621	1962	0.459	0.547
英文	217	234	444291	633986	2047	2709	2.917	3.827

数据来源:《中国学术期刊国际引证年报（自然科学与工程技术）2021 年》。

4. 国内服务能力持续增强

中国科学文献计量评价研究中心与清华大学图书馆自 2002 年起连续 19 年发布《中国学术期刊影响因子年报（自然科学与工程技术）》[①]，在其中对我国 5000 余种期刊的学位论文、会议论文、期刊论文三部分文献进行定量统计，并发布各项指标计量统计结果。根据

① 中国科学文献计量评价研究中心，清华大学图书馆．中国学术期刊影响因子年报（自然科学与工程技术）[M/CD]．北京:《中国学术期刊（光盘版）》电子杂志社有限公司，2016—2020.

表 1-2-21 可以看出，“十三五”期间，我国科技期刊可被引文献量和刊均可被引文献量总体上呈逐年下降趋势，刊均基金论文比和刊均 Web 即年下载率总体呈现增长趋势。与 2019 年相比，2020 年刊均基金论文比增长 5.36%，说明越来越多的论文来自各类基金资助项目，反映出我国对科技的重视及对科研投入的不断增加。2020 年刊均 Web 即年下载率为 83.78 次，同比增长 32.98%，反映出我国科技期刊越来越受读者欢迎，传播能力大幅提升，国内影响力显著提高。

表 1-2-21　2016—2020 年科技期刊发文量、基金论文比与下载率指标

年份	可被引文献量（万篇）	刊均可被引文献量（篇）	刊均基金论文比	刊均 Web 即年下载率（次）
2016	112.9	289	0.53	27
2017	110.8	284	0.55	31
2018	108.1	277	0.56	40
2019	108.6	279	0.56	63
2020	104.6	264	0.59	83.78

数据来源：2016—2020 年《中国学术期刊影响因子年报（自然科学与工程技术）》。

备注：可被引文献是指可能被学术创新文献引证的一次发表文献。基金论文比是指某期刊在指定时间范围内发表的各类基金资助论文占全部可被引文献的比例。Web 即年下载率是指在统计年某期刊出版并在中国知网发布的文献被当年全文下载的总篇次与该期刊当年出版上网发布的文献总数之比。

表 1-2-22 给出了根据《中国学术期刊影响因子年报》统计的我国科技期刊 2016—2020 年被国内期刊论文统计源引证指标变化情况。可以看出，“十三五”期间，我国科技期刊被国内期刊引用频次、刊均被引频次、刊均影响因子及刊均即年指标均保持逐年增长趋势。从增长率来看，刊均即年指标增长最快，2020 年较 2016 年增长了 116.80%，其次为刊均影响因子，2020 年比 2016 年增长 47.62%。

表 1-2-22　2016—2020 年科技期刊国内影响力指标

年份	总被引（万条）	刊均总被引（条）	刊均影响因子	刊均即年指标
2016	424.1	1111	0.483	0.0738
2017	447.7	1157	0.519	0.0858
2018	459.6	1179	0.557	0.0865
2019	530.5	1229	0.625	0.105
2020	557.8	1280	0.713	0.160

数据来源：2016—2020 年《中国学术期刊影响因子年报（自然科学与工程技术）》。

备注：即年指标是指某期刊在统计年发表的可被引文献在统计年被统计源引用的总次数与该期刊当年发表的可被引文献总量之比。

五、学科科技成果发展动态

1. 科技成果总量逐年增长，应用研究成效显著

根据国家科技成果信息服务平台最新数据，各学科科技成果总量呈现逐年增长的趋势。从全国科技成果分类来看，基础理论科技成果累计登记 76122 项，占全部科技成果的 16.31%；应用技术科技成果累计登记 328443 项，占比为 70.36%。从全国科技成果分布地区来看，东部地区为主要产出地，且华东地区科技成果登记数量明显高于其他地区。学科科技成果主要应用在第二产业，科技成果转化至制造业所占比例最大，累计 297145 项。其次是卫生和社会工作行业，共登记 140044 项。科技成果产出数量最多的学科是工程与技术学科，累计产出 487010 项，子类学科中排名前三的子学科分别为化学工程、机械工程和交通运输，分别占比 13.54%、12.84% 和 10.60%[①]。

学科科技成果产出机构中北京市、山东省、浙江省成果累计数量最多，分别为 63352 项、59352 项和 55880 项。科技成果完成单位主要集中在企业、其他类型和医疗机构，其中企业产出的科技成果比例最高，为 64.60%；其次是其他类型，为 17.53%；再次是独立科研机构，为 8.32%[①]。

学科科技成果参与科研人员从年龄结构、学历结构、职称构成等方面都逐渐趋于合理化。其中，中青年科研人员是科技成果研究人员的主体，年龄在 65 岁以下的人次为 12797，占全部科技成果登记人次的 86.17%。从科研人员学历结构来看，43.89% 的科研人员学历为本科，30.23% 的科研人员学历为博士研究生，19.99% 的科研人员学历为硕士研究生，以本科学历为主。具备正高、副高和中级职称的研究人员保持较高的比例，其中 72.72% 的科研人才职称为正高，达 10790 人次，25.73% 的科研人员职称为副高，达 3818 人次[①]。

学科科技成果转化水平平稳，科研机构和大专院校提升空间显著。各学科可转化科技成果流向聚集明显，主要集中在华东地区，企业是各学科科技成果转化的主要完成单位。各学科科技成果转化中工程与技术学科转化成果数量最多，占可转化成果总量的 52%，其次是医药学科和农业[①]。

2. 基础学科成果进一步加强，学科创新有待提升

（1）基础学科动态

根据国家科技成果信息服务平台数据，总体来看，基础理论成果和基础学科科技成果总量逐年平稳，基本趋于增长。基础理论成果从 2015 年的 5115 项增长到 2019 年的 7009 项，年均增长 8.19%。从基础学科科技成果登记区域来看，东部地区登记数量遥遥领先于其他地区。从基础学科科技成果的应用行业来看，以科学研究和技术服务行业为主。成果

① 科学技术部火炬高技术产业开发中心．国家科技成果信息服务平台［DB/OL］．https://www.tech110.net.

来源中，国家科技计划占据主导位置。数学、物理学、天文学、化学和地球科学等基础学科的科技成果多应用在科学研究和技术服务业，欠缺对市场情况和企业需求的了解，转化动力有待提高，科技成果质量水平有较大提升余地。同时，成果转化主体作用有待进一步发挥。打通科技成果转化政策堵点，引导更多金融资源支持科技成果转化，促进供需两端双向发力，推动高质量科技成果产出①。

数学学科科技成果登记 605 项，成果总量基本呈现平稳增长态势。东部地区是数学学科科技成果的主要产生地和承接地，数学科技成果主要分布在科学研究和技术服务业、信息传输软件和信息技术服务业、教育行业。其中国家科技计划项目占据主导位置，数学科技成果主要来源于国家科技计划，以独立研究为主②。

物理学科中科技成果登记总数为 185 项，其中 2014 年和 2016 年登记的科技成果数量最多，东部地区是物理学科科技成果的主要产出地。物理学科技成果主要分布在科学研究和技术服务业、制造业和教育三个行业，主要来源于国家科技计划，以独立研究为主②。

天文学中科技成果登记总数为 102 项，其中 2016 年产出的科技成果数量最多。天文学的科技成果集中承接于北京、云南和陕西地区，全部分布在科学研究和技术服务业行业，主要来源于国家科技计划，以独立研究为主②。

化学学科中科技成果登记总数为 909 项，化学的科技成果产出集中于东部地区，主要分布在科学研究和技术服务业，主要来源于自选课题，以独立研究为主②。

地球物理学中科技成果登记总数为 864 项，以应用技术类为主，东部地区和中部地区是地球物理学科技成果的主要产生地和承接地，主要分布在科学研究和技术服务行业，主要来源于国家科技计划，以独立研究为主②。

（2）学科创新成果

根据 CNKI 中国科技项目创新成果鉴定意见数据库数据，2011—2020 年各学科公开发表创新成果 406126 项。各学科创新成果公开发表总量逐年下降，由 2011 年的 52025 项下降至 2020 年的 3227 项，年均下降 26.58%。综合各学科创新成果发表结果，产出最多的三个学科分别是有机化工、轻工业手工业和电力工业。排名前 15 的学科中工科专业占比最大③。

高校院所汇集高水平创新人才队伍，是国家战略科技力量的重要组成部分，是基础性研究成果的重要产出地。从学科创新成果产出地区来看，东部地区是科技创新成果的主要产出地和承接地。从科技成果产出高校院所分布来看，创新成果排名前三位的高校院所分别是浙江大学（360 项）、华东理工大学（294 项）和清华大学（268 项）③。

各学科公开发表创新成果中所属高新技术类别排名前三的分别是生物医药和医疗器

① 中国科技评估与成果管理研究会，国家科技评估中心，中国科学技术信息研究所．中国科技成果转化年度报告 2020（高等院校与科研院所篇）[R]．北京：中华人民共和国科学技术部，2020.

② 科学技术部火炬高技术产业开发中心．国家科技成果信息服务平台 [DB/OL]．https://www.tech110.net.

③ 中国化工信息中心．中国科技项目创新成果鉴定意见数据库（知网版）[DB/OL]．www.cnki.net.

械、农业和新材料。课题的主要来源是自选课题，成果转化以技术服务形式转化至制造业的项目最多[①]。

截至 2020 年年底，基础学科公开发表创新成果总计 23682 项，整体呈现波动的趋势，其中 2012 年和 2015 年达到创新成果数量的峰值，2020 年公开发表基础学科创新成果仅有 102 项，基础学科中排名前三的学科分别是生物学和气象学和地质学[①]。

六、前沿领域、交叉学科科技成果

从国际范围来看，脑机接口、软体机器人、神经形态芯片、基因编辑和类石墨烯二维材料五个领域成为前沿领域，它们融合了多个学科。从我国发展来看，人工智能、量子信息、集成电路、生命健康、脑科学、生物育种、空天科技、深地深海等前沿领域是“十四五”时期关注的重点；在科技领域，大尺寸晶体材料、基因工程、量子信息、脑科学等成为发展导向。因此，结合我国已经设立的交叉学科，本报告前沿领域包括脑科学与类脑研究、基因和生命科学、临床医学与健康、深空深地深海和极地探测、软体机器人、类石墨烯二维材料和大尺寸晶体材料六大重点领域，集成电路、人工智能、量子信息纳入“交叉学科”进行阐述。

1. 前沿领域成果显现

（1）脑科学与类脑研究

依据国家科技成果信息服务平台的数据，截至 2020 年，脑科学与类脑研究相关科技成果共计 4420 项，成熟应用阶段占比 48.44%[②]。

2020 年 6 月，科技部验收通过 8 项有关中国“脑计划”的项目。2020 年 8 月，骆清铭团队描绘了小鼠脑内错综复杂的神经元联接图谱，之后发展出更高清的成像技术 HD-fMOST，解决了庞大数据量压缩等一系列难题。2020 年 12 月，全球首套核磁兼容型脑 PET 及新一代术中磁共振成像（iMRI）系统成果发布。2020 年 12 月，中国神经科学学会公布了六项中国神经科学重大进展科学研究项目。2021 年 7 月，上海市实现了 200 亿脉冲神经网络全脑计算模拟，发展了一系列脑科学实验新范式、人工智能理论新算法，并在产业应用方面得以突破。平台建设方面，“十三五”期间，北京和上海分别成立了北京脑科学与类脑研究中心和上海脑科学与类脑研究中心，各高校纷纷成立类脑智能研究中心。2021 年 3 月，北京市脑科学中心在北京中关村生命科学园宣布成立；7 月，亚洲规模最大的张江国际脑影像中心投入运行；8 月，国内首个数字孪生脑平台在成都诞生。

（2）基因和生命科学

依据国家科技成果信息服务平台，截至 2020 年，基因编辑相关科技成果共计 21281

---

① 中国化工信息中心. 中国科技项目创新成果鉴定意见数据库（知网版）[DB/OL]. www.cnki.net.

② 国家科技成果信息服务平台 [EB/OL]. https://www.tech110.net.

项，成熟应用阶段占比 34.77%[①]。

2020 年 8 月 28 日，博德研究所张锋团队通过系统的防御基因预测和异源重组，发现 29 种广泛的抗病毒基因盒，对于理解自然微生物种群中的抗病毒抗性和宿主病毒相互作用以及技术应用具有广泛的意义[②]。2021 年 1 月，国内首个获国家药监局批准开展临床试验的基因编辑疗法产品和造血干细胞产品进入临床试验[③]；复旦大学和上海交通大学率先发明了基因治疗递送载体，为病毒性角膜炎的根治提供了新的解决思路[④]。生命科学方面，2021 年 1 月，中国科学技术协会生命科学学会联合体公布了 2020 年度“中国生命科学十大进展”入选项目，分别是 4- 乙烯基苯甲醚是蝗虫的群聚信息素，首个新冠病毒蛋白质三维结构的解析及两个临床候选药物的发现，器官衰老的机制及调控，新冠肺炎动物模型的构建，人脑发育关键细胞与调控网络，发现行为调控抗体免疫的脑 – 脾神经通路，进食诱导胆固醇合成的机制及降脂新药靶发现，提高“绿色革命”作物品种氮肥利用效率的新机制，小麦抗赤霉基因 Fhb7 的克隆、机理解析及育种利用，抗原受体信号转导机制及其在 CAR–T 治疗中的应用[⑤]。

（3）临床医学与健康

依据国家科技成果信息服务平台，截至 2020 年，临床医学与健康相关科技成果共计 8072 项，成熟应用阶段占比 6715%[①]。

2019 年，我国医学领域的 39 项重大科技成果发布，包括临床医学 10 项、口腔医学 2 项、基础医学与生物学 10 项、药学 7 项、卫生健康与环境学 5 项、生物医学工程与信息学 5 项[⑥]。2020 年度，我国重要科技成果包括：“超纪录短时间”确认新冠病毒，直接取栓让卒中救治更高效，首个新冠疫苗附条件上市，中医药治疗新冠肺炎有效率达 90% 以上，空气污染危害健康有新证据，无须匹配“通用熊猫血”问世，脑起搏器研究渐入佳境，详细分析了中国人近 30 年视力损失，向世界分享“方舱”抗疫经验[⑦]。

---

① 国家科技成果信息服务平台［EB/OL］. https://www.tech110.net.

② 中国生物技术网. 张锋团队鉴定出众多新型的“工具”酶等，在基因编辑等领域有重大应用［EB/OL］.（2020–08–28）. https://baijiahao.baidu.com/s?id=1676256670018303646&wfr=spider&for=pc.

③ 中国新闻网. 国家药监局批准国内首个基因编辑疗法产品开展临床试验［EB/OL］.（2021–01–18）. https://baijiahao.baidu.com/s?id=1689227074799174953&wfr=spider&for=pc.

④ 光明网. 中国专家学者取得基因编辑治疗研究创新突破［EB/OL］.（2021–01–13）. https://m.gmw.cn/baijia/2021–01/13/34538396.html.

⑤ 中国科协. 中国科协生命科学学会联合体公布 2020 年度中国生命科学十大进展［EB/OL］.（2021–01–13）. https://baijiahao.baidu.com/s?id=1688762655619532404&wfr=spider&for=pc.

⑥ 人民网. 中国医学科学院发布 2019 年度中国医学重大进展［EB/OL］.（2020–01–14）. http://health.people.com.cn/n1/2020/0114/c14739–31548216.html.

⑦ 科学网. 2020 年度国内国际十大医学科技新闻揭晓［EB/OL］.（2021–01–29）. http://news.sciencenet.cn/sbhtmlnews/2021/1/360482.shtm.

（4）深空深地深海和极地探测

深空探测方面，自 2003 年启动探月工程一期研制以来，已成功实施了嫦娥一号至四号 4 次探测任务。2020 年，长征五号遥五运载火箭点火升空，将嫦娥五号探测器运送至地月转移轨道；中国的火星探测器天问一号成功发射；嫦娥七号探测任务目前已立项。

深地深海探测方面，我国深海探测技术体系初步建成，海洋地质十号与海洋地质八号、海洋地质九号组成立体技术体系[①]。2018 年，国家重点研发计划“深海关键技术与装备”重点专项拟立 35 项，包括深地资源勘查开采、深地资源勘查开采理论与技术集成、深海关键技术与装备等[②]。

极地探测方面，目前，我国在南北极已经分别设有长城、中山、昆仑、泰山、黄河等多个科考站点。2019 年，中国极地固定翼飞机“雪鹰 601”顺利完成对东南极冰盖分冰岭、埃默里冰架南缘等重要航线的探测，标志中国具备了独立开展南极航空科考能力[③]。

（5）软体机器人

在软体机器人领域，传统气动 / 线缆驱动、超弹性硅胶材料 + 三维打印技术、智能材料 + 外界物理场驱动三大技术方向同步发展[④]。2020 年 3 月，西南科技大学制造学院臧红彬副教授研究团队发布世界上首次实现仿树栖蛇攀爬树干运动的软体机器人[⑤]。2021 年，浙江大学与之江实验室合作发明仿生深海软体机器人——马里亚纳海沟的自驱动软体机器人[⑥]；华中科技大学发布软硬耦合的新型多功能软体机器人构造方法；天津大学材料学院封伟教授团队使用四维打印开发了一种具有不受限制的运动能力的单材料软体机器人，实现无绳自走滚动[⑦]。

（6）类石墨烯二维材料和大尺寸晶体材料

类石墨烯二维材料方面，2021 年 6 月，云南大学破冰硫化铂材料瓶颈，性能优于第

① 央广网．“三剑客”告捷 我国深海探测技术体系初步建成［EB/OL］．（2019-03-07）．http://news.cnr.cn/native/gd/20190307/t20190307_524533384.shtml.

② 中华人民共和国科学技术部．国家重点研发计划“深海关键技术与装备”重点专项 2018 年度指南拟立项项目公示清单［EB/OL］．（2019-08-14）．https://service.most.gov.cn/u/cms/static/201808/06083650hek6.pdf.

③ 中国日报网．“雪鹰 601”东南极冰盖航空探测记［EB/OL］．（2019-02-14）．https://baijiahao.baidu.com/s?id=1625398436553498323&wfr=spider&for=pc.

④ 国务院发展研究中心国际技术经济研究所．全球前沿技术发展趋势报告 2020［R］．北京：电子工业出版社，2020.

⑤ 网易新闻．西南科大研发出世界首个仿树栖蛇攀爬树干运动的软体机器人！［EB/OL］．（2021-03-09）．https://3g.163.com/dy/article/F79BTTFE05329Y4B.html.

⑥ 中国新闻网．中国研究团队完成软体机器人万米深海操控及自主游动实验［EB/OL］．（2021-03-04）．https://baijiahao.baidu.com/s?id=1693287716471227027&wfr=spider&for=pc.

⑦ 澎湃在线．天津大学研发 4D 打印软体机器人：打印出来即可工作！［EB/OL］．（2021-10-11）．https://m.thepaper.cn/baijiahao_14860235.

三代半导体[①]。2021 年 9 月，南方科技大学物理系林君浩课题组在水氧敏感二维材料的大范围无损晶格表征领域取得突破[②]。

大尺寸晶体材料方面，2018 年，全球最大 450 千克级超大尺寸高品质泡生法蓝宝石晶体在位于呼和浩特市金桥开发区成功面世[③]。2019 年，中电科技集团重庆声光电有限公司材料与装备产业中心突破大尺寸掺铈钆镓铝多组分石榴石（Ce：GAGG）闪烁晶体制备技术，首次生长出目前国内外见诸报道的最大尺寸的 Ce：GAGG 晶体[④]；江苏超芯星半导体有限公司成功推出大尺寸（6～8 英寸）碳化硅单晶衬底材料，国内首创大尺寸扩径技术[⑤]。2021 年 9 月，复旦大学魏大程团队研发大尺寸 COFs 的超快单晶聚合，实现速率提高十万倍[⑥]。

2. 交叉学科逐步成熟

（1）集成电路

我国集成电路自给率相较于发达国家仍然较低，为了促进我国本土集成电路的发展，我国高度重视集成电路行业的人才培养。科技成果方面，2020 年，中国科学院实现了 8 英寸石墨烯晶圆的量产，是新一代芯片发展史上的里程碑。该石墨烯晶圆虽然比常规的硅晶圆小了一些，但却是世界首款石墨烯晶圆，是中国人在芯片材料领域首次实现对西方技术的一次超越，撕破了西方的技术围墙，让我国掌握了新一代芯片的主导权。2021 年，中国科学院研发的 2nm 芯片关键材料被确认，是近年集成电路领域的重要成果，IEEE 将石墨烯定为未来最主要的半导体材料，2nm 芯片关键材料将替换成石墨烯[⑦]。

（2）人工智能

人工智能已经发展成全国，乃至全球竞争焦点，成为经济发展的新引擎，从新兴 IT 企业以及传统经济都开始 AI 化，中国一直走在最前面。清华大学计算机系副主任、教授唐杰称，目前全球人工智能最具城市创新榜单中中国有 32 个城市上榜，排名第四。中国的 AI 机构在语音识别、经典 AI、计算机网络、多媒体、可视化和物联网等领域实力较强，

---

① 新浪财经．我国科研人员破冰新材料 性能优于第三代半导体［EB/OL］.（2021-07-06）. http://finance.sina.com.cn/stock/relnews/cn/2021-07-06/doc-ikqcfnca5187478.shtml.

② 南方科技大学．南科大林君浩课题组在水氧敏感二维材料的大范围无损晶格表征领域取得突破［EB/OL］.（2021-09-22）. http://static.nfapp.southcn.com/content/202109/22/c5766176.html?group_id=1.

③ 呼和浩特日报新闻发布．看呼和浩特如何实现工业"由大到优"的历史性飞跃？［EB/OL］.（2021-06-26）. https://baijiahao.baidu.com/s?id=1703572966014398730&wfr=spider&for=pc.

④ 搜狐网．技术突破！中国电科首次生长出国内外最大尺寸石榴石闪烁晶体［EB/OL］.（2019-11-07）. https://www.sohu.com/a/352178817_100082825.

⑤ 光明日报客户端．江苏超芯星国内首推大尺寸扩径碳化硅晶体［EB/OL］.（2019-11-04）. https://news.gmw.cn/2019-11/04/content_33293224.htm.

⑥ 腾讯网．复旦魏大程团队：大尺寸 COFs 的超快单晶聚合，速率提高十万倍！［EB/OL］.（2021-09-02）. https://xw.qq.com/cmsid/20210902A03OK600.

⑦ 腾讯网．2nm 芯片关键材料被确认，中科院立大功［EB/OL］.（2021-08-22）. https://xw.qq.com/cmsid/20210822A0698D00.

进入全球先进行列①。

依据《中国人工智能发展报告2020》②，2011年以来，人工智能领域高水平论文发表量整体上呈现稳步增长态势，人工智能领域论文发表量位居全球第二，科研成果涵盖R-CNN算法、神经机器翻译的新方法等。计算机视觉领域最高影响力论文是2016年CVPR上，以Facebook AI Research何恺明为第一作者的*Deep Residual Learning for Image Recognition*文章，其引用量已超过6万。在全球AI专利申请数量方面，中国和美国处于领先地位，遥遥领先其他国家。其中，人工智能技术广泛运用于智能医疗，包括电子病历、影像诊断、远程诊断、医疗机器人、新药研发和基因测序等场景，成为影响医疗行业发展，提升医疗服务水平的重要因素。包括，清华大学知识工程研究室、北京智源人工智能研究院、协和医院和首都医科大学的研究团队联合推出的一项名为Sono Breast的研究成果，可以利用超声波图像进行乳腺癌诊断筛查，该模型在乳腺癌分子分型的准确率达到56.3%。北京富通东方科技开发的眼底荧光血管视频自动分析软件Vessels，能够快速、自动发现动脉、静脉的变化，双眼臂循环时间异常等信息，借助知识图谱技术，能够预测心脑血管病变的可能性，为临床诊断提供依据。在新冠肺炎疫情防控期间，医疗影像智能诊断技术发挥了巨大的作用，北京推想科技公司开发的新型冠状病毒肺炎AI系统，在世界权威医学杂志《柳叶刀》系列文章中被多次提及而受到关注。

（3）量子信息

中国量子信息领域不断发展，2016年就发射了世界上首颗量子通信实验卫星墨子号，赶超美国。此外，我国计划2030年左右率先建成全球化的广域量子保密通信网络，并在此基础上，构建信息充分安全的“量子互联网”。

2020年，中国科学技术大学潘建伟院士团队研制成功的76个光子的量子计算原型机“九章”，打破了美国量子原型机“悬铃木”保持的53个光量子世界纪录，帮助我国实现“量子霸权”③。国际知名科技媒体*Analytics Insight*列出的全球量子计算十强公司榜单出现中国企业百度，该企业在QAAA规划，聚焦量子算法、量子人工智能和量子架构等方向领先国际，获得相关专利数十项④。中国科学技术大学郭光灿院士团队李传锋、柳必恒研究

① 光明网. 2021年人工智能全球最具影响力学者榜单发布［EB/OL］.（2021-04-12）. https://m.gmw.cn/baijia/2021-04/12/1302224825.html.

② 清华－中国工程院知识智能联合研究中心，清华大学人工智能研究院知识智能研究中心，中国人工智能学会. 中国人工智能发展报告2011—2020［R］. 北京：清华－中国工程院知识智能联合研究中心，清华大学人工智能研究院知识智能研究中心，中国人工智能学会，2020.

③ 中国新闻网. 中国科学家构建量子计算原型机“九章”［EB/OL］.（2020-12-04）. https://baijiahao.baidu.com/s?id=1685117941188828814&wfr=spider&for=pc.

④ 中国网科学. 量子AI前沿领域的中国身影——百度量子中的专利乾坤［EB/OL］.（2021-08-23）. http://science.china.com.cn/2021-08/23/content_41652823.htm.

组利用6光子系统，实现了高效的高维量子隐形传态①。潘建伟院士带领团队，和德国、意大利等科学家进行合作，开发了专用量子计算机，拥有71个格点的超冷原子光晶格量子模拟器②。

2021年，中国科学技术大学郭光灿院士团队在光量子存储领域取得重要突破，将相干光的存储时间提升至1小时，大幅度刷新了2013年德国团队光存储1分钟的世界纪录，向实现量子U盘迈出重要一步。中国科学技术大学郭光灿院士团队实验实现了光量子信息的掩蔽，成功地将量子信息隐藏到非局域的量子纠缠态中，对保密量子通信的理论研究和实际应用都具有重要意义③。中国科学院杜江峰、石发展等人基于金刚石固态单自旋体系在室温大气环境下实现了突破标准量子极限的磁测量，该技术可推广到其他固态自旋体系，对于固态体系量子精密测量和量子计算的发展都具有基础性的推动作用④。清华大学交叉信息研究院段路明研究组利用可调耦合的多量子比特系统首次实验研究了环境比特对于交叉共振逻辑门的影响并提出了实验解决方案，在超导量子计算领域取得重要进展⑤。中国科学院郭光灿院士团队与浙江大学戴道锌、中山大学董建文等研究组合作，在能与相关拓扑绝缘体芯片结构中实现了量子干涉，阐述了基于光子能与霍尔效应，实现了我国在光量子芯片科研领域又一次技术突破，是我国在芯片领域实现“弯道超车”的利器，也将会让我国在世界科技领域掌握更多的话语权⑥。

本节撰稿人：张新伊、陈蒙、张梦宇、王云

---

① 中国科学技术大学物理学院．我院郭光灿院士团队李传锋、柳必恒研究组实现高效的高维量子隐形传态［EB/OL］.（2020-12-21）. https://physics.ustc.edu.cn/2020/1221/c3588a465927/page.psp.

② 光明网．中外科学家开发专用型量子计算机［EB/OL］.（2020-11-20）. https://m.gmw.cn/baijia/2020-11/20/1301819238.html.

③ 人民日报．刷新纪录！中国科学家将光存储时间提升至1小时［EB/OL］.（2021-04-26）. https://baijiahao.baidu.com/s?id=1698085046958175991&wfr=spider&for=pc.

④ 光明日报．我科学家首次在固态体系实现标准量子极限的磁测量突破［EB/OL］.（2021-08-17）. https://baijiahao.baidu.com/s?id=1708308251609214739&wfr=spider&for=pc.

⑤ 清华大学交叉信息研究院．交叉信息院段路明研究组于《自然》发文在量子计算研究方面取得突破［EB/OL］.（2014-10-03）. https://iiis.tsinghua.edu.cn/zh/show-4072-1.html.

⑥ 北青网．中国科大在光量子芯片领域取得重要进展［EB/OL］.（2021-06-16）. https://t.ynet.cn/baijia/30976921.html.

第三节　学科发展问题与挑战

近年来，在党中央坚强领导下，在全国教育界、科技界、企业界共同努力下，我国学科发展态势良好。在新形势下，科技创新已经成为国际战略博弈的主要战场，围绕科技制高点的竞争空前激烈，学科发展如何支撑科技创新已经成为学科发展面临的一个重大命题。目前，我国学科发展仍然面临一系列问题与挑战：在学科创新体系方面，学科原始创新能力依旧不足，研究成果转化率有待提高，针对当前发展趋势需适当调整学科设置，进一步完善学科体系，补足我国学科短板，为解决我国“卡脖子”关键问题提供系统性的学科支撑；在学科发展布局方面，学科发展投入仍然有待加强，结构布局有待优化，基础研究与前沿学科仍需重点发展，多学科交叉融合有待加强，部分传统学科研究范式亟须转变，重大科学技术基础设施支撑作用有待加强，产学研融合发展仍需加速[①]；在学科队伍建设方面，领军人才和顶尖团队仍然不足，学科人才评价机制仍有待完善，青年人才创新活力有待进一步激发；在学科环境治理方面，学术诚信建设仍然有待加强，科技伦理风险挑战日益凸显，以科技期刊为代表的成果传播交流平台国际竞争力有待提升，自信、创新的科研文化有待培育。

一、学科创新体系

我国学科创新体系仍有较大提升空间，主要体现在学科原始创新能力不足、学科发展成果转化率不高、学科设置固化、学科体系不统一等问题。

1. 基础研究原始创新能力不足

2020 年 9 月，习近平总书记在科学家座谈会上指出：“我国基础研究虽然取得显著进步，但同国际先进水平的差距还是明显的。我国面临的很多‘卡脖子’技术问题，根子是

① 高鸿钧. 新工业革命推动基础研究呈现五个新特征［EB/OL］.（2021-09-28）. https://www.sohu.com/a/492551201_115495?scm=1004.770291450092126208.0.0.686.

基础理论研究跟不上，源头和底层的东西没有搞清楚[①]。”在以高端芯片、高端医疗设备、航空动力装置、数控制造、高端专业制造装备、特种材料、电子化学品和基础软件系统等为代表的诸多战略性领域，我国仍然存在众多受制于人的短板、弱项和漏洞。在新冠肺炎疫情防控中，暴露出我国在以体外膜肺氧合和有创医用呼吸机等为代表的高端医疗装备制造领域对国外核心技术和关键零部件的依赖。因缺乏核心技术而导致关键领域被“卡脖子”，将对我国经济社会高质量发展与国家战略安全带来挑战，因此增强学科基础研究原始创新能力势在必行。目前我国学科发展基础研究仍然是跟踪研究多，原创性和引领性研究少，重大原创成果仅呈现点的突破，解决“卡脖子”问题的能力明显较弱，基础研究产出质量与发达国家仍有较大差距。以论文产出为例，虽然近年来我国论文总量排名世界前列，但顶尖论文数量仍然与主要发达国家存在差距，论文影响力差距也十分明显。

2. 学科发展成果转化率不高

目前，学科发展成果转化应用支撑高质量发展的动能仍然不足，科技成果转化率不高的特征较明显。作为学科发展的重要力量，高校与科研院所创造的科研产出和发明专利产业化率相对偏低。2020 年我国有效发明专利产业化率为 34.7%，其中企业为 44.9%，科研单位为 11.3%，高校为 3.8%[②]。根据《2020 年中国专利调查报告》，高校专利权人认为制约专利技术有效实施的主要因素为“自身缺乏实施该专利的技术条件”，专利转移转化的最大障碍是“缺乏技术转移的专业队伍”；科研单位专利权人认为制约专利技术有效实施的主要因素为“信息不对称造成专利权许可转让困难”，专利转移转化的最大障碍是“专业技术产业化经费支撑不足”。

3. 学科体系有待进一步规范

目前《普通高等学校本科专业目录》《中国图书馆分类法》、国家自然科学基金和维基百科等对学科分类都有不同的标准，且部分标准年代相对久远，亟须更新和统一，以便规范学科体系的发展。

二、学科发展布局

学科发展布局方面主要阐述学科发展投入布局、学科结构布局和学科平台资源布局等多个方面存在的问题。尤其基础学科的持续发展不足，前沿学科研究存在瓶颈，多学科交叉依旧不充分，学科研究范式需要转变等问题突出。

1. 学科发展投入

与发达国家相比，我国在学科投入强度、基础研究占比、企业投入占比等方面仍存在

---

① 新华网．习近平在科学家座谈会上的讲话［EB/OL］.（2020-09-11）. http://www.xinhuanet.com/politics/leaders/2020-09/11/c_1126483997.htm.

② 国家知识产权局战略规划司．2020 年中国专利调查报告［R］．北京：国家知识产权局，2021.

一定差距。

（1）研发资金和人力投入强度仍然相对较低

2019 年我国 R&D 经费强度为 2.23%，2020 年达到 2.4%，但仍不及 OECD 35 个成员国 2.47% 的整体平均水平，与美国（3.07%）和德国（3.18%）等发达国家还有一定差距。从人力投入强度看，我国研发人力投入强度保持着逐年稳定增长态势，万名就业人员中 R&D 人员数从 2015 年的 48.5 人年 / 万人上升到 2019 年的 62.0 人年 / 万人，但与多数发达国家相比，仍有明显差距。根据 OECD 统计数据，2019 年欧盟国家每万名就业人员的 R&D 人员数量为 140 人，多数发达国家的每万名就业人员的 R&D 人员数量仍然是我国的 2 倍以上。

（2）经费活动分类结构中基础研究占比较低

2020 年，我国基础研究经费为 1467 亿元，基础研究经费占 R&D 经费支出投入比重约为 6%。根据 OECD 统计数据，美国、日本这一比重分别为 16.4% 和 13.0%。与主要发达国家 R&D 经费活动分类结构相比，我国的基础研究投入占比明显偏低。此外，基础研究需要长期的积累，从近 20 年累计投入看，我国与美国、日本等发达国家的差距仍然较大。

（3）经费来源结构中企业投入占比相对较低

从支出主体看，我国基础科学投入主要来自中国科学院、国家自然科学基金、科技部等机构的财政拨款。与发达国家相比，企业投入比例明显较低。以企业基础研究支出为例，2017 年，美国企业基础研究支出占该国基础研究总支出的比例为 28.38%，而我国仅为 2.97%；美国企业基础研究支出占企业研发总支出的比例为 6.59%，而我国仅为 0.21%，差距十分明显[①]。近年来，我国企业投入基础研究的积极性增强，亟待设计多元投入机制，集成各方资源，解决共性问题，实现学科发展投入效益的最大化。

2. 学科结构布局

学科结构布局有待优化，对基础学科、交叉学科和新兴、前沿学科的布局仍需加强。

（1）基础学科发展布局有待优化

国家间的竞争是全方位的、综合国力的竞争，尤其是对科技创新，各个国家都不遗余力出台各种政策来促进本国科技创新发展，国家间竞争已经从产业经济领域不断向科技领域，尤其是基础科学研究领域延伸[②]。基础科学研究成为推动解决我国当前存在的重大技术问题的基本前提，也为引发系统性、颠覆性的创新突破提供了可能。基础学科发展是有效保障和推动基础科学研究实现重大突破的关键，是国家竞争力提高的重要支撑。但现阶段，基础学科在我国学科发展中仍存在重视度不够、需求与研究方向不匹配、基础学科创新性不足等问题，这就要求进一步加大对基础学科的持续性支持，促进基础学科与应用学科的交叉融合，优化基础学科发展布局，以推动基础科学研究的发展。

① 李静海．抓住机遇推进基础研究高质量发展［EB/OL］．（2021-03-16）．https://www.nsfc.gov.cn/publish/portal0/tab965/info80138.htm.

② 高鸿钧．新工业革命推动基础研究呈现五个新特征［EB/OL］．https://www.sohu.com/a/492551201_115495?scm=1004.770291450092126208.0.0.686.

（2）交叉学科发展布局仍需加强

面对科研范式的变革和经济社会的现实需求，越来越多的科学研究以解决问题为导向，跨越多个学科领域，模糊了学科边界。在这种学科组织模式下，多学科协同已是现代科学发展中不可逆转的趋势。而我国目前学科划分过细，造成各个学科隔离，不利于交叉，成为制约基础研究发展的一个深层次问题①。同时我国学科布局采用刚性的分割与管理体制，给不同部门和机构之间的协同共享造成了较大阻力。科学知识的生产、科研数据的流动、科研经费的分配、合作成果的共享，都不同程度上受到了来自体制机制上的阻碍，相应配套机制和科研管理工作远远没有跟上科学发展的脚步，协同共享的程度不够充分。这对于原创思想的形成和原创能力的提升都是极为不利的②。

（3）学科发展前瞻性布局尚需加强

我国关键发展领域科技“卡脖子”问题的出现，表明现有学科布局存在不足。随着科学研究的细化，颠覆性技术不断涌现，我国需要进一步加强对学科的前瞻性布局，特别是对于新兴、前沿的学科需要快速反应和布局。学科布局要走在学科研究之前，实现布局引领学科发展。无论是已经制度化的学科还是仍处于发展阶段的新领域，都需要在学科布局的版图中得到适时的调整和优化。

3. 学科平台资源布局

平台建设有待整合，地域分布仍需优化。

（1）学科平台建设有待进行优化整合

以国家重点实验室为例，我国国家重点实验室等学科平台一定程度上存在着重复建设现象，各个地区、省部级单位也建设有各自的学科平台，这些学科平台之间容易形成非良性竞争，同时也造成了资源的分散，不利于形成高影响力的科研成果。

（2）学科平台地域分布不均衡

学科平台地域分布不均衡现象较为突出，有待优化调整。我国目前建设的 4 个综合性国家科学中心，有 3 个位于东部地区，1 个位于中部地区，目前尚缺乏在西部地区的布局。国家重点实验室等学科平台多数集中于经济相对发达的省份和城市，依托于科研实力本身就较强的研究所和高校，这会在一定程度上产生“马太效应”，导致难以在短期内提高我国学科发展的整体水平。

三、学科队伍建设

学科队伍建设方面主要阐述领军人才和顶尖团队、人才评价标准机制、青年人才创新活力和人才队伍国际交流合作等四方面问题。

① 李静海．抓住机遇推进基础研究高质量发展［EB/OL］．（2021-03-16）．https://www.nsfc.gov.cn/publish/portal0/tab965/info80138.htm.

② 王孜丹，杜鹏．学科布局的逻辑内涵及中国实践［J］．科技导报，2021，39（30）：123-129.

1. 学科领军人才和顶尖团队仍然不足

在我国的学科队伍中，学科领军人才相对不足，特别是顶尖基础研究人才和团队比较匮乏，缺乏能够心无旁骛、长期稳定深耕基础理论的基地和队伍[①]。在科睿唯安发布的2020年度高被引科学家名单中，中国入选科学家从2019年的636人次上升到770人次，但与美国的2650人次仍然差距较大[②]。因此，在稳定培育人才队伍的同时，如何更加有力地培养和吸引高层次人才与顶尖人才，提高学科人才资源质量，是当前一项十分重要和迫切的任务，有待在体制机制上有所创新。

2. 学科人才评价机制仍有待完善

当前我国学科人才科研评价在一定程度上存在着三方面的偏离[③]：一是评价标准偏离科学本质，存在"一刀切""重数量、轻质量"等现象，容易导致跟风做科研，追求发文章的数量和短平快，过度关注数量指标而忽视追求实质性的科学突破。2020年2月，教育部、科技部印发《关于规范高等学校SCI论文相关指标使用 树立正确评价导向的若干意见》，科技部印发《关于破除科技评价中"唯论文"不良导向的若干措施（试行）》的通知，要求强化代表作评价和同行评议，定量与定性评价相结合，但相关措施在实践中仍有待进一步完善。根据中国科学技术发展战略研究院对300家高校、科研院所和医院所有中级及以上职称的专技人员的问卷调查[④]，科研机构普遍推行了同行评议制度，但代表作评价制度的推行率稍差。无论是实行还是没有实行代表作评价的科研单位，在考核科研人员的工作绩效时，最看重的前三位指标都是论文发表的期刊类别、科研项目级别和论文数量。这种考核方式虽然被广为诟病，但也得到了很多科研人员和科研管理部门的认同，因为这种评价方式更加客观、公正，且操作简便。而代表作评价本质上是一种同行评价，也存在一些缺点，包括：人情关系的影响；评议人并不真正了解被评人的研究方向；评议人责任心不够，没有花时间和精力仔细审读被评人的作品；评议人对被评人的学术观点乃至年龄、性别等存在偏见；评议结果容易受到权威专家或领导的影响等。二是评价过程偏离科学规范，仍然存在个体和集体行为的不规范、不负责任、信誉理念缺乏等现象，严重干扰正常评价秩序。三是评价结果偏离科学属性，评价结果的过度使用，仍然存在人才"标签化"以及与待遇过度挂钩等问题，不仅背离了激励人才成长的初衷，还导致功利主义滋生。

3. 学科青年人才创新活力有待进一步激发

目前，我国在培养和使用学科青年人才、激发青年人才活力方面仍存在一些问题[⑤]。

① 科技部有关负责人就《关于全面加强基础科学研究的若干意见》答问［EB/OL］.（2018-2-12）. http://www.gov.cn/zhengce/2018-02/12/content_5266035.htm.

② 科睿唯安. Highly Cited Researchers 2020［EB/OL］.（2020-11-21）. https://ibook.antpedia.com/x/543882.html.

③ 李静海. 抓住机遇推进基础研究高质量发展［EB/OL］.（2021-03-16）. https://www.nsfc.gov.cn/publish/portal0/tab965/info80138.htm.

④ 石长慧，张娟娟. 推进代表作评价制度不宜"一刀切"［J］. 科技中国，2020，11（11）：14-17.

⑤ 李强，王晓娇，段黎萍. 国内外促进青年科技人才成长的政策比较及相关启示［J］. 中国科技人才，2021（04）：23-29.

一是青年人才培养使用机制缺少系统设计和统筹协调。现阶段，对青年人才的支持缺乏顶层设计，缺乏让青年人才快速成长的系统安排，青年人才在国家重大科技研发任务中发挥作用不够。青年人才培养没有反映出各类科研活动规律的特点，导致高质量青年人才储备不足。二是青年人才面临较大的工作和生活压力，学科创新活力不够。受学科评价机制、激励机制不完善的影响，部分青年人才忙于追“帽子”、申项目，难于心无旁骛地进行研究，不利于培养刻苦钻研、“坐冷板凳”的学风。同时青年人才处于职业发展起步阶段，收入较低等问题很大程度上制约了青年人才全身心投入研究工作。三是支持优秀青年人才培养的制度设计有待完善。近年来，我国虽然强调国家科技计划、自然科学基金等项目的实施向青年人员倾斜，但是国家重点研发计划、自然科学基金等本身承担着完成国家使命和任务的目标，人才培养并不是其主要目标，而且在这些计划或基金中设置青年项目，使两者目标相互混淆，加剧了青年项目的人才帽子倾向，比如“杰青”“优青”，本身是遴选一批青年科技人员进行培养，但是实际上成为对这些青年人员的评价，成为“帽子”，违背了培养的初衷。

4. 学科队伍国际交流合作受到不利影响

新冠肺炎疫情发生后，国际人员交往受到限制，学科队伍国际交流合作遭遇严峻挑战，疫情对跨国（境）流动学科队伍相关人员的健康带来严重威胁，导致科技垄断性与国界性渐趋增强[①]。此外，近年来某些西方国家对与我国之间的科技人才交流进行限制，也干扰了学科队伍在科技领域的正常交流与合作。

四、学科环境治理

学科环境治理主要阐述学术诚信建设、科技伦理、科技期刊和科研文化等四方面问题。

1. 学术诚信建设仍然有待加强

清华大学教授、中国科学院院士朱邦芬提出中国学术诚信问题的两个“史无前例”[②]：学术诚信问题涉及面之广和严重程度史无前例，社会对科研诚信问题的关注也是史无前例的。面对这一形势，我国学术诚信治理体系仍有待完善。一是学术诚信教育有待加强。目前对学科队伍的诚信教育不足，导致部分人员仅将科研看作是一种谋生职业，把科研发表论文看作应付职业考核的要求与个人晋升的途径，甚至是仕途的垫脚石，缺乏基本的科学精神与自律精神。二是学术诚信监督体系有待完善。目前我国学术共同体的自我发展和约束机制尚未完全形成，学术诚信监督委员会制度尚未普遍建立。三是学术失信惩戒制度有待规范。目前我国学术界存在学术氛围过度物质化和名利化的问题，对金钱和名利的过度

---

① 苏光明．新冠疫情引发的变化对我国国际科技合作的影响［J］．全球科技经济瞭望，2020，3（35）：68-71.

② 朱邦芬．中国学术诚信问题的两个“史无前例”［EB/OL］．（2021-01-29）．https://www.sohu.com/a/447521320_751398.

追求，导致部分学者通过学术不端行为实现个人利益，而对各种学术失信行为与人员的惩戒有待进一步制度化，形成完备的法规体系，依法依规进行惩治。

2. 科技伦理风险挑战日益凸显

科技伦理已成为国际社会高度重视的共同议题，当科学技术的能量越来越大，其失控的潜在危险也会日益加剧。特别是基因编辑技术、人工智能技术、辅助生殖技术等前沿科技的迅猛发展，在给人类带来巨大福祉的同时，也不断对人类的伦理底线和价值尺度形成新的挑战。以人工智能为例，人工智能是否安全可控，人会不会被机器取代，人与机器的责任如何界定等问题，已经引发了社会上的一些担忧。随着人工智能在衣食住行领域的广泛应用，个人身份信息和行为数据有可能被整合在一起，这让机器更了解人类，为每个人提供更好的服务，但如果使用不当，则可能引发隐私和数据泄露问题。如何更好地解决这些社会关注的伦理相关问题，需要提早考虑和布局[①]。因此，我国科技伦理建设迫在眉睫。

3. 以科技期刊为代表的成果传播交流平台国际竞争力有待提升

与发达国家相比，我国科技期刊发展相对滞后[②]，制约了我国学科研究成果的交流、学科评价机制的完善与学科文化自信的培育。一是我国科技期刊缺少国际影响力。我国科技期刊起步晚、体量小，尤其缺少具有全球影响力的名刊、大刊[③]。2019 年，在《期刊引用报告》（JRC）中，我国的期刊数量仅为 241 种，而美国为 3052 种，英国为 2001 种，我国与美国、英国等发达国家存在数量级上的明显差距。我国几种在全球学科排名较高的期刊，与同领域的顶级期刊相比，总被引频次、发文数量、高被引论文数、热点论文数等均有明显差距。二是我国科技期刊缺乏市场机制的引导。全球学术期刊界早在 20 世纪末和 21 世纪初就掀起了并购的高峰，市场垄断能力进一步加强。我国则小、散、弱问题依旧突出，绝大部分编辑部是小作坊运作，由于缺乏市场化机制的引导，一些发展很好的国际化期刊提前走进“瓶颈期”，进入大而不强、强而不富的陷阱，制约了期刊国际品牌的形成。三是我国科技期刊数字生态链有待完善。稳固的数字出版生态链是数字出版走向成熟的标志[④]，但我国科技期刊尚未形成完整的数字出版生态链，尤其是缺乏一体化的科技期刊学术服务平台。四是我国科技期刊缺乏国际化业务专业人才。目前我国科技期刊虽然已有庞大的办刊队伍，但是在国际化业务方面，诸如编辑、编委、审稿人等人才缺口严重，经营管理人员、技术人员、市场人员等顶尖业务人才则更是稀缺，限制了国际化发展的步伐，不利于海外布局。

---

① 李彦宏. 加快推动人工智能伦理研究［EB/OL］.（2019-03-10）. http://www.xinhuanet.com/politics/2019lh/2019-03/10/c_1124216392.htm.

② 中国青年报. 论文收录流失严重！我国科技期刊面临四大难题［EB/OL］.（2020-08-14）. https://www.sohu.com/a/413122149_119038.

③ 张昕，王素，刘兴平. 培育世界一流科技期刊的机遇、挑战与对策研究［J］. 科学通报，2020，65（09）：771-779.

④ 魏均民，刘冰，徐妍. 中国科技期刊发展的挑战、机遇和对策［J］. 编辑学报，2021，33（01）：4-8.

4. 自信、创新的科研文化氛围有待培育

一是科研文化自信有待加强。由于我国大部分科技期刊在质量与影响力方面与国外知名科技期刊存在差距，而目前我国科研评价体系导向又存在一些偏颇，使得我国很多研究人员对国外知名期刊过度膜拜。中国科学院院士方精云指出："大家不分领域地只想着发表 SCI 论文，被国外的评价指标牵着走，看不到国家的发展需求并研究解决问题，这是非常可怕的，会把中国的科技发展引入歧途[①]。"二是科研创新文化氛围有待营造。一方面，学科发展某些领域存在对"新、奇、特"思想和事物常持怀疑、否定甚至打击的态度，为一味求稳、求全、求成功的理念所主导，结果导致创新精神和冒险精神缺失。一些科研人员喜欢追热点，追逐知名科学家，久而久之却成为他人研究和研究方向的追随者，失去了创造和创立前沿研究方向、引领发展潮流的能力。另一方面，目前学科发展某些领域存在量化考核过紧的问题，违背了学科发展规律，导致"创新焦虑"，难以形成自由、开拓、敢于探索、静心钻研、宽容失败的创新研究氛围，不利于科研创新，尤其不利于具有引领性超越性的研究。

本节撰稿人：方丹、杨宝路、王云

第四节　学科发展启示与建议

当前，新一轮科技革命和产业变革突飞猛进，科学研究范式正在发生深刻变革，学科交叉融合不断发展，科学技术和经济社会发展加速渗透融合。科技创新广度显著加大，深度显著加深，速度显著加快，精度显著加强。习近平总书记在 2021 年两院院士大会、中国科协第十次全国代表大会上的讲话中指出，"立足新发展阶段、贯彻新发展理念、构建新发展格局、推动高质量发展，必须深入实施科教兴国战略、人才强国战略、创新驱动发展战略，完善国家创新体系，加快建设科技强国，实现高水平科技自立自强"。因此，在学科创新体系方面，应支撑国家重大战略，攻坚核心技术瓶颈；为应对人类生存发展面临

① 光明日报. 破除"唯论文""SCI 至上"后，科研评价该看什么［EB/OL］.（2020-03-18）. http://www.moe.gov.cn/jyb_xwfb/s5147/202003/t20200318_432386.html.

的严峻挑战提供支撑；促进研究成果转化，充分发挥创新“第一动力”作用。在学科发展布局方面，应协同布局基础研究与前沿领域，探索建立交叉整合促进机制，优化平台建设布局，加强大科学装置的建设与利用。在学科队伍建设方面，应优化学科人才结构，重视对创新能力的培养，继续壮大人才队伍规模；深化学科人才发展体制机制改革，完善人才评价体系与激励制度；大力推动学科人才国际交流，加快建设世界重要学科人才中心。在学科环境治理方面，应加强科研诚信建设，健全科研伦理监管制度，提升以科技期刊为代表的成果传播交流平台的国际竞争力。

一、学科创新体系

学科创新体系要支撑国家重大战略，攻坚核心技术瓶颈。学科研究探索应与服务国家需求进一步紧密融合，着力提高关键领域原始创新、自主创新能力，服务我国创新驱动发展战略。在科研选题上，应紧密围绕国家和区域发展战略，凝练重大发展问题，强化关键共性技术、前沿引领技术、现代工程技术、前沿颠覆性技术等重大理论和实践问题的研究创新，力争在前瞻性基础研究方面取得重大突破。在科研组织上，应加强科技重大专项的培育和组织，引导科研机构与人员积极承担国家重大科技计划任务，在国家和地方科技重大项目中发挥作用；大力支持我国科研机构与人员积极参与和牵头国际大科学计划和大科学工程，研究和解决全球性和地区性重大问题，在更多前沿领域引领发展方向。

学科创新体系要为应对新冠肺炎疫情、气候变化等人类生存发展面临的严峻挑战提供有力支撑。科学技术是人类同疾病较量最有力的武器。当前应综合多学科力量，将新冠肺炎防控科研攻关作为重大而紧迫的任务，在临床救治和药物、疫苗研发、检测技术和产品、病毒病原学和流行病学、动物模型构建等主攻方向组织跨学科、跨领域的科研团队，产学研紧密配合，为维护人民生命安全和身体健康、维护国家战略安全提供有力的科技支撑。实现碳达峰、碳中和，是我国政府应对全球气候变化和资源环境约束而作出的重大战略决策。中国科学院院长侯建国提出，双碳目标是一项系统工程，涵盖学科领域广、时间跨度长，迫切需要通过跨学科、综合交叉和前沿研究探索，解决一些最根本的科学问题，搞清楚其中的过程机理与调控机制，为技术变革提供坚实理论基础[①]。学科创新应为实现“双碳”目标提供有力支撑。采用“揭榜挂帅”机制，开展低碳零碳负碳和储能新材料、新技术、新装备攻关。加强气候变化成因及影响、生态系统碳汇等基础理论和方法研究。培育一批节能降碳和新能源技术产品研发国家重点实验室、国家技术创新中心、重大科技创新平台。鼓励高等学校增设碳达峰、碳中和相关学科专业。

学科创新体系要着力促进研究成果转化，充分发挥创新“第一动力”作用。进一步完

① 新华社. 共绘“双碳”创新蓝图——专家热议加强科技引领助力实现碳达峰、碳中和目标［EB/OL］.（2021-09-27）. http://www.cas.cn/cm/202109/t20210928_4807424.shtml.

善科研成果转化促进政策，以经济社会发展实际需求为导向，充分发挥市场机制的作用，实现产学研联动发展。一是以企业实际生产与人民实际生活的困难与问题引导科研，建立企业、中介机构和高校与科研院所三方参与的“定制化科研”机制。二是支持引导领军企业在市场前景驱动下，发展面向产业变革的新型研发机构。三是推动高校和科研院所尽快建设高水平专业化的科技成果转化机构。鼓励专业技术转移机构早期介入科研团队研发活动，为科研人员知识产权管理、运用和成果转移转化提供全面、完善的服务。四是在明确科研成果产权的基础上，改革高校与科研院所的科研管理体制，完善技术要素成果转化的激励机制，以激发科研人员的积极性和创造性。

二、学科发展布局

学科发展布局要兼顾基础研究与前沿领域，坚持基础理论研究与问题导向研究协同布局、共同发展，全面推进学科发展。政府应加大对基础研究和公共性、颠覆性与关键应用技术研发的投资，保持投资的稳定性和连续性，设立“基础研究特区”，探索建立有利于加强基础研究和提升“从 0 到 1”创新能力的生态体系。同时，支持企业基础研究平台建设，鼓励企业加大对基础研究领域的投入力度，激发企业创新的内生动力，充分发挥我国领军科技企业在基础领域创新方面的重要作用。强化协同创新，拓展基础研究多元化投入渠道。充分发挥科学基金平台的引导作用，研究制定联合资助工作改革方案，研究创新和产业部门、地方政府、大型企业等联合融资模式，深化军民融合，探索建立需求对接、人才、成果管理平台，进一步扩大金融资本的杠杆作用，提升产业和区域的原始创新能力。研究科研基金接受来自社会或个人捐赠等新机制[①]。

学科发展布局要把握世界科技前沿发展态势，在重要领域进行前瞻部署。在重大专项和重点研发计划中，突出支持基础研究重点领域原创方向，持续支持量子科学、脑科学、纳米科学、干细胞、合成生物学、发育编程、全球变化及应对、蛋白质机器、大科学装置前沿研究等重点领域，针对重点领域、重大工程等国家重大战略需求中的关键数学问题，加强应用数学和交叉研究，加强引力波、极端制造、催化科学、物态调控、地球系统科学、人类疾病动物模型等领域部署，抢占前沿科学研究制高点。创新“变革性技术关键科学问题重点专项”的组织模式和机制，加强变革性技术关键科学问题研究，支持我国科学家取得原创突破、应用前景明确、有望产出具有变革性影响的技术原型，加大对经济社会发展产生重大影响的前瞻性、原创性的基础研究和前沿交叉研究的支持，推动颠覆性创新成果的产生[②]。

---

① 李静海. 构建新时代科学基金体系夯实世界科技强国根基［J］. 中国科学基金，2018，32（04）：345-350.

② 科技部 发展改革委 教育部 中科院 自然科学基金委关于印发《加强“从 0 到 1”基础研究工作方案》的通知［J］. 科学中国人，2020（07）：70-73.

学科发展布局要强化交叉学科建设，探索建立学科交叉整合机制。在科学基金体系中，可将增量资金用于加强对交叉研究的支持，完善项目评估和协调机制，促进科学基金交叉整合机制的形成，打破学科孤立到创新的藩篱，为今后学科布局体制调整等深入改革奠定基础，积累经验[①]。同时，应为学科交叉创造开放包容的管理机制和交流环境，超越传统的学科思维模式与管理模式，促进学科间有效合作、对话与协同、融合。北京大学前沿交叉学科研究院院长、中国科学院院士韩启德提出："学科交叉最重要的是培养良好的创新、交叉的研究生态。交叉研究机构是具有持续动态、非均衡的生命系统，有内在复杂的自组织性。需要建设自由探索、包容、容错、合作的文化[②]。"建议根据学科交叉程度以及实际情况，采取不同的组织制度和发展模式，对其进行柔性管理。建立较为宽松的交叉学科纳入准则和较为频繁的交叉学科调整机制，给予灵活的政策制度支持，并根据情况及时对学科布局作出调整。聚焦重大现实问题，鼓励科研院所、高校联合创办跨单位学科交叉研究中心，各参与单位强强联合，优势互补，选择相关学科中具有一定跨专业研究成果的专家组成高水平交叉学科专家团队，配置学科领域所需资源，由国内外相关交叉学科领域知名专家担任顾问，形成有效的学科交叉研究组织构架，为学科发展提供突破单一学科限制的良好环境。

学科发展布局要优化平台建设布局，推进综合性国家科学中心与科学城建设。以国家战略性需求为导向，结合区域发展战略，合理布局、建设综合性国家科学中心与科学城，完善国家重点实验室体系，优化各类学科发展平台，打造一批具有国际竞争力的区域创新高地。科学城的建设发展应完善"城"的理念，以人为本，从交通、人居、医疗、教育、文体等方面全面提升基础设施建设与公共服务水平，增强对人才、资金等各种要素的吸引能力，为学科发展营造良好的科研与生活平台。

学科发展布局要注重加强大科学装置的建设与利用。在继续推进大科学装置建设的同时，应建立完善全周期管理制度，提升大科学装置服务水平与使用效率，充分发挥对基础研究与学科建设的支撑作用。一是加强协调，对大科学装置实施精细化管理，探索建立协同联动工作机制，设立专门管理机构，统筹重大科技基础设施建设管理，增强重大科技基础设施布局的统揽性、前瞻性、科学性。二是提高大科学装置成果产出，瞄准颠覆性技术、原创性科学成果，进行基础性研究，解决中国长期受限于人的"卡脖子"关键技术难题。以提高大科学装置成果产出效率与应用水平为目标，实施边研究、边发展、边应用的大科学装置建设路径。鼓励企业依托大科学装置开展科技研发，促进技术成果转化和产业化，延伸产业链，形成产业与科研平台的良性互动。三是鼓励开放共享，提高大科学装置使用效率。向国内外研究机构、高等院校、企业等用户开放，广泛吸引国内外顶尖人才和

① 李静海. 构建新时代科学基金体系夯实世界科技强国根基［J］. 中国科学基金，2018，32（04）：345–350.

② 光明网. 交叉学科：如何摆脱简单拼凑，实现融合贯通？［EB/OL］.（2021–10–14）. https://kepu.gmw.cn/2021-10/14/content_35231945.htm.

优秀团队开展研究，充分发挥大科学装置的学科人才培养与科普教育功能。

三、学科队伍建设

学科队伍建设要优化学科人才结构，重视对创新能力的培养，继续壮大人才队伍规模。

一是要大力培养使用引领学科发展的战略科学家和高层次人才。要大力培养使用战略科学家，有意识地发现和培养更多具有战略科学家潜质的高层次复合型人才，形成战略科学家成长梯队。持续实施国家高层次人才扶持计划。重点扶持能代表国家一流水平、具有领导和团队组织能力的高层次人才。通过提供科研经费、职业生涯平台等政策，为国家经济社会发展重点领域、战略性新兴产业以及基础学科、基础研究领域高层次人才提供重点支持。

二是要加强培养基础研究创新人才。高校特别是“双一流”大学应发挥培养基础研究人才主力军作用，全方位谋划基础学科人才培养，建设一批基础学科培养基地，培养高水平复合型人才。加强基础研究人才创新能力的教育培养，推动教育创新，改革培养模式，把科学精神、创造能力的培养贯穿教育全过程。

三是要造就规模宏大的青年学科人才队伍。建立多层次支持青年学科人才成长的人才计划体系。实施青年科学家长期项目，聚焦重点研究方向，支持青年科学家瞄准重大原创性基础前沿和关键核心技术的科学问题，在学科基础前沿领域和应用基础领域开展基础研究。在各类青年基金项目中，鼓励青年科学家自主选题，开展基础研究工作，构建分阶段、全谱系、资助强度与规模合理的人才资助体系，加大力度持续支持中青年科学家和创新团队。

学科队伍建设要深化学科人才发展体制机制改革，完善人才评价体系与激励制度。

一是要建立多元价值导向、多层面、多类别的学科人才评价体系。建立并逐步完善以创新能力为核心的人才评价政策体系，尊重人才成长规律，实施人才分类评价机制，建立分类评价标准，推动用人主体建立完善评价制度。一是提高各类创新主体根据自身发展需求对学科人才进行评价和鉴别的能力，以“谁使用谁评价”为基本原则。对于基础类学科研究人才的评价，应充分考虑长周期高投入的特征，聚焦提升“从 0 到 1”创新能力的成果产出；对于应用类学科研究人才的评价，应充分考虑产学研深度融合发展的特征，扭转“重论文轻支撑”的倾向，强调对经济社会发展实际需求的支撑作用。二是建立定量与定性相结合的专业性学科人才评价体系。引导各类创新主体因地制宜选择和使用人才评价方法，应坚持以同行评审为基础，完善评审机制，确保评审程序的公平性，并充分运用大数据等跟踪评价手段和心理学等方法，提高人才评价的专门性和针对性，突出创新创造能力，建立常态化跟踪评价机制，明确评价标准，避免一次评价定终身。三是完善社会化评价体系，引导建立专业化的第三方评价服务市场，推动人才评价、使用一体化设计，提高辨识人才的能力。四是建立长周期考核评价办法，避免在短时间内对学科人才进行评价，减少过度评价对人才发挥作用的干扰。五是减少各种非正常因素对人才评价的干扰，建立健全科研资源有效配置机制，减少以资源或待遇分配为目的的人才评价，坚持评价的荣誉性与学术性。

二是要完善经费管理与激励制度，激发学科人才科研创新积极性。完善适应基础研究特点和规律的经费管理体制，坚持以人为本，加大对“人”的支持力度。保障科研人员在项目选择、资金使用、资源配置等方面的决策权，发挥人才的创造性。加强对承担国家基础研究重大任务的人才和团队的激励，实施以知识增值为导向的分配政策，对科研骨干在内部绩效工资分配时予以倾斜。鼓励从中央政府、地方政府、科研院所及高校、企业等多渠道为交叉学科研究设立专项基金，鼓励和引导人才探索交叉学科研究领域。加快推进经费使用“包干制”的落实落地。认真落实国务院《关于优化科研管理提升科研绩效若干措施的通知》《关于改革完善中央财政科研经费管理的若干意见》等政策文件，允许科研院所从基本科研业务费中提取奖励经费，并探索完善科研项目资金激励引导机制。激发青年学科人才内生动力，摒弃与论文、获奖等过度挂钩的激励做法，完善以知识价值为导向的收入分配机制，引导青年学科人才潜心科研。落实国家科技成果转化相关政策措施，建立健全成果转化处置和收益分配政策。推进“赋予科研人员职务科技成果所有权或长期使用权试点”并扩大推广，探索建立赋予科研人员职务科技成果所有权或长期使用权的机制和模式，形成可复制、可推广的经验和做法，推动完善相关法律法规和政策措施，进一步激发科研人员创新积极性。

学科队伍建设要大力推动学科人才国际交流，加快建设世界重要学科人才中心。

一是要积极引导高校、科研机构和企业等各类创新主体“走出去”，着重深化学科基础研究与前沿研究的国际交流合作。气候变化与新冠肺炎疫情等全人类面临的重大挑战，都绝非任何一国能够独立应对解决，需要更加紧密而有效的全球科技合作。2020 年以来全球抗击新冠肺炎疫情的历程表明，国际科技合作比以往任何时候都更加重要。在这一时代背景下，应以开放创新的形式开展学科人才国际交流，着力改善国际人才交流合作方式。为应对新冠肺炎疫情全球流行引发的变化，可探索由过去的刚性行为、长期人才计划为主的方式，拓展到柔性、中短期、灵活的交流方式，长短结合、相互补充、灵活高效。国际合作与交流还应突破空间和技术限制，抓住新一代信息技术的发展机遇，拓宽交流与合作形式，促进远程合作[①]。加强我国高校与国外高水平大学、顶尖科研机构的实质性学术交流与科研合作，建立国际合作联合实验室、研究中心等；推动中外优质教育模式互学互鉴，创新联合办学体制机制，加大校际访问学者和学生交流互换力度；积极推荐高校优秀人才在国际组织、学术机构、国际期刊任职兼职[②]。

二是要面向全球引才引智，将世界级科学家与我国急需的各类学科创新人才“引进来”，聚天下英才而用之，使我国成为汇聚全球一流学科人才的世界重要人才中心和创新

---

① 苏光明. 新冠疫情引发的变化对我国国际科技合作的影响［J］. 全球科技经济瞭望，2020，35（03）：68–71.

② 教育部 财政部 发展改革委印发《关于高等学校加快“双一流”建设的指导意见》的通知［J］. 中华人民共和国国务院公报，2019（01）：68–75.

高地。支持我国科技领军企业积极布局和利用国际创新智力资源，建设海外研究院，专门吸引世界级科学家，主动拥抱不同国别、不同种族的优秀人才，加强对跨专业、交叉学科人才的获取与使用，不断提升企业创新能力。对于我国学科发展创新急需的高精尖海外人才，需探索放宽出入境、居留、入籍等引进人才配套政策，优化海外人才引进结构。加大对基础学科、国家重点建设领域的国际人才引进力度。鼓励国内外知名高校的外国优秀毕业生在我国从事学科研究工作，畅通外国学生来华从事学科研究工作渠道，完善外国留学生创新奖励制度和创业国民待遇制度。

学科队伍建设要注重交叉学科人才培养，形成交叉学科人才培养创新模式。

跨学科研究与人才培养逐渐成为世界教育改革与发展的重要趋势，我国政府近年来也着重强调将跨学科人才培养作为深化研究生教育综合改革的重要内容。“交叉学科”已正式成为我国第 14 个学科门类①。为满足对创新人才的迫切需要，需围绕生命科学、人工智能、生物医学等方面丰富交叉学科设置，完善交叉学科资源协调机制，健全跨学科人才培养制度，落实推广交叉学科人才培养。依托跨单位交叉学科研究中心及高水平交叉学科专家团队，形成导师联合培养模式，促进不同学科知识体系进行碰撞、融合、创新。

四、学科环境治理

学科环境治理要加强科研诚信建设。逐步建立全流程、全覆盖的科研诚信监督体系与学术不端行为惩处机制。建立学术诚信监督委员会制度，充分发挥监督委员会在科研诚信建设和科研不端行为惩处工作中的独特作用。完善法律法规与规章制度，加强科研活动全流程诚信管理，对违背科研诚信要求的行为责任人开展失信惩戒，依法依规对科研造假等学术不端行为进行惩治。针对学科队伍，开展科学道德和学风建设宣讲等活动②，倡导严谨、求实的良好学风，弘扬爱国奉献、诚实守信、淡泊名利的科学精神，崇尚学术民主，倡导批判性思维，坚守诚信底线，严守学术道德，力戒浮夸浮躁、投机取巧之风。

学科环境治理要健全科研伦理监管制度，形成自律、他律和法律的监督体系。一是加强职业伦理培训，促进广大科研人员树立正确的道德观和科技观，培育科研人员内心对伦理道德的敬畏与尊崇。加强科研机构的自我约束，建立科研活动向善行善的导向机制，为科研活动提供有利于推动社会进步和人类发展的价值指引。二是完善科研伦理规范体系，健全伦理风险评估机制，依法依规对科研活动进行全过程跟踪和监管，及时发现并纠正各种科技伦理问题，建立基于防范原则的“适应性治理”，控制可能造成的伦理风险。三是健全相关法律法规，完善科研伦理监管程序，通过公开透明的规则制定、审理与批准、监

① 中华人民共和国教育部．“交叉学科”成第 14 个学科门类［EB/OL］．（2021-01-14）．http://www.moe.gov.cn/jyb_xwfb/s5147/202101/t20210114_509767.html?authkey=boxdr3.

② 中国科学技术协会．中国科学技术协会事业发展“十四五”规划（2021—2025 年）［EB/OL］．（2021-08-31）．https://www.cast.org.cn/art/2021/8/31/art_79_167316.html.

测等程序，使监管过程有理有据。四是注重发挥各级科协组织以及科技方面的各种专业学会或协会的作用，组织科学家、人文社会科学学者和社会公众代表，对颠覆性科技的研究与应用进行第三方伦理评估，提供独立的建议与报告，形成科研伦理监管合力①。

学科环境治理要推进世界一流科技期刊建设，提升学科研究成果传播交流平台的国际竞争力。探索建立具有中国特色的世界一流科技期刊共识标准、评价指标体系与发展模式，深入实施“中国科技期刊卓越行动计划”②，推动更多优秀期刊进入世界一流行列，提升我国科技期刊在国际学术领域的竞争力和话语权。一是要进一步明确我国建设一流科技期刊的定位，期刊内容应定位于学科前沿突破、成果产出和政策建议，强化与学科队伍的互动，建立以用户需求为核心的办刊理念。提升期刊对前瞻学科领域的重视，同时创办交叉学科刊物或者在现有学术刊物中创办交叉学科研究栏目，打造交叉学科研究成果交流平台，注重引领新兴交叉学科融合发展，突出专业化导向。二是要持续推进集群化发展战略，参照目前国际主流期刊运行模式，打破现有的单刊运作模式以及主管、主办、出版三级管理体制和出版单位属地化管理模式，由影响力较大的核心期刊牵头组建期刊集群，整合优化办刊资源，分层定位，特色办刊，形成金字塔式期刊结构③。三是要加强科技期刊论文大数据中心建设，大力推进期刊数字化平台的建设与应用服务，打造集期刊内容采编、出版传播、数据仓储、知识服务为一体的全链条科技信息高端交流平台，促进科研论文和科学数据汇聚共享。提升国际化运作程度，扩大海外用户数量，提高市场开拓和竞争能力，积极参与全球科技资源知识关联网络建设④。四是要全面提升我国科技期刊对全球创新思想和一流人才的汇聚能力，创新岗位评价体系与人才培养机制，建立全球编委网络，加强对现有人才的国际化培养，面向全球引进高端办刊人才，不断拓展期刊开放合作渠道，建设具有国际竞争力的办刊队伍。

本节撰稿人：杨宝路、李宗真、王云、李明良

---

① 人民网. 人民日报：健全科技伦理治理体制［EB/OL］.（2020-07-13）. http://opinion.people.com.cn/n1/2020/0713/c1003-31780197.html.

② 中国科学技术协会. 中国科协学会学术创新发展“十四五”规划（2021—2025 年）［EB/OL］.（2021-11-16）. https://www.cast.org.cn/art/2021/11/16/art_458_173319.html.

③ 吴晓丽，陈广仁. 建设世界一流科技期刊的策略——基于 *Nature*、*Science*、*The Lancet* 和 *Cell* 的分析［J］. 中国科技期刊研究，2020，31（07）：758-764.

④ 周德进. 打造世界一流科技期刊集群 构建国际先进知识服务体系［J］. 中国出版，2021（19）：11-14.

第二章

相关学科进展与趋势

第一节 身管兵器技术

一、引言

身管兵器学科发展研究报告结合近年来火炮、火箭炮、枪械等身管兵器装备的快速发展，总结提炼了身管兵器技术发展的成果和取得的技术突破，分别从总体、发射、控制、综合信息管理、运载平台、新概念发射、材料与制造七个方面论述了身管兵器技术的进展，通过对比分析国内外发展现状，总结了身管兵器技术发展的趋势与对策。

二、本学科近年的最新研究进展

1. 身管兵器总体技术

身管兵器总体技术发展研究以装备体系构建、性能指标论证、方案优化设计和集成验证等为主要技术方向。近年来，身管兵器技术与装备发展迅速，已由传统的单装装备向装备体系转变，围绕作战任务与能力要求，构建了装备体系一体化设计方法，为形成和保持身管兵器的火力打击优势提供了有力的体系方法保障。面向建制化装备体系构建需求，形成体系设计框架，以面向对象设计和面向系统设计的思想和方法为总体指导，使得主战和配套装备实现快速成套研制。为适应身管兵器装备多样化作战挑战，身管兵器构建了“技术融合、模块通用、形式多样”的体系建设系列化发展道路，通过多弹种弹道兼容、通用弹道技术规范、功能部件模块组合、平台火力一体化集成等技术实现了火力的多功能融合，能够执行多种作战功能，适应多种作战环境，形成了系列化的装备体系。基于效能评估和人机功效评估的身管兵器总体论证方法深度应用，注重将现代战争模式与身管兵器实战运用相结合，建立装备体系贡献率评估模型，以体系需求牵引技术和装备的发展。先进设计理论在身管兵器总体设计中快速发展，发射动力学、人机一体化建模、复杂结构响应分析、数字化设计、虚实结合仿真等技术日益成熟，促进了基于模型的身管兵器设计方法推广应用，并发展了全寿命周期高可靠、高安全动态设计理论，构建了相应的使用框架，有效支撑了身管兵器总体设计的效率提升，协同设计的平台框架与接口日益完善，成为保障身管兵器体系化研发的基础。

2. 身管兵器发射技术

发射技术是身管兵器最具特色的核心技术方向，现代身管兵器发射技术更加强调发射能量的高效利用、发射精度的准确控制、发射载荷的合理匹配、发射过程的自动控制、发射环境的兼容适应。随着发射能量的不断增大，传统的经典内弹道理论扩展为多维两相流内弹道精确建模理论，为身管兵器大当量发射装药的点传火控制、燃气释放规律控制、压力波抑制以及安全发射奠定了理论基础。外弹道增程理论体系逐渐完善，在气动减阻、动力增程、滑翔增程等技术广泛应用基础上，进一步发展了炮射固体冲压增程、脉冲爆轰推进增程、智能变体控制增程等新的技术，使身管兵器射程实现跨越式提升。通过身管兵器重大基础理论研究，完善了射击精度控制理论，利用知识驱动与数据驱动相结合的方法建立了高精度射击仿真模型，解决了复杂扰动因素影响下的高精度射击难题。结合实时校射、弹道修正、制导控制等技术的应用，使得身管兵器成为点面结合高精度打击武器。面向装备的轻量化、高可靠设计需求，不断探索新型反后坐技术的工程应用，基于前冲原理的软后坐技术突破了关键瓶颈，开始进入工程应用阶段，多维后坐等基于载荷分离和缓冲释能理论提出的新型反后坐装置设计理论日渐成熟，为更高动能的发射装置轻量化设计提供了可行的技术途径，同时随着智能控制技术的发展，磁阻尼后坐、弹性胶泥阻尼、膨胀波等基于新材料、新原理的高效减后坐技术也不断取得突破。弹药自动装填方面围绕身管兵器自动发射需求，突破了特种装备复杂异构被控对象的刚柔 – 机电液耦合建模、参数不确定性和非线性因素对动力学特性的影响规律、控制模型特征参数精确测量与辨识、控制模型验证等关键技术，并结合技术的智能化融合发展，构建了复杂强扰动、参数不确定等极端条件下的高实时性运动控制算法，实现了身管兵器的高速、可靠、自动装填。水下发射技术进展迅速，在全密封式发射、全淹没式发射、气幕式发射等方面均实现了理论突破，验证了身管兵器跨介质发射、水下高速射弹等关键技术，促进水下发射技术向实战装备应用推进。

3. 身管兵器控制技术

身管兵器控制技术主要包括武器控制和火力控制，是身管兵器信息化、数字化的基础。面向现代身管兵器快速响应“快打快撤”的作战能力需求，对身管兵器多子系统间的复杂机电耦合模型、极端服役环境下系统间的协同控制等技术开展了重点研究，突破了多源信息驱动的身管兵器控制。广泛采用惯性测量和卫星定位技术，实现身管兵器平台的实时定位定向，应用捷联惯导瞄准和大惯量随动稳定控制技术，实现快速自动瞄准。构建了实时弹道轨迹外推模型，利用弹道实时校射控制技术，实现射击诸元与飞行弹道的快速精确修正。针对一体化火力协同打击需求，发展了分布式火力协同控制技术，突破了基于战术互联网的分布式通信、协同射击、多目标火力分配、最优火力决策、分队火力机动协同等关键技术，实现工程化应用。适应快速调炮和自动供输弹对大功率电源管理及智能配电管理的需求，突破机电负载电源综合控制、高压蓄能及峰值功率补偿、高低压电智能配电管理、高压电源安全保护等关键技术，实现自主故障检测、诊断，适应复杂任务执行，逐渐向更智能的方向发展。

4. 身管兵器综合信息管理技术

近年来，综合信息管理技术重点发展车载电子通信网络、智能人机交互、故障预测与诊断、模拟仿真训练等技术方向，有效支撑了身管兵器的信息化和体系化建设。

以控制器局域网络（Controller Area Network，以下简称 CAN）总线为基础，国内身管兵器总线技术不断升级，目前基于可变速率的 CAN、FlexRay、交换以太网等新型总线技术的应用研究正在加速推进，实现了多现场总线集成，以适应不同类型数据信息的实时传输需求。针对身管兵器作战指挥、侦察、通信系统的通信网络构建要求，突破了多频段无线宽带自组织网络技术，可实现多火力平台的互联互通，支持随域入网、退网和子网融合与分裂。乘员操控终端突破了传统按键式操控与菜单式操控结合的交互模式，通过多源信息感知与融合技术的发展，逐渐实现了体感增强操控、场景融合操控、人在环外监管等新型信息管理控制。面向身管兵器的健康管理与状态检测需求，开展了可靠性分析、综合故障诊断、预防性维修等技术研究，形成了基于理论推导的预测方法，建立了性能退化分析模型，结合状态感知与机器学习，推动了身管兵器故障预测预防技术的工程应用。在重视主战装备发展的同时，相应的仿真训练技术也在同步提升，身管兵器与分布式交互仿真、虚拟现实和计算机兵力生成等技术结合，形成了基于分布交互仿真和高层体系结构混合体系结构的模拟训练架构，使装备训练向联合作战模拟和实兵对抗训练转变。

5. 身管兵器运载平台技术

运载平台是现代身管兵器实现快速机动、跨域作战的基础，我国身管兵器已经发展出陆基、空基、海基以及特种运载平台等一系列装备平台。近年来，围绕系列拓展、任务综合、兼容适配、自主控制等方向取得显著突破，支撑了身管兵器的系列化发展。

陆基运载平台方面，突出“系列拓展、跨域机动”，实现了兵力分散、火力集中的作战模式，突破了运载平台与身管兵器模块化组合技术，形成轮式、车载、履带、牵引等系列化发展格局，轮毂驱动、大行程悬挂、先进感知与自动驾驶、两栖/空投/空运等技术的应用，提高了装备的多域作战能力。空基运载平台方面，突出“威力提升、任务综合”，直升机航炮武器解决了大威力低后坐精确射击问题，运输机与多型身管兵器结合推动空中平台身管兵器武器系统的快速发展，突破了发射载荷缓冲控制技术，构建了基于非线性气动力学的大攻角弹道高精度解算模型，实现了空中平台任务载荷的集成。海基运载平台突出“兼容适配、功能集成”，大口径舰炮完成关键技术攻关，取得多项原创技术的发展，突破了基于雷达门限的对空拦截窗口控制技术，构建了基于海浪谱反演模型的稳定发射控制理论，实现了海基远程高精度发射。无人运载平台方面，突出“自主控制、智能决策”，在无人战车、无人机、无人舰艇等方面开展了火力与无人平台的匹配及自主控制技术研究，推动装备向无人化方向加速发展。

6. 身管兵器新概念发射技术

身管兵器新概念发射突破传统身管兵器以固体含能材料为能源的限制，发展出以电磁、等离子体、低分子量气体等新型能源为发射动力的新型发射技术，突破了传统发射技术的能力界限。

我国新概念发射技术虽然起步较晚，但技术进展迅速，尤其是电磁发射、电热化学发射等技术取得了重要成果和显著进度。电磁发射技术攻克了轨道高速发射膛内稳定控制技术，显著提高了发射一致性，高精度发射和轨道烧蚀磨损控制技术取得突破，促进了电磁轨道发射工程化应用。电热化学发射技术解决了高能量密度脉冲电源、等离子体发射器、低温初速补偿等关键技术，实现了装备的集成。燃烧轻气发射技术建立了模拟实验系统，实现了内弹道稳定控制。

7. 身管兵器材料与制造技术

身管兵器材料与制造技术是支撑身管兵器设计实现和装备应用的技术基础，在身管兵器技术发展中处于不可或缺的地位。近年来，我国身管兵器重点在新型高强度炮钢工艺处理、轻质构件制备、非金属材料应用、特种工艺提升等方面开展技术研究，取得一系列技术突破。

新型炮钢用合金化和氧化物控制方法及相应冶炼与热处理工艺，形成具有较好强韧综合性能的先进炮钢材料。采用轻质结构拓扑优化设计技术，实现了钛合金、铝合金等轻质材料在身管兵器关键结构上的应用，大幅减轻系统重量。超高强度碳纤维材料在发射装置中应用取得突破，尤其是与电磁轨道等新概念发射结合，促进了装备的跨代发展。大尺寸构件高精度加工、大长径比深孔加工、复杂构件高精度装配等工艺不断改进提升，仿生材料、增材制造等新材料、新工艺应用于身管兵器制造领域，提升了身管兵器制造效率，为装备柔性制造奠定了基础。

三、本学科国内外研究进展比较

1. 身管兵器总体技术

相比国外身管兵器总体技术发展，近年来我国身管兵器总体进展迅速，先后发展了一系列先进装备，达到国际先进水平，部分装备达到国际领先水平。目前我国身管兵器总体设计理念、设计方法、模块集成、多能兼容等方面技术进展成绩显著。然而，我国身管兵器总体存在口径系列不精简、弹道规范不完善、协同研发不顺畅、前沿探索不深入等方面问题，是身管兵器总体技术发展需要重点关注的研究方向。

2. 身管兵器发射技术

相比国外身管兵器发射技术持续稳定发展的特点，我国发射技术近年来进展迅速，在远程发射、高精度发射、高速自动装填等方面取得重大突破，基础理论的不足一定程度上得到弥补，部分技术达到国际先进水平。随着身管兵器下一代先进技术的探索与加速实践，我国在远程发射、精确打击等方面更是提出原创技术方案，为加快推动身管兵器技术的前沿引领奠定了良好基础。随着身管兵器发射技术向智能、远程、精确等方向发展，更要关注身管兵器技术的领域融合、学科交叉与基础拓展。

3. 身管兵器控制技术

相比国外自动化控制、智能管理、网络互联、控制集成等方面的技术成果和装备应用效果，我国在身管兵器自主无人操控、智能目标识别、战场态势可视、网络协同作战、智能自主控制等方面尚有一定差距，需要加速开展专项技术研究，弥补技术基础差距，加速推动身管兵器控制技术向无人化、智能化方向发展。

4. 身管兵器综合信息管理技术

相比国外较早将数字通信技术应用于身管兵器，实现自动化控制、网络互联和一体化集成，达到了炮控与火控的信息一体化融合，我国综合信息管理技术起步较晚，经过近年的快速发展已经逐渐弥补了差距，形成了较为独特的技术体系。面向未来装备的信息化、智能化发展，需要重点对身管兵器复杂战场环境下的可靠联通、信息管理系统的通用模块化、交互终端模式的智能化、火力动态操控的精准化、演训的虚实结合化等方面的技术开展关键技术攻关。

5. 身管兵器运载平台技术

相比国外身管兵器运载平台技术发展，我国运载平台发展得更为全面，尤其是无人化装备呈井喷式发展趋势。但是国外的各类有人、无人平台大部分有实战检验的经历，为身管兵器运载平台的技术途径确定指明了方向。我国运载平台普遍缺乏实战检验，各类平台技术同步发展，重点不突出，需面向智能化作战的需求加强体系化论证，构建核心的运载平台谱系。

6. 身管兵器新概念发射技术

相比国外新概念发射技术的发展，我国电磁、电热发射技术方面经过基础理论和关键技术的加速追赶，结合工程化应用的全力推进，已经实现了装备的集成应用，达到国际先进水平，部分核心性能达到国际领先水平。燃烧轻气发射技术仍处于实验室验证阶段，相比国外的持续基础研究，技术积累尚有差距。

7. 身管兵器材料与制造技术

相比国外身管兵器先进的材料和制造体系，我国新型材料应用尚未全面普及，新材料制备和加工工艺不完善，在身管寿命、轻质材料应用等方面存在显著差距。需要重点关注身管寿命提升、先进制造装备、工艺体系标准、智能制造方法等方面的技术发展。

四、本学科发展趋势和展望

面向未来战场信息化、无人化、智能化要求的日益提升，身管兵器装备将更突出远程、精确、协同等特征，对身管兵器技术发展提出新的要求。远程化将成为身管兵器跨代提升发展的典型特征；精确化将成为现代身管兵器打击能力的基本要求；智能化将成为身管兵器作战装备的内在基本要素；多能化将成为身管兵器装备效能增长的重要基点；轻量化将成为决定身管兵器装备生命力的核心约束；体系化则是身管兵器适应实战需求的综合能力体现。

本节撰稿人：钱林方

第二节　航空科学技术

一、引言

航空科技创新是人才、知识、技术、资金以及政策资源高度密集的领域，更是竞争激烈、快速发展的领域。当前，世界范围内航空科技飞速发展，数字技术、人工智能技术、新能源技术、绿色环保技术等被大量探索应用于航空领域，这对我国的航空科技发展提出了更高的要求。

现分别对我国在飞机总体设计、飞机结构设计及强度、航空机电技术、飞行器制导/导航与控制系统、航空电子学科、航空生理与防护救生、航空材料技术以及航空制造技术这八个方面近年来的进展进行概述。

二、本学科近年的最新研究进展

1. 飞机总体技术

飞机总体技术是对飞机总体方案设计技术、优化技术和系统集成技术的总称，其水平的高低对于航空产品的最终性能和市场竞争力具有非常大的影响。近年来，我国在飞机总体技术研究和工程应用方面都取得了显著的进展。歼 –20、Y–20、AG–600 等新型飞机开始陆续列装部队；歼 –15、“飞豹”战机、“枭龙”等型号飞机的改型和系列化发展都取得了较大进展；民用飞机方面，C919、ARJ21等项目稳步推进，获得了大量订单，初步得到市场认可；无人机方面，“翼龙Ⅱ”、新型“彩虹”太阳能无人机、攻－××隐身无人机、固定翼无人机集群和民用无人机等重要项目均有重要进展。

随着信息技术、人工智能等学科的发展，飞机总体技术呈现新的发展趋向，世界各国取得了一系列的突破和进展。我国目前在人工智能技术、隐身技术和新型布局技术等方面亟须发展。

2. 飞机结构设计及强度

飞机结构是支撑飞机平台实现预期功能和性能的基础，在提高飞机效率、控制研制成本和保障服役寿命等方面均发挥重要作用。飞机结构设计及强度主要有结构的设计以及强度分析验证两部分。

在设计方面，先进轻质金属材料逐渐成熟，国产铝合金部分取代进口，钛合金、结构钢全面应用，铝锂合金初步应用，多项加工技术走在世界前列；复合材料使用率不断提高，建成一系列复合材料设计分析平台，制造、检测技术取得突破性进展；热结构、热防护综合设计仿真平台建立，但在轻质耐高温设计方面仍需系统性研究；发动机涡轮材料向高温、高性能、高可靠性、低成本、轻质量发展。

强度分析验证技术方面，复合材料积木式验证技术取得突破，进一步研究后有望应用于具体型号；机身曲板试验技术方面跻身国际先进水平，能够进行多种载荷联合作用下的受力状态模拟；强度自动化系统初步建成，多模块协同，提高强度设计效率；结构强度虚拟试验初步应用，有效降低试验风险；结构/系统综合环境试验技术能够完成多种全机极端环境适应性实验，但同国外相比仍需发展更多种类的环境试验。

3. 航空机电技术

近年来，我国在航空机电领域经过不懈的努力，取得了显著的成果。航空机电综合化控制结构技术越来越多、越分越细，专业性更强、综合化更加趋于一致。系统软件方面，航空机电综合化控制系统的发展因软件技术飞速发展而飞跃，优化升级是从半智能向全面智能自动一体化方向推进；传感器技术方面，传感器以射频传感器技术为主，关键技术在于接口，好的接口可以有效融合综合控制系统；在故障预测与健康管理方面，近年航空继电器故障适应性诊断系统的开发研究有效提升了我国飞机的安全可靠性，也有效促进了航空机电综合化控制结构技术的发展。

在总线技术方面，伴随网络发展，我国光纤技术已得到了普遍应用，价格相对降低，传递效率较高，当前已在航空综合控制系统得到了广泛应用；在传感器技术方面，我国的综合传感器系统最为权威，已成功将60多种射频进行了功能性体系化综合应用。

4. 飞行器制导、导航与控制系统

目前，国内制导技术领域正随导弹和无人机的蓬勃发展而飞速进步。在导弹制导与控制领域，构建了导弹、制导炸弹和空中靶标三大领域。在无人机飞行控制与管理领域，飞翼布局无人机若干制导技术已经应用于型号。在中大型民用无人运输机领域，攻克了无人机控制与管理关键技术。未来发展重点集中于高超声速制导技术、异构飞行器协同制导技术、小型一体化低成本制导系统技术等主要方向。

在导航技术方面，国内光学陀螺技术发展迅速，基于光学陀螺的捷联惯导系统已成为我军机载领域的主力装备；惯性 / 全球导航卫星系统组合取得巨大成功。机载定位导航授时技术、多平台网络化协同导航等技术正在稳步推进中。在原子导航等先进技术领域，国内在原子惯性测量器件研制、原子惯导系统误差体系构建等方面也均取得一定进展并处于大力发展中。

在飞控技术方面，我国目前已构建以总线为核心通信手段的可同步运行功能节点网络，实现了系统各项功能由飞行控制计算机集中运行向各功能节点分布运行方式的转变，降低各项功能与飞控计算机耦合度，提升系统开放性、扩展性和重构能力。光传飞行控制系统方面正持续推进关键部件的工程化研制；操纵面已从传统操纵面发展到目前的广义操纵面，而创新效应面则是当前研究的热点。

5. 航空电子学科

航空电子系统对保障飞机飞行安全起着关键性的作用。近五年中，国内航电系统取得了很大的进展（图 2-2-1），主要体现在四个方面：第一，民用飞机系统独立研制体系基本建立，设备研制能力不断提升；第二，民用飞机系统研制环境初步建立，形成了支持 ARP4754A 研制流程的工具集和综合台架；第三，适航认识不断深化，适航体系不断完善，通过国内民用飞机项目的研制，主要的航电系统企业对民用飞机适航的认识不断深化，建立了 AS9100 质量体系；通过参与系统 / 设备的研制，推动机载系统企业按照适航标准进行系统与部件产品的研制和供应链管理；第四，航电专业领域不断深化发展。我国航电系统始终围绕着“综合化、数字化、网络化、智能化”的发展脉络，不断深化发展。结合《“十四五”规划》，我国航电系统的发展方向应集中在 3 个方面：重点解决已有产品的高安全性设计、适航符合性方法及机载设备与系统数字化增量确认和集成支撑技术问题的基础技术，重点解决民用飞机领域新产品的市场竞争力问题的先进产品技术，以及主要考虑融入国家战略新兴技术框架，提前布局航空新应用和新业务的新技术。

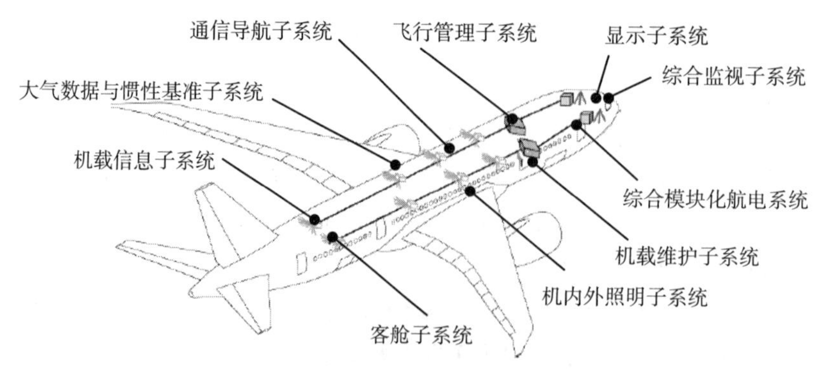

图 2-2-1　航空电子系统示意图

6. 航空生理与防护救生

随着我国航空武器装备高速发展和实战化飞行作战训练的加速推进，飞行员所面临的航空环境日益复杂严峻，对航空生理与防护救生装备的防护性能提升提出了更高的要求。在航空生理学方面，近代以来，源于战斗机战术性能的进一步提高，传统的航空应用生理与防护技术产生了飞跃。不同加压供氧总压制肺循环气血分流、管式代偿背心－抗 G 服系统、供氧与抗荷呼吸技术、高空分子筛供氧的等效生理效应四大技术成为当代战斗机飞行员个体防护装备的标志。在新一代飞机研发过程中，无忧虑补偿防缺氧呼吸窒息、科学呼吸预防空中过度换气、创新发展空天一体低压平台、供氧电子调节要求无忧呼吸等成为新一代飞机航空应用生理与防护技术的重要支撑。另外，我国在航空防护救生方面也有众多发展，第四代弹射座椅实现了跨越式发展，产品综合性能达到国际水平，部分性能达到国际领先。在个体防护领域，我国研制了 FZH–2 综合防护服、WTK–4 综合保护头盔等装备，发展了 YKX–1 椅装式氧气抗荷调节等系统。在电子技术应用上，防护救生电子控制技术拓展应用于航空应急救援领域，显著提升了航空防护救生等相关系统装备的技术水平。

7. 航空材料技术

随着航空装备的发展，我国已基本形成了比较完整的航空材料研制、应用研究和批生产能力，并成功研制出一批较为先进的材料牌号，制定了一批材料验收、工艺及检测标准，为航空装备的发展作出了重要贡献。在高温合金领域，我国在等轴晶铸造高温合金方面，复杂结构件合金及结构件制备技术取得进展，并开展了双性能盘精密铸造技术、微晶铸造技术的探索研究。我国定向柱晶高温合金已发展到第三代，第一、二代已在现役主力航空发动机上成熟应用。单晶高温合金方面，我国开展了第三代单晶高温合金 DD9 等的应用技术研究，突破了第三代单晶高温合金双层壁冷涡轮叶片制备技术。在钛合金材料技术上，我国已实现中强钛合金投影面积 5.2 平方米大型锻件的整体化成型。我国航空变形铝合金已发展至第四代，主干航空武器装备所需的第三代铝合金材料制备技术已达到国际先进水平，第四代铝合金材料制备关键技术已突破。在结构钢与不锈钢领域，我国研制的超高强度钢 40CrNi2Si2MoVA、高强不锈齿轮轴承钢 15Cr14Co12Mo5Ni2WA 以及超强耐热轴承钢 CH2000 等相比之前材料做到了强度更高、韧性更好。在涂层材料领域，近年来国内涡轮叶片电子束物理气相沉积 YSZ 热障涂层通过了多个新型号发动机的试车考核验证。在抗氧化涂层方面，国内 MCrAlY 涂层实现了 1100 摄氏度环境中长时服役，实现了在发动机涡轮叶片上的批量应用。

8. 航空制造技术

在金属整体结构制造技术方面，复杂及大型金属整体结构制造技术成为支撑现代航空产品研制和生产的核心技术。数控加工技术是航空结构件最主要的制造手段，高速加工技术已广泛应用于大型铝合金整体结构件中；金属塑性成形技术在整体化、轻量化及大型化构件制造中有创新突破，增材制造发展方向的广义增材制造，实现了航空装备上装机应用；特种加工技术已成为航空制造领域中的关键技术，表面工程技术已在我国得到较为广泛应用，复合表面工艺、绿色表面技术也取得突破性进展。

在复合材料整体结构制造技术方面，国内飞机树脂基复合材料用量得到迅速提高。在飞机功能结构领域，复合材料在功能性结构和飞机内饰等方面得到广泛应用。制造技术方面，大、中型结构件的新工艺技术成熟度较高。在复合材料制造设备方面，我国已可满足特大型复合材料结构成型需要。我国航空业复合材料制造技术正朝低成本、数字化和智能化的方向快速发展，与世界先进水平的差距逐步缩小。

在飞机自动化装配技术方面，国内已开展数字化柔性装配技术研究，各项研究成果均已用于飞机研制生产。在数字化智能化制造技术方面，国内航空制造业探索并推进建设了一批数字化生产线和智能制造新模式。

三、本学科国内外研究进展比较

近年来，世界各国对航空科技的研究热情不减，美国、俄罗斯先后开始研发新型远程战略轰炸机，美国的 F–35 大批量列装，中国歼 –20 和俄罗斯的苏 –57 也开始列装。军用无人机方面百花齐放，新机型研发不断。在军民用飞行器领域，中国正按照自己的节奏稳步推进。但总体来说，我国航空科技与世界先进水平相比仍存在较大的差距。

军用飞机方面，我国在平台性能、设计技术水平等与发达国家仍有一定差距。我国在飞机平台的设计方面，仍处于紧密跟踪状态，加之受限于动力装置和航空材料等，飞机平台优势特性的发挥受到一定的制约。在飞机总体设计环境方面，我国仍处于初级阶段，飞机总体设计环境并不完善，而美国各大军工集团基本都有自己独特且完善的设计环境体系，这方面还期待着我国军用飞机总体设计技术的进一步发展。

在传统民用飞机领域，ARJ21 飞机已初步形成了机队规模，C919 飞机有望在 2021 年内交付。我国的民用飞机总体综合水平大为长进，但由于历史欠账较多，距离世界先进水平仍有较大差距。在新概念民用飞机领域，电推进飞行器和超音速民机方面，相比其他航空强国，我国的投入较少，需要加强这方面的研究。

在无人机方面，我军无人机装备同无人机强国相比仍有一定差距。国内已有的无人机任务系统载重都不大，尚难满足电子对抗、预警、侦察等大型任务系统的要求，平台技术难以满足无人作战飞机的高隐身、高机动能力的要求，在气动力、发动机、轻质结构和高精度导航等方面基础技术薄弱。此外，无人作战飞机需要的智能控制、决策和管理技术，空 / 天基的信息网络技术，以及相关的小型化高效精确制导武器等，还未能满足无人作战飞机系统的要求。

现代航空技术的发展日益趋向多学科的智能化、综合化发展，我国目前在人工智能技术、隐身技术和新型布局技术等方面亟须发展。美国作为全球战斗机技术的引领者，已经广泛地在战机上使用了人工智能。随着现代航空飞行控制技术的快速发展，人工智能技术在航空飞行控制方面得到了广泛的应用，两种技术的深入融合已经成为一种趋势，我国在人工智能研发方面需要进一步加强。隐身技术是信息化战争实现信息获取反获取、夺取战争主动权的重要技术手段，是飞机总体设计的重要权衡指标之一。目前，我国的隐身技术距离世界先进水平仍有一定差距。在新型布局方面，较为成熟的新型布局是飞翼布局，美国的飞翼布局技术在军用飞机的设计方面已经成熟，我国在无人机方面也有飞翼布局的成功设计，未来还需要进一步加强飞翼布局的研发，以获得更好的升阻特性和隐身性能。

四、本学科发展趋势和展望

近年来，我国对发展航空科技的研发投入稳定增加，新项目研发不断，新飞机首飞不断，技术研究及演示验证持续进行，从我国航空科技发展的现状和地位看，总体趋势仍处于追赶阶段。作为航空大国，走自主自强的道路是必然选择，未来需要不断夯实基础，以坚强的意志、持久的坚持，力争突破航空发动机、新型材料、新型布局等关键技术，力争实现航空科技发展完全的自主可控，不断缩小与航空强国的技术差距。

在民用飞机方面，从 ARJ21 到 C919，我国民用飞机的进步是巨大的，但未来民用飞机发展的重点还是要走国产化道路，突破动力装置、航空材料、系统及关键设备等关键技术，使我国的民用飞机发展早日走上自主发展的良性道路。同时，在新概念民用飞机领域，电推进飞行器和超音速民机未来还需要加强研究。

无人机技术将改变未来航空格局及战争模式。尽管与美国、以色列等无人机强国相比，我国无人机技术仍有一定的差距，但随着以“彩虹”-5、“翼龙Ⅱ”、云影、无侦 -7、无侦 -8、“魔影”为代表的无人机的发展，国内的无人机平台在国际市场上具有很强的竞争力，表明我国无人机的发展已从单一传感器平台向综合作战平台转变，其作战使用已经向遂行主流作战任务转变。未来在无人机的研发上，需要持续保持翼龙系列和彩虹系列无人机的市场优势，加大投入，向新技术更密集、作战效率更高、覆盖面积更大和生存力更强的隐身无人作战飞机及其系列化方向发展，占据未来发展先机；布局方面，尽快突破飞翼布局，隐身性能已成为提高生存力和作战效能的基本手段，飞翼布局具有先天外形隐身优势，从而成为国际上远程隐身轰炸机、隐身无人战斗机、隐身侦察机的首选布局形式，突破飞翼布局，结合飞控，提高无人作战飞机的性能。

本节撰稿人：余策、林伯阳、王方

第三节　桥梁工程

一、引言

桥梁是指架设在水上或空中以便跨越障碍实现交通功能的结构物，是关系国计民生的经济大动脉和交通承载体。近年来中国桥梁工程飞速发展，取得了举世瞩目的成就，已成为推动国际桥梁技术进步和科技创新的主要原动力之一，正从“跟跑者”到“并跑者”再向“领跑者”发展。从桥梁保有数量而言，我国已经建成公路桥梁 91 万座、6600 多万延米，铁路桥梁约 9 万座、长度约 3 万千米，在数量上均居世界首位，中国已建成全球结构形式最多样、区域人口最密集、交通任务最繁重、服役桥梁数量最多的在役桥梁群。

桥梁工程是指桥梁全寿命周期中规划、设计、施工、运行和拆除等的工作过程，桥梁工程学科研究的主要内容包括勘测、设计、施工、监测、养护、检定、试验等方面。本报告总结了我国桥梁工程学科发展现状，开展了桥梁工程学科国内外比较分析，提出了我国桥梁工程学科未来发展的展望与对策。

二、本学科近年的最新研究进展

我国桥梁工程学科发展具有鲜明的特点：从桥梁工程的保有量来看，中国在建和在役公路桥梁、铁路桥梁规模世界第一；从桥梁工程的应用场景和服役条件来看，交通荷载具有“重载、高速、大流量”的重要特征，桥梁工程结构在设计、建造、运维以及防灾减灾等全寿命周期的各个阶段面临的挑战前所未有；从桥梁工程的历史发展阶段来看，近年来中国桥梁已成为推动国际桥梁技术进步和科技创新的主要原动力之一，正处于从“并跑者”向“领跑者”过渡的转变时期；从桥梁工程的建设和养护来看，中国正处于从“建设为主”向“建养并重”的关键转型期。

1. 科学研究重要进展

在桥型结构与跨度研究方面，提出了 5000 米跨度的超大跨度悬索桥、1500 米跨度斜拉桥的合理体系，正在建设600米跨度的拱桥，并在多功能合建大跨度桥梁、钢箱梁和钢桁梁及结合梁、大型桥梁深水基础设计施工等关键技术中取得诸多突破性成果。

在新型材料与结构方面，对超高性能混凝土的材料研发、结构性能、既有结构加固及新结构研发开展了大量研究，形成了相应的技术标准，并逐步应用于工程实践。高性能钢材研究方面，Q690级别高性能桥梁钢、强度2000兆帕的高强钢丝已得到成功应用。

在荷载作用与效应方面，通过实测数据建立了相应的车辆荷载模型并提出了新的冲击系数计算方法；对轨道交通桥梁的车–线–桥耦合振动问题，在分析模型及高效算法、随机振动与多动力（风、地震）作用下的耦合振动等方面取得了较大进展；提出了基于结构强健性的桥梁风振及控制理论，实现了桥梁抗风设计理论从传统的“现状安全设计”到“全寿命性能设计”的理论升华；提出了基于性能的大跨度桥梁抗震设计理论与方法，研发了新型减震耗能体系和自恢复体系结构；研究了海洋环境中风、浪、流的多场耦合效应，实现了波流场的多点、同步和连续观测及整体空间数值模拟。

在监测检测与试验方面，研发了以北斗、光纤传感、全自动智能机器人等为核心的高精度自动化监测系统，全方位实现了对重要桥梁结构的结构效应、裂缝、腐蚀及环境等的实时在线监测，并建立了以云计算和云服务为核心的桥梁结构云监测平台。

在振动冲击与控制方面，研发了桥梁结构振动被动控制惯容技术、大跨度桥梁风振主动和被动控制技术、桥梁结构自复位抗震桥墩体系、桥梁碰撞冲击振动控制技术、轨道交通桥梁噪声控制技术等。

2. 技术开发创新成果

在设计方法与标准方面，目前我国桥梁结构设计主要采用极限状态法，近几年公路、铁路、市政行业均颁布了新版设计规范。全寿命性能设计方面，建立了预应力混凝土箱梁桥复杂应力状态下应力限值设计方法，形成了基于体系可靠度的特大跨钢结构桥梁设计理论，颁布了混凝土结构耐久性设计规范，对正交异性钢桥面板耐久性设计、基于环境保护的基础设计等方面展开了大量研究。

施工技术与装备方面，形成了具有自主知识产权的长大跨海桥梁施工技术、大跨度跨江或跨河桥梁施工技术、公路与铁路桥梁预制装配施工技术、山区桥梁施工技术等。研发了成套基础施工装备，施工管理中贯彻“以人为本”“精品工程”的安全质量管理理念和“精细化管理”的成本管理理念，信息化技术在桥梁施工管理中得到越来越广泛的应用。

桥梁运维与管理方面，我国目前已经发展了全面覆盖各种桥梁检测对象的便携式测试设备的无损检测、测试结构力学性能的实桥荷载试验等技术；结构健康监测系统也得到了进一步的推广，传感领域、数据存储和处理领域取得了长足的进展。在桥梁性能演化与状态评估上，揭示了全寿命周期桥梁结构的时变可靠性长期演化规律并给出了结构的状态评估、失效模式预测与安全预警方法。还从钢筋和混凝土抗腐蚀性两方面出发提升了混凝土结构的防腐能力，从包覆层防腐和除湿系统等方面提升了钢结构和钢缆的防腐能力。采用信息化技术，以养护管理为功能核心构建了资产管理体系。智能养护方面，实现了对桥梁检测数据的快速识别和智能分析，建筑信息模型（Building Information Modeling，以下简称 BIM）正逐步成为桥梁工程建管养一体化及管理系统的技术基础。

智能建造与运维方面，研究了基于人工智能的桥梁结构设计和气动外形优化等智能设计技术，研发了智能混凝土和智能索等，基于 BIM 技术和“互联网 +”等新一代信息化技术实现了施工全过程信息化管理，研发了无人机和智能机器人等智能检测技术，同时在智能防灾减灾方面也取得了重大进展。

3. 工程建造重大成就

中国桥梁正在不断突破世界纪录，推进技术创新，桥梁工程建造重大成就不断涌现。在近五年里，先后建成了跨度达到 300 米的梁桥——泉州成功大桥，全世界最大跨度混凝土拱桥和钢管混凝土拱桥——沪昆高铁北盘江特大桥和广西平南三桥，世界第二和中国最大跨度悬索桥——武汉杨泗港长江大桥和南沙大桥，全世界最长的跨海桥梁——港珠澳大桥、中国首座公铁两用跨海大桥——平潭海峡公铁大桥，世界上首座超千米公铁两用斜拉桥和悬索桥——沪苏通长江大桥和五峰山长江大桥，世界上首座全钢 – 混凝土组合结构三塔斜拉桥——南京江心洲长江大桥等。

进入“十四五”时期，我国还将建设一系列超大跨度桥梁。主跨 1176 米的常泰长江大桥斜拉桥已经开工建设，主跨 1160 米的观音寺长江大桥和巢湖至马鞍山铁路马鞍山 2×1120 米三塔公铁两用长江大桥也在开展设计，建成后将再次刷新世界斜拉桥的跨径。将要开工的广西龙滩天湖特大桥跨径将达 600 米，建成后会将世界拱桥跨径纪录推进到 600 米级。主跨 2300 米张靖皋长江大桥、主跨 2180 米狮子洋过江通道等，将创历史地首次刷新悬索桥的世界纪录。

4. 运维管理成功实践

中国桥梁建设正处于从建设为主向建养并重的关键转型期，一方面新建桥梁迅猛发展的同时，在役桥梁的老化和病害问题，以及对在役桥梁服役安全和服役质量的高需求与结构的实际性能不足之间的突出矛盾日趋凸显；另一方面，相对于桥梁设计和施工，桥梁运维管理的时间更长、问题更复杂，结构性能演化过程具有典型的经时特性，影响因素多且机制复杂，需要构建完备的桥梁运维支撑体系。

系统性监测与安全评估方面，作为早期的桥梁健康监测系统，上海徐浦大桥、鄱阳湖大桥和香港青马大桥、汲水门大桥、汀九桥等都取得了很大成功，并实现了长期使用；规范化管养与行车安全方面，规范性管养、确保行车安全成为桥梁运维管理的发展方向，南京大胜关长江大桥、苏通长江大桥和广州黄埔大桥等都取得了很大成功；预防性养护与性能提升方面，通过合理的材料、结构及工艺措施，提升性能退化桥梁的安全服役水平，江阴长江大桥、东海大桥和军山大桥等都取得了很大成功；智能化检测与数字孪生方面，港珠澳大桥和武汉天兴洲长江大桥在智能化检测方面作了很多探索，一批桥梁开始尝试。

三、本学科国内外研究进展比较

桥梁工程发展水平，是一个国家的科技含量和经济实力的集中体现。中国桥梁工程发展得益于中国经济实力、科技实力和综合国力的不断提升，特别是大量大型桥梁工程建设项目驱动，近年来取得了很大的发展。国际桥梁界受一些传统桥梁强国新建桥梁数量的影响，在大跨度桥梁建设技术方面进展缓慢，但是依然保持很高的理论研究水平、核心桥梁技术和人才创新能力，特别是强大的国际影响力。中国桥梁工程正在从 20 世纪末的“跟跑”，到 21 世纪初的“并跑”，逐步发展到近五年的部分“领跑”。

1. 桥型结构与新型材料

大跨度梁式桥方面，全世界已经建成的 10 座最大跨度梁桥中中国有 5 座（表 2–3–1），2006 年建成的重庆石板坡长江复线桥创造并保持着梁桥跨度世界纪录。大跨度拱式桥方面，广西平南三桥是世界最大跨度拱桥，全世界已经建成的 15 座最大跨度拱桥中 12 座都在中国（表 2–3–2），中国已经成为拱桥建设大国。大跨度斜拉桥方面，全世界已经建成的 10 座最大跨度斜拉桥中中国有 7 座（表 2–3–3），其中，沪苏通长江公铁大桥是世界上首座超千米公铁两用斜拉桥。大跨度悬索桥方面，全世界已经建成的 10 座最大跨度悬索桥中中国有 6 座（表 2–3–4），其中，杨泗港长江大桥和南沙大桥坭洲水道桥分列悬索桥跨度的第二和第三，五峰山长江大桥是世界上首座超千米公铁两用悬索桥。跨海大桥方面，全世界已经建成的 10 座最长跨海大桥中中国有 6 座（表 2–3–5），港珠澳大桥是全世界最长的跨海桥梁，平潭海峡公铁大桥是中国首座公铁两用跨海大桥。大型深水基础方面，我国桩基础在施工技术取得巨大成就的同时面临着理论方法与设计规范落后的困境，深水基础辉煌成就的背后是极高的施工风险与漫长的建造周期，且机械化、自动化以及智能化集成度高的施工技术不足。组合基础在我国应用极为匮乏，浮式基础领域的技术储备和应用几乎空白。

高性能结构材料方面，我国超高性能混凝土研究起步较晚，但在材料研发、结构应用方面发展迅速。与日美欧韩相比，我国高性能桥梁用钢在强度、性能和应用量上差距都较大，钢 – 混凝土组合结构桥梁的差距逐渐缩小。

表 2–3–1　全世界 10 座最大跨度梁桥

序号	桥名	跨度（米）	结构材料	国家	建成年份
1	重庆石板坡长江复线桥	330	钢混组合	中国	2006
2	斯托尔马桥	301	预应力混凝土	挪威	1998
3	里约 – 尼泰罗伊桥	300	钢结构	巴西	1974
4	泉州成功大桥	300	钢混组合	中国	2020
5	拉脱圣德桥	298	预应力混凝土	挪威	1998
6	松德伊大桥	298	预应力混凝土	挪威	2003

续表

序号	桥名	跨度（米）	结构材料	国家	建成年份
7	贵州北盘江大桥	290	预应力混凝土	中国	2012
8	布拉斯德拉普兰桥	280	钢混组合	法国	2002
9	虎门大桥辅航道桥	270	预应力混凝土	中国	1997
10	苏通大桥辅航道桥	268	预应力混凝土	中国	2008

表 2-3-2　全世界 15 座最大跨度拱桥

序号	桥名	跨度（米）	结构材料	国家	建成年份
1	广西平南三桥	575	钢管混凝土拱	中国	2020
2	重庆朝天门大桥	552	钢桁架拱	中国	2009
3	上海卢浦大桥	550	钢箱拱	中国	2003
4	新河峡大桥	518	钢桁架拱	美国	1977
5	合江长江一桥	518	钢管混凝土拱	中国	2013
6	秭归长江大桥	508	钢管混凝土拱	中国	2019
7	贝永大桥	504	钢桁架拱	美国	1931
8	悉尼港大桥	503	钢桁架拱	澳大利亚	1932
9	巫山长江大桥	460	钢管混凝土拱	中国	2005
10	宁波明州甬江大桥	450	钢箱拱	中国	2011
11	肇庆西江铁路桥	450	钢箱拱	中国	2012
12	贵州大小井大桥	450	钢管混凝土拱	中国	2019
13	沪昆高铁北盘江大桥	445	混凝土拱	中国	2016
14	成贵高铁鸭池铁路桥	436	钢桁架拱	中国	2019
15	湖北支井河大桥	430	钢管混凝土拱	中国	2008

表 2-3-3　全世界 10 座最大跨度斜拉桥

序号	桥名	跨度（米）	结构材料	国家	建成年份
1	俄罗斯岛大桥	1104	钢箱梁	俄罗斯	2012
2	沪苏通长江公铁大桥	1092	钢桁梁	中国	2020
3	苏通长江大桥	1088	钢箱梁	中国	2008
4	香港昂船洲大桥	1018	钢箱梁	中国	2009
5	武汉青山长江大桥	938	钢箱梁	中国	2021
6	鄂东长江大桥	926	钢箱梁	中国	2010
7	湖北嘉鱼长江大桥	920	钢箱梁	中国	2019
8	多多罗大桥	890	钢箱梁	日本	1999

续表

序号	桥名	跨度（米）	结构材料	国家	建成年份
9	诺曼底大桥	856	钢箱梁	法国	1995
10	湖北石首长江大桥	828	钢箱梁	中国	2019

表 2-3-4　全世界 10 座最大跨度悬索桥

序号	桥名	跨度（米）	结构材料	国家	建成年份
1	明石海峡大桥	1991	钢桁架梁	日本	1998
2	杨泗港长江大桥	1700	钢桁架梁	中国	2019
3	南沙大桥坭洲水道桥	1688	整体钢箱梁	中国	2019
4	舟山西堠门大桥	1650	分体钢箱梁	中国	2009
5	斯托伯尔特桥 - 东桥	1624	整体钢箱梁	丹麦	1998
6	奥斯曼一世大桥	1550	整体钢箱梁	土耳其	2016
7	李舜臣大桥	1545	分体钢箱梁	韩国	2012
8	润扬长江大桥	1490	整体钢箱梁	中国	2005
9	杭瑞高速洞庭湖大桥	1480	整体钢箱梁	中国	2018
10	南京栖霞山长江大桥	1418	整体钢箱梁	中国	2012

表 2-3-5　全世界 10 座最长跨海大桥

序号	桥名	长度（千米）	跨海通道	国家	建成年份
1	港珠澳大桥	55.0	桥岛隧	中国	2018
2	杭州湾跨海大桥	35.7	桥梁	中国	2007
3	东海大桥	32.5	桥梁	中国	2005
4	胶州湾大桥	31.6	桥梁	中国	2011
5	淡布隆大桥	30.0	桥梁	文莱	2020
6	金塘跨海大桥	26.5	桥梁	中国	2009
7	上海长江隧桥	25.5	桥岛隧	中国	2009
8	切萨皮克湾跨海大桥	25.4	桥岛隧	美国	1964
9	法赫德国王大桥	25.1	桥梁	沙特	1986
10	大贝尔特桥	24.3	桥岛隧	丹麦	2000

2. 荷载效应与振动控制

桥梁荷载作用方面，我国目前亟须建立超大跨度多用途桥梁、特定服役桥梁的适用荷载作用确定方法研究，应制定不同区域尤其是经济发达地区和重工业区适用的桥梁荷载作用与效应，同时开展多灾害桥梁作用效应研究，紧跟国外研究进度。

桥梁抗灾设计与控制方面，中国风洞数量居世界首位，国内外颤振和涡振控制主要采用被动控制方法，各国都在探索主动翼板控制技术等主动控制方法。中国的地震模拟振动台数量也居世界首位，其中包括国际领先的同济大学多功能地震模拟台阵。国内外对于桥梁结构的韧性评价、桥梁船撞设计和防撞、轨道交通桥梁噪声控制等方面的研究都还处于初步阶段。

3. 设计方法与标准规范

设计方法与指标体系方面，国内外桥梁设计大都采用极限状态设计方法。中国规范中规定的设计基准期内结构可靠度指标普遍高于欧洲规范和美国规范。计算荷载作用效应组合时，按照我国规范安全等级为一级的桥梁结构，计算得到的作用效应设计值比日本规范规定大 20% 左右。设计寿命方面，美国公路桥梁的设计使用寿命为 75 年，我国为 100 年。

4. 施工技术与重大装备

在大跨度桥梁施工方面，我国有多项技术处于国际领先地位，如拱桥的劲性骨架施工法、缆索承重桥梁的混凝土桥塔爬模法施工和钢塔吊装、大节段钢梁吊装技术、转体施工主梁等。

桥梁预制装配施工技术方面，我国主要集中在墩身、盖梁和上部结构，国外在基础装配化施工方面的研究更加深入。桥梁吊装施工装备上，大型液压打桩锤几乎完全由外国公司垄断，国内设备关键零部件还依赖进口。

深水基础施工技术方面，我国在传统的钻孔桩基础、沉井基础等技术已处于世界前列，但设置基础、复合基础、斜桩基础等与国外还存在一定差距。

大型桥梁施工管理方面，我国仍然以施工总承包模式为主，而国外通常采用施工设计总承包模式。

5. 监测检测与运维管理

监测检测技术方面，国外学者在健康和安全监测、无损检测技术、智能检测技术等方面处于引领地位，提出了诸多新技术并进行了试点应用。

结构状态评估方法方面，各国都根据养护需求建立了各自较为完善的桥梁检查、检测、评定体系，状态评估方法也趋于多样化。

在预防性养护方法方面，美国联邦公路局已出台了相应的指导手册和指南，而我国还没有出台国家层面的标准，仅有少量地方标准。

桥梁运维管理系统方面，由国外率先起步，国内也逐步发展起来。国内桥梁管理系统存在划分目标不明确、系统之间数据信息无法实现互通和共享等不足，国外系统信息数据来源一般有统一的格式，数据的融合、共享得到了更进一步发展。

6. 智能建造与数字融合

桥梁设计与分析软件方面，虽然国内外都在开展桥梁参数化、自动化设计与分析软件的研发，但国内与国外先进软件相比还有较大的差距。

桥梁智能化施工方面，国内的研究已经较为深入，但在三维打印、智能化桥梁施工控制技术、自动化施工装备研发和应用等方面与国外相比仍有较大差距。

桥梁智能化运维方面，国内近年来建立了结构健康监测数据科学与工程的研究方向，引领了国际研究方向，但在智能建管养一体化技术开发和平台建设方面做得还不充分，还缺乏专门针对国家级或区域级桥梁群的桥梁资产管理系统和智能化信息化技术的开发和应用。

四、本学科发展趋势和展望

改革开放 40 多年来，我国桥梁工程取得了一批自主创新成果，建成了一大批具有国际影响力的桥梁。但是，我国现有桥梁科技体系存在低层次重复、资源分散分隔、没有形成全产业链、成果转化不足和多产业领域合作不足等问题。为了赶超世界桥梁强国，响应《交通强国建设纲要》建设交通强国，中国必须尽快规划桥梁工程学科发展战略、制定桥梁科技发展计划，全面提升中国桥梁技术创新能力和水平；桥梁工程界必须认清差距、急起直追、重视质量、走出误区、改革体制、加强研发和原始创新；桥梁工作者要积极加入国际学术组织、参加国际学术会议，参与国际交流、合作和竞争，为实现中国从桥梁大国迈向桥梁强国贡献力量。

1. 整合优化资源、强化共性基础研究

随着“一带一路”、长江经济带和京津冀协同发展等国家经济发展战略、“中国制造2025”国家工业重大发展战略和“创新驱动发展”国家科技发展战略的实施，需要在保证庞大已建和大量新建桥梁的安全和耐久的前提下，实现科技和人才领先的桥梁强国梦。为此，应从提升桥梁高性能材料产业化、桥梁信息化技术原创性、桥梁建设技术工业化、桥梁运维技术智能化等方面整合优化资源、强化共性基础创新。

2. 改革机制体制、促进创新驱动发展

近 40 年我国桥梁工程取得了举世瞩目的伟大成就，与我国特有的制度和不断探索并逐步形成的体制机制密不可分。在此基础上，根据交通强国战略所确定的目标、需求和部署，深化改革机制体制、充分激发创新活力、促进成果转化，建立具有中国特色的桥梁工程发展机制保障体系是极为必要的，是新时期我国桥梁工程的高质量发展和交通强国战略深入推进的重大战略需求。为此，要充分发挥制度和政策引导作用，完善桥梁可持续高质量发展机制，加强桥梁原创性引领性科技攻关，促进新型桥梁结构体系工程应用。

3. 凝聚科技实力、引领重大工程创造

“十三五”期间，依靠不断增强的综合国力和自主创新能力，我国桥梁建设水平不断提升，创造多项世界第一，为联通“一带一路”、畅通国内国际“双循环”发挥了重要作用。“十四五”期间，我国正在建设的多座重大桥梁工程将刷新世界纪录。为此，要紧密围绕桥梁工程高质量可持续发展，将规划纲要变成建设实践，用重大工程实现对国际桥梁工程的超越和引领。按照共享与协同发展理念，贯彻“资源共享、优势互补、联合开发、协同共赢”的发展原则，实现协同创新共赢。

4. 对标国际国内、加快建设桥梁强国

从桥梁建设数量、建设规模和建设技术等方面看，中国已经成为名副其实的桥梁大国，但是我国桥梁工程“大”而非“强”的发展现状始终存在，需要桥梁工程学科的相关各领域进一步发展和完善，制定桥梁强国建设标准和规划的同时，强化我国桥梁的国际地位。为此，要进一步催生更多的桥梁核心技术原始创新；完善杰出人才培养和选拔体制，重视以英语或其他外语为基础的国际化人才培养，提高我国桥梁工程学科的国际影响力；加大我国桥梁标准的国际标准跟踪、评估和转化力度，创建我国桥梁标准的国际品牌，实现桥梁工程标准和规范的国际通用和引领。

《交通强国建设纲要》明确要求未来 30 年分两个阶段推进交通强国战略——到 2035 年，基本建成交通强国；到本世纪中叶，全面建成位居世界前列的交通强国。《“十四五”规划》明确，要加快建设交通强国，在完善综合运输大通道，加强出疆入藏、中西部地区、沿江沿海沿边战略骨干通道建设的同时，还要构建快速网，基本贯通“八纵八横”高速铁路，提升国家高速公路网络质量，完善干线网。《国家综合立体交通网规划纲要》要求注重交通运输创新驱动和智慧发展，着力推动交通运输更高质量、更有效率、更加公平、更可持续、更为安全的发展。桥梁作为交通基础设施的核心组成部分，推动桥梁工程的高质量发展与创新实践，是实现交通强国建设目标的重要抓手和基本前提。因此，桥梁工程学科的发展是一个不断创新、不断总结、不断提升的过程，需要建设具有中国特色的桥梁工程学科，推动我国从桥梁大国迈向桥梁强国。

本节撰稿人：葛耀君、孙斌

第四节　工程热物理

一、引言

工程热物理学科是一门研究能量和物质在转化、传递及其利用过程中基本规律和技术理论的应用基础学科，拥有工程热力学、热机气动热力学、燃烧学、传热传质、多相流等分支学科，是能源高效低污染利用、航空航天推进、发电、动力、制冷等领域的重要理论基础。为了满足可持续发展的重大需求，特别是我国所面临的经济发展方式转变、产业结构调整、低碳能源体系建设等方面的战略需求，近年来我国研究者在工程热物理传统研究方向的基础上不断开拓新的研究热点，并在信息、材料、空间、环境、制造、生命和农业等领域也正在发挥着越来越重要的作用。因此，研究方向的变革、交叉和创新已成为工程热物理学科发展的主题，当前迫切需要新的学科发展战略，为新兴能源产业的发展提供科学基础。本报告重点围绕科学用能、化石能源低碳化利用、可再生能源转化及利用、动力装备中的能源转化与利用、储能与智慧能源、氢能利用技术、先进技术中的工程热物理问题等自主创新研究，提出具有工程热物理学科特色的学科发展战略和优先领域，提升学科发展规划的科学性、战略性和前瞻性，为我国建成可再生能源体系、实现碳达峰碳中和战略目标提供科学依据。

二、本学科近年的最新研究进展

1. 科学用能

科学用能的目的是研究如何高效、低污染地使用能源；具体说来，它深入研究用能系统的合理配置和用能过程中物质与能量转化的规律以及它们的应用，以提高能源利用率和减少污染，最终减少能源的消耗。近年来，已经建立了“温度对口，梯级利用”的总能系统方法，它是热力学第一定律和热力学第二定律的综合结论，是普遍适用的。总能系统是一种根据“能的梯级利用”原理来提高能源利用水平的能量系统及其相应的概念与方法，借助于不同设备或元件的合理搭配，组成一个整体系统，以达到节省能源的目的。随着能源科学技术的发展，对能的利用已经广泛拓展到各类可再生能源、燃料化学能以及声能、磁能等其他形式能，科学用能的内涵也得到很大拓展，具有代表性的研究进展包括化学能与物理能综合梯级利用原理，能量转换与温室气体控制一体化原理，以及多能源综合互补系统等。此外，科学用能还包括对用能的规划和管理以及相关的法律、法规、政策等研究，清理、筛选、集成和推广现有的节能和科学用能的有效方法、技术和措施，制定产品的能耗标准，提出科学用能的新思路、新理论、新机制、新方法和新技术，以及引进国外先进的节能技术，消化、吸收和国产化，并进一步创新提高。

2. 化石能源低碳化利用

目前，我国发展仍然处于重要战略机遇期，而能源是“工业的血液”，是经济社会发展的基础原料和基础产业，我国的资源禀赋决定了现有能源结构为化石能源为主，为满足国家碳中和碳达峰战略需求，化石能源低碳化利用是大势所趋。

在未来一段时期内，煤炭仍是保障我国能源安全稳定供应的基石。“十二五”以来，我国高度重视燃煤污染治理，先后多次下调燃煤主要污染物排放标准限值，我国现役燃煤电厂已全面完成超低排放改造，常规污染物治理方面处于世界领先，非常规污染物如重金属、挥发性有机化合物等成为本领域关注的对象。同时，其他工业和民用燃煤污染物排放还较为粗放，需要进一步加强管控。此外，煤炭智慧发电、新型燃烧技术等也是本领域研究的热点。

煤炭清洁低碳转化是我国《能源技术革命创新行动计划（2016—2030 年）》重点鼓励发展的方向。近年来，我国煤气化技术的研究开发和产业化突飞猛进，在核心技术水平和煤炭气化能力上均居于国际领先地位，也成为掌握大型煤制油先进技术的国家。成功开发了煤经甲醇制烯烃、乙醇、芳烃和煤制乙二醇等工艺技术，但是仍存在能耗高、水耗高、关键创新性技术缺乏等问题。以煤炭超临界水气化制氢发电多联产技术为代表的我国煤制氢技术成本优势突出，技术发展成熟，处于国际领先水平。

我国油气消费量一直呈快速增长势头，相关动力装置的能源消耗已成为局部环境污染和全球温室气体排放的主要来源之一。在油气资源利用方面，原油制化学品技术、炼化一体化技术、天然气化工利用等均得到了广泛的关注，在石油精细化工中下游制约性技术方面不断取得突破。在动力装置方面，传统动力装置的高效清洁燃烧、低碳清洁燃料的替代利用、新型动力装置与系统多元化是近年来的热点研究方向。此外，我国也非常重视致密气、煤层气、页岩气、天然气水合物等非常规油气资源的开采与利用，在非常规油气资源勘探、钻井、采收、冶炼方面取得了较大的进展。

当前，我国也非常重视二氧化碳捕集利用与封存技术（Carbon Capture，Utilization and Storage，以下简称 CCUS）的发展，对 CCUS 发展路线、系统优化、技术经济性进行了深入的研究，部分 CCUS 技术已具备理论基础与工业示范经验。化学链燃烧技术在国家基金委专项和科技部重点研发计划等大力支持下，以氧载体微观反应机理和定向合成为基础，以化学链燃烧反应器工业化示范为目标，取得了一系列重大突破。二氧化碳驱油技术兼具驱油成本低和封存二氧化碳的优势，目前我国在二氧化碳驱油技术上已经有了较大的突破，中国石油天然气集团有限公司和国家能源集团在鄂尔多斯盆地 10 万吨级先导性试验已稳步开展。其他二氧化碳封存技术也得到了广泛的关注，已建成 10 万吨级盐水层封存项目。

3. 可再生能源转化及利用

为了满足日益增长的能源需求，应对环境污染、气候变化等人类共同面对的难题，以可再生能源转化及利用为主题的能源革命正在世界范围兴起。我国是可再生能源大国，发展大规模可再生能源技术与产业是我国能源安全、能源转型和实现碳达峰、碳中和的必由之路。

当前我国太阳能利用技术以光伏发电为主，光热发电技术仍处于产业化初期阶段。我国经过十余年的技术开发，在太阳能热发电储热材料方面已经取得了很大的发展，并掌握了光热发电的核心技术。“十三五”期间，在国家能源局组织的第一批光热发电示范项目的带动下，我国建立了太阳能热发电全产业链，已投运和即将投运的部分大型光热项目中技术路线包括了槽式导热油传热熔盐储热、槽式熔盐传储热、熔盐塔式、二次发射塔式、菲涅尔式熔盐、菲涅尔式混凝土等。

我国风电产业发展迅速，截至2020年年底，我国风电累计装机容量已达2.81亿千瓦，规模居世界首位。近年来，我国重点支持了包括300米以内大气边界层风特性、风资源评估和风电场优化设计技术问题的研究，在兆瓦级风电机组叶片、多兆瓦级风电机组整机、风电机组和风电场优化运行控制、大规模风电的电力系统等方面也开展了大量的攻关工作。我国风电机组制造企业经历了技术引进到消化吸收，现在已经逐步具备了一定的自主创新能力，2020年7月，我国自主研发的首台10兆瓦海上风电机组在福建福清市成功并网发电。

常见的生物质发电技术包括生物质纯燃发电技术、生物质与煤混燃发电技术、生物质气化发电技术等。目前我国的生物质发电以纯燃发电为主，技术起步较晚但发展非常迅速，主要包括农林生物质发电、垃圾焚烧发电和沼气发电。近年来，随着生物质利用技术的不断突破，生物质利用的新兴技术发展迅速，主要新兴技术包括燃煤耦合生物质发电技术、生物质热电联产技术、生物质气化多联产技术、生物质液化制油技术、生物质制醇类化学品技术和生物质制氢技术等。

4. 动力装备中的能源转化与利用

近年来，我国在航空发动机、燃气轮机、汽轮机、内燃机等动力装备研发和基础研究方面取得了一系列重点进展，并设立了“航空发动机及燃气轮机”重大科技专项，对高推重比军用涡扇发动机、大涵道比民用涡扇发动机以及涡轴 / 涡桨发动机研制、关键技术攻关和基础研究进行了重点支持。

航空发动机和燃气轮机方面，我国取得了低熵产对转冲压激波增压理论、非定常涡升力增压机制、等离子体冲击流动控制理论、航空发动机涡轮叶片超强冷却设计方法等重要创新成果，自主开发了高负荷压气机通流设计方法与技术，围绕透平叶片内部冷却技术提出了高效的气膜冷却孔型和内部冷却结构，并开发了透平叶片冷却设计工具。当前，高推重比涡扇发动机、大涵道比涡扇发动机、重型燃气轮机研发进展顺利，在新原理对转冲压发动机、超燃冲压发动机、旋转爆震发动机等方面也取得了重要进展。

汽轮机不仅是燃煤化石发电站、核电站以及联合循环电站重要的动力装置，其还可以直接驱动泵、风机、压缩机、船舶螺旋桨等设备。当前汽轮机的研究进展主要集中在二次再热汽轮机、核电汽轮机和光热汽轮机，2015年我国首台二次再热机组投运，上海汽轮机厂设计并制造了我国首台核电汽轮机，并进一步致力于1000兆瓦等级以上核电汽轮机的设计、制造技术攻关。

轻型汽油机方面，我国吉利、长安、广汽、比亚迪等车企的汽油机热效率达到了40%～43%水平，与国外丰田、马自达等公司处于同一水平。重型柴油机方面，我国潍柴动力2020年发布的重型柴油机的热效率达到50%。船用低速柴油机方面，我国2016年启动了船用低速机工程一期，旨在补短板、打基础，实现船用低速机的自主研发能力。

5. 储能与智慧能源

储能是智能电网、可再生能源高占比能源系统和能源互联网的重要组成部分和关键支撑技术，智慧能源是一种互联网与能源生产、传输、存储、消费以及能源市场深度融合的能源产业发展新形态，具有设备智能、多能协同、信息对称、供需分散、系统扁平、交易开放等主要特征。当前储能和智慧能源已成为国际工程热物理领域的研究热点，也是我国能源结构转型的重要发展方向。

储能包括抽水蓄能、压缩空气储能、飞轮储能、储热、热泵储电等技术。抽水蓄能方面，我国对水泵水轮机性能、抽水蓄能电站建设运行等方面进行了深入研究，2016 年 6 月浙江仙居抽蓄电站 400 兆瓦机组投入商业运行。压缩空气储能方面，近年来我国提出了超临界压缩空气储能系统，并研制出 1.5 兆瓦和 10 兆瓦超临界压缩空气储能系统并示范运行。飞轮储能方面，我国起步较晚，目前处于关键技术突破和产业应用转化阶段。储热技术一般包括显热储热、相变储热和热化学储热三种，近年来我国均开展了大量的研究，其中熔盐显热储热技术已在甘肃金钒阿克塞 50 兆瓦槽式电站等进行了应用。热泵储电是一种新型储电技术，近年来我国在系统质量不平衡问题、连续运行稳定性优化、阵列化运行策略和基于热泵储电系统冷热电联储联供方面均开展了研究。

智慧能源的核心在于传统产业模式与相应基础设施碎片化后通过信息技术的优化重组，重视能源与信息的内在关联。智慧能源是热、电、气等多种能源形式相融合的复杂网络，其实现多能源转换的关键是综合能源系统。综合能源系统在能源生产模块方面包括了电力系统、热力系统、天然气系统，综合能源系统中供需平衡、各子系统之间耦合关系、网络约束都具有重要的研究价值。应用技术有多源协同的优化调控技术、态势感知技术、协同优化控制技术等。当前，国家能源局公布的首批 55 个智慧能源示范项目中近半已经完成验收，并在上海、江苏、四川、内蒙古、宁夏等省（自治区、直辖市）进行了示范应用。

6. 氢能利用技术

氢能是目前所知的燃料中能量密度最高的燃料，同时它还具备清洁和可持续的优势，因此氢能被认为是未来能源的终极之路。2019 年，氢能首次被写入政府工作报告，国家统计局 2020 年开始正式将氢气纳入能源统计。从产业链角度来看，氢能可以分有制氢、储氢和用氢三大环节，氢能产业的顺利发展需要三个环节相互协调，共同发展。

氢的制备方法主要有热化学制氢、工业副产物制氢、水解制氢、生物制氢等，我国已经是全球最大的氢气生产国，每年氢气产量超过 2000 万吨。热化学制氢方面，我国学者提出的煤炭超临界水气化制氢发电多联产技术已经实现产业化验证，与传统的煤制氢技术相比，制氢效率显著提高，并从源头杜绝了污染物的排放。工业副产氢包括氯碱、焦化、丙烷脱氢、乙烷裂解等工业生产过程中产生的大量含氢副产气。水解制氢方面，目前我国电解水制氢技术的产气量在每小时 0.01 ~ 1000 立方米，制取每立方氢的能耗为 4.3 ~ 5.5 千瓦·时。光解水制氢方面，我国研制的太阳能聚光与光催化分解水耦合系统能量转化效率达到 6.6%，表观量子效率达到 25.47%（365 纳米）。生物制氢技术目前仍然处于实验室研究阶段。

储氢方式可分为高压气态储氢、液态储氢以及固态储氢。当前高压气态储氢技术成熟、成本较低、应用最多，目前国内多个科研机构正在开展70兆帕储氢瓶的技术研发。液态储氢技术有低温液态储氢和常温液态储氢，其中常温液态储氢凭借其安全性、便利性及高密度的特点，具有较大发展潜力，是当前研究的重要方向，目前主要采用环己烷、甲基环己烷等环烷烃化合物作为储氢介质。固态储氢技术主要包括有机金属框架物、金属氢化物等多个技术方法，目前国内固态储氢技术仍处于前期技术研发阶段。

氢能的应用形式多样，可以渗透到传统能源的各个方面，包括交通运输、工业生产、化工原料等。在这些应用中，氢燃料电池目前是氢能终端应用最重要的场景之一，包括质子交换膜燃料电池和固体氧化物燃料电池。我国目前在质子交换膜、催化剂和电堆系统方面的研发和制造都取得良好的成绩。近年来，固体氧化物燃料电池的研究重点聚焦于阳极材料，其中镍基阳极为目前固体氧化物燃料电池阳极材料中综合性能最佳，需要进一步研究镍基阳极材料的积碳机理及其动态过程。潮州三环研发出的电解质隔膜片电导率和材料密度，均接近理论值。

7. 先进技术中的工程热物理问题

当前，芯片、电池等先进技术向结构单元微型化、高功率密度、强工作性能等趋势发展，热管理、冷却等工程热物理问题已成为先进技术发展中的重大挑战，相关研发机构和企业均投入大量资源用于解决先进技术中的工程热物理问题。

在电子设备的热设计中，相关研究聚焦于芯片温度测量、载能子强烈局域非平衡问题、电子器件冷却等方面。我国学者在芯片温度测量方面取得了较大进展，开发了光电联用拉曼光谱法用以原位测量芯片在实际工作状态的温度、热应力和界面热阻。搭建了飞秒激光时域热反射测试系统，探索了载能子超快耦合过程。电子器件冷却方面，开展了微纳米通道热沉法研究，对连续型微通道、间断型微通道和歧管式微通道等多种不同结构进行了探索。

在电池的热设计中，"热失控"是威胁电池安全的关键问题之一。在热失控机理方面，研究发现电解液燃烧和石墨负极与电解液反应放热量最高，隔膜熔化闭孔会导致电池内阻的显著增大，隔膜受热易收缩的特性也会提高电池压力，增大热失控的风险，并研发了兼具经济型、耐热性和低成本的高聚物隔膜。在电池的被动控温方面，开发了一种使用相变材料的新型电动汽车电池热管理系统。在电池控温优化性能方面，研究主要集中在锂离子电池使用时的容量衰减和安全问题上，并提出了基于相变材料的动力电池热管理单元三维模块。在全固态电池方面，开发了一种纤维增强的聚碳酸亚丙酯基电解质，室温电导率可达 3×10^{-4} 西门子 / 厘米，在室温至120摄氏度温度条件下均表现出优异的稳定性和倍率性能。

三、本学科国内外研究进展比较

1. 国内外发展趋势

化石能源低碳化利用方面，我国的高参数高效燃煤发电机组总装机容量全球领先，但新型低碳燃煤发电技术相关研究起步较国外稍晚。西方国家在煤气化联合循环发电整体工艺技术流程与配套设备的研发完成之后，立即转向煤气化燃料电池循环发电技术的研发，并取得了突破。当前，国内外煤气化、煤液化、煤制清洁燃料和化工品、煤制氢与二氧化碳捕集利用耦合技术等进展相当。此外，发达国家高度重视碳减排，形成了多项碳捕集利用与封存计划和大型国际合作项目，百万吨级大规模燃煤电站碳捕集驱油项目不断涌现，我国 CCUS 技术大多处于中试及即将工业化放大的设计阶段，尤其是碳捕集技术领域，已实现工业示范项目较少。

可再生能源转化及利用方面，为了开发更高能效的下一代聚光太阳能电厂技术，包括美国、欧盟、澳大利亚等多个国家 / 地区在近十年内启动了一系列研究计划和大型研发项目，其中美国、欧盟在太阳能技术领域处于领先地位，仍在加大投入，持续资助光热等前沿技术研究，欧盟“地平线 2020”计划（Horizon 2020）等计划在太阳能领域投入超 18 亿欧元。近年来，我国将海上风电作为东部沿海能源转型升级的重要战场，但发展仍落后于国际先进水平，截至 2019 年年底，欧洲海上漂浮式风电装机容量占全球 70%，达 45 兆瓦。2008—2017 年的十年间，全球生物质能装机容量从 53.59 千兆瓦增长至 109.21 千兆瓦，年复合增长率为 8.23%。我国生物质发电量在“十三五”时期迅猛发展，长期保持全球最大生物质发电国的地位。

对于动力装备中的能源转化与利用，现阶段各国都将目光放在了新热力循环、新气动布局、新材料和新能源的研究上面，在满足现有技术极限条件下的性能指标的同时，为未来可能的满足更高技术要求的新型动力装置提供技术储备。美、英、法、俄等国开展了一系列大型的航空发动机基础研究计划，推进高推重比和大涵道比涡扇发动机技术的研究工作。燃气轮机技术的发展目标则是进一步提高燃气轮机参数以提高循环热效率，同时大力推进富氢燃料乃至纯氢燃料燃气轮机的研究，美国通用公司和德国西门子公司均已突破 50% 以上氢混合燃料燃气轮机技术。我国初步构建了基于全三维定常流动分析与优化方法的叶轮机械气动设计体系，有力支撑了先进动力装置的研发，同时高度重视重型燃气轮机技术和产业的自主化发展。

国际主要发达国家针对储能和智慧能源领域均加强了顶层设计战略主导，发布了系列化行动计划，如美国的《可再生与绿色能源存储技术方案》、日本的《第五期能源基本计划》等。第五代移动通信技术（5G）、物联网、大数据、人工智能、云计算、区块链和机器人等新技术的发展提升了能源在节能减排、多能互补和集成优化等方面的实施能力，从不同领域与不同维度全面推动了智慧能源的创新发展，开启了“互联网 + 智慧能源”的新生态。当前我国也非常重视储能和智慧能源技术的发展，发布了《关于促进储能技术与产业发展的指导意见》《能源技术革命创新行动计划（2016—2030 年）》等政策和规划。我国已在抽水储能、压缩空气储能、储热等技术上取得了较大的进展，并相继落地了一系列以“综合智慧、跨界融合，践行能源安全新战略”为主题的智慧能源示范项目，为我国大规模储能和智慧能源技术的推广奠定了基础。

当前，我国氢能制备、存储、利用技术也正在蓬勃发展之中。在氢能制备方面，我国化石能源为原料的热化学制氢技术处于国际领先水平，但质子交换膜电解水制氢的关键技术和关键设备尚依赖进口，光解水制氢和生物质制氢的研究水平处于国际先进水平。在氢能存储方面，国外 70 兆帕加氢站使用的高压储氢容器形式较多，我国目前商品化的主要是钢带缠绕式容器，存在重量较重、生产成本较高和制造难度较大的问题。在氢能应用方面，质子交换膜主要使用的是全氟磺酸质子交换膜，由于制备工艺复杂、技术要求高，长期被杜邦、戈尔、旭硝子株式会社等美国和日本的少数厂家垄断，当前我国正在积极追赶，并计划逐渐实现进口替代。

此外，在电子设备热设计方面，目前国内外的相关研究还落后于电子器件整体发展，导致出现“热摩尔定律”，成为电子器件发展的“卡脖子”技术。对于芯片热设计工具，以 Flomerics 公司开发的 Flotherm 为代表，可以实现从元器件级、PCB 板和模块级、系统整机级到环境级的热分析与热设计。新型散热技术不断涌现，散热热流密度持续提高，但和实际电子器件的散热需求仍有差距。对于芯片热设计评估，原位测量芯片在实际工作状态的温度、热应力测试方法和技术处在不断探索中，近期我国相关研究有所突破，但还需进一步发展完善和全面推广应用。在电池的热设计方面，国内外都对热失控机理开展了大量研究，对于固态电池开发及其中的热设计则是该领域近年来新的突破技术和研究资源汇聚点，可预期在新型安全可靠的高性能固态电池开发中取得突破。

2. 学科优势与差距分析

目前，我国化石能源低碳化利用技术整体上具有一定的研发基础，但各环节发展不均衡，部分核心技术被发达国家垄断。煤炭清洁高效发电技术总体国际领先，新型高效低碳燃煤发电系统发展基本处于跟跑欧美发达国家，在燃煤低碳发电领域新型发电技术的国际首创性研究较少。在碳捕集利用与封存领域，美国、德国、西班牙等化学链燃烧技术已达到工业化放大阶段，国内技术因系统复杂等问题，尚未进行工业化应用。

当前，我国可再生能源发电技术总体处于跟跑和并跑阶段，虽然有一定基础，但整体与欧美还有差距。太阳能热发电涉及的热力学、传热学等学科与欧美发展水平相近，大型风电机组整机、智能风电场、海上风电系统理论等与国外先进水平仍有差距，欧美国家的生物质发电技术已较为成熟，我国在直燃发电产业推广、混燃发电产业应用方面与国外先进水平尚有较大差异。

动力装备中的能源转化与利用方面，欧美实施了综合高性能涡轮发动机技术、先进核心军用发动机等计划，鼓励高校与工业部门的深入合作，并建立了成熟的叶轮机械设计体系，开发了一系列数值模拟软件，建设了一批基础研究和型号研发试验台，支撑了轻重量抗畸变风扇、高功率超冷高温涡轮等先进技术的发展。我国已初步构建了叶轮机械气动设计体系，但在高性能叶轮机械工程研发等方面仍有较大差距。

目前，我国在储能与智慧能源方面总体处于跟跑和并跑阶段，在部分领域达到国际先进水平。我国抽水蓄能装机规模已经居世界首位，但先进抽水蓄能机组距世界先进水平还有差距；在先进压缩空气储能技术方面与世界先进水平差距不断缩小，部分性能居于国际先进水平；储热技术发展较快，但在高温熔盐储热、相变储热应用技术等与国外相比还存在一定差距。在智慧能源方面，欧美积极探索和打造零碳城市，多个城市已实现 100% 可再生能源热力及电力供应，我国与国外先进水平相比还存在一定差距。

目前我国氢能利用技术在研发方面处于国际并跑阶段，但一些核心材料的制造工艺水平仍然落后于国际先进企业。在制氢方面，已拥有大规模热化学制氢的工程技术集成能力，具备碱性电解水设备制造、工艺集成能力，而国产化质子交换膜在稳定性上还与进口膜有较大差距。在储氢方面，我国仍然在相关储氢材料方面落后于国外先进水平。在燃料电池技术方面，我国完成了技术储备，处于应用示范阶段，但主要技术指标仍落后于国际领先水平。

目前，我国在先进技术中热设计方面整体上处于跟跑与并跑阶段，个别技术已达到领跑水平。发达国家极其重视电子器件热设计技术及相关基础研究，相关技术研发推进较快。我国在电子器件热设计工具开发方面与国外尚有差距，在芯片高效散热技术方面目前和国际研究处于相近水平，在芯片热设计评估方面起步较晚但发展迅速，部分研究和技术达到国际领跑水平。我国在电池热失控机理研究方面与国际研究处于相近水平，在固态电池开发及热设计方面起步较晚但发展迅速，并在部分高性能电池开发和温度优化设计概念等方面达到国际领跑水平。

四、本学科发展趋势及展望

化石能源低碳化利用方面，学科发展重点方向包括：大力推进先进碳捕集机组的燃煤净效率提高，突破富氧燃烧过程中的基础问题；解决碳捕集环节的技术瓶颈问题，重点突破碳捕集技术中的核心技术经济性瓶颈；推进二氧化碳驱油、地质封存技术的研究，实现碳捕集与利用、封存系统技术各个环节均衡充分发展。

可再生能源转化及利用方面，学科发展重点方向包括：规模化光热利用能质提升与高效转化利用关键基础理论与技术、太阳能热发电系统及多能互补特性及优化技术；大型智能海上风电机组整机技术、高可靠海上风电机组关键零部件技术；适合我国生物质分布及原料特性的区域性生物质“热 – 电 – 气 – 炭”多联产技术、装备及产业链。

动力装备中的能源转化与利用方面，学科发展重点方向包括：超宽速域组合发动机、超高马赫数航空发动机热力循环构建及分析设计方法；非设计工况下航空发动机气动热力设计体系的建立与发展；航空发动机多部件匹配与飞发一体化设计方法；新概念 / 新原理气动热力布局设计方法；大涵道比涡扇发动机气动噪声产生机理及先进控制方法；非定常流固热声多学科耦合机理、预测与一体化设计；航空燃料燃烧机理和污染物生成、抑制方法；极端、宽域和跨尺度条件下发动机热端部件复杂燃烧、燃烧不稳定性、流动与热管理；“强瞬变”“强耦合”环境特征下超高温材料结构微 – 细观失效机理及控制方法等。

储能与智慧能源方面，学科发展重点方向包括：储能介质与材料体系、表征与测量和优化改性研究；储能单元器件内部机理、设计方法与性能强化研究；储能系统设计与耦合调节与控制研究；能源供应新技术模式开发和发展；多能最优路径协同转化；高效、大容量、多途径储能技术以及能源与信息高度融合的监测、调控和优化技术；微能源网、多能互补与多能源智能协同供给技术；智慧能源体系生产中的热电联供智能化信息技术；智慧能源系统数据安全与应急响应策略等。

氢能利用技术方面，学科发展重点方向包括：光 / 热化学水解制氢技术与生物制氢技术；基于工程热物理能质转化理论的新型高效电解水制氢系统及核心材料、器件与集成技术研究；氢的气固液三相热物理学性质研究；安全高效先进氢增压系统以及相应的多相流动与热物理基础理论；高性能高稳定性低铂非铂催化剂及高活性高稳定性膜电极生产技术；高性能固体氧化物燃料电池及其电堆。

先进技术中的工程热物理问题方面，学科发展重点方向包括：电子设备热设计工具开发，电子设备原位综合热评估方法开发，纳米尺度电子器件的导热性质可靠测量方法和基础数据积累及机理研究，新型高效电子器件散热技术开发；电池“热失控”机理和快速应对技术研究与开发，全固态电池开发及其中的热设计。

本节撰稿人：齐飞、陈海生、李玉阳、刘启斌、柯红缨

第五节　风景园林学

一、引言

风景园林学是运用科学和艺术手段，研究、规划、设计、管理自然和人文环境的综合性学科。以协调人和自然的关系为宗旨，保护和恢复自然环境，营造健康优美的人居环境。

近十年间，风景园林学的内涵和外延不断发展，研究领域、方向和实践类型不断丰富，但其围绕不断提升和改善人文自然生态系统的定位未变，在资源环境保护和人居环境建设中持续发挥着独特而不可替代的作用。新型城镇化、区域协调发展、乡村振兴、健康中国、数字中国等国家战略和规划纲要、公园城市的全新理念和城市发展范式、以人民为

中心的发展思想等成为中国风景园林学蓬勃发展的社会背景。此外，在气候变化、“一带一路”、地域文化、生物多样性、食品安全、健康和福祉等国际社会合作中，中国风景园林学也发挥了积极作用。

2011 年，风景园林学一级学科正式设立。学科地位的提升对学科发展发挥了重要支撑作用，学科各领域均有长足发展。主要表现在两方面：一方面，传统研究与实践领域的发展持续深入，包括风景园林史学、规划设计、园林植物、风景园林生态、风景名胜区、科学与技术等；另一方面，出现了基础理论和实践领域的新拓展，在国土景观、区域景观、城市自然系统、公园城市、国家公园与自然保护地、海绵城市、生态修复、生物多样性、社会参与、智慧景观、景观绩效、公共健康等方面，均呈现新的发展成果和发展趋势。

二、本学科近年的最新研究进展

十年来，风景园林学立足中国风景园林传统优势，面向国家重大战略需求，协同城市规划、建筑、生态、工程、环境等多学科，在巩固学科内核的同时，呈现明显的学科交叉融合特点，在风景园林历史与理论研究、风景园林规划与设计、风景园林生态研究、风景名胜与自然保护地、园林植物、风景园林科学与技术、风景园林教育等方向均有长足发展。

1. 风景园林历史与理论研究

近十年间，中国风景园林历史研究呈现快速发展态势，研究对象面向各个尺度视野下、各地域范围内、各类土地利用状况下国土的地表范畴。

在宏观视野下，国土、区域及聚落尺度的地表空间景观形态及其包含的自然和人工环境系统是近十年来中国风景园林历史研究的重要范畴。随着这一领域研究内容的逐渐充实、深度与广度的逐步加强，中国风景园林的历史正逐步丰富其内涵、扩展其外延、完善其体系。中国人适应改造自然、在文化上留下思想、在大地上留下印记的历史，及其背后蕴含的逻辑线索正逐渐变得清晰可循。此外，中国风景园林历史的一支重要脉络为古代造园史，在过去的十年间，中国造园史学研究在通史研究、地方史研究、理论研究和外国风景园林研究等方面均取得了可喜进展与突破，进一步巩固了中国造园史成果的完整性和体系性。

2. 风景园林规划与设计

近十年，我国经历了新的城镇化高速发展阶段，为应对生态文明和建设美丽中国等新的政策要求，风景园林规划设计理论研究与实践发展有了显著扩展和变化。从生态人居规划设计、绿地系统与绿色空间规划设计和乡村规划设计等方面，也涌现生态价值优先、可持续发展、人本关怀、公众参与、循证反馈等新的理论及实践内容，具有较强的引领作用。结合学科发展、规划体系改革和国家“十四五”规划导向，中国的风景园林规划设计具有新的关注重点和成果特征。主要研究领域和内容包括：美丽中国建设与生态人居规划设计、新型城镇化转型背景下的风景园林设计、乡村振兴背景下的景观规划设计、关注人民福祉的公共生活空间环境设计和绩效研究与循证设计等。

3. 风景园林生态研究

风景园林生态领域一直是核心内容之一。风景园林生态的研究对象为风景园林生态系统，研究内容主要涉及三个方面：风景园林生态系统结构的认知，风景园林生态系统服务分析和评价，以及风景园林生态系统重建和修复。生态系统结构认知侧重于对风景园林生态系统组成、各组成要素间相互作用的研究；生态系统服务分析和评价侧重于风景园林生态系统（以城市绿地生态系统为主）的功能分析和效益评估；生态系统重建和修复侧重于运用生态学原理和对风景园林生态系统自身规律的认知和评价，对其进行人为干预、优化和功能恢复，这一方面与风景园林规划设计理念和工程科学技术紧密结合，相互渗透、密不可分。

风景园林生态研究具有学科融合的特点，受生态学、景观生态学、城市生态学、恢复生态学等相关生态学学科的影响，同时又充分体现风景园林作为人工生态系统的特点。与过去相比，风景园林生态领域近十年的研究逐步呈现系统化趋势，由以往相对零散的研究，逐步形成了相对完整的体系。在应对气候变化、生物多样性保护、污染环境治理、防范自然灾害、提升生态安全等背景下，风景园林生态系统的作用日益受到重视，相关研究也非常活跃，近年突出体现在城市生物多样性、城市绿地生态功能评价、生态修复理论和技术应用、生态基础设施等方面。

4. 风景名胜和自然保护地

过去十年，随着改革不断深入，中央政府高度重视我国国家公园和自然保护地在生态文明建设中的作用，极大地推动了国家公园与自然保护地在社会大众中的主流化。在国家公园体制建设方面，近十年是中国国家公园体制改革的发端和演进重要阶段，理论研究总体呈现研究规模迅速增长、研究者学科来源广泛、学科交叉深度融合等特点。自然保护地体系建设在顶层设计方面仍处于框架搭建阶段，顶层设计落后于全国层面广泛开展的自然保护地整合优化实践，仍然面临较多挑战。

5. 园林植物

近十年来，在园林植物种质资源调查和收集、园林植物新品种选育、园林植物种苗繁育技术、园林养护技术、园林植物应用方面取得了重要进展，并率先迈入了园林植物全基因组时代。目前，我国园林植物学科所拥有的基础设施、人才储备、研究手段和方法达到了世界先进水平，在园林植物重要性状分子形成机制、中国传统名花种质创新等方面具备了参与国际竞争、引领发展的能力，并取得了一大批研究成果，为我国的园林绿化行业发展作出了重要贡献。

在园林植物种质资源与新品种培育方面取得了重要进展。“国家花卉种质资源库”包含种质数量达 70 多个，重点保护野生花卉繁育技术科技专项和中国重点观赏植物种质资源调查专项成功实施。中国先后获得姜花、竹、蜡梅、海棠、山茶等植物国际登录权。繁育技术的主要进展体现在组织培养、容器育苗、苗木移栽、花期调控等方面。树木修剪、生物防治和古树名木保护方面的受重视程度得到不断提高，新成果不断涌现。园林植物对绿地生态效益的影响和在健康产业方面的资源开发日益成为关注的焦点。园林植物基因组学的系列研究为了解园林植物复杂性状的形成奠定了重要基础。自 2012 年首个花卉基因组——梅花基因组发表，园林植物基因组研究得到了快速发展，截至 2020 年，已有超过 100 种园林植物公布了基因组信息。

6. 风景园林科学与技术

风景园林信息科学与数字化技术研究成为重要研究热点，主要集中于风景园林信息模型和信息化管理平台的搭建和使用，以生态数字模拟和预测为基础的规划流程，利用多类型大数据探索兼顾自然生态、社会经济内涵的数字化规划途径，搭建各类型数字化规划平台等研究成为重点方向。

伴随着近些年来城市化进程的加快，风景园林工程已经成为每个城市规划和建设中不可或缺的考虑因素。从 2010 年开始，风景园林工程逐渐开始进入信息化发展阶段，这一阶段新技术与新材料快速发展，造园技术手段得以提升。主要进展领域包括生态修复技术、立体绿化技术、海绵城市技术、节约型园林建设技术、智慧型园林建设技术、装配式园林建设技术等，新技术为风景园林工程的发展注入了新的活力和空间。风景园林行业出现的新材料大致可分为 5 类，分别为铺装材料、土工材料、防水材料、塑形材料、排水材料。

7. 风景园林教育

2011 年，风景园林一级学科正式成立，一级学科下设 6 个二级学科方向，包括风景园林历史与理论、园林与景观规划设计、大地景观规划与生态修复、风景园林遗产与保护、园林植物与应用、风景园林技术科学。伴随着一级学科的建立，学科认知更加清晰，风景园林教育逐渐从无序走向有序，从不规范走向规范，从无专业指导走向有专业指导。风景园林学科专业点分布全国，设置数量持续增长，培养体系逐渐成熟，师资力量不断壮大。

风景园林教学思想随着学科内涵发展而不断演变，从私密转向开放、从个体转向公共、从小尺度转向区域、全球尺度。本科教育体系不断规范，课程设置不断完善。专业学位教育，强调知识教育与实践训练并重，重点培养学生解决风景园林实践中的具体问题，其课程体系由服务领域主导，以分方向培养为特点。风景园林硕士教育已基本实现规模、结构、质量、效益协调发展，人才培养特色日益彰显。风景园林师资队伍体现了本学科多学科、多领域知识体系相融交织的特点。

8. 风景园林经济与管理

在"生态文明建设"大背景和"绿水青山就是金山银山""创新、协调、绿色、开放、共享""公园城市"等新理念支撑的指导下，以及"国家生态园林城市"等创建标准和具体指标的指导下，各地园林绿化管理工作有序推进。全国园林绿化事业高质量发展，在绿化建设、养护管理、标准化管理、科研管理、人才培养等方面形成了大量成果、优秀做法。主要成果领域包括：园林绿化建设管理不断规范，公园城市建设管理有序开展、节约型园林绿化建设深入推进、园林绿化综合效益研究经验累积。各地在城市绿地规划中综合考虑景观、生态、空间结构优化、产业升级等多种目标，在改善城乡生态和人居环境的基础上，挖掘社会、经济等综合效益。

园林绿化养护管理机制进一步完善，管理精细化水平提升。园林绿化标准化为行业提供支撑。园林绿化发展基础进一步夯实。园林绿化法治化管理稳步发展，园林绿化科研科普深入推进。园林绿化行业科技支撑平台、科创中心、科学普及平台等建设，为提升从业人员水平发挥了重要作用。

三、本学科国内外研究进展比较

近年来，随着全球城市化进程加快，气候与生态环境变化、人口增长与文化多元化等挑战日益严峻。以协调人与自然关系为核心的风景园林学科在应对和缓解这些挑战方面，不仅已被证明可为人类提供多种福祉服务，也积极促进了多专业合作，拓展了学科内涵。

通过对 2011—2020 年国内外学者发表的风景园林论文相关热词分析发现，国外风景园林学科在这一时期的研究多集中于景观和环境的演变、景观模型构建、生物多样性、气候变化、植被恢复与保护、景观设计以及可持续性发展等领域，而国内风景园林学科更多关注于风景园林规划设计、风景名胜区、绿色基础设施等领域，和国外一样，生态修复也是国内研究的热点；而人居环境、乡土景观和国土景观的热点词汇则体现了风景园林学科在中国发展研究的特色。

比较发现，近年来国内外学科关注热点的差异正在逐渐缩小，生态领域是共同的持续话题。国外风景园林学科将重点转向大区域尺度下的宏观研究，国内针对宏观层面的研究也逐渐起步，如国土景观等大尺度研究的领域已构建相对完整的结构体系。国外风景园林学科研究的网络化、组团化尤为明显，学术共同体特征突出。国内则是形成多个小范围的局部合作网络，集中在工程科学、自然科学领域，与人文社科领域如经济学、社会学之间的交叉研究合作正在逐渐增强。

四、本学科发展展望与对策

1. 风景园林学发展的战略需求

全球化对风景园林学学科发展既是机遇也是挑战，风景园林学当下和未来的发展必然与全球化的潮流紧密结合。为全球气候变化、碳排放、环境污染、生物多样性等全球共同面临的问题提供中国智慧，也是中国风景园林学学科的重要任务。文化自信要求在全球化背景下保持中国风景园林学特色，以传统文化和传统智慧作为学科根基和核心竞争力，以当下中国的主要问题作为学科研究与实践发展的主要锚点。

生态文明与美丽中国建设持续推进，国土空间格局持续优化为风景园林学的积极参与和提供支撑，在规划设计、生态评估与规划、国家公园、自然保护地、文化景观、园林植物等方面持续研究，实现国土空间“山水林田湖草沙”等生态系统的保护与更新治理。同时，还应持续关注不同国土区域中多尺度人居环境的生态安全支撑体系建设，研究区域城乡一体建设的中国方法和中国途径。

以人为核心的新型城镇化转型与乡村振兴的全面推进，需要风景园林学在未来发展中重点关注中国城镇化所面临的包括公共生活、生态等方面的独特且紧迫的问题，并紧扣当前以人为核心的新型城镇化转型这一主要特征。同时，促进绿色公平，增进人民福祉，不断实现人民对美好生活的向往。

随着智能化、数字化与信息技术的快速发展，风景园林学也应结合人工智能、大数据、区块链、深度学习等新技术开展尝试性探索，这些研究将在未来风景园林学中扮演越来越重要的角色。

2. 风景园林学未来发展趋势与对策

风景园林学未来发展趋势与对策主要有：持续完善中国风景园林学理论体系与内涵；依据新时代国土空间发展背景和生态文明建设需求，拓展和深化风景园林规划设计内涵、开展结合国家重点战略需求的专项理论研究与实践探索，开展关注人民福祉、安全、健康、友好的公共环境的风景园林规划设计方法研究；同时，加强风景园林学的科学化、标准化与智能化。最后，仍然要持续推动风景园林教育发展，加强人才队伍建设，作为学科高质量发展的保障。

本节撰稿人：贾建中、王向荣、付彦荣

第六节　微纳机器人科学与技术

一、引言

微纳机器人是指基于微纳尺度效应的微型机器人，特征尺寸和 / 或功能尺寸在亚毫米以下的机器人，主要分为微纳操作机器人与微纳尺度机器人。

微纳机器人是微纳米技术的集大成者，是机器人技术在微观尺度的延伸，融合了物理、化学、材料学、生物学、机械学、信息学、控制学等多学科前沿研究。微纳机器人在信息产业集成电路 / 纳米机电系统制造与检测、微纳米制造，亚细胞级的细胞建模和多特性检测，推动转基因、克隆，超微病情诊断，血管堵塞疏通，癌细胞清除，精准药物输送等方面具有重大科学意义和广阔应用前景。微纳机器人融合了自上而下和自下而上的加工方法，是微纳米制造及生物体内探测等方向的制高点，已成为各国科学研究的必争之地。微纳机器人以新型微纳米功能器件研制、生物样本多特性检测、微尺度空间探测等为研究方向，为研究生命中能量 – 物质转化、生物信息传导等生命机理提供有力的支撑，针对生命科学样品的具体要求建立一个智能化、高速化以及高稳定性的纳米操作环境，从而推动半自动克隆等技术的发展。为未来三维人体组织的控制制造，人体器官的制造，真正进入人体血管、组织内部探索及靶向治疗提供理论依据。

综上，微纳机器人为探寻生命的秘密，升级电子工业的制造能力，研制新药、介入人体血管消化道健康检查及药物颗粒靶向治疗等一系列应用奠定基础并提供技术支撑。鉴于此，针对微米纳米技术与生物学、医学等多学科交叉融合、创新发展的趋势，详细分析调研微纳机器人科学与技术的学科发展现状，准确把握其发展趋势，拟定出未来发展路线图，为中国微米纳米技术方向发展与调整提供技术支撑。

二、本学科近年的最新研究进展

20 世纪 80 年代以来，显微技术的不断发展为实现精密可控的纳米操作提供了很好的测试平台，从而使得基于各种显微镜的纳米操作系统应运而生。纳米操作系统是指适用于对纳米尺度对象以纳米或亚纳米精度进行操作的系统。一般来说，完整的纳米操作系统包括纳米尺度对象成像设备、操作手和末端执行器、纳米或亚纳米级分辨率驱动器、力传感设备、人机交互设备等组成部分。理想的纳米操作系统能够实现纳米尺度对象的定位、拾取、放置、装配等各种操作。

目前在纳米尺度下对操作对象的控制和操作策略主要有以下两种类型：①基于扫描探针显微镜（Scanning Probe Microscope，以下简称 SPM）的操作技术；②基于纳米操作机器人和电子显微镜（Electron Microscope，以下简称 EM）的技术。基于 SPM 的操作平台主要有：扫描隧道显微镜（Scanning Tunneling Microscope，以下简称 STM）和原子力显微镜（Atomic Force Microscope，以下简称 AFM）下的操作系统。基于电子显微镜的操作平台主要有：扫描电子显微镜（Scanning Electron Microscope，以下简称 SEM）和透射式电子显微镜（Transmission Electron Microscope，以下简称 TEM）下的操作系统。

随着纳米技术的迅猛发展，研究对象不断向微细化发展，对微小零件进行加工调整、成本检查、微机电系统（Micro-Electro-Mechanical System，以下简称 MEMS）的装配作业等工作都需要微操作机器人的参与。在自适应光学、光纤对接、医学、生物学，特别是动植物基因工程、农产品改良育种等领域，需要完成注入细胞融合、微细手术等精细操作，都离不开高精度的微操作机器人系统。

本部分所要讨论的微操作机器人技术，不是那种用微制造技术制作的尺度微小（一般在毫米到微米尺度）的“微机器人”，而是用一般宏观尺度的装置，但是末端执行器能对微米尺度的被操作物进行精细操作，如对生物细胞或其他微细对象进行操作。理想的微操作机器人系统应该具有高分辨率的观察能力，能够在充分考虑微观环境下量子尺寸效应、表面效应、体积效应与宏观量子隧道效应等特性及范德华力、黏附力、静电力等尺度效应力干扰下，对细观操作对象的定位定向、移动和装配实现有效力控制。

而国内的清华大学、西安交通大学、南开大学搭建了基于显微镜的微操作机器人，解决微创、精子注射及微尺度深度测量方面的问题。如图 2–6–1 所示，南开大学的赵新教授及其团队自主开发了 MR–601 微操作机器人系统，并在此基础上提出了一种基于运动学模型的细胞拨动方法以实现生物操作中细胞姿态的自动调整方法：首先对细胞拨动过程进行了运动学建模，并利用该模型对拨动幅度和拨动过程效率的关系进行了分析；然后设计了一种注射针的圆弧形的拨动轨迹以提高拨动幅度的控制精度；最后，在以上工作基础上，运用图像处理和注射针运动控制算法实现批量细胞的自动拨动流程。

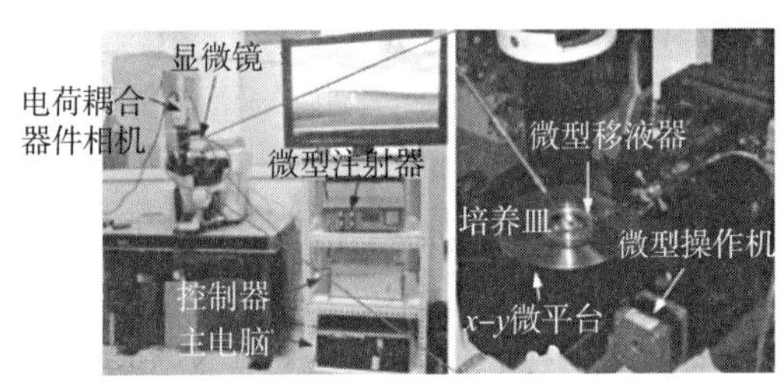

图 2–6–1　MR–601 微操作机器人系统

扫描电子显微镜作为一种常见的微观表征工具，在对各类样品表面经过特殊处理之后，可以直接进行微观成像。扫描电子显微镜的成像原理主要是通过电子枪发射的高能电子束，对样品表面进行“轰击”，由此产生了多种电、磁信号。通过检测器对多种信号进行捕获、接收、放大、解算以及显示等处理，最终可以在显示屏上获得微观图像。由于 SEM 具有高分辨率、景深大、实时可视化以及放大倍数可以在几倍到几十万倍之间连续调节等优点，因此，在微观领域得到了广泛应用。扫描电子显微镜中的纳米操作机器人系统可以对样品进行实时的微纳操作。由于纳米操作手具有多个自由度，因此在各个方向都可以十分灵活地对目标样品进行操作。

苏州大学和上海大学联合团队开发了基于视觉伺服的纳米机器人操作系统，用于纳米尺度物体的自动三维纳米夹持。该系统通过提出放大倍数调节速度自适应方法，能够精确识别目标并精确控制机械手如图 2–6–2 所示，并且末端执行器在视场中心操作期间保持较高的工作效率，从而保持了较高的定位精度。而且，为了实现在 Z 方向上的有效且精确的定位，应用了结合基于清晰度的深度估计和接触检测的从粗到细的定位方法。其实验结果表明该系统自动测量单个碳纳米管（Carbon Nanotube，以下简称 CNT）的电特性具有很高的效率和稳定性。

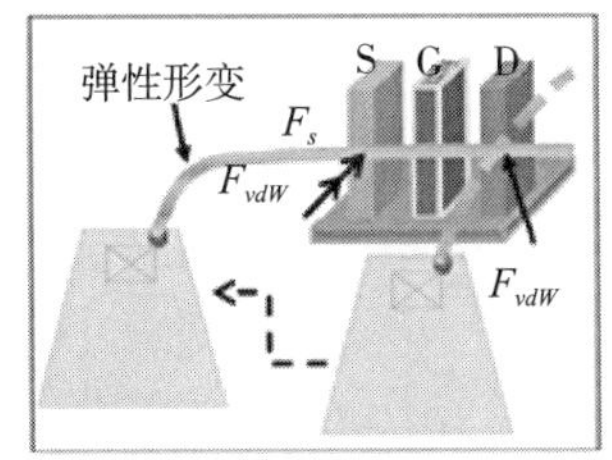

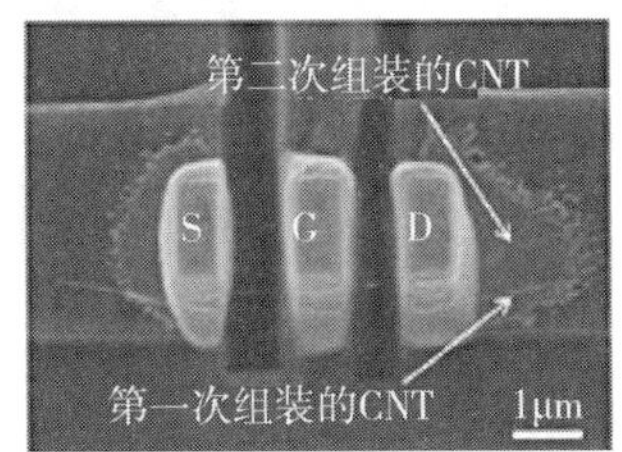

图 2-6-2　三维三栅极 CNTFET 搭建

苏州大学联合北京理工大学设计了一种新型的三维 CNTFET 结构，并提出了一种基于 SEM 的机器人化微纳操作组装方法用于该结构的搭建。通过对组装策略的集成和对策略中基本操作方法的理论分析与实验研究，不仅能够有效地完成 CNT 的三维组装任务，而且能够兼顾电气接触可靠的要求，为 CNT 的三维灵活组装与纳米器件的可靠制造提供新途径。

TEM 中的纳米机器人操作已成功用于纳米材料和结构的操作、加工、表征及组装。与 SEM 及 SPM 等其他平台比较，TEM 具有亚纳米到亚原子级（球差校正 TEM 分辨率高达 60 ~ 70 皮米）的成像分辨率、不依赖于扫描的全真实时成像、对样品导电性无要求、元素级材料表征等优异能力，尤为适合高精度纳米操作，在原子结构—理化特性关联上是其他平台难以替代的。与液体池或冷冻 TEM 结合，亦有望应用于生物领域。

TEM 仓室空间狭小，无法像 SEM 样品仓内部可以放置较大纳米操作机器人，TEM 狭小的真空室（两类主流 TEM 真空室直径只有 10 毫米和 15 毫米左右）和超薄的试样厚度（小于 100 纳米），这种极小尺寸操作空间和超高精度的操作要求，为开发在 TEM 内部应用的纳米机器人操作带来了巨大挑战，与 SEM 中的纳米机器人操作相比，TEM 内部使用的纳米操作机器人系统在执行多探针、复杂任务操作、纳米材料加工及装配等方面的难度更高。为了实现在 TEM 样品仓内极小空间内的高精度运动，将纳米操作机与 TEM 样品杆集成于一体，纳米机器人位于样品杆前端样品安装处。

国内浙江大学王宏涛团队也设计了高精度的 TEM 纳米操作机样品杆，它是一个紧凑的四自由度（三维定位加自旋转）纳米机械手，专用于电子断层扫描应用，它被称为 X-Nano 透射电子显微镜支架。这四个自由度的所有运动都是由内置的压电执行器精确驱动的，最大限度地减少了由于 TEM 级的振动和漂移而造成的伪影。在整个范围内实现了全 360 度旋转，精度为 0.05 度，解决了缺失的楔形问题，如图 2-6-3 所示。

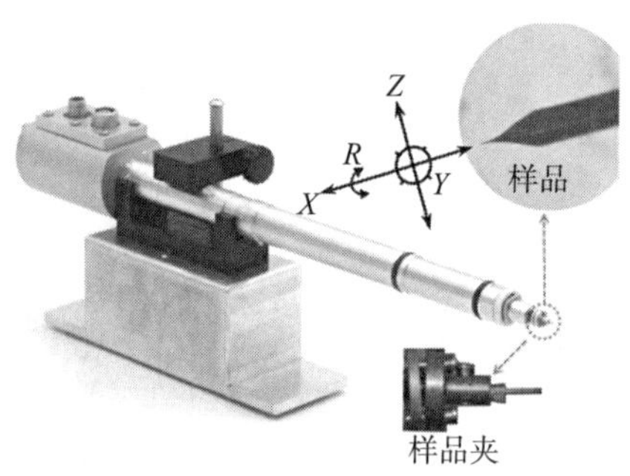

图 2-6-3　浙江大学王宏涛团队设计的 TEM 纳米操作机

随着过去 20 年来微纳科技和生物技术发展，如何实现微纳米尺度对象的操控已成为一个至关重要的研究方向。作为一个新兴的机器人技术研究领域，微纳米机器人延伸了人类直接感知与作业的极限，可把极限尺度拓展到纳米尺度（10^{-9} 米）或更小。纳米操作机器人可实现纳米级精确操纵，实现如推或拽、切、抓取和释放、摄取、压痕、弯曲、扭转、连接、组装等操纵。常规的基于 AFM 纳米操作机器人采用纳米探针为操作末端，可精确检测和控制操纵过程中的交互作用力，通过施加可控的机械、电子、光学、磁性或介电接触或非接触作用力，实现诸如纳米微粒、碳纳米管、纳米线、纳米晶体，以及生物对象（脱氧核糖核酸、蛋白质、细胞、生物马达等）的操纵或特性表征。

哈尔滨工业大学谢晖团队研发了双探针 AFM 操作系统（图 2-6-4），通过两个 AFM 悬臂梁的互相配合，可以实现一边观测一边操作的工作模式。一根探针作为图像传感器，另一根为末端操作工具。该系统在工作时，需要进行双探针间的相互标定，实现协同工作。实现了 CNT 或纳米器件进行焊接、互连等操作。

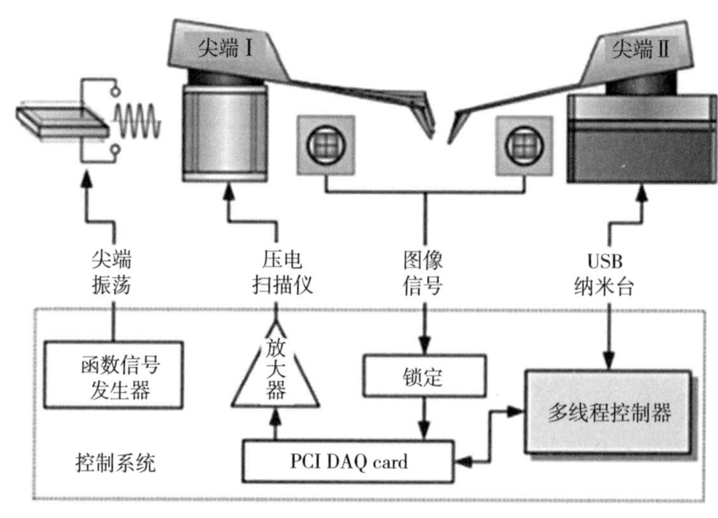

图 2-6-4　双探针 AFM 操作系统

中国科学院沈阳自动化所设计实现了具有实时视觉和三维触觉反馈的纳米操作系统，如图 2-6-5 所示。通过操纵力感手柄 Phantom 来控制 AFM 进行纳米刻画，采用“Z”字形的运动方式完成了碳纳米管的推动实验。

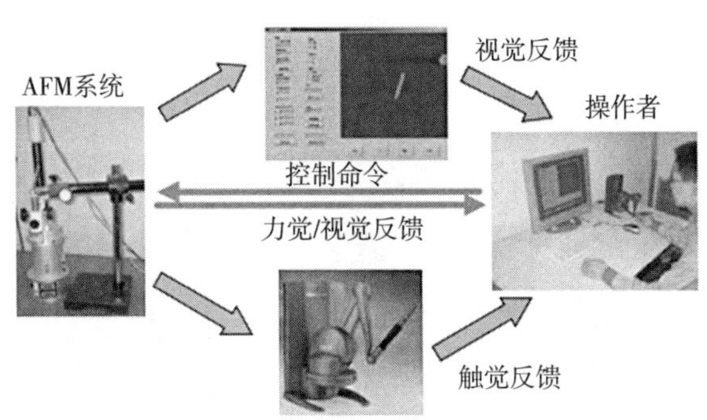

图 2-6-5　基于 AFM 的实时视觉和力觉反馈的交互式纳米操作系统

目前，微尺度机器人不仅驱动方式多种多样，其结构、采用的材料以及加工方法等都有着自己的独特性。为了实现微尺度机器人在人体体内运动，就需要设计尺寸更小、功能更加多样的微尺度机器人，目前研究的微尺度机器人主要有三类：化学自驱动、物理场驱动和生物驱动。

目前游动微尺度机器人的驱动方式主要可以分为以下四个方式：①基于化学驱动：氧化反应驱动、催化反应驱动和自电泳驱动；②基于物理场驱动：磁场驱动、光场驱动和超声驱动；③混合驱动：催化与磁场驱动、催化与光场驱动；④生物驱动：鞭毛驱动、酶驱动和细菌驱动。

化学自驱动微尺度机器人主要分为氧化反应驱动、催化反应驱动和自电泳驱动。氧化反应驱动的燃料通常更具生物兼容性，例如水、胃酸等，而短暂的寿命制约了其有效期，并且反应产生物不具有生物相容性，无法大批量地使用；催化反应驱动和自电泳驱动利用金属催化燃料产生驱动力推动微尺度机器人，通常都采用生物兼容性低的过氧化氢溶液，无法在体内大量使用。

外场驱动的微尺度机器人不需要燃料即可进行微尺度机器人的驱动和控制。对于磁场驱动的微尺度机器人，外部设备大，需要使用 X 射线、CT 等进行辅助观测，对生物危害性大，制造比较复杂而且速度较慢，制约了其更广的应用。利用超声驱动的微尺度机器人速度较快，但是其运动方向难以控制。由于光无法穿透人体，因此其无法广泛在人体中使用。生物微尺度机器人具有良好的靶向性，但是短暂的寿命制约了其进一步的发展，同时其还有不可忽视的生物兼容性和生物安全性的问题。

中国科学院大连化学物理研究所的林炳承、秦建华课题组通过微流体芯片分析化学实验室的构建，研究其在分子和细胞层面上的应用。在细胞捕获方面，他们利用空间位阻捕获细胞。其捕获单元为 T 型流路，总体通道宽度为 500 微米，其 T 型交叉口处有一段变窄的通道，即为芯片的细胞捕集腔室，其宽度和深度分别为 50 微米和 5 微米。在捕集腔室内，通道的高度由整体由数十微米降至数微米，利用高度差实现阻挡细胞流过的功能。在微管道的尺寸变窄、细胞悬液的浓度降低的情况下，甚至可以捕获单个细胞，借助荧光实时成像技术可监测单细胞染色过程，可用于细胞生理学过程的动态实时观察（图 2–6–6）。

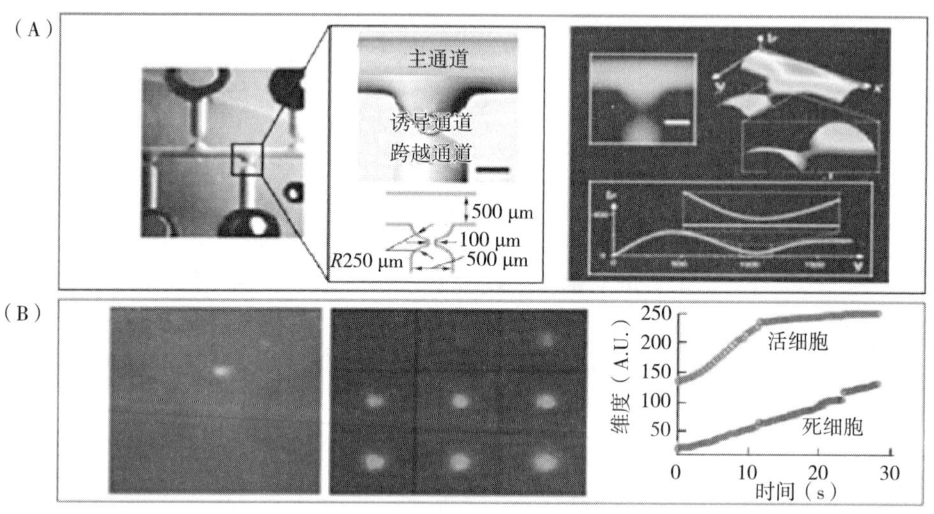

图 2–6–6　液塑法制成细胞捕获芯片

介电泳是一种悬浮在液体中的介电粒子在非均匀电场中被极化而产生定向移动的一种现象，其本质是由介电粒子本身在由金属电极产生的外加电场作用下诱导出偶极子，该偶极子与外加电场交互作用而产生的现象。粒子所受介电泳力是由悬浮液体与粒子的介电常数和电导率，以及外加交流电场的幅值和频率所共同决定的。悬浮在液体中的粒子在正介电泳力的作用下被吸引到电场强度较强的区域；相反，在负介电泳力的作用下被排斥到电场强度较弱的区域。

光诱导介电泳作用本质与介电泳一致，区别在于产生外加电场的方式不同，其工作原理是根据光电转换原理，利用光敏材料在无光照和有光照条件下的截止与导通特性，从而在光电导层上产生虚拟电极结构。同时在外加交流电场条件下，使得位于悬浮液体中的粒子在非均匀电场中被极化进而受到介电泳力的作用而产生定向可控运动的现象。介电泳是通过将电场的能量转换为机械能量来对可极化粒子进行操控；而光诱导介电泳则是光电导效应通过光激发形成电场能量产生介电泳现象，因此称之为光诱导介电泳。

2014 年，中国科学院青岛生物能源与过程研究所马波等人将介电泳细胞捕获技术应用于流动态下单细胞的捕获和拉曼识别，研制出首套基于介电泳细胞捕获识别的拉曼流式细胞分选系统（图 2–6–7）。

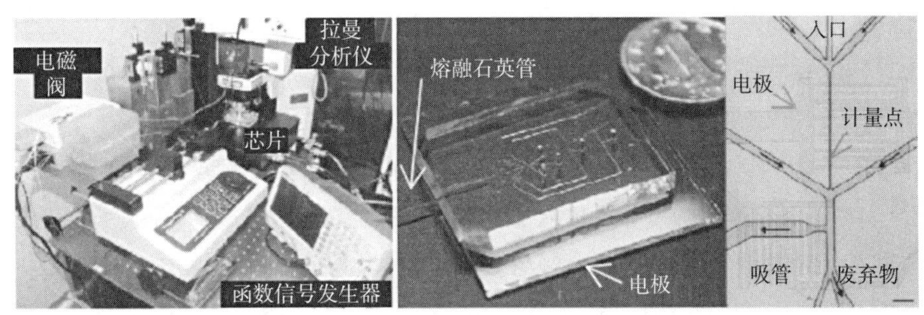

图 2-6-7　基于介电泳细胞捕获识别的拉曼流式细胞分选系统

为在更小尺度的空间中执行机器人任务，如突破体内生物屏障在体内毛细血管中或者病变组织内部实施药物输送、微创手术、异物清除等，需要体积更加精巧的微纳游动机器人。随着现代生物医学领域研究的不断深入，由于具有低创伤性和密闭微环境的可达性，微纳游动机器人在众多生物医疗领域展现无可替代的优势和蓬勃的发展前景。例如，微纳游动机器人可以作为手术末端执行器或基因片段、药物的运载体，在活体血液循环系统巡游后到达病灶部位，实现病理研究、疾病诊断、靶向递药、组织修复、细胞操控等功能。

然而，当微纳游动机器人的尺寸减小到微米范围时，主导其运动的客观因素发生了极大的改变，造成同样环境下微米尺度机器人的运动行为与毫米尺度机器人相比差异巨大。因此，宏观机器人的控制方法和相关经验不再适用，需要通过特殊的驱动方式和能量传输机制为机器人提供动力。当前科学家已经开发了一系列先进的微推进技术为微米尺度机器人提供动力。

2019 年，哈尔滨工业大学贺强等人基于金纳米壳修饰的管状聚合物多层游动纳米机器用于近红外光辅助单细胞机械穿孔研究。结合纳米孔模板辅助层层自组装与金种子生长法可构筑金纳米壳功能化的管状聚合物多层游动纳米机器。该游动纳米机器在外源超声场下，可在流体中进行自主运动，并主动靶向单个细胞。在近红外光辅助下，通过光热产生的自热泳力和超声推进力协同作用，游动纳米机器能够在 0.1 秒内打开细胞膜。外源物质可通过细胞膜的开孔处快速渗入细胞内部（图 2-6-8）。

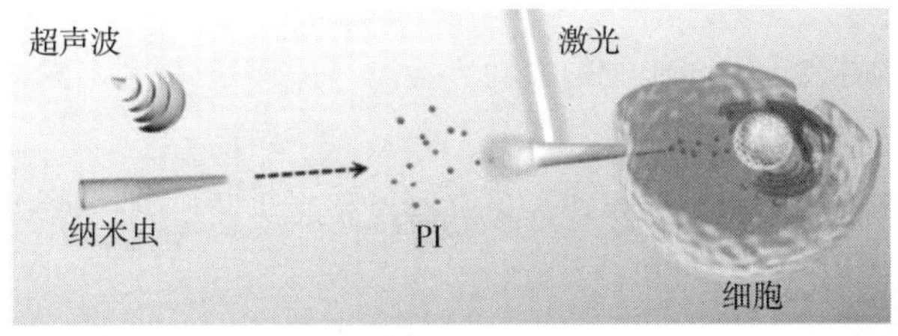

图 2-6-8　金纳米壳功能化管状聚合物多层游动纳米机器结构示意图

三、本学科国内外比较研究

2000 年以来，欧美日等发达国家和地区率先在微纳机器人领域开展了系统研究。微纳机器人科学是微纳米制造及生物体内探测等方向的制高点，已成为各国科学研究的必争之地。同时，微纳机器人领域国际合作与交流也呈现良好的发展态势。

2010 年以来，我国在微纳机器人领域投入持续增加，研究队伍不断壮大，研究成果取得重大突破。尤其是近五年以来，我国微纳机器人领域的科学技术跨上了一个新台阶。据不完全统计，美国、欧洲、日本和中国近 5 年在微纳机器人领域政府投入的研究经费情况如下：美国科学基金支持的 15 个项目共计 14 家单位参加，累计投入经费 6444179 美元（约 4100 万人民币）；欧洲查询了“地平线 2020”（Horizon 2020）相关研究项目 20 项，参与单位 85 家，投入经费 45824368.2 欧元（约 3.31 亿人民币），为各方面投入最多的国家地区（注：欧盟地区其他项目和其成员国项目没有具体统计）；日本文部科学省和日本学术振兴学会支持项目 27 个，参与单位 13 家，投入经费 1493862021.42 日元（约 8225 万元人民币）；我国国家自然科学基金项目支持了 61 个项目，参与单位 31 家，投入经费 6402 万人民币。最近 5 年，在国际重要机器人技术刊物 *Science Robotics*、*International Journal of Robotics Research*（*IJRR*）及 *IEEE Transactions on Robotics*（*TRO*）上，微纳机器人相关研究方向逐步取得突破，其中作为机器人技术的最高专业刊物 *Science Robotics*，近 5 年共发表 305 篇论文，其中微纳机器人相关论文 22 篇。我国科研机构作为第一单位发表的论文有 6 篇。综上，微纳机器人科技的发展，在本领域受到国内外专家学者的肯定，并在机器人学界占有一定的地位。在技术发展上，相较于传统机器人还不完全成熟，有巨大的发展空间。我国在微纳机器人科技领域处在与国外并跑的地位。

四、本学科主要发展趋势与展望

1）基于智能材料的高功率自重比的高性能驱动原理与实现方法。基于外部物理场的能量传输与高效转换机理；基于人体运动、血流运动的生物能转化机理与微纳米发电机的实现等。

2）面向生物体内狭小空间作业的移动、检测与操作送药等微纳米结构新原理、优化设计、生物兼容制造理论与方法等。

3）纳米操作机器人自主控制原理，多机器人高速协调控制机理及三维纳米器件制造新原理新方法。

4）脱氧核糖核酸、染色体、细胞等生物样本的机械特性、物理特性、化学特性的高通量高速检测。

5）微型机器人介入类生理环境感知、自我状态感知与信息传送机理，微型机器人对微纳制造及生物监测中环境感知、多信息融合及信息传送机理。

6）类生理小尺度空间内微型机器人与生物细胞的相容性及相互作用，微型机器人操作下细胞行为学规律，微型机器人对细胞的筛选及定点输运。

面向微纳机器人的重要应用前景与巨大挑战，建议在学科交叉融合、复合型人才培养、国产关键装备及政策扶持应用上开展顶层设计。随着纳米技术和制造技术的飞速发展，能够按需执行任务的远程控制机器人的尺寸得以缩小。微纳机器人作为微型机器人之一，能够通过外部能源在各种生理环境中以受控状态进行导航运动。随着制造技术的发展、驱动策略的升级和功能化方法的改进，出现了功能更多、生物相容性更好、生物可降解的微纳机器人。这些微纳机器人在多个领域具有巨大的应用潜力，例如靶向药物递送、生物传感，还在集群微操作和微创手术等方面展现了极佳的应用前景。

本节撰稿人：孙立宁、赵新、杨湛、刘曜玮

第七节　岩石力学与工程

一、引言

当今世界正经历百年未有之大变局，中国发展面临的国内外环境已发生显著变化。然“青松寒不落，碧海阔逾澄”，我国经济社会发展和民生改善比过去任何时候都更加需要科学技术解决方案。国内大型基础设施建设和深部资源开发等工程活动处于快速发展阶段，岩石力学与工程学科作为国家重大基础工程建设的重要支撑，对引领科技前沿、服务国家战略具有重要意义。

回顾近年来国内外岩石力学与岩石工程的发展进程，梳理 2017—2020 年学术成果，我国岩石力学与工程学科的进展总体呈现以下特点。

1）抢占先机、迎难而上，中国加速迈向岩石力学与工程科技强国。近年来，中国的岩石工程建设速度之快、规模之大，举世罕见。尤其在南水北调工程、白鹤滩水电站等超级工程建设中，复杂的岩石力学难题被一一攻克，一次又一次刷新了岩石力学研究的深度和广度，有力促进了岩石力学学科的深化与发展。基于 WOS 核心数据库分析世界范围内岩石力学与工程学科的国际合作研究动态，如图 2-7-1 所示，表明中国在推动国际科研合作、引领学科发展方面已居于主导地位。短期内我国深井矿山数量将达世界第一，“三高一扰动”将成为资源开发的常态工程环境，同时被称为“最难建铁路”的川藏铁路、在建的最大跨流域调水“滇中引水”工程、为攻克高放废物地质处置世界性难题而建设的北山地下实验室等一大批世界级工程陆续开建，中国岩石力学与工程界提出的“中国理论和中国方法”，将为这些重大工程的建设保驾护航。

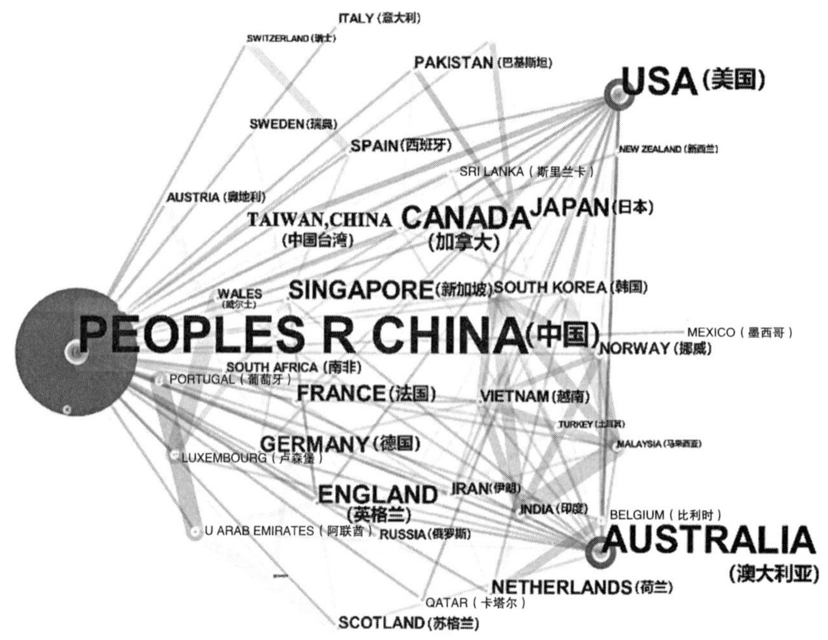

图 2-7-1　岩石力学与工程学科国际合作研究动态

2）产研并重、研以致用，重量级科技成果不断涌现并转化为生产力。针对岩石工程的复杂性与特殊性，我国岩石力学与工程科技工作者肩负为经济建设主战场服务的使命，紧密围绕工程实践需求展开科学研究和科技创新，重量级科技成果实现“井喷”，并已转化为生产力，有力促进了岩石工程相关行业高质量发展。例如，在井工煤矿安全高效开采、矿井灾害源超深探测、深部资源电磁探测、矿山千米深井建设、巨型地下厂房硐室群稳定性控制、特高拱坝基础适应性开挖与整体加固、分布式光纤传感监测、重大工程滑坡监测预警与治理、复合地层及深部隧道掘进机（Tunnel Boring Machine，以下简称 TBM）掘进、深长隧道突水突泥灾害预测预警与控制、深部岩爆及软岩大变形控制、高放废物地质处置、非常规油气开采钻井与压裂技术等方面，科学家与工程师紧密配合，协同创新，不仅解决了重大岩石工程建设和地质灾害防治的“卡脖子”问题，使科技成果转化为生产力，同时有效推动了岩石力学与工程学科的快速发展。

3）量质并进、成果斐然，我国科研成果对国际岩石力学学术发展的贡献日益突出。根据文献统计，WOS 数据库收录中国学者发文量及被引用率稳步上升（图 2-7-2），其中 2017—2020 年 WOS 核心数据库收录中国学者发表的岩石力学类论文共计 30365 篇，中国学者年发文量占比从 2017 年的 38.4% 上升至 2020 年的 53.6%。同时，根据对国际顶级的 6 种岩石力学类期刊发文量统计，中国学者发文量占比达 56.4%，其中在 *International Journal of Rock Mechanics and Mining Sciences*、*Rock Mechanics and Rock Engineering*、*Engineering Geology* 和 *Tunnelling and Underground Space Technology* 期刊发文量占比均超半数，分别为 51.7%、58.7%、57.6%、64.6%。无论是发文数量还是发文质量，均表明中国岩石力学与工程学科的学术水平稳中有升，发展态势迅猛。

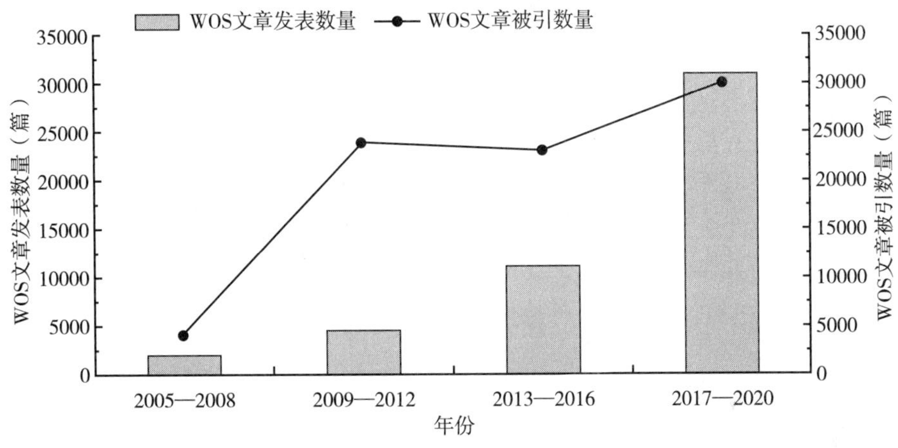

图 2-7-2　2005—2020 年 WOS 数据库收录的中国学者发文及被引用量统计

4）英才辈出、于斯为盛，我国学者在国际岩石力学与岩石工程界影响力不断提升。随着中国岩石力学与工程学科科技水平的不断提高，越来越多中国学者受到国际学术界的重视与认可。2018 年，何满潮院士当选阿根廷国家工程院外籍院士；冯夏庭院士继 2009 年成为国际岩石力学与岩石工程学会成立五十年来首位担任主席的中国科学家后，又于 2018 年当选国际地质工程联合会主席；赵阳升院士于 2019 年获得国际地质灾害与减灾协会科技进步奖，同年殷跃平教授获颁国际地质灾害与减灾协会和中国岩石力学与工程学会联合授予的杰出工程奖；2020 年，伍法权教授获得国际工程地质与环境协会终生成就奖。青年学者中，庄晓莹教授于 2018 年获得德国联邦教育与研究部、德国科学基金会颁发的“海茵茨－迈耶－莱布尼茨青年科学家”奖，左建平教授于 2020 年获得国际岩石力学与岩石工程学会科学成就奖，雷庆华博士、尚俊龙博士先后于 2019 年和 2020 年斩获国际岩石力学与岩石工程学会罗哈奖。

为全面把握近年来国际岩石力学与工程学科的发展脉络，精准剖析学科最新研究进展，基于大数据可视化分析技术，对 2005—2020 年 WOS 核心数据库收录的岩石力学类文献进行了统计分析，其中 2017—2020 年的研究热点主要集中于数值模拟、力学性质、声发射和岩爆等方面，失稳、强度、变形、数值模拟等为高频关键词（图 2-7-3）。本报告系统梳理 2017—2020 年中国岩石力学与工程学科研究进展，从岩石力学基础理论、岩石工程技术、岩石力学仪器与装备、岩石力学软件开发、岩石力学在重大工程中的应用、岩石力学与岩石工程标准化工作及学会期刊六个方面进行具体阐述，并与国外最新研究进展进行比较，进一步展望学科未来发展动向与趋势，以期为中国岩石力学与工程学科发展提供借鉴与参考。

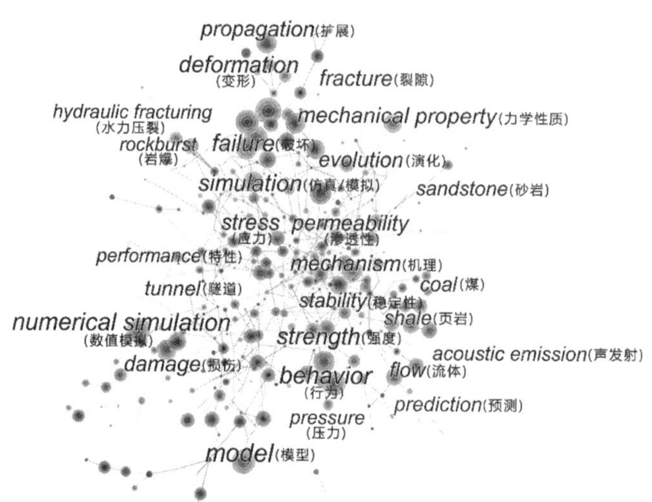

图 2-7-3　2017—2020 年国际岩石力学与工程学科学术研究高频关键词

二、本学科近年的最新研究进展

1. 岩石力学基础理论研究进展

吴顺川等结合偏平面函数提出了一种适用于不同摩擦材料的广义非线性强度准则，实现了主流经典强度准则的统一，并进一步结合新的偏平面函数对经典 Hoek-Brown 岩石强度准则进行修正，提出了一种修正三维 Hoek-Brown 岩石强度准则。左建平等基于煤岩破坏裂纹的演化机制，提出了煤岩破坏存在一个破坏特征不变参量，从理论上推导了与 Hoek-Brown 经验强度准则一致的强度公式，研究成果于 2020 年获国际岩石力学与岩石工程学会科学成就奖。冯夏庭等基于深埋硬岩在真三轴条件下表现出的拉压异性、Lode 效应和非线性强度特征，提出了三维硬岩破坏强度准则（3DHRC）。谢和平等通过裂纹扩展过程中的能量平衡得出了引入应变率参量的柔度矩阵系数，建立了不同深度赋存应力环境的岩石动态本构模型。另外，陈勉、陶志刚等在岩石各向异性、时效性与尺寸效应方面，李建春、李海波等在岩石动力特性方面，卢义玉、李树刚等在岩石多场耦合特性方面，黄润秋、周小平等在岩石断裂与损伤力学方面，赵金洲、金衍等在岩体裂缝模型与结构面力学特性方面，均取得了较为突出的研究进展。

2. 岩石工程技术进展

岩石边坡及地质灾害防治工程技术方面：何满潮等开发了滑坡地质灾害牛顿力“数据采集－传输－存储－发射－接受－分析－处理－反馈”远程监测预警系统；同时研发了具有高恒阻、大变形和超强吸能特性的负泊松比（NPR）锚索，专利“恒阻大变形缆索及其恒阻装置”获得第二十一届中国专利金奖，并在全国范围内推广应用，成功解决了滑坡短临预报的科学难题。许强等聚焦西部山区大型滑坡灾害防控关键技术难点，利用多学科交叉融合，构建了“地质＋技术”有机结合的滑坡隐患早期识别体系，显著提升了重大地质灾害的综合识别能力和正确率，研发了适宜于高海拔高寒极端环境的地质灾害监测装备，建立了“阈值预警＋过程预警”的地质灾害实时监测预警技术，成功识别并预警了多次大型滑坡灾害。吴顺川等提出了基于条分面法向力非均匀分布的极限平衡条分法，建立了边坡稳定性评价的“双安全系数法”。另外，黄润秋、殷跃平、唐辉明、盛谦、张玉芳等诸多学者在边坡稳定性评价、滑坡形成机制及预测预警、滑坡及工程边坡灾害防治方面的研究均取得了较为显著的进展。

岩石地下工程技术方面：赵阳升等通过低渗透煤层卸压破裂多孔化及增透条件与规律研究，创建了固气耦合煤层气运移理论，探明了煤层气开采的卸压破裂－增透技术原理，发明了深孔超高压水力割缝强化瓦斯抽采成套技术与装备，大幅提高了低渗透煤层的瓦斯抽采率。康红普等开展了煤矿巷道抗冲击预应力支护关键技术研究，发明了高冲击韧性、超高强度、低成本预应力锚杆材料及其制造工艺与高预应力施加设备，研发出新型钻锚注一体化锚杆、锚固与注浆材料及配套施工设备，解决了冲击地压、深部高应力及强采动巷道支护难题，实现了煤矿巷道支护技术的重大突破。李术才等在突水突泥致灾构造及其地质判别方法、灾害源超前预报方法与定量识别理论、多元信息特征与综合预测理论、灾害动态风险评估及预警理论等方面作出了突出贡献，研究成果成功应用于我国数十座深长隧道突水突泥灾害源的超前预报与灾害防控。长江科学院研发了水工隧洞弹性波超前地质预报系统，获取开挖工作面前方的不良地质灾害信息，实现地下隧道施工期的长距离超前地质预报。刘泉声等以新疆 ABH 引水隧洞等 TBM 工程为依托，通过对深部复合地层围岩与 TBM 相互作用机理研究，提出了深部软弱地层挤压变形卡机灾害分步联合控制理论，发展了“超前管棚预注浆加固＋锚注一体化分步支护＋钢拱架衬砌支护”灾害控制成套技术。冯夏庭等提出高应力下大型硬岩地下硐室群稳定性优化的裂化－抑制设计方法理念及其基本原理、关键技术和实施流程，并成功应用于拉西瓦水电站地下洞群开挖顺序优化、白鹤滩水电站地下厂房顶拱支护方案优化、中国锦屏深地实验室围岩支护参数复核等重大工程实践中。林鹏等研发了分区分层精细开挖与主动保护、复杂坝基固灌与锚固时机及开裂风险控制、高防渗标准快速深孔帷幕灌浆和基于 BIM 技术的信息化施工精细管控等成套技术，提出了特高拱坝基础适应性开挖与整体加固成套工法，为保障大坝安全发挥了重要作用。另外，杨仁树、何川、何学秋、何富连等在地下工程灾害防治方面研究进展也较为明显；陈勉、金衍、姚军、葛洪魁、常旭等在页岩气开采理论研究与技术开发方面作出了显著的贡献。

3. 岩石力学仪器与装备进展

岩石力学理论的形成、发展与试验技术密切相关，通过试验可获取岩石破坏准则、屈服条件，表征其应力、应变、温度、时间等之间的关系。认识、利用和改造岩体的全过程依赖于岩石力学试验技术的进步与发展，近年来我国在该方面研究进展颇丰。

室内试验与测试仪器方面：冯夏庭等基于茂木式岩石真三轴试验原理，研发了新型硬岩真三轴试验机，该仪器对岩石体积变形测量、端部摩擦效应、应力空白角效应以及真三轴条件下的峰后行为捕捉等关键试验技术进行了改进。袁亮等研制了大型物理模拟试验装备，实现了大尺度模型加载充气保压条件下巷道掘进揭煤诱发煤与瓦斯突出试验模拟，掌握了瓦斯突出发生全过程的关键物理信息，为准确揭示瓦斯突出机理奠定了基础。李晓等发明了高能加速器 CT 岩石力学试验系统，可获得岩石在单轴、三轴和空隙压力等条件下的全应力 – 应变曲线和所选应力点对应的破裂三维扫描图像。苏国韶等发明了高压伺服动真三轴岩爆试验机，研究了深部硬岩动力学特性和扰动破裂机制，实现了动力触发型岩爆物理模拟，揭示了动力扰动触发岩爆孕育过程和机理。夏才初等研制了岩石节理全剪切 – 渗流耦合试验系统。邬爱清等研制了 HMTS–1200 型裂隙岩体水力耦合真三轴试验系统和 HMSS–300 型岩体水力耦合直剪试验系统。杜时贵等研制了结构面粗糙度系数测量系列仪器，创建了结构面粗糙度系数野外快速测量技术，同时研制了岩体结构面抗剪强度尺寸效应试验系统，为结构面抗剪强度尺寸效应研究提供了基础试验平台。

现场试验、监测与物探装备方面：何继善等发明了广域电磁法和高精度电磁勘探技术装备及工程化系统，建立了以曲面波为核心的电磁勘探理论，构建了全息电磁勘探技术体系。李术才等采用物理模拟试验开展了多种组合条件下煤与瓦斯突出定量化模拟，研发了可考虑不同地质条件、地应力、煤岩体强度、瓦斯压力和施工过程的大型真三维煤与瓦斯突出定量物理模拟试验系统。施斌等成功将分布式光纤感测技术应用于地质与岩土工程安全监测与预测预警中，在三峡库区滑坡、大范围地面沉降等地质灾害以及盾构隧道、埋地管道、桩基和基坑等岩土工程监测中发挥了独特的优势；同时构建了传感光纤性能综合测试平台，开发了传感光缆基本性能率定装置和光纤应变三维模拟实验台。吉林大学极地研究中心针对南极甘布尔采夫山脉的超低温气候、地理位置偏远、后勤保障困难等条件，设计了可移动、模块化的钻探系统，该钻探系统于中国第 35 次南极科学考察期间（2018—2019 年南极工作季），在距离中国南极中山站约 12 千米的达尔克冰川边缘的冰盖上进行了成功试钻。

重大岩石工程装备方面：刘飞香等研制了面向装备智能精准作业的三维空间自主量测定位系统，开发了人机岩时空信息互联互通技术为核心的智能化成套装备。铁建重工自主研发了首台大直径土压 /TBM 双模盾构机，应用于珠三角城际铁路广佛环线工程；中铁装备自主研发了国内最大直径土压 / 泥水双模盾构，应用于成都紫瑞隧道工程。广州地铁集团有限公司、中铁工程装备集团有限公司、中铁华隧联合重型装备有限公司等单位共同研制了兼具土压平衡、泥水平衡、TBM 三种掘进模式的盾构机，打破了单一模式盾构机的局限性，提升了其对多变地质条件、复杂周边环境等工况的适应性，已成功应用于广州地铁 7 号线西延段工程。纪洪广等提出了深井智能掘进装备与智能控制系统研发体系，从高效破岩与排渣、装备构成与空间优化、精确智能钻井控制三个方面解决了上排渣竖井掘进机设计与制造亟须攻克的科学问题与技术难题，形成了 1500 米以深、2000 米以浅金属矿深竖井高效掘进成井、大吨位高速提升与控制关键技术与装备能力，并制定了相应的技术标准和规范。刘志强等研制的国内首台竖井掘进机金沙江 1 号在云南以礼河电站出线竖井工程成功始发，实现了井内掘进机械化、智能化、无人化，标志我国已具备竖井掘进机的自主研发制造能力。

4. 岩石力学软件开发进展

近年来，国际岩石力学软件研究热点不断变化，2017—2020 年数值模拟热点软件为离散元数值模拟软件，裂隙扩展模拟研究成为数值分析的新热点问题。我国岩石力学数值模拟软件也处于快速发展阶段，特别是针对岩体结构破坏机理和破坏仿真模拟的非连续、连续 – 非连续分析软件，已逐渐打破被国外软件垄断的局面，包括岩石破裂过程分析系统 RFPA、深部软岩工程大变形力学分析软件 LDEAS、工程岩体破裂过程细胞自动机分析软件 CASrock 等。同时，以国际上提供首个开源的数据集成管控 iS3 系统为代表的工程设计与决策软件也得到了国内外学者的高度重视。

5. 岩石力学在重大工程中的应用

近年来，中国的岩石工程建设速度之快、规模之大，举世罕见。面对千载难逢的工程建设机遇和迫在眉睫的工程实际需求，岩石力学与工程科技工作者把握先机、主动作为，在白鹤滩水电站建设、边坡灾害预测预报预警、高瓦斯矿井 110 工法及 N00 工法应用、矿山超深竖井建设、深地岩爆灾害控制和高放废物地质处置等重大工程建设和地质灾害防治方面取得了丰硕的研究成果，为保障重大工程安全顺利建设、保护人民生命财产安全作出了巨大贡献。

6. 岩石力学与工程标准规范制定及一流期刊建设进展

近年来，岩石力学与工程标准化工作，尤其是团体标准建设方面取得了较大进展。2017 年 5 月，中国岩石力学与工程学会全面开展标准化建设实质性工作，截至 2021 年 9 月，学会已批准立项团体标准 69 项，正式发布团体标准 18 项。期刊建设方面，《岩石力学与岩土工程学报》与《岩石力学与工程学报》期刊影响因子和国际影响力不断提升，正朝着建设国际一流期刊的目标不断迈进。

综上所述，近年来岩石力学与工程学科在基础理论、工程技术、仪器与装备、数值仿真软件、重大工程建设和标准化工作等方面均取得了重要进展，获得了一大批丰硕成果，有效支撑了国家一系列重大基础设施工程建设，促进了国民经济高质量快速发展。

三、本学科国内外研究进展比较

受经济发展水平及科技投入的影响，我国岩石力学与工程学科研究整体起步稍晚，但得益于我国规模宏大、数量众多的大型基础设施建设、深部资源开发和地质灾害防治等工程活动的客观需求与推动，与发达国家相比，近年来我国岩石力学与工程学科研究已达到一个新的历史水平。

岩石力学基础理论研究方面，我国学者针对岩石强度准则、本构模型、时效性、动力特性等问题进行了全面且深入的研究，尤其是在 Hoke-Brown、Mohr-Coulomb 等主流强度准则的修正与改进、岩石动态本构模型的建立、岩体裂缝模型与结构面力学特性的研究等方面，我国学者作出了许多创新性贡献；针对岩石多场耦合特性的研究，我国和国外基本同步，甚至有些方面先于国外开展。

岩石工程技术及应用方面，欧美等发达国家基于各自国情，在资源开采、防灾减灾等领域不断增加科技投入，加大前沿基础研究的同时，亦注重强化研究成果在关键技术研发中的应用。而我国充分发挥“后发优势”，在大型水电站建设、新型煤矿开采技术研发及应用、高放废物地质处置库设计等领域，取得的研究成果已处于国际领先水平。

岩石力学仪器与装备方面，我国常温真三轴试验机、多场耦合作用岩石力学硬件设施、CT 岩石力学试验系统、原位试验系统、相似模型试验系统、监测与物探装备等仪器设备的研制工作取得较大进步，与发达国家相比，各有特色，一起引领着岩石力学宏细观结合的相关研究，但多数国产仪器设备在定型化、市场化方面仍有差距；重大岩石工程装备，如 TBM、竖井掘进机等，我国已基本掌握核心技术，具备了相应研发与制造能力，某些方面领先国外。

岩石力学软件开发方面，由于重大工程需求的推动，以及创新性科研的发展，国内岩石力学软件开发突飞猛进，部分软件甚至融入了原创理论。但主流数值计算方法，如有限元法、边界元法、离散元法、界面元法等，均由国外学者提出，我国数值计算方法基础理论研究仍显不足，且与国外主流软件相比，国产软件往往结合最新研究理论和分析方法，具有鲜明的特色，但在商业化方面仍有较大差距，需进一步加大投入，同时改进软件开发的操作模式。

岩石力学与工程标准及一流期刊建设方面，由于历史及文化原因，国外工程建设普遍采用欧美标准，岩石工程也不例外。同时，国际顶级岩石力学类期刊仍以欧美国家的期刊为主。因此我国在岩石力学与工程标准规范的国际化推广、一流期刊的建设方面需进一步加大投入。

四、本学科发展趋势和展望

随着岩石力学与工程学科的快速发展，其与工程地质学、信息学、环境学的交叉越来越重要，单凭经验越来越难以适应日益发展的工程规模和环境的复杂性，需要新的科学范式应对新的挑战，学科发展将呈现如下趋势：①研究内容将从传统静态平均、局部现象向新型的动态结构、系统行为范式转变；②研究方法将从传统定性分析、单一学科、数据处理和模拟计算向新型的定量预测、学科交叉、人工智能和虚拟仿真范式转变；③研究范畴将从传统知识区块、传统理论、追求细节和层次分科向新型的知识体系、复杂科学、尺度关联和探索共性范式转变。

本节撰稿人：吴顺川、林鹏、左建平、方祖烈、王焯

第八节 中医疫病学

一、引言

疫病是指具有强烈传染性、流行性的一类疾病，可以把“疫病”等同于西医学对传染病的认识。中医疫病学是研究疫病发生发展规律及其预防、诊治、康复的一门学科，是一门为中医药防治疫病提供理论、方法和评价标准的多学科交叉融合的学科。

中医药在与疫病进行斗争的漫长历史中，逐渐积累了丰富的诊治经验，中医对疫病的认识是一个不断发展的过程，病名承载着中医对疫病的认识，历史上对疫病的命名也呈现不同依据，主要包括病证性质、病机特点、病变部位、发病季节、时令主气、五行运气、临床特点等。中医认为，疫病发生的外因是疫疠之邪，包括自然、社会等相关因素，重视内因，蕴含着“正气存内、邪不可干”的健康观和“邪之所凑、其气必虚”的疾病观，最终体现在对疫病“扶正祛邪、固本培元、避其邪气”的防治观。中医学结合四时不同的气候变化，联系发病的季节性和临床特点，通过症、征、舌、脉等临床信息的分析，在实践中形成了“辨证求因”“审证求因”的方法，一直有效地指导着临床实践。通过疫病的病证性质的寒、热、燥、湿等，推导出疫病病因是寒邪、湿热、温热邪气等。中医对于疫病预防主要体现在其治未病思想，提倡“未病先防”“既病防变”“病后防复”，包括特异性预防和非特异性预防。“大疫出良医”，历代疫病的流行诞生了诸多的治疫名家，他们创立了六经辨证、卫气营血辨证、三焦辨证等理论体系，通过现代科学技术的不断发展，经典治疫名论名方发挥了作用。历代医籍中也记载了丰富的中药外用防疫，如佩戴香囊，或苍术、艾条点燃熏香，或白醋或醋煮艾叶，或粉身、塞鼻、药浴。同时，“药食同源”思

想指导下，对疫病防治也有丰富的食疗方法，至今仍在被应用。中医疫病康复方法具有以下特点：因人制宜、辨证康复，动静结合、功能康复，综合调治、整体康复，这使中医药在疫病康复方面有其特色和优势。

中医历代抗疫成果卓著，自周朝至清末（公元前 13 世纪至 1911 年），中国至少发生过历史大疫 350 余场。中华民族屡经天灾和疫病，却能一次次转危为安，人口不断增加，文明得以传承，中医药作出了重大贡献。2019 年年底暴发的新冠肺炎疫情对人类社会造成的影响广泛而深远，中医药在应对新冠肺炎疫情中对患者救治发挥了重要作用。坚持传承精华、守正创新，创建中医疫病学学科，培养中医疫病防治队伍，是中医药传承发展的重要任务，符合当前国家发展战略和人民健康需求。

二、本学科近年的最新研究进展

1. 基于 Citespace 的中医疫病学学科研究热点分析

通过检索中国知网（CSCD 数据库）、Web of Science 数据库近 5 年中医疫病学相关文献，研究发现 2016—2019 年中医疫病学学科研究领域发文量基本持平，随着新冠肺炎疫情的全球大流行，中医疫病学学科的发文数量急剧攀升，中医疫病学也受到学科内外专家的重视。2020—2021 年，中医疫病学科领域发表的英文文献量逐渐超过中文文献量，反映出中医药对于疫病治疗发挥的作用开始引起国内外广泛关注。具体发文情况见图 2-8-1。

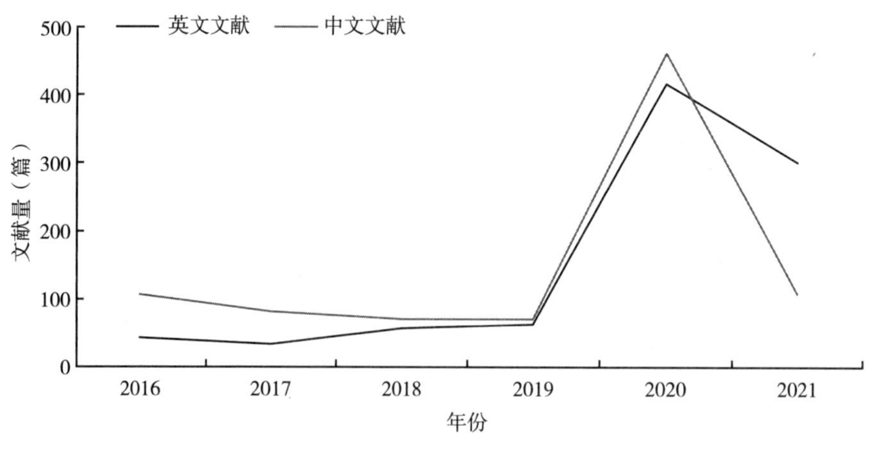

图 2-8-1　2016—2021 年发文量统计

应用 Citespace 分别对中英文文献的关键词进行关键词的共现和聚类分析，研究热点分析提示了以下几个方面：①近年来，新冠肺炎、慢性乙型肝炎、流行性感冒等疫病的中医药防治研究较多；②在研究方法上，采用药理基础实验研究、生物信息学研究、临床研究、循证评价研究方法较多；③五运六气理论指导的疫病预测等中医理论指导下的疫病防治研究受到关注；④青蒿素样药物的深入研究获得较多国际关注。

2. 中医疫病学的理论研究进展

新发疫病的出现促进了中医疫病学理论的创新。新冠肺炎疫情防控期间，全国各地中医名医名家根据其丰富的诊治经验对抗击新冠肺炎疫情作出了重要贡献，并取得了丰硕的成绩。例如，对新冠肺炎中医病因的认识经历了初始的百家争鸣阶段，存在四种学术观点，即寒湿疫、湿热疫、温热（夹秽）疫以及寒温并存论，但病变过程中必有湿毒致病贯穿。但随着对新冠肺炎认识的进一步加深，确定新冠肺炎是由湿毒疫邪所致，病机以“湿毒郁肺”为核心，湿毒疫邪可兼四气，兼夹发病是其区域特征，随体质从化，可出现“湿、热、毒、瘀、虚”病机变化。目前出现的德尔塔、拉达姆等病毒变异株虽然表现出更强的传染性和体内复制速度，但仍属湿毒疫邪，乃是湿毒夹暑性之征。由争鸣到共识，这就是中医疫病学理论创新的过程体现。

辨证与辨病论治相结合是中医防治疫病的关键思路，近年来开展了较多疫病证候要素的研究，通过较大样本的临床病例数据收集、数据挖掘的研究方法，分析疫病的中医证型分布特点、中医证型与临床客观微观指标的相关性。有关专家开展以数据挖掘对历代医籍著作的中医治疫组方规律、用药规律研究，系统检索获取代表性疫病治疗方剂后，建立治疫方剂数据库，采用关联规则、因子分析、熵聚类分析等，获得治疗疫病的用药类别、用药频次、四气五味归经用药、高关联性药对和可能配伍。研究者利用中医传承辅助平台[①]、古今医案云平台[②]等电子处方分析平台，对筛选出方剂通过后台既定算法进行数据挖掘，更高效地获得研究结果。同时，中医古籍中蕴含着大量对于疫情、疫病的记载，结合中医史学的自身特色与传统优势，在我国古代及近现代瘟疫史、历代医政防疫制度研究等领域，近年来开展了医学与史学跨学科的相关研究。

3. 中医疫病学临床疾病诊治研究进展

根据本学科领域文献科学计量分析的结果，筛选中英文文献中的研究热点疾病，现将新冠肺炎、流行性感冒、病毒性肝炎 3 个研究热点疾病的中医药诊治新进展综述如下。

（1）新冠肺炎

新冠肺炎是人体感染了 SARS-CoV-2 病毒后，所引起的一种具有极强传染性的急性呼吸道疾病，以发热、咳嗽、乏力和呼吸困难等为主要症状，并可能伴有流鼻涕、咽痛、

---

① 鲁晏武，孟庆海，陈仁寿，等. 基于数据挖掘的治疗疫病外用方剂用药规律研究［J］. 时珍国医国药，2018，29（03）：747-749.

② 李梦乾，张晓梅，刘彧杉，等. 中医药治疗瘟疫方剂用药规律的数据挖掘［J］. 天津中医药，2020，37（08）：866-870.

腹泻，以及味觉和嗅觉缺失等表现[①②]。新冠肺炎传染性强，属于中医“湿毒疫”范畴，主要自口鼻而入。本病核心病机为“湿、毒、热、痰、瘀、虚”，本病具有疫毒袭肺、壅肺、闭肺以及扰及心营等疫病病程发展的阶段性特点。我国在此次抗击疫情中，之所以能取得成功，其中一方面的重要原因就是中医药用于治疗新型冠状病毒病的早期介入、全程干预。中国学者通过对 10 项随机对照试验（randomized controlled trials，以下简称 RCTs）的研究进行系统综述发现[③]，中医药联合西医常规疗法，相比西医常规疗法单独应用，在以下几个方面存在一定优势：降低新冠肺炎转重率；提高咳嗽及乏力消失率；缩短发热、咳嗽及乏力持续时间；提高肺部 CT 影像学特征好转率。韩国学者和美国学者也对 RCTs 进行了系统综述[④⑤]，结果提示中医药联合西医常规疗法在提高新冠肺炎治疗总有效率及咳痰症状消失率、改善咽干喉痛症状和恢复体内炎症标记物 C 反应蛋白水平上，亦优于单独西医常规疗法。以上三篇系统综述均报告了纳入研究的不良事件发生情况，提示中医药的使用似乎并未增加不良事件的发生率。

（2）流行性感冒

流行性感冒（以下简称流感）主要是由流感病毒引起一种急性呼吸道传染病，每年呈季节性流行。临床表现为发热、头痛、肌痛、乏力、咳嗽、畏寒等全身症状。中医学认为本病为感受风热疫毒为病，以风热、气郁为基本病机。中医药在防治流感方面发挥了积极的作用。2020 年 10 月 27 日，国家卫生健康委员会、国家中医药管理局联合发布了《流行性感冒诊疗方案（2020版）》[⑥]。方案第八部分明确推荐辨证使用中医药，分别提出轻症、重症和恢复期辨证治疗方案，并明确了基本方药加减的剂量、煎服方法，以及常用的中成药。此外，2020 年国家中医药管理局还发布了《中成药治疗小儿急性上呼吸道感染临床应用指南》(2020 年)[⑦]。杨居崩等[⑧]对麻杏石甘汤加减方治疗流感进行系统评价，研究表明麻杏石甘汤加减方在临床总有效率、24 小时内退热时间方面优于抗病毒药物。韩国学

---

① World Health Organization. WHO Director-General's remarks at the media briefing on 2019-nCoV on 11 February 2020［EB/OL］.（2020-06-12）. https://www.who.int/dg/speeches/detail/who-director-general-s-remarks-at-the-media briefing-on-2019-ncov-on-11-february-2020.

② 新型冠状病毒肺炎诊疗方案（试行第八版）［J］. 传染病信息，2020，33（04）：289-296.

③ Liang S B，Zhang Y Y，Shen C，et al. Chinese Herbal Medicine Used With or Without Conventional Western Therapy for COVID-19: An Evidence Review of Clinical Studies［J］. Front Pharmacol，2021（11）：583450.

④ Ang L，Song E，Lee H W，et al. Herbal Medicine for the Treatment of Coronavirus Disease 2019（COVID-19）: A Systematic Review and Meta-Analysis of Randomized Controlled Trials［J］. J Clin Med，2020，9（05）：1583.

⑤ Fan AY，Gu S，Alemi S F；Research Group for Evidence-based Chinese Medicine. Chinese herbal medicine for COVID-19: Current evidence with systematic review and meta-analysis［J］. J Integr Med，2020，18（05）：385-394.

⑥ 流行性感冒诊疗方案（2020 年版）［J］. 中国病毒病杂志，2021，11（01）：1-5.

⑦ 马融，申昆玲. 中成药治疗小儿急性上呼吸道感染临床应用指南（2020 年）［J］. 中国中西医结合杂志，2021，41（02）：143-150.

⑧ 杨居崩，代蓉，聂发龙，等. 麻杏石甘汤治疗流行性感冒的 Meta 分析［J］. 上海中医药大学学报，2020（04）：38-46.

者2020年对中药治疗流感进行系统评价[①]，结果表明中药对比安慰剂能显著缩短退热时间并能提高总有效率，中药与奥司他韦的退热时间无差异，中药联合奥司他韦比单独使用奥司他韦更能缩短退烧时间。

（3）病毒性肝炎

病毒性肝炎是由多种肝炎病毒引起的以肝脏病变为主的一种传染病，在我国属法定报告的乙类传染病。我国是病毒性肝炎的高流行区，各型病毒性肝炎发病数中，乙型病毒性肝炎占80.3%，戊型病毒性肝炎占1.6%[②]。大部分的急性乙型肝炎和急性丙型肝炎会发展为慢性肝炎，是导致肝硬化和肝癌等慢性肝病的主要原因[③]。中医学认为本病的病位主要在于脾胃，涉及肝、胆、三焦。急性病毒性肝炎中邪较浅，经过合理治疗大多患者可恢复健康，预后良好。慢性病毒性肝炎邪伏较深，本虚标实，病程日久，湿热之邪伤耗人体气阴，再兼气滞、血瘀、痰浊、食积等，往往虚损生积，后期形成症积、鼓胀等病。近年来发表的中医药干预慢性乙型肝炎的系统综述结果提示，苦参类制剂、小柴胡汤、针刺疗法等对于HBV-DNA和HBeAg阴转、转苷酶复常率方面效果更好。近年来，直接抗病毒药物在已知主要基因型和主要基因亚型的HCV感染者中都能达到90%以上的持续病毒学应答[④]，使得中医药在抗HCV方面的作用得不到凸显，但中医药在改善慢性丙肝肝硬化患者生活质量方面仍有很大探索空间。

除此之外，在艾滋病、感染性腹泻、肺结核、病毒性脑炎、登革热、布氏杆菌病、手足口病、流行性腮腺炎、尖锐湿疣、基孔肯雅热、流行性出血热、克雅氏病、中东呼吸综合征、流行性脑脊髓膜炎、传染性单核细胞增多症、血吸虫病、包虫病、人感染H7N9禽流感、疟疾、埃博拉、梅毒等传染性疾病的中医诊治方面，近年来也有少量文献报道。

4. 中医药防治疫病生物学效应机制研究进展

近年来，国内外学者围绕中药经典复方、经典方化裁方、中成药等治疫的起效机制及科学内涵展开研究。流感病毒、SARS-CoV-2、SARS-CoV、MERS-CoV等遗传物质为RNA的病毒，在复制过程中较DNA病毒更可能出现错配而导致突变，其高度的变异性导致疫苗的开发难度增大，对单一化学药物更易产生耐药性；而中药及复方具有多成分、多途径、多通路复杂网络作用特征，因此临床上较少出现针对耐药性，对于病毒性疾病的防治有明显的特色和优势。以针对SARS-CoV-2的生物学效应机制研究为例，中药对

---

① Choi M，Lee S H，Chang G T. Herbal Medicine Treatment for Influenza: A Systematic Review and Meta-Analysis of Randomized Controlled Trials［J］. Am J Chin Med，2020，48（07）：1553-1576.

② 刘小畅，赵婷，赵志梅，等. 中国居民病毒性肝炎流行趋势分析［J］. 预防医学，2018，30（05）：433-437.

③ 慢性乙型肝炎基层诊疗指南（实践版·2020）［J］. 中华全科医师杂志，2021，20（03）：281-289.

④ Jakobsen J C，Nielsen E E，Feinberg J，et al. Direct-acting antivirals for chronic hepatitis C［J］. Cochrane Database of Systematic Reviews，2017（09）：CD012143.

机体有着双向免疫调节作用，针对 SARS-CoV-2 引起的过度免疫，中药通过对复杂的细胞因子网络进行综合的调节，使得炎症细胞因子不至于过度分泌，从而改善炎症，减轻对组织和器官的损害①。在应对此次新冠肺炎疫情中，“三方三药”（清肺排毒汤、化湿败毒方、宣肺败毒方、金花清感颗粒、连花清瘟颗粒和胶囊、血必净注射液）发挥了重要作用，相关研究结果表明，以上中药除有抑制病毒复制、阻止病毒致细胞病变、改善肺循环等功效外，还具有明显的抗炎和免疫调节作用。但是，中药在抗病毒过程中并非只是单一机制起作用，往往是多种机制共同作用。中药成分复杂、有效成分质控指标难以确定，体内代谢转化途径和作用靶点尚未完全明确，中药抗病原微生物作用机制的研究缺乏有效的动物模型，基于以上问题，还需进一步加强中药抗病原微生物试验方法的标准化研究。

中药抑制耐药菌以及逆转细菌耐药性的作用一直以来是中医药预防抗生素耐药性研究的热点。其中，中药对耐药菌的抑菌作用常表现在破坏细胞膜以及细胞壁的完整性，抑制细菌蛋白质、核酸合成等。研究发现部分中药单药、复方联合或不联合抗生素均有一定的抑菌作用。中药与抗生素在细菌感染及预防、诊治耐药菌感染中体现了协同增益的效果，这种协同作用具体体现在耐药菌发生率的降低、临床症状的改善、影像学炎症吸收以及相关实验室检测指标等方面。

5. 中医疫病学人才培养、队伍建设、平台建设进展

全国中医药院校于 2021 年开展《疫情后中医药院校教育教学改革情况调查》结果表明，大多数（70.83%）院校在疫情后增加了预防医学与公共卫生相关课程或教学内容。除了单独设置课程外，各院校均表示增加了中医疫病学相关教学内容。这提示了在院校教育中，中医疫病学人才培养发展势头向好。北京中医药大学 2020 年整改中医疫病学为公共选修课，教学团队由中医经典、中医内科学、中医儿科学、中西医结合、传染病学以及循证医学等相关领域的 23 位专家组成，其中部分教师曾亲临抗击新冠肺炎疫情一线奋战。该课程作为一门多学科交叉联动的融合创新课程，以“守正创新”为指导思想，注重中医与西医、理论与临床、教学与科研的相结合，内容涵盖疫病的中西医基础理论与临床诊疗防控以及中医药在抗疫实战中的典型案例与科学研究等，以线上与线下相结合的形式推出。中医疫病学课程尚处于起步阶段，后期仍需从不同阶段学生的培养模式、行业内学科的评价体系、全球一体化的沟通交流等方面进行补充完善。

中医疫病防治的临床人才队伍除了承担日常传染病的防治工作，也负责各种突发重大传染病的救治。新冠肺炎疫情防控期间，国家中医药管理局先后派出共五支中医医疗队（共 723 人）前往武汉进行救治，医务人员主要来源于各中医院的呼吸、感染、

① 樊启猛，潘雪，贺玉婷，等. 中药及其复方对病毒性肺炎的免疫调节作用研究进展［J］. 中草药，2020，51（08）：2065–2074.

急诊、ICU 等科室，全国支援武汉的医疗队里有近 5000 人来自中医药系统，全国有 97 个中医医疗机构作为定点医院参与了救治工作。但是，当前中医疫病人才队伍方面存在人才队伍力量薄弱、平台支撑不足、梯队结构不完善、培训进修机制缺乏设计等突出问题。

目前，中医疫病学在各级重点学科建设项目中均未有体现，只有与之内涵接近的中医传染病纳入国家中医药管理局重点学科建设行列。国家中医药管理局重点学科建设从 2009 年开始立项，历经“十一五”和“十二五”两个批次建设，其中中医传染病学有 13 个，在“十一五”重点学科有 3 个（0.92%），“十二五”重点学科有 10 个（2.12%）。作为国家中医药管理局中医药重点学科培育学科，中医传染病学成立的时间尚短，属于新兴学科，且支持范围还有待进一步扩大。如何更好地将中医药抗击疫病的实践经验与成果迅速应用到应对新发、突发传染病的工作中，将中医药防疫治疫的特色变为优势，在常态化疫情防控中发挥中医药的优势，是中医药学面临的重要发展问题。因此，中医疫病学学科建设的必要性十分突出。

2020 年，在突发新冠肺炎疫情的背景下，为进一步发挥中医药在新发、突发传染病防治和公共卫生事件应急处置中的作用，总结新冠肺炎疫情中医药防治经验，加快提升中医药应急和救治能力特别是疫病防治能力，国家中医药管理局制定并公布了《国家中医应急医疗队伍和疫病防治及紧急医学救援基地建设方案》和《国家中医应急医疗队伍和疫病防治及紧急医学救援基地依托单位名单》，为我国中医疫病人才队伍建设提供了制度保障，同时也为全面提升中医医疗机构传染病防治能力和水平奠定了基础。2021 年 6 月 11 日，国家中医药管理局组织制定了《国家中医应急医疗队伍建设与管理指南（试行）》，旨在按照“平战结合、专兼结合、协调联动、快速反应”的原则，结合地域特点和突发事件的分布特点，有针对性地加强相关专业人员配备和能力建设，为加快建设高水平中医疫病人才队伍指明了方向。

三、本学科国内外研究进展比较

中医疫病学的主要研究对象是传染病，涉及现代医学中传染病学、感染病学、流行病学、免疫学、预防医学等多个学科的内容。随着各种传染病的暴发，尤其新冠肺炎疫情的全球蔓延，越来越多的证据显示，传染病的研究不再是单一学科的问题，更是一个以传染病学为核心，多学科交叉的复杂体系。

1. 疫苗的研发与利用

疫苗是现代医学中与传染病作斗争的有力武器，消灭和控制了多种传染病，显著降低了发病率和死亡率。随着免疫学、遗传学、生物化学以及分子生物学技术的发展，在传统疫苗研发技术的基础上，各种新型疫苗的研发，缩短了疫苗的研发周期，降低了研发成本，使疫苗研发从传统技术研发迈向了一个崭新的阶段。2019 年暴发的新冠肺炎疫情给全球公共卫生和经济造成了巨大的危机。目前尚未发现治疗新冠肺炎的特效药，因此接种疫苗是当前应对新冠肺炎最有效的防治手段。根据世界卫生组织的统计数据，截至 2021 年 6 月 18 日，全球共有 287 种疫苗正在研制，其中 102 种处于临床试验阶段。虽然疫苗接种为全球战胜疫情注入信心，但是疫苗的安全性和有效性仍然是一个挑战。疫苗佐剂是能够非特异性地改变或增强机体对抗原的特异性免疫应答、发挥辅助作用的一类物质。中医药预防疫病的多种疗法和疫苗计划免疫虽然是中西医预防、治疗疾病的两种不同手段，然而其作用方式（不是外源引入药物对病原体进行直接杀伤）、作用机制（激活自身的防御功能抵抗病原异物的侵入）是相似的，在日后的研究中，可以开展中医药疗法对疫苗增效或减轻副作用的探索研究。

2. 抗菌、抗病毒药物的研究比较

面对抗菌药物广泛使用造成的细菌耐药这一重大健康问题，西医已将目光转向已有抗生素的合理使用上。近年来，中医药干预多重耐药菌的实验研究从过去单纯停留在体外抑菌作用研究逐渐过渡到针对细菌不同耐药机制进行干预的较深层次的机制探索，从注重药物直接影响细菌耐药的机制，到关注中药的整体干预作用，如调节感染机体的免疫功能，增强机体的抗病能力，从而改变耐药菌感染机体的内环境，干预耐药菌致病环节，进而影响细菌的耐药。随着病毒分子生物学和病毒 – 宿主细胞相互作用的深入研究，新型抗病毒药物也不断出现，尤其是在抗慢性病病毒感染上，有效地改善了广大患者的临床症状。近年来，先后有多种新药获得批准上市，以治疗人类免疫缺陷病毒（又称艾滋病病毒）感染的药物数量最多，其次是丙型肝炎病毒和乙型肝炎病毒的抗病毒药，另外还有抗流感病毒、疱疹病毒和巨细胞病毒的药物。然而，目前病毒耐药现象明显，有些药物存在较多不良反应，还有一些病毒感染尚无有效治疗药物，例如目前尚无针对新冠病毒感染的有效药物。中医药在新发传染性疾病和新冠肺炎等疾病领域的临床疗效及其生物学效应机制值得进一步挖掘研究。

四、学科发展趋势及展望

1. 中医疫病学发展的机遇与挑战

党的十八大以来，以习近平同志为核心的党中央把中医药工作摆在突出位置，中医药改革发展取得显著成绩。新冠肺炎疫情发生后，中医药全面参与疫情防控救治，作出了重要贡献。2021 年 5 月 12 日，习近平总书记在河南南阳考察时指出：“过去，中华民族几千年都是靠中医药治病救人。特别是经过新冠肺炎疫情、非典疫情等重大传染病之后，我们对中医药的作用有了更深的认识。我们要发展中医药，注重用现代科学解读中医药学原理，走中西医结合的道路。”国务院 2021 年 2 月印发《关于加快中医药特色发展若干政策措施的通知》，进一步落实《中共中央 国务院关于促进中医药传承创新发展的意见》和全国中医药大会部署，遵循中医药发展规律，认真总结中医药防治新冠肺炎经验做法，破

解存在的问题，更好发挥中医药特色和比较优势，推动中医药和西医药相互补充、协调发展。2021 年 3 月，《“十四五”规划》中指出要“集中优势资源攻关新发突发传染病关键核心技术，推动中医药传承创新”。中医疫病学科工作者应在国家中医药发展战略指引下，发挥中医疫病学的特色，加强中医药特色的公共卫生体系建设策略研究，防治疫病，保障人民群众的生命健康。

但是，中医疫病学的学科发展与现代科学的结合仍有欠缺，尚未形成适应新时代的学科体系，缺乏专门的中西医结合疫病防治机构，现有医疗机构的相关专科建设也不足，缺乏高水平中医疫病学科研平台及科研成果。中医疫病学学科的人才队伍较小，整体实力薄弱，尚无专门针对中医疫病学的本科生和研究生培养体系，中西医结合疫病防治的财政投入严重不足等，也使中医疫病学的发展面临挑战。

2. 中医疫病学学科发展趋势及展望

中医疫病学是一个新兴的交叉学科，要建设这个学科，应以“守正创新”为指导思想，以伤寒、温病等中医经典学科为基础，融合传染病学、公共卫生与预防医学、生命科学、天文学、气象学、环境科学、计算机与大数据等相关学科构建形成。学科围绕疫病的预防、预警、诊断、治疗、康复以及疫病的病因、病机、传播等开展科学研究、人才培养和临床应用，培养一支能够在公共卫生应急事件发生时快速有效进行应对的中西医结合疫病人才队伍，研发针对疫病安全而有效的药物和设备，为丰富和完善我国的公共卫生体系提供支撑。

（1）中医药核心理论引领，构建中国特色疫病防治体系

加强中医药核心理论引领，系统总结、梳理、挖掘中医学防治疫病的基本理论及后世积累的特色方法，构建中医疫病文献资料数据库，充分应用于当前防控疫情实践，对于构建中国特色疫病防治理论体系有重要意义。在中国特色疫病防治理论引领下，开展中西医结合疫病防治公共卫生服务模式研究，把理论融入公共卫生实践，建设守卫人民健康的第一道防线。

（2）中西医临床协同，快速形成新发、突发传染病防治方案

加强中西医协同，整合中西医防治疫病的优势医疗资源，在现代疫病的诊断和治疗过程中，借助现代医学和生物技术的方法和手段，可以获得多模态的临床医疗数据，进而获得更高速有效的诊断和治疗。在现代中医疫病的诊治中，应强调辨病与辨证相结合，在望、闻、问、切诊断基础上参照宏观、微观指标参数的变化与差异，如胸部 CT 等影像学检查可成为望诊的延伸，并且多层次、多角度总结中医药防疫治疫方法的临床疗效，更准确地将中西医对于疫病的诊治方案有机整合，为应对新发、突发传染病及疫情防控新常态提供治疗方案或预案。

（3）跨学科研究攻关，揭示中医药治疫的关键科学内涵

面对新旧疫病的双重威胁和各种因素带来的新挑战，中医药防治疫病的相关研究也需要多个学科的共同努力，加强跨学科研究，是契合现代疫病防治临床需求的。中医疫病学

是一个多学科交叉的新兴学科，涉及医学、理学、工学、社会科学等多个学科大类，应采用跨学科的研究思路，通过加强跨学科和跨部门研究合作，实现知识的汇通和整合，促进中医疫病学在应对新发、突发疫病方面的作用，采用多学科技术和手段研究和解决中医药防治疫病的关键科学问题，揭示中医药治疫疗效的关键科学内涵，实现中医特色防治疫病新设备、新工具的应用，提出中国特色的疫病防治方案。

（4）构建一体化平台，提升疫病防治协同研究能力

中医疫病学应顺应大数据时代和人工智能时代，将信息化技术应用在多学科协同交流中，建立协同研究网络平台，建立多角色用户协作共赢的研究模式，促进教学、科研、医疗人员的合作；收集疫病诊疗信息及相关检测数据信息，整合疫病研究进展，也为开展临床疫病防治相关的大样本研究和纵向研究提供可能性。在协同研究平台建设的基础上，可探索互联网远程疫病防治医疗服务模式等新型医疗商业模式。

（5）组建人才梯队，培养一支复合型的中医药防治疫病专业人才队伍

进一步完善中医疫病学本科生及研究生相关课程，加强中医疫病学师资队伍建设，扩大疫病防治类专业研究生招生规模，合理配置招生专业比例。通过学科建设和专科建设，培育一批兼具中医思维和现代科学技术的中医疫病学创新领军人才及创新团队，明确实用型、复合型培养目标，建立平战结合的中医疫病防治专门人才队伍。

站在“两个一百年”奋斗目标的历史交汇点上，面向国家和人民的重大需求，我们力争通过中医疫病学学科建设，在中医防治疫病的理论指导下，将医学及相关学科领域最先进的知识理论、技术方法与临床各科最有效地加以有机整合，使之成为更适应人体健康和疾病诊疗的新的医学体系，在新的医学时代发挥优势、突出特色，贡献中国智慧、中国方案、中国力量。

本节撰稿人：谷晓红

第九节　生物化学与分子生物学

一、引言

生物化学与分子生物学是一门在分子水平探讨生命本质的生命科学分支学科，重点是研究核酸、蛋白质等重要生物大分子的形态、结构特征及其重要性、规律性和相互关系。近年来，生物化学与分子生物学学科及其相关领域发展迅速，新成果、新技术不断涌现。同时，新方法和新技术的应用，使得从分子水平上揭开生物世界的奥秘、主动地改造和重组自然界等潜力充分实现的前景正日益清晰。然而，蛋白质和核酸等生物大分子具有复杂的空间结构以形成精确的相互作用系统，由此构成生物个体精确的生长发育、代谢调节控制等系统和生物的多样化，要真正阐明这些复杂系统的结构及其与功能的关系，还要经历漫长的研究道路。

二、本学科近年的最新研究进展

1. 表观遗传与基因表达调控

过去的五年中，我国启动了多项表观遗传、基因表达调控相关的研究计划，支持了一批杰出的科研工作者攻坚该领域的前沿科学问题，产出了一批处于国际先进水平的原创性成果，涌现了一批可以写入教科书的突破性成就，如 30 纳米纤维染色质结构的解析，转录前起始复合物完整结构和装配模型的建立等。

由于表观遗传调控本身是一项高信息量、高有序度、多层次的复杂精细的生命活动，全面解析其调控机制以及其在生命健康领域的转化应用，到目前为止仍然是一项艰巨的挑战。在基因组结构、染色质修饰、基因转录调控、脱氧核糖核酸损伤修复等多方面还存在着众多关键科学问题和技术瓶颈亟待解决和突破。例如，近年多项研究证实多细胞生物的体细胞基因组上存在不同程度的基因组变异，这些低频的基因组变异的来源、生理功能、研究方法等理论和技术问题都将是未来研究面临的挑战。随着人们对表观遗传学的认识不断加深，我们将更好地认识到基因如何被调控，它与环境如何交互，它所蕴含的信息如何被展开。

2. 核糖核酸研究

近五年来，非编码核糖核酸（ribonucleic acid，以下简称 RNA）研究作为国际分子生物学的前沿领域正在迅猛发展，我国也取得了一系列重要突破和进展，例如，在非编码 RNA 结构功能与表达调控等方面开展了深入系统的研究，在 RNA 复合物高级结构解析及催化机理方面取得了前沿突破，在 RNA 研究的关键技术方面取得了开创引领的成果。此外，由于核酸高通量测序技术的突破与 DNA 元件百科全书（ENCODE）等一系列国际重大计划的持续支持及人类细胞图谱（HCA）等新计划的启动，推动了 RNA 研究进入了生命组学的时代。

非编码核酸曾被誉为生命基因组中的“暗物质”，经过近年来的深度挖掘，以海量非编码 RNA 基因为代表的“暗物质”正在变成细胞中的“大数据”，率先进入生物大数据的 RNA 科学在细胞功能图谱、精准医学、天然药物研发以及动植物育种中都具有重要的应用。大数据时代的非编码 RNA 研究，不仅能够继续带来新的生命科学概念和理论的重大突破，而且能够为解决生命健康、医药发展和粮食安全甚至国家安全（如新冠肺炎的控制）等国家重大需求提供颠覆性技术。我国的非编码 RNA 研究已迈入国际前列，如何利用 RNA 为核心的生物大数据引领生命科学发展，并与医学、农学等多学科交叉中酝酿产生新的颠覆性理论与技术，已成为当今我国生命科学所面临的重大机遇与挑战。

3. 蛋白质科学

近五年来，中国科学家在蛋白质科学的各个领域均取得了重要进展和重大突破，在生命过程中关键生物大分子机器、重要膜蛋白、先天性免疫防御、新型冠状病毒及中和抗体、蛋白质组学、蛋白质研究方法和技术、国家蛋白质科学研究设施等方面都有突出表现。蛋白质科学研究近年来也呈现了新的发展趋势：①向单分子水平发展的趋势，即观测蛋白质在单个分子水平上的运动规律以及相互作用的动态信息，定量描述其动力学过程，并最终阐释蛋白质的功能和机制；②更精准更广泛的组学发展的趋势，即通过高通量大规模分离技术、质谱分析技术及生物信息分析方法，在整体上研究细胞内蛋白质的表达水平，翻译后修饰、蛋白质相互作用等；③向体内研究发展的趋势，蛋白质科学研究的一个最终目标是理解蛋白质在体内分布、活性、互作以及结构与功能关系，发展体内和在体的研究方法和手段是蛋白质科学研究的一个重要发展方向；④更广泛和更深入的学科融合，蛋白质科学未来的发展将继续包含物理、化学、计算机及工程学科、医学与生命科学的大交叉以及生命科学内部各学科的小交叉。

未来的发展中，在一些我国发展较好且处于前沿的研究领域，应该鼓励科学家继续探索和创新，并促进蛋白质科学在应用领域的发展。例如：在光合作用相关蛋白质机器研究方面，围绕光合作用特定步骤及其调控相关的具体科学问题开展深入的研究；在探究细胞焦亡领域方面，认识自身炎症性疾病的致病机理以及疾病的发生和炎性细胞焦亡的关系，将为疾病治疗提供可能的治疗靶点。在一些我国处于起步阶段的重要研究方向，应该把握时机，充分利用现有资源，追赶前沿。例如，蛋白质结构预测领域的后续发展在国际上已经形成大集团、规模化的开发模式，而我国的相关研究尚处在小科学状态；在蛋白质设计领域方面，国际上出现了新的发展趋势，即数据驱动的基于深度学习的蛋白质设计，而我国从事相关研究的团队还相对较少。

4. 糖缀合物研究

糖基化是蛋白质翻译后修饰的最丰富多样的形式。与核酸和蛋白质不同，聚糖可以在许多不同的位置和不同的空间方向连接在一起，从而创建具有多种形状的线性和支链聚合物。在结构多样性和不同可能的连接位点的组合之间，糖缀合物的复杂性迅速增加。这种多样性不仅带来了许多重要且令人关注的生物学功能和化学性质，而且还为其解析结构、合成和纯化等带来了挑战。

在糖的研究方法上，目前在低丰度糖链的分析和糖链精细结构的分析技术还有待进一步提升，需要高通量、简便精准的糖组和糖蛋白组学技术。例如，特异性聚糖标记联合生物质谱分析将加快聚糖生物标记物发现及新型临床诊疗技术的研发。在合成糖缀合物方面，未来需要发展有效生物催化剂、高效化学酶法合成策略，同时促进相关糖链或糖缀合物的合成及糖库的建设，从而将结合精准合成与糖链功能研究。此外，如何经济性、规模化制备有应用价值的重要寡糖是重要研究方向。在糖生物学与疾病的发生发展研究方面，发展趋势是研究解析疾病与糖缀合物的相关机制，并逐步转化应用于临床上。目前，糖类药物的药代动力学性质与安全性评价技术手段缺乏，需要构建符合国际认可的研究技术平台与评价体系，还需要逐步建设。今后，合成生物学、免疫学、糖蛋白质组学、生物信息学、生物医药等多学科将与糖化学生物学深度交叉融合，为糖生物学研究带来更广阔的视野和研究方法以及应用价值。

5. 脂质和脂蛋白研究

脂质和脂蛋白（脂质运载体）具备多种功能，在生命活动和疾病发生发展中具有重要的作用。脂质和脂蛋白是生物化学学科的核心内容之一，也是生命科学以及医学领域最前沿的研究热点之一。但是，脂质和脂蛋白结构复杂，解析方法单一并具有局限性，制约着领域的发展。国内外脂质和脂蛋白学科已经展现新的研究发展趋势，在横向上正在从异常脂血症扩展到动脉粥样硬化、心脑血管病、肥胖、代谢性疾病、神经退行性疾病、免疫性疾病乃至肿瘤；在纵向上正在从整体深入细胞、细胞器和分子水平，探究脂质和脂蛋白在细胞内合成、分解、转化、调节以及在机体内运输、代谢和器官间的互作。

因此，结合脂质与脂蛋白的研究领域逐步呈现从生物医学向系统生物学和化学扩张和延伸，呈现崭新的局面和机遇。该领域研究的发展重点和趋势主要包括以下几个方面：①以系统生物医学为指导思想，重点建立本领域新的关键技术；②建立脂质和脂蛋白分子之间以及与其他生物大分子相互作用的时空调控网络；③深入阐述脂质和脂蛋白的异常与疾病发生发展中作用特点，寻找它们参与疾病的个性和共性特征，探索防治疾病的新策略；④注重转化医学研究，达到促进健康的目的。

6. 系统生物学

系统生物学作为后基因组时代新兴的交叉学科，从 2000 年诞生至今，逐渐被生命科学界接受并进入其主流研究领域。系统生物学的核心任务是，整合经典的分子生物学、细胞生物学和组学等不同研究策略和技术，围绕生物复杂系统的生理和病理活动的分子机制进行研究。由于基因、RNA、蛋白质和代谢物等各种生物分子是生物复杂系统的基础，所以目前国际上的系统生物学研究主要涉及基因组、转录组、蛋白质组、代谢组等多组学研究以及这些生物分子之间的相互作用网络，如基因转录调控网络、信号转导网络和代谢调控网络等。

系统生物学的一个重要特点是，采用计算机模拟和理论分析方法，对生物复杂系统的行为进行分析和预测，并建立相关的数学模型。可以说，系统生物学使生命科学由定性研究为主转变为定量研究和预测的科学。未来，随着人工智能的发展，机器学习将成为预测蛋白质结构的新利器。例如，越来越多的研究通过构建神经网络开展了转录调控建模，神经网络方法凭借其稳固性和可拓展性强等优点，在转录调控网络建模方面也有着优良的表现。系统生物学的载体天然具有网络的属性，例如，研究人员对泛素连接酶与底物的相互作用涉及的蛋白质网络、蛋白质结构和序列等多个层面的生物大数据开展了系统分析，给出了 3856 对潜在的介导泛素连接酶与底物相互作用的结构域组合，发展了首个人类泛素连接酶 – 底物相互作用的复杂网络。

三、本学科国内外研究进展比较

近十年来，生物化学和分子生物学研究论文的总量每年维持在 55000 篇左右，2019—2020 年有较大幅度的增加，整个领域呈现总体平稳发展，逐渐上升的态势（如图 2–9–1）。从论文发表的国家（地区）分布看，排名前五位的分别是美国、中国、德国、日本和英国（图 2–9–2）。美国的论文发表数量处于全球领先地位，并且其研究水平优势明显；中国的研究成果产出也增长较快，研究论文的发表数量远超德国、日本和英国，从 2018 年以后，中国的研究论文总发表量超过美国，位居世界第一。从论文高被引情况看，美国依然处于世界领先地位，中国的高被引论文量则呈现逐年上涨的趋势，2018 年已经排在世界第二的位置，并逐渐缩短与美国之间的差距，这说明自 2018 年以后，我国在该领域的论文不论从数量还是影响力都有一个较高水平的提升。通过统计可以看到，资助论文最多的前五家机构中有 3 家来自美国，但是他们对该领域的资助呈现了逐年下降的趋势。排名第三的是中国自然科学基金委员会，呈现逐年上涨的趋势，这与我国研究论文逐年增加是成正比的。这表明了我国对生物化学与分子生物学领域的投入和成果的产出形成了良好的相关性。

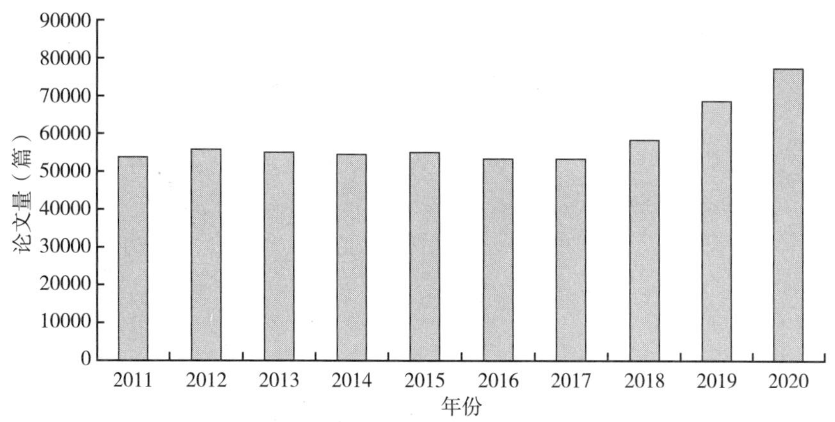

图 2-9-1　2011—2020 年 Web of Science 数据库收录的生物化学和分子生物学研究论文的年度分布情况

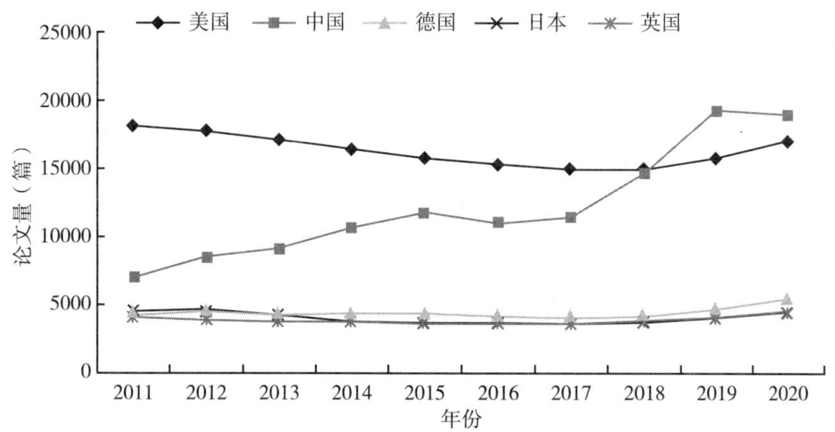

图 2-9-2　2011—2020 年 Web of Science 数据库收录的生物化学和分子生物学研究论文的主要国家 / 地区

四、本学科发展趋势和展望

21 世纪的生物化学与分子生物学的发展强调了多学科交叉融合，开启了可定量、可计算、可预测的新时代。生物化学与分子生物学的发展，为人类认识生命现象、破译生命的奥秘带来前所未有的机会，也为人类利用和改造生物，促进现代医学、农业和工业的发展创造了极为广阔的前景。以分子生物学为核心的现代生物技术产业是解决人类面临的健康、食物、能源、环境等重大问题的重要途径，已成为 21 世纪国民经济的支柱产业之一，以及国际竞争实力的重要标志。基于生物化学与分子生物学开发新型生物技术药物、新型疫苗和特异性诊断试剂，以及新型食品和保健产品等，将提升新药创制能力，保障人民健康；基于分子生物学的分子生物农业技术研发及其产业化，将为农业发展提供重要支撑；

基于分子生物学对生物基产品的设计、合成、制造，将成为未来工业生物产业核心和《中国制造 2025》的重要内容。

本节撰稿人：熊燕、刘晓、毛开云、张学博、张博文

第十节　生物医学工程

一、引言

生物医学工程在生物学和医学领域融合数学、物理、化学、材料、信息和计算机技术，运用工程学原理和方法获取新知识和新方法，推动生命科学和医学科学的发展进程。作为一个开放的、多学科大跨度交叉和融合的领域，生物医学工程贯穿于人类对于生命科学的探索、健康的维护、疾病的诊疗，乃至器官和生命的复制。生物医学工程学科的研究领域主要包括生物材料学、神经工程、组织工程与再生医学、医学信息技术与信息工程、医学影像技术、生物医学传感器、生物医学仪器、生物力学以及临床工程和康复工程等分支。

二、本学科近年的最新研究进展

1. 医学人工智能

近年来，人工智能的医学应用激增。基于医疗健康数据发展的医学 AI 技术主要体现在医学影像、药物研发、疾病预测和健康管理等方面。

深度学习技术通过对大量病例影像数据进行学习，挖掘到更深层次的信息，实现对影像的精准分析，并为医生诊断提供可靠的建议。在医疗影像领域，深度学习技术已融入扫描、成像、筛查、诊断、治疗和随访的临床诊疗全流程。

新药研发的周期漫长，进入临床试验阶段的药物中只有约 12% 的药品能够上市销售，导致新药的研发成本昂贵。在利用基因数据研发新药的层面，AI 已经用于分子级别基因药物发现和设计，通过学习并模拟细胞内化合物性质及相互作用，在分子层面助力发现药

物，针对异常基因精准设计靶向药。全球十大制药公司均先后应用 AI 进行药物发现。

AI 提高了学习能力，提供了规模化的决策支持系统，正在改变医疗保健的未来。AI 技术在疾病筛查和预测方向的应用主要基于临床大数据，包括电子病历数据、多时间点影像数据、生化检测数据和基因数据。通过对历史数据的分析实现对疾病的早期筛查和患病风险的预测。以骨关节炎的疾病预测为例，卡内基－梅隆大学基于对一个磁共振（Magnetic Resonance，以下简称 MR）软骨 10 年随访队列数据的分析，建立了骨关节炎预测模型，可以提供个人在未来 3 年内患上骨关节炎的概率。利用 AI 对个人健康数据进行分析，可以对潜在疾病作出风险预测、对健康状况进行持续追踪，实现对个人健康的前瞻性管理，如实现对慢病患者、独居老人等群体的智能监测、用药管理等。

2. 干细胞

干细胞是当前生命科学的重点研究领域，干细胞治疗为组织再生修复、重建功能器官提供了巨大应用前景。近两年的国外研究亮点包括：①应用基因编辑技术修饰造血干细胞首次成功治愈两种遗传性血液病，该技术同时入选《科学》杂志 2020 年度世界十大科学突破，并获得 2020 年诺贝尔化学奖；② 2020 年，马萨诸塞总医院和哈佛大学医学院在《新英格兰医学杂志》发表文章，利用患者自身的皮肤细胞在体外培养产生了诱导性多能干细胞（iPSC），随后将诱导多能干细胞分化成多巴胺能前体细胞，治疗帕金森综合征，取得较好疗效；③ 2019 年，干细胞移植治疗了一名被称为“伦敦病人”的艾滋病患者，18 个月未检测到艾滋病病毒，达到治愈。

国内干细胞相关基础研究也处在国际领先水平，近年来在干细胞命运调控、器官形成、损伤修复、衰老、基因编辑、人类干细胞疾病模型等方面取得了一系列进展。同时，国内在干细胞治疗脊髓损伤、帕金森综合征也取得了较好的进展。2019、2020 年度“中国生命科学十大进展”干细胞相关领域入选 6 项，包括基因编辑的脱靶研究、胚胎细胞的命运选择、全胚层时空转录组及三胚层细胞谱系分析、单细胞多组学技术解析人类胚胎着床过程、解析灵长类动物重要器官衰老机制及调控、人脑发育关键细胞与调控网络等。

3. 脑计划

2021 年 9 月，科技部发布了科技创新 2030—“脑科学与类脑研究”重大项目申报指南，标志着“中国脑计划”项目正式启动。“中国脑计划”围绕脑认知原理解析、认知障碍相关重大脑疾病发病机理与干预技术、类脑计算与脑机智能技术及应用、儿童青少年脑智发育、技术平台建设等 5 个方面开展研究。新技术新方法受到了高度重视，特别是脑图谱绘制技术、神经活动记录与调控技术、高分辨多模态成像技术等。近年来，我国科学家在全脑介观神经联接图谱绘制、单细胞测序脑细胞普查、荧光蛋白 / 病毒标记特定类型神经元、光遗传技术调控神经元活动等技术发展中取得了重要成果。2021 年 3 月，骆清铭团队在《自然方法》（*Nature Methods*）发表长文，介绍了所研发的线照明调制显微术及高清成像的实现，为全脑介观神经联接图谱绘制提供了划时代性的新技术。《自然》期刊在 2021 年 10 月以“大脑普查”为封面，出版了 17 篇长文，全部来自美国“脑计划”细胞普查网络专项第一阶段四年的研究成果，其中有 4 篇论文涉及单神经元分辨的特定类型神经元形态及其全脑神经投射的获取，相关工作是由骆清铭团队完成的。

4. 医学信息

医学信息领域的关注热点已从过去的医院信息系统建设，转向互联网、云计算、大数据、物联网、移动通信、人工智能等新技术的医学应用。据医疗保健行业数据提供商 Definitive Healthcare 统计，2020 年美国医院电子病历系统覆盖率超过 89%；我国 2019 年电子病历应用水平分级评价的三级公立医院参评率达 99.36%，平均分达到 3.11，虽然距满分 7 分还有相当的差距，但较 2018 年提升 20%，进步是显著的。医院信息系统功能日益完善，诊疗流程日益便利，以互联网医院为代表的诊疗新模式不断涌现。

5. 医学影像

当前医学影像的前沿发展呈现如下典型特征：从二维面成像到三维体成像、从静止成像到动态成像、从简单结构成像到复杂功能成像、从慢速低空间分辨成像到快速高精度成像、从人工手动识别图像到自动化智能识别图像等。最新的研究进展包括：超声成像领域出现了超高频和分子成像的新技术，利用超声波的机械力实现声操控和神经调控也成为国际研究热点；超高场（5 特斯拉、7 特斯拉）磁共振成像系统因其优异的图像分辨成为新一轮磁共振技术研究的重点，并由此引发功能和代谢成像的变革；受新型 X 光源、探测器和成像技术发展的影响，定量 CT 成像和超高时间分辨率的静态 CT 成像迎来新的发展机遇；在核医学成像方面，全景低剂量 PET 成像颠覆了人们对全身 PET 成像的认知，同时具有超高空间分辨率的脑和动物专用 PET 成像系统的发展也正在成为可能；新的技术也为古老的光学成像带来新的生机，包括新的快速超分辨成像技术、深度软组织三维成像、光声双模成像等；除了依赖生物体自身的成像因素，从外界加入新的生物标记物也已成为医学影像研究和发展的重要方向，包括核医学分子影像、荧光分子影像、磁共振分子影像等；人工智能技术在医学图像数据采集、图像重建和图像分析方面获得巨大成功，实现了更加快捷的成像、获取更精准的医学影像、在一定程度上减少了医生读片的工作量等。

6. 神经工程

在脑 – 机接口（Brain Computer Interface，以下简称 BCI）方面，包括 P300、SSVEP、运动想象等在内的传统脑机接口取得了极大的发展。相较过去十年，信息传输速率（Information Transfer Rate，以下简称 ITR）实现了翻倍提升；基于视觉的 BCI 系统进展巨大，ITR 一般最高，但摆脱眼动依赖、实现更低脑电控制信号还需进一步研究；基于运动意图的 BCI 系统是自然人 – 机交互的最优选择和运动康复的重要基础，其研究主要聚焦系统识别效率的提升；脑电信号虽广泛用于 BCI 研究，但其非线性、非平稳性制约着 BCI 系统发展，动态停止策略等方法应运而生。新型脑 – 机接口方面，侧重情感交互的情感 BCI 越来越引起关注，多模融合和脑网络研究是其发展的关键。安全、便捷的便携式、穿戴式 BCI 广受欢迎。

神经调控技术主要有脑深部电刺激、经颅刺激技术、光遗传调控技术和超声调控技术等。脑深部电刺激经历了从高频、低频到变频刺激，从开环到闭环的发展，已被证明适用于特发性震颤、帕金森病等多种疾病，但其精确调控还任重道远。经颅刺激调控脑功能疾病主要是阈下疗法，目前在神经元兴奋性等生理指标调控，视觉记忆加工，抑郁、焦虑等疾病治疗等领域有较多探索性研究。

7. 医用机器人

医用机器人能够从视觉、触觉和听觉方面为医生决策和操作提供充分的支持，扩展医生的操作技能，提高疾病的诊断与治疗质量。随着共融机器人、虚拟现实、医学传感器、新一代通信、医疗大数据与人工智能等技术的快速融入，医用机器人领域的方法和技术研究进展迅速。典型的方法和技术进展包括：手术机器人的路径自主规划、基于多元多模术区信息的状态感知与安全监控等；康复机器人的仿生柔性外骨骼技术、穿戴式智能传感器硬件等；微型机器人的微观尺度机构、仿生材料与微纳驱动器、结合三维 / 四维打印的制备方法等；医用机器人的标准化和规范化进展，如：2017 年杨广中在《科学：机器人》（*Science Robotics*）上撰文，将医用机器人的自动化程度划分成了 6 个级别（第 0 ~ 5 级），分别是：无自动化、机器人辅助、任务自动化、条件自动化、高度自动化和完全自动化；国际上的 IEC 80601–2–77：2019《手术机器人》和 IEC 80601–2–78：2019《康复机器人》；我国的 YY/T 1686—2020《采用机器人技术的医用电气设备 分类》等。

8. 康复工程

多层次、多系统耦合作用越来越成为康复工程理论研究的重要特征；增材制造、虚拟现实、人工智能、先进传感、脑机接口、可穿戴技术、机器人等前沿技术不断融入康复工程的研究；人体行为能力、功能障碍和康复效果评测的定量化、客观化、精准化愈来愈成为趋势；通用设计理念、参与式行动设计方法、参数化设计工具的应用日益广泛。虚拟现实技术可突破常规康复需要在现实场景中进行的模式，对于提升康复效率、缓解医疗资源短缺、改善医患交互环境有显著而独特的优势，已经在运动功能障碍、认知功能障碍、精神障碍的康复和诊疗效果评估中应用，涉及脑卒中、帕金森病、脊髓损伤、多发性硬化、阿尔茨海默病、精神分裂等多种疾病的康复。

生物力学评价在康复评价、辅具优化设计中的重要性日益凸显。建模仿真是应用广泛的生物力学评价方法之一，然而由于建模过程复杂、时间长，难以在真实场景下广泛应用。近年来，针对特定的应用需求来构建特殊建模方法，已经取得了重要进展，人工智能等新方法与传统建模技术的结合，有力推动了生物力学评价与优化设计过程的整合，以及与增材技术的结合，显著提高了辅具设计和制造的效率。目前已经成功开发和应用的，包括假肢接受腔生物力学评价与优化设计系统、脊柱矫形器生物力学评价与设计系统等。

9. 纳米医学工程

纳米诊疗通过纳米材料和纳米技术，将疾病诊断和治疗有机结合，发展更加灵敏和快速的医学诊断技术和更加有效的治疗方法。纳米检测医学通过对待检物标记、示踪、探测，信号增强或转化，实现对核酸、氨基酸、蛋白质、细胞的高灵敏和高特异性检测；纳米治疗医学利用纳米材料的结构和功能特性，开发纳米药物 / 基因靶向给药系统，并通过内 / 外源控制技术，达到纳米靶向给药系统的智能化控释，实现对重大疾病的高效治疗；纳米再生医学利用纳米材料与技术模仿人体或动物组织或器官的微观结构，研究开发用于替代、修复、重建或再生各种组织器官的理论和技术。

10. 组织工程与再生医学

随着组织工程学的发展，研究热点领域已涉及医学，遗传与分子生物学，工程和材料科学等，研究热点集中在干细胞、生物材料（包括成分组成和构建方式）；而在组织工程应用领域，生物打印具备很高的关注度和较好的发展势头，是领域内十分值得关注的研究热点主题。截至 2020 年 12 月 1 日，已在美国国家医学图书馆资源网站（clinicaltrials）注册且处于有效状态的全球应用干细胞开展的临床试验总计 4809 项，其中中国 330 项。干细胞治疗目前仍主要处在临床试验阶段，利用组织工程技术提供充足数量和保持生物学活性的外源性干细胞。可植入生物材料的设计和功能化取得了重大进展。功能化生物支架不仅可以控制生物活性因子释放速度，而且可以搭载细胞，调控细胞行为，代替受损组织，促进组织再生修复。天然生物体内存在多种生物活性因子参与调控多种生理学过程，促进细胞黏附、迁移和分化，从而提高组织损伤修复效果。在受损部位添加外源性信号分子，模拟生理状态下组织修复与再生的微环境，是促进组织再生修复的另一有效手段。

11. 中医药工程

从全球范围来看，中医诊疗装备国际关注度越来越高，已成为美国等西方国家的研发热点。目前全美开展针灸器械研究的机构多达 30 多个，已设立针灸研究项目 200 多项①；英国、美国、韩国、澳大利亚等国纷纷设计开发各种脉波、脉象记录仪。国外开发生产的中医治疗和康复设备已有产品进入国际市场。国内对中医理论指导下的磁、超声、激光、力学等物理作用方式开展仪器化研究，同时对舌诊、脉诊及其他健康信息采集的关键技术开展研究；老年与慢病中医智能康复设备研发、便携式中医健康数据采集设备研究等专项的设立，有力提升了对中医健康服务能力的支撑作用。

三、本学科国内外研究进展比较

2016 年—2021 年 6 月，生物医学工程领域全球共发表了 34 万余篇 SCI 论文②。其中发表论文数量最多的国家是美国，共 9 万余篇，中国排位第二，其次是德国、英国和日本。2016—2020年，生物医学工程领域全球以及各国SCI论文总量呈增长趋势。生物材料、医学影像、医学信息、纳米医学、生物物理学等成为生物医学工程学科重要的研究方向。中国每年 SCI 论文数量增长最快，到 2019 年已经超过美国，2020 年和 2021 年发表 SCI 论

---

① 数据来源：国家中医药管理局中国中医药文献检索中心。

② 数据来源：Web of Science。

文数量均已超过美国，成为全球第一。

2016—2021 年，生物医学工程领域 SCI 论文主要基金资助来源占先的分别为中国国家自然科学基金，美国卫生及公共服务部、美国国立卫生研究院、欧盟委员会、美国国家科学基金会、日本文部科学省、中国中央高校基本科研业务费、美国国立癌症研究所、日本学术振兴会、英国国家科研与创新署、日本科学研究资助基金、德国研究基金等。

利用 2016—2021 年生物医学工程研究文献 ESI TOP1% 高被引论文进行聚类分析，显示生物医学工程领域主要热点可分为五大聚类：一是基于人工智能、大数据、影像的疾病诊断，特别是在脑疾病、新冠肺炎疫情等方面的应用；二是以深度学习为主的分类和识别研究，主要包括算法和模型的建立和优化；三是纳米材料相关研究，其中包括石墨烯、纳米薄片等的结构设计、材料组装和性能测试；四是药物递送系统及其用于肿瘤治疗的体内试验，还有新兴的光热疗法和光动力疗法；五是组织工程与再生医学，多为体外试验，主要涉及血管和骨组织。

根据 2015—2020 年各技术来源国的发明专利获授权统计，美国获授权的发明专利数量位居第一，达到 35385 件，占比 38%；中国获授权发明专利数量位于第二，达到 13705 件，占比 15%，中美数量总和占比已超过 50%；其次是日本、韩国、德国等。来自美国申请人的专利年授权量有缓慢下降的趋势，而来自中国申请人的专利年授权量则在逐渐上升中[①]。

国外主要的申请人有荷兰飞利浦公司、美国美敦力公司、美国科维丁公司、美国波士顿科学公司等。国内获得发明授权最多的申请人有清华大学、上海联影医疗科技有限公司、浙江大学等。但清华大学的获授权数量仅是国外申请人第一位飞利浦公司的 1/10 多。

对 2016—2020 年国内外授权的相关专利进行聚类，由此形成的国内外研究热点图可见，国内外在多个重点领域都有布局，如人工心脏瓣膜、多能干细胞、康复机器人、成像系统、超声成像、电刺激、生物传感器等；不同点是，外科机器人、生物相容性、肾神经治疗是近五年国外的研究热点，而脑机接口、心电信号、康复外骨骼机器人是国内的研究热点。

四、本学科发展趋势和展望

近半个世纪以来，生物医学工程无论在深度还是广度上都取得了很大的进展，不仅极大地推动了生命科学和医学的进步，而且深刻地改变了学科和医疗器械产业的结构和面貌。医疗器械的发展与基础科学、前沿技术、产业定位，以及对经济和社会的作用等方面均有紧密联系，是生物医学工程发展的集中体现。生物医学工程在科技方面的发展主要包括以下几个方面。

1. 智能化医疗设备

当前智能医疗设备包括可穿戴的各种人体信号采集设备，大型的诊断和治疗设备中的

---

① 数据来源：https://www.incopat.com/。

智能化处理和控制，还包括智能诊断机器人、手术机器人等新型智能化器械。在小型设备领域，包括对运动数据、血氧血压血糖、睡眠记录数据等个人健康进行检测的设备，也包括对心脏、精神、糖尿病、肾病等诊疗中的智能设备。对于大型设备，通过使用智能诊断机器人等对现有系统进行智能化赋能，从而实现设备的智能化。

2. 健康监测

可穿戴智能设备给人类带来的变化随处可见，充分体现了智能－生物－技术（Intelligent Bio–Technology，以下简称 IBT）的融合。从其发展来看，主要包括两个方面：一是可穿戴传感相关技术，包含了可穿戴设备采集上的相关的传感器、传输上的人体传感器网络、数据的基本处理方法；二是基于智能数据处理技术的医学或健康应用，包括医疗数据智能挖掘方法及用户健康状态的评估机制。可穿戴设备技术正在由单一的生理、运动参数监测向电子、化学、光学等多传感器监测发展。随着柔性电子技术、自供能能源供给技术和多参数集成微电子芯片的发展，老年健康监测产品日趋微型化和微负荷，可穿戴设备逐渐代替传统的台式设备。

3. 医疗信息化

突如其来的新冠肺炎疫情使医疗信息化建设的必要性更加显现，人工智能读片助力新冠肺炎快速诊断，远程医疗技术打破时空界限，在疫情中发挥了重要作用。另外，医院信息化的普及和大量新技术应用所产生的海量健康医疗数据已成为国家战略资源。健康医疗大数据，特别是跨机构、多中心临床数据的深度利用，逐渐成为新的研究热点。《中华人民共和国数据安全法》《个人信息保护法》的出台，加速了联邦学习、隐私计算、同态加密、区块链等技术的医学应用。知识图谱、强化学习、群体智能等技术，为重大疾病早期诊断及个性化干预开辟崭新途径。

4. 传感器技术

近年来，随着移动互联网的广泛应用，数据采集结合无线传输成为有力搭档，大大提高了人们对数据变化监测的力度，传感器带来的价值被进一步放大。结合新材料、纳米技术、生物技术催生了一批创新传感器技术，为医疗健康新兴产品与服务模式提供了新的技术基础。新型的医疗传感器具有更灵敏、微型化、便捷、成本低、无创或者微创、互联性等优点。在联网及传输技术方面，近几年的人体传感器网络等领域中提出，可穿戴应用中的传感器都存在于人体近端的传感器网络之中，每一个传感器都可以视为人体传感器网络的一个节点。传感器作为人体信息与数据的入口，需要无线传输技术在高速度、高传输质量、低功耗、自主组网、抗干扰、高保密性等方面达到平衡，面向不同应用提供最优的解决方案。

5. 新型多模态光学显微成像技术

构建多模式的光学显微镜是目前光学显微成像技术研究发展的一个重要方向，多种成像技术相互补充，使得研究人员得到的结果更加精确可信。多模态成像提供的信息量远远超过单模态成像方法，准确识别、提取和整合组织的多重互补信息，将多种成像方法组合以充分发挥各自的优势，是未来成像领域的重要发展方向。

6. 神经调控

无创经颅电 / 磁刺激是神经反馈调控中一种常用的技术，它能对脑中枢神经起调节作用，具有低成本、安全、非侵入式的特点。经颅电 / 磁刺激可以改善健全人的数学计算能力和学习记忆能力，提高帕金森病、阿尔茨海默病病人在行为学测试中的成绩，对精神疾病也有疗效，甚至美国空军基地用该技术来提高飞行员或地控人员的工作效率。超声刺激比经颅电 / 磁刺激具有更高的空间分辨率和更深的刺激深度，所利用的机械波可与脑电等脑影像工具兼容，对抑郁等多种疾病有效。需要对神经调控的机制、可靠性、安全性等开展更深入的研究。

7. 外骨骼康复辅具与老年人功能障碍康复器械

以外骨骼为代表的功能障碍康复器械将呈现高速发展的态势；融合神经重塑理论与光 / 声 / 电 / 磁神经调控技术、运动动力学技术与行为、生理监测技术，形成了实时闭环智能脑调节、干预策略的系统解决方案。传统虚拟现实康复系统主要通过交互和游戏提高康复趣味性和依从性，未来虚拟现实康复系统要解决的前沿问题是如何通过各感觉通道的分离与整合刺激，在神经重塑和运动模式重建过程中发挥不可替代的作用，而虚拟场景的自动演化，与脑机接口技术、生理信号检测、运动分析进行集成和整合也是它的发展趋势。

8. 组织工程与再生医学

目前尚无法实现复杂组织结构的重建，人工组织器官结构的复杂性和体外培养构建过程中缺乏与人体组织相应的生理和应力微环境，而生理和应力环境对组织器官的结构发育和功能成熟起着至关重要的作用。因此，基于复杂组织解剖结构和生化组成，研制多相复合支架仿生模拟复杂组织和重要器官的特异微环境将是未来组织工程主要发展方向，联合生物反应器、三维 / 四维打印及发育关键信号分子，调控多细胞相互作用、定向组织再生、有序组装及界面整合。相关的干细胞研究包括三维干细胞打印、器官培养、干细胞胚胎模型、单细胞组学、单细胞成像等。

9. 心脑血管植介入器械

研发可促进血管组织再生的新一代可降解生物活性小口径人工血管支架，突破支架设计和制备的工程化技术，实现对血管内皮和中层平滑肌细胞表型调控；研发符合中国老年性主动脉瓣膜狭窄和关闭不全的介入治疗生物瓣膜，包括预装式介入瓣膜，突破防止瓣膜周漏的设计和技术，开发血管内成像系统、灵巧的手术器械输送系统、配套的测量与置入器械等都有很大发展潜力。

10. 高值骨科材料及骨修复替代器械与设备

突破人工关节表面生物活性涂层与其基体高强度界面结合的制备技术、新型人工关节摩擦副材料的耐磨表面制备技术、表面抗菌技术等关键技术；研发可诱导脊柱组织再生的新型脊柱融合器和节段骨缺损修复器械，包括兼具骨再生及治疗功能的替代材料，可降解高分子及金属材料等。同时，为达到精准微创的手术置入修复，智能化器械和手术机器人都有很大的创新空间。

本节撰稿人：王广志、彭屹

第十一节　城市科学

一、（新）城市科学

（一）引言

以互联网产业化和工业智能化为标志、以技术融合为主要特征的第四次工业革命正以一系列颠覆性技术深刻地影响和改变着我们的城市：人们的思维方式从传统的机械思维向大数据思维转换，认知方式也逐渐向虚实结合的体验过渡，而我们赖以生存的城市，其资源利用、社会状况和空间利用也正经历着一系列变革。随着以计算机技术和多源城市数据为代表的新技术和新数据的迅猛发展，（新）城市科学以深入量化分析与数据计算途径等研究模式为依托，在过去的十几年间逐渐兴起。传统的城市科学更多地体现为基于静态的、截面的和系统论视角的"区域科学"。致力于解读和认识"新"城市的（新）城市科学，运用的则是过去20～25年内发展出来的新技术、新工具和新方法，具有演进性和复杂科学特性，以及更强烈的离散性和自下而上的学科思想。

（二）本学科近年的最新研究进展

1. 基于大数据与开放数据的城市新表征认知

随着互联网技术的发展，人在城市中的多种行为都逐渐由"实体空间"转移到"虚拟空间"，如网络购物、线上打卡消费、运用社交媒体进行探店等。这种变化日益明显，使得相关研究者不得不从理论层面上重新审视城市的实体空间和虚拟空间之间的关系。大量的学者关注于商业空间，希望探究虚拟空间以及人在虚拟空间的行为如何对实体商业空间产生影响。他们运用淘宝、小红书、微博、大众点评等城市新数据刻画了某些城市功能的空间分布规律，并发现：虚拟空间的可达性已经对商业空间的腹地范围、空间分布形态等因素产生了重要影响；虚拟空间的网购行为不仅刺激了消费需求的增长，也催生了更多的城市消费娱乐休闲空间。虚拟世界和现实世界的互动、互构、共生及其对城市的影响，是当下城市科学方向的热点问题之一。

2. 运用新技术、新方法对城市空间的研究

城市是一个复杂巨系统，传统的研究方法难以全面、客观、深刻地对城市的发展规律进行分析和把控，这大大限制了传统城市科学的发展。近些年来，以互联网、人工智能等新技术为标志的第四次工业革命，不仅提供了海量城市数据，为城市研究提供了新的视角，也带来了小型化、高算力的计算机，为城市科学的研究者提供了可行的分析工具。同时，复杂科学、人工智能等领域的新理论、新方法也为城市研究提供了新的理论和技术支持。这些方法是演进的、复杂科学的方法，其背后往往是自下而上的、离散型的视角。深入的量化分析与数据计算途径，为研究不同的城市问题提供了新的学科模式。具体说来，运用新方法、新数据对城市空间的研究可以分为以下几个方面。

（1）大数据支撑的城市空间分析研究

诸多科研团队运用手机信令等新数据，对城镇等级、人口分布、城市内部空间结构等方面进行了深入的研究。许多新的研究与新的方法也同城市规划实践得到了紧密的结合，城市总体规划、城市设计中也出现了新的思路和新的方法，如在《广州市城市总体规划（2017—2035 年）》中，手机信令等新数据为构建城市人群活动模型、优化城市空间结构提供了重要的数据支撑;《青岛市城市环境总体规划（2016—2030 年）》中也提出要积极构建信息化平台，支持规划的实施与评估修订。

国内大量学者致力于此方向，撰写了多本高质量著作，如南京大学的甄峰所编著的《基于大数据的城市研究与规划方法创新》，初步构建了大数据与跨尺度城市空间分析研究的理论框架，同时也指出了未来城市发展的重点突破方向；清华大学的毛其智和龙瀛编著的教材《城市规划大数据理论与方法》，是本方向重要的教材，已成为规划教育专业知识板块的重要授课媒介和参考工具。

（2）人本尺度的城市形态研究

近些年，在中国经济高速发展和大规模城市建设的背景下，城市空间活力不足、空间失序等问题广泛出现。而城市大数据和新数据的出现为大规模测度城市空间品质提供了可能。部分学者运用城市关注点数据、街景图片数据等，对于城市的空间失序程度进行评估，测度了影响空间活力和空间品质的要素，并精准地识别出空间品质不足的原因以及空间失序的具体场所。在相关研究的推动下，人本尺度城市形态理论不断发展，为支持城市空间品质的提升提供了理论基础。

（3）城市模拟仿真的分析工具运用

计算机与人工智能领域的发展，催生了城市模拟仿真这一前沿领域。当下，部分前沿的学者基于城市大数据，对城市个体行为进行了深入的认知与分析，运用机器学习等其他领域的知识与方法，在城市尺度上模拟了大量人群的空间分布状态。在城市中，人的存在带来了能源、交通、安全等方方面面的需求，研究者进一步从人的需求出发，对城市交通系统、城市供水系统、城市电力系统等城市子系统进行了仿真模拟，初步构建了智能化的"城市模拟器"。城市模拟仿真研究能够对现有的城市理论进行检验与分析，同时为城市应急管理、城市发展评估等方面提供了有利的分析工具。

3."未来城市"：面向创造的城市研究

城市的未来将会以何种形式呈现？我们应当如何应对未来可能出现的城市问题？从古至今，这两个关键的问题一直伴随着城市的发展与转变。当下，国内外诸多知名的学术团体、企业、设计机构等都高度关注这一问题，如谷歌母公司 Alphabet 旗下的人行道实验室（Sidewalk Labs）提出了在多伦多建设未来的智慧社区；清华大学同丰田集团成立清华大学－丰田联合研究院，并将在未来城市方向作出持续探索。然而对于未来的思考与预测无法在当下被证伪，因此这并不是一个严格学术问题。面对单纯的"认知"未来城市的不可能性，研究者提出了"预测未来最好的方法就是创造未来"这一论断，并将未来城市的研究与实践概括为认知、预测、创造三个步骤。

研究路径和研究领域上，相关学者将有关未来城市的高水平研究与实践概括为数据实证、未来学想象、工程技术、空间设计四条主要路径，并进一步提出了六个未来城市研究与实践的重要领域，即交通、能源、通信（ICT）、环境（生态）、健康和城市公共服务[①]。

对于如何更好地预测和创造未来城市，学者也达成了一定的共识。第一步，即提炼未来城市的原型。虽然城市作为一个复杂系统，其在未来的发展无法被精准地预测，但依旧可以从发展趋势中窥探未来的趋势特征，用"原型"对其进行提炼概括。在原型的基础上，需要进一步探索未来的城市设计路径。空间干预、场所营造与数字创新（Spatial Intervention，Place Making and Digital Innovation，以下简称 SIPMDI）相互结合是目前行之有效的一种手段。在城市发展模式方面，近期研究也关注到科技公司、零售商、开发商等多元社会力量对于城市发展的影响与贡献，学者也提出了自上而下的顶层设计和自下而上的积极合作相结合的未来城市创造路径。

（三）本学科国内外研究进展比较

1. 相关研究学派

当今，处于急剧变化中的城市急需与之对应的理论、研究范式及技术方法，以有效指导人们更科学地理解城市的本质和发展进程，并更准确地预测城市规划方案和发展政策对于城市发展的干预结果。（新）城市科学与复杂科学有着密不可分的关系。20 世纪 80 年代以来，在自然科学及社会科学中一直盛行的复杂运动泛指利用复杂、非线性及非均衡系

---

① 武廷海，宫鹏，郑伊辰，等. 未来城市研究进展评述［J］. 城市与区域规划研究，2020，12（02）：5-27.

统相对于简单、线性及均衡系统所进行的观念革新[①]。与（新）城市科学相关的复杂科学学派包括：以美国圣塔菲研究所为代表的复杂科学学派，以美国城市及区域规划专家路易斯·霍普金斯为首的伊利诺规划学派，以及以迈克尔·巴蒂为代表的城市科学学派[①]。霍普金斯将城市系统的复杂性归纳为相关性、不可分割性、不可逆性和不完全预见性，并据此提出了制定城市发展计划的逻辑[②]。而巴蒂则指出：城市是一个以自下而上发展为主的复杂系统，其规模和形态遵循因空间争夺而导致的扩展规律；认识城市不仅仅是理解城市空间，还需要理解流动和网络如何塑造城市[③]。巴蒂在复杂科学的基础上对城市科学中的区域科学及城市经济学内涵加以系统整理，称之为“新城市科学”（New Science of Cities）[④]。

新加坡苏黎世联邦理工学院中心未来城市实验室的前负责人彼得·爱德华于2016年提出“新城市科学的目标是使城市更加可持续、更具韧性、更加宜居”[⑤]。美国学者安东尼·汤森德认为，新城市科学应该具备三个基本特征：两种传统研究方法的对抗（即探索城市个性化的描述性研究方法与揭示影响城市结构和动态的共同过程的演绎研究方法）、多学科理论方法的支撑以及数字技术的研究与应用[⑥]。

我国对于新城市科学的研究起步稍晚于国外，研究内容包括新数据，新技术下的城市设计范式的改变，如龙瀛等提出数据增强设计（Data Augmented Design，以下简称DAD），认为定量城市分析为驱动的规划设计方法，可以通过精确的数据分析、建模、预测等手段，为规划设计的全过程提供调研、分析、方案设计、评价、追踪等支持工具，以数据实证提高设计的科学性，并激发规划设计人员的创造力[⑦]。叶宇认为，在新城市科学所带来的多种新技术和新数据的支持下，当前城市设计所面临的难点逐渐具有了革新的可能[⑧]。全数字化城市设计（All-Digital Urban Design）[⑨]等概念和应用也不断出现。另外，关于新

---

① Lai S. Facing Complex Planning［J］. Urban Development Studies，2018，25（07）：84-89.

② Hopkins L D. Urban development: The logic of making plans［M］. Washington: Island Press，2001.

③ Batty M. Artificial Intelligence and Smart Cities［J］. Environment and Planning B: Urban Analytics and City Science，2018，45（01）：3-6.

④ Batty M. Artificial Intelligence and Smart Cities［J］. Environment and Planning B: Urban Analytics and City Science，2018，45（01）：3-6.

⑤ Edwards P. What Is the New Urban Science?［EB/OL］.（2016-01-13）. https://www.weforum.org/agenda/2016/01/what-is-the-new-urban-science.

⑥ Townsend A. Cities of data: Examining the new urban science［J］. Public Culture，2015，27（02）：201-212.

⑦ 龙瀛，沈尧. 数据增强设计——新数据环境下的规划设计回应与改变［J］. 上海城市规划，2015（02）：81-87.

⑧ 叶宇. 新城市科学背景下的城市设计新可能［J］. 西部人居环境学刊，2019，34（01）：13-21.

⑨ 杨俊宴. 全数字化城市设计的理论范式探索［J］. 国际城市规划，2018，33（01）：7-21.

城市的研究，还包括关注城市本身的变化①，以及未来城市，包括未来城市研究的范式与路径②③④，未来城市的核心概念与模式设想⑤等。

2. 相关研究机构

目前，全球范围内已涌现多家聚焦于（新）城市科学的研究机构，并引起了欧美众多知名院校的高度重视（图 2–11–1）。

1）麻省理工学院媒体实验室城市科学工作组：成立于 1985 年，致力于融合科技、媒体、科学、艺术和设计的跨学科研究室。其城市科学工作组以职住地研究、城市建模 / 模拟和预测，以及移动性需求研究为主。

2）麻省理工学院感知城市实验室：成立于 2004 年，旨在从多学科视角描述和解读城市建成环境中的新变化，并通过设计途径及开发相关城市研究工具更好地了解城市，同时也让城市更好地感知到我们自己。

3）新加坡苏黎世联邦理工学院中心未来城市实验室：于 2010 年创立，其研究领域包括建筑与数字建造、城市设计策略与资源、城市社会学、景观生态、移动及交通规划、模拟平台和人居环境等。

4）新南威尔士大学建成环境学院城市分析实验室：成立于 2018 年，以支持协作城市规划和开展以用户为中心的设计为目标，旨在营建可持续、高效、宜居且具有韧性的未来城市，并为研究与城市规划和设计相关的决策过程提供机会。

5）芝加哥大学城市计算与数据中心：建立于 2012 年，物理和工程科学与社会科学、经济学和政策相结合，开发计算研究工具并积极促进研究者、政府机构、建筑公司、私营企业和公民志愿者的联合协作，共同理解并改善城市。

6）纽约大学城市科学与发展中心：建立于 2012 年，其将纽约市作为研究场所和研究对象，关注城市信息化领域，研究主题涵盖数据科学、城市运转、市民科学、数据可视化、建成环境、可持续性等方面。

7）哥伦比亚大学空间研究中心：成立于 2015 年，将设计、建筑、城市规划等学科与人文科学和数据科学相联系。其为围绕数据可视化、数据收集和数据分析等新技术开展的研究和教学活动提供支持。

8）伦敦大学学院巴特莱特高级空间分析中心：建立于 1995 年，研究焦点为空间分析

---

① 龙瀛.（新）城市科学：利用新数据、新方法和新技术研究“新”城市［J］. 景观设计学，2019，7（02）：8–21.

② 武廷海，宫鹏，郑伊辰，等. 未来城市研究进展评述［J］. 城市与区域规划研究，2020，12（02）：5–27.

③ 秦萧，甄峰，魏宗财. 未来城市研究范式探讨——数据驱动亦或人本驱动［J］. 地理科学，2019，39（01）：31–40.

④ 张京祥，张勤，皇甫佳群，李镝. 未来城市及其规划探索的“杭州样本”［J］. 城市规划，2020，44（02）：77–86.

⑤ Jean–Pierre Orfeuil，Mireille Apel–Muller，祖源源. 自动驾驶与未来城市发展［J］. 上海城市规划，2018（02）：11–17.

技术和仿真模型在城市和地区尺度的应用和可视化。运用新城市科学对各类城市问题进行模拟和可视化。其研究领域包括城市交通与人口、气候变化、物联网设施布局等。

9）昆士兰科技大学设计实验室城市信息中心：成立于 2006 年，通过整合人文科学和社会科学、设计、规划和建筑、人机交互、信息技术和计算机科学等学科，关注不同建成环境下的城市体验的研究、设计和实践。

其他国际（新）城市科学相关研究机构还包括：日本东京大学于 1998 年成立的空间信息科学中心；创立于 2004 年的卡洛·拉蒂设计工作室；2012 年由伦敦大学学院、帝国理工学院及英特尔公司共同创建的英特尔可持续联结城市联合研究中心；2014 年由荷兰代尔夫特理工大学、瓦格宁根大学与麻省理工学院联合创建的阿姆斯特丹高级大都市研究中心；2014 年由英国经济与社会研究委员会资助成立的格拉斯哥大学城市大数据中心；于 2014 年建立的美国卡内基梅隆大学 21 世纪大都市智能城市研究中心；斯坦福大学于 2016 年成立的空间研究中心。

我国（新）城市科学相关研究机构包括：成立于 2012 年，由中国城市科学规划设计研究院与中国城市科学研究会联合建立的数字城市工程研究中心和智慧城市联合实验室；于 2013 年成立的北京城市实验室开设的诸多基于新数据、新方法和新技术的城市空间认知和数据增强设计研究；成立于 2019 年的中国城市科学研究会城市数据安全管理中心等。

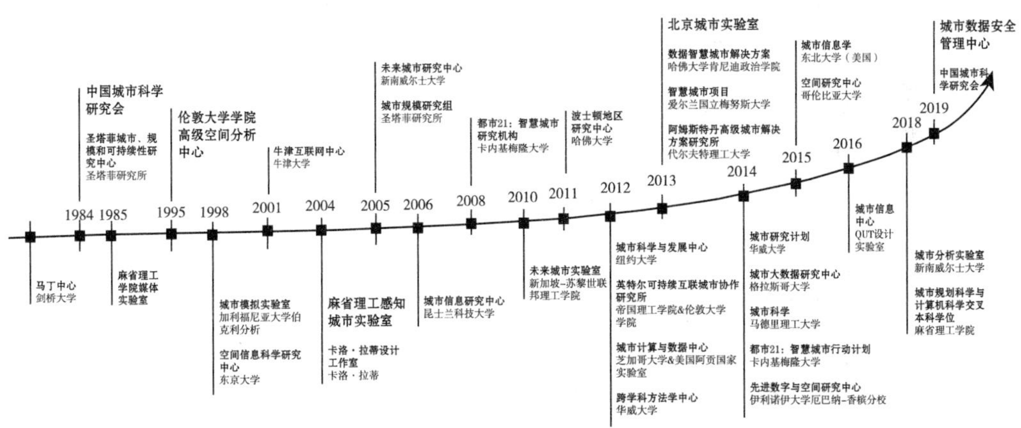

图 2–11–1　国内外新城市科学相关研究机构①

3. 相关学位课程

近年来，国内外院校纷纷设立与（新）城市科学相关的学科及学位（表 2–11–1）。其中，2018 年 5 月 16 日，麻省理工学院批准设立城市科学/规划与计算机科学联合学士学位，获得全球学者与相关从业者的高度关注。在传感网、大数据、量化分析、交互式通信和社

① 改绘自：龙瀛.（新）城市科学：利用新数据、新方法和新技术研究“新”城市［J］. 景观设计学，2019，7（02）：8–21.

交网络、分布式智能、无人驾驶、重点基础设施物联网、生物识别、共享经济等一系列技术革新给城市带来深刻变革这一大背景下，此学位的设立旨在通过整合城市规划和公共政策、设计和可视化、数据分析、机器学习、传感网技术、机器人技术、新材料以及其他计算机科学和城市规划领域的相关内容，以一种前所未有的方式理解城市和城市数据，并重塑现实世界。

相比国外，我国院校目前尚缺乏与（新）城市科学相关的课程（表 2–11–2）。2018 年秋，清华大学建筑学院开设了新城市科学本科生课程，成为中国首个开设（新）城市科学相关课程的城乡规划专业院系，引发了学界的广泛关注。

经过对国内外研究学派、研究机构和相关课程的梳理，能够看出（新）城市科学正在世界各地以各种形式涌现。国际机构的研究背景多基于多学科的交叉，研究内容包括定量城市研究，新技术对城市的影响，以及面向未来的城市空间以及多主体参与的城市研究。而国内对于新城市科学的研究还较为滞后。

同时，部分学术研究和研究机构虽然冠以“城市科学”之名，但实际上研究的还是老 / 旧的城市，而非深受第四次工业革命影响的“新”城市，这也是近期这一学科需要改变的现状问题之一。

表 2–11–1　国内外新城市科学相关学位与科研院系

	院校	院系	学位 / 科系	类别
学位	南加利福尼亚大学	维特比工程学院 / 达纳与大卫・多恩西夫文理学院	空间数据科学理学硕士	数据科学
	哈佛大学	计算机科学与统计学院	数据科学硕士	
	康奈尔大学	统计和数据科学系	专业研究硕士	
	加利福尼亚大学伯克利分校	信息学院	信息管理与系统硕士	
	杜克大学	—	跨学科数据科学硕士	
	卡内基梅隆大学	计算机学院	计算数据科学硕士	
	弗吉尼亚大学	数据科学学院	数据科学硕士	
	宾夕法尼亚大学	工程与应用科学学院	计算机与信息技术硕士	计算机科学
	南加利福尼亚大学	计算机科学学院	计算机科学硕士	
	卡内基梅隆大学	建筑学院	计算设计理学硕士	计算设计
	麻省理工学院	建筑与规划学院	建筑研究科学硕士	
	麻省理工学院	城市研究与规划系 电气工程与计算机科学系	城市科学与规划科学与计算机科学学士学位	

续表

	院校	院系	学位 / 科系	类别
学位	伦敦大学学院	巴特莱特高级空间分析中心	智慧城市和城市分析硕士	城市信息学
	格拉斯哥大学	城市大数据中心	城市分析硕士	
	纽约大学	纽约大学城市科学与进步中心	应用城市科学与信息科学硕士	
	东北大学（美国）	公共政策与城市事务学院	城市信息学硕士	
	马德里理工大学	工程和建筑学院	城市科学硕士	
	新南威尔士大学	建筑环境学院	城市分析硕士	
科研院系	宁波大学	土木与环境工程学院	城市科学	城市科学
	上海师范大学	环境与地理科学学院	城市科学与区域规划	
	北京联合大学	艺术与科学学院	城市科学	

表 2-11-2　国内外新城市科学相关课程

院校	课程
新南威尔士大学	数字城市（短期课程）
苏黎世联邦理工大学	理解未来城市：方法论（定期课程）
苏黎世联邦理工大学	信息架构与未来城市：响应型城市（定期课程）
加州大学伯克利分校	UrbanSim 云平台介绍（在线课程）
加州大学伯克利分校	城市数据科学导论
伦敦大学学院	空间数据科学与可视化（硕士课程）
伦敦大学学院	高级空间分析（硕士 / 博士课程）
新南威尔士大学	地理信息系统与城市信息学（短期课程）
华威大学	大数据与数字未来（硕士课程）
华威大学	城市分析和可视化（硕士课程）
代尔夫特理工大学	城市生活实验室（硕士课程）
清华大学、韩国延世大学和韩国浦项科技大学	未来城市：智慧城市与可持续发展
纽约大学	数据挖掘、预测分析和大数据
纽约大学	城市科学强化（硕士课程）
清华大学	大数据与城市规划
清华大学	新城市科学

（四）本学科发展趋势和展望

1. 深入挖掘大数据在城市科学的应用

大数据时代的到来让我们对事物的判断，从复杂的模型工具的支持，过渡到基于简单直观方法的大规模数据分析。大数据除了提供数据源，也提供了新的工作思维（大数据思维）。城市科学因为其空间性和面向未来的特点，利用大数据支持学科发展已经得到了很多认可，大数据让我们能够研究原来没有能力分析的尺度，特别是人本尺度[①]，也让我们有能力认知更大范围的建成环境（如整个城市、一个国家的所有城市，甚至全球范围）。此外，大数据的出现，让建成环境特别是城市规划的新技术方面的应用得到了很大提升。但仍需从以下三个方面深入挖掘大数据在城市科学中的应用。

（1）面向当下的大数据与面向未来的城市模型相结合

随着未来大数据的不断积累和城市模型的理论方法不断完善，面向未来应用的城市模型与面向现状及短暂历史的大数据分析结合，有助于支持对城市更为长远和精细化的研究，实现高频城市和低频城市研究的兼顾，具有更大应用前景。

（2）从爬取、购买到基于建成环境主动采集数据

基于互联网平台的大数据作为人类日常活动的“废气”，具有人群类别和数据采集的有偏性，且不完全满足城市研究尤其是精细尺度城市研究的需求。因此，城市研究不应只局限于这些开放平台或商业平台的数据，有必要针对特定的研究问题，开发基于各类传感器的大范围、低成本、人本尺度的主动城市感知方法（包括移动感知和固定感知方法），收集建成环境、自然环境及社会环境的数据，为城市规划、设计、管理及运营提供基础数据支撑[②]。

（3）从宏观和中观尺度研究转为微观尺度研究

用大数据研究宏观和中观尺度已经相对比较成熟，往往研究微观 / 小尺度的空间，如口袋公园、建筑物之间的开放空间很有挑战，而正是这种人本尺度的空间承载了人们的日常生活，城市科学家有必要更好地研究人的尺度的空间。随着万物互联和 5G 时代的到来，建成环境领域将迎来空间分辨率更为细致的、来自物联网和穿戴式设备等的“超级”大数据，这种数据有望超越建筑内外、建成环境与自然环境的界限，让我们看到人本尺度更为客观的空间规律，支持建成环境的研究、设计、运行监测和评估，如图 2–11–2 右上角所示[③]。

---

① 龙瀛，叶宇．人本尺度城市形态：测度、效应评估及规划设计响应［J］．南方建筑，2016（05）：41–47.

② 龙瀛，张恩嘉．数据增强设计框架下的智慧规划研究展望［J］．城市规划，2019，43（08）：34–40+52.

③ 龙瀛，毛其智．城市规划大数据理论与方法［M］．北京：中国建筑工业出版社，2019.

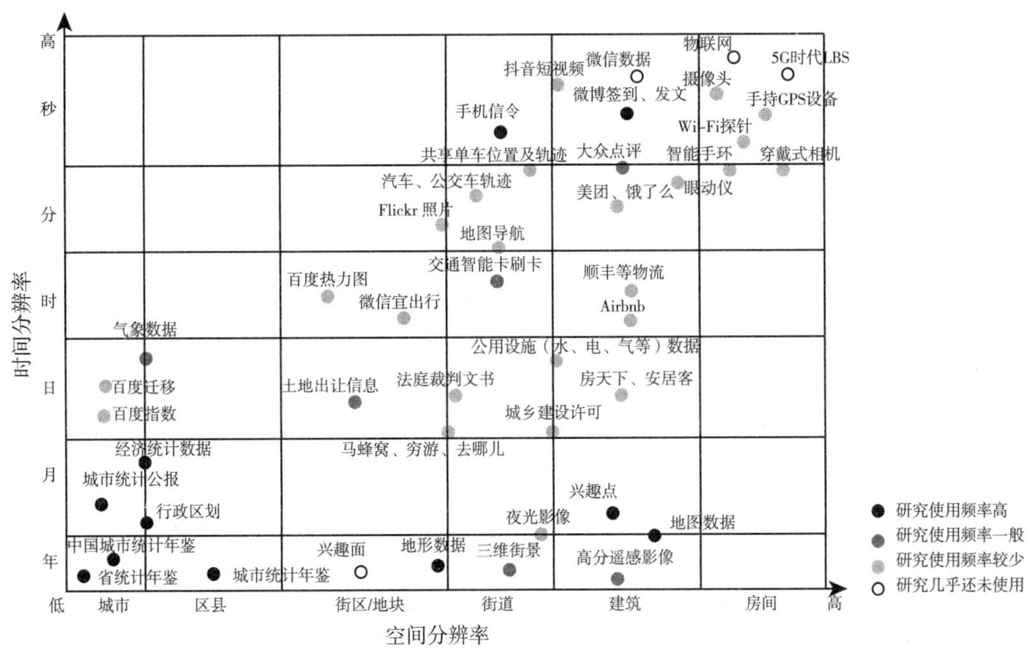

图 2-11-2 不同类型城市空间大数据的时间和空间分辨率一览①

2. 进一步提高城市空间研究的科学性

城市科学的发展尚在起步阶段，例如关于城市特别是城市空间的定理、公理、法则、普世规律甚至是公式都有什么，学界、业界和决策界内部和跨界的共识又是什么，以上问题的答案尚不明确，这也制约着用理论来指导实践。城市科学发育程度的局限，归于全球的城市样本数量有限、观察城市的手段有限造成数据积累少、拿城市做实验复杂且成本高，以及诸多致力于发展城市科学的实验不易相互对话。为促进学科的发展，城市科学亟须进一步提高科学性。

（1）完善城市定义，避免出现尺度错配等基本问题

要开展中国的城市研究，首先应厘清定义层面的基本问题，比如武汉到底是一个城市，还是多个城市，实际上中国城市行政地域的范围往往远大于其实体地域或功能地域。多数研究采用行政视角的城市范围来开展城市研究，这势必造成多数时候研究的都是区域。将城市理论用于研究所谓的“区域”，势必造成尺度上的错配，难免漏洞和问题百出。因此，作为发展城市科学的关键环节，亟须从实体角度和功能角度对中国城市进行重新定义。

（2）完善科学共同体，保证每项研究都能有科学增量

不少建成环境方面的研究成果，有宏大叙事型、有研究报告型、有似是而非型，多数“实验”无法重复，更谈不上证明 / 证伪。不同城市、不同方向的研究很多，但很难整

① 龙瀛. 颠覆性技术驱动下的未来人居——来自新城市科学和未来城市等视角［J］. 建筑学报，2020（Z1）：34-40.

合到一起归纳为这个方向的核心进展。近年来，在经济学等领域，自然实验已经开始流行起来[①]。城市科学领域也开始呼吁将城市视为实验室，利用各类信息通信技术设施对其进行干预、实验和观察。在未来城市科学需要秉承“城市实验室”（City Lab）的原则，完善学科的科学共同体（如共同研究一个城市、共同使用一套数据、共同关注一个小方向等），保证每个研究都能够有“科学增量”，提高城市研究的科学性。

3. 关注新的城市变化，探索未来城市空间

目前国内建成环境领域的多数大数据、人工智能应用同样多属于方法层面的探索，而少有研究考虑到城市这一研究客体的变化，即仍然在研究“老城市”。而考虑到一系列颠覆性技术对城市空间、个人生活、城市生产和休闲环节产生的巨大影响，应鼓励研究“新城市”的科学，即从认识论和本体论层面上充分认知研究客体的根本性变化，研究新生活、新空间和新城市，而不能仅局限于方法层面的创新。只有这样，才能更有效地支持建成环境学科将研究成果转译为面向未来的“新城市”的创造（否则研究的也是“历史上的城市”）。

（1）积极探讨未来城市的空间原型

当下的城市运行方式无论是居住、就业、休闲还是交通，都受到颠覆性技术的影响，发生了非常深刻的变化。空间作为容器，装载社会生活，也在发生剧烈的演变。当我们简单地回顾过去的十年，能够甄别出城市空间和城市运行方式发生的多维度的系统性变化，根据未来推演，未来的城市空间受到技术的塑造将更为强烈，在可以预见的未来如 3 ~ 5 年，不变的应该只有科技对日常生活和城市空间的影响，以及人类对自然的追求。我们正处于十字路口，面对城市发展与技术影响，城市科学更应积极应对，思考未来城市空间的具体图景及其实现路径。

（2）多元主体共同支持未来的城市设计

空间干预、场所营造与数字创新作为未来设计的潜在转型模式，有望促进城市空间的智慧化，实现智慧城市的空间投影。将数字创新融入设计的核心过程，也将规避 / 解决目前大数据分析、城市模型和规划支持系统支持规划设计，多数应用场景是“研究”与“设计”两张皮的局面 / 问题[②]。对于 SIPMDI 理念，还应强调多方力量的融入，尤其是与数字技术团队的合作，对城市空间的规划、设计、管理与营造不再只是规划师、设计者及城市管理者的工作，科技公司或者设备提供商等力量也将参与其中，提供交互设施、管理中台或者智慧技术解决方案等[③]。

---

① LOBO J，ALBERTI M，ALLEN-DUMAS M，et al. Urban Science: Integrated Theory from the First Cities to Sustainable Metropolises［EB/OL］.（2020-01-13）. https://ssrn.com/abstract=3526940 or http://dx.doi.org/10.2139/ssrn.3526940.

② 龙瀛，沈尧. 数据增强设计——新数据环境下的规划设计回应与改变［J］. 上海城市规划，2015（02）：81-87.

③ 张恩嘉，龙瀛. 空间干预、场所营造与数字创新：颠覆性技术作用下的设计转变［J］. 规划师，2020，36（21）：5-13.

二、健康城市

（一）引言

公共健康是现代城市规划中一个悠久并将持续存在的议题，现代城市规划的缘起即是为了应对快速工业化和城市化过程中的公共健康问题[①]。随着近三十年城市公共健康问题愈发凸显，特别是慢性非传染性疾病发病率及死亡率大幅上升、心理健康及精神疾患问题日益普遍，全球范围内健康城市研究和实践在整体上推动了多个学科通过高要求和新视角重新关注公共健康。我国在 2015 年提出"健康中国"战略，并提出要把健康城市建设作为推进健康中国发展的重要抓手。新时期的健康事业，已从传统的"身体健康"扩展到"身体健康、心理健康、社会行为健康"等多维健康观，强调预防为主，从广泛的健康影响因素入手，把健康融入所有政策。

2016 年以来，《柳叶刀》等国际著名医刊和《科学通报》等国内重要期刊多次推出"健康城市"专题，从多学科视角探索城市公共健康水平的提升成为国内外前沿热点领域。对于健康城市学科发展进行系统研究，比较国内外差异，预测新问题，布局新方向，充分发挥学科战略引领作用，是当前城市科学学科发展的重要使命。本报告针对近年来健康城市研究进展与热点问题进行系统化梳理，探讨学科发展历程及其所取得的学科建设成就，基于国内外比较分析进行发展趋势判断和研究展望，并提出我国在本学科领域的发展方向和对策建议。

（二）本学科近年研究进展

1. 多维健康观视角下的环境健康影响研究

（1）城市环境对心理健康的影响研究

在多维健康观的影响下，近年来对城市环境对心理健康和精神疾患方面的影响受到了越来越多的关注。许多学者认为，快节奏的城市生活环境充满了不良的心理社会影响，这些影响结合起来可能形成某种"社会毒性"环境，导致易感个体产生慢性应激反应，进而影响心理健康和神经发育。城市生活环境中短促多变的社会关系、相对破碎的家庭结构和社交网络、互联网时代的社交远程化导致的社会支持减少和社会隔离增加、社会经济差距增大给弱势群体带来的社交挫败和失控感、竞争加剧导致的社会合作减少等多种社会风险因素都可能带来负面心理影响，此外，拥挤的城市生活环境可能触发防御反应，城市建成环境绿色空间相对较少[②]，大气、噪声污染，交通拥堵等多种因素构成了城市环境心理健

① WHO. Healthy Cities and the City Planning Process：A Background Document on Links Between Health and Urban Planning［Z］. 1999：2–16.

② 陈筝，翟雪倩，叶诗韵，等. 恢复性自然环境对城市居民心智健康影响的荟萃分析及规划启示［J］. 国际城市规划，2016，31（04）：16–26+43.

康主要影响因素。

（2）居民行为的健康影响研究

国内近年关于健康行为的研究主要描述中国民众的健康行为参与度并分析其相关的影响因素，相关因素主要包括健康饮食行为、身体活动、睡眠、吸烟、饮酒等。健康饮食方面，对我国居民的膳食构成特点、膳食摄入频率与摄入量的空间分布进行分析，总结健康饮食习惯并提出建议。身体活动方面，对不同群体的活动水平进行分析，从心理学和行为科学视角进行的干预研究日益增长，其中自我决定理论、计划行为理论、社会生态学模型是相对成熟的理论基础，从不同视角解释了人们参与或者不参与身体活动的原因。睡眠方面，则主要研究影响睡眠时间和质量的因素，包括年龄、性别、社会经济地位、价值观以及心理因素等，同时探索常见的睡眠干预措施。

2. 不同尺度的健康空间塑造研究

（1）城市群视角下的健康城市发展研究

由于城市群是一系列生态环境问题的高度集中且激化的高度敏感地区，研究多围绕城市群生态效率、绿色发展、可持续发展、低碳发展等，但以“人”为出发点探讨健康城市的研究并不多。近年来，一些学者开始探讨跨省域低碳城市群健康发展策略、系统建构城市群“互联网 + 医疗健康”协同发展机制等。同时，《健康上海行动（2019—2030 年）》《健康北京行动（2020—2030 年）》纷纷提出长三角健康一体化和京津冀健康协同发展，可为进一步推动城市群视角下的健康城市研究提供契机。

（2）城市空间视角下的健康城市研究

城市的空间要素是影响城市居民健康的重要因素，空间要素的健康导向优化可促进健康城市的实现。城市层面聚焦宏观层面的物质要素，如城市形态、土地使用和基础设施。城市对于健康的影响主要是来自城市环境（包括空气、噪声、绿地水体）、城市街道交通设计、城市住房、健康营养等资源配置，以及社会健康发展。

（3）健康社区发展研究

社区层面更多关注居民的使用需求与感受，空间尺度、居住混合、设施可达性和公共空间营造是重点。我国先后出台了《上海市健康社区指导指标》《北京市健康社区指导标准细则》《健康社区评价标准》等健康社区评价指标体系，侧重政府管理和资源投入对健康社区的实践活动具有重要的指导与监督意义。

（4）健康建筑评价标准发展研究

早在 1999 年，国家住宅工程中心就已开展居住与健康的相关研究，并接连发布了《健康住宅技术要点》《健康住宅建设技术规程》《住宅健康性能评价体系》。2016 年，国内首个健康建筑评价标准《健康建筑评价标准》正式发布。2020 年，健康建筑的内涵实现了从单体到区域的发展，《健康社区评价标准》和《健康小镇评价标准》正式发布。另外，现有多部健康建筑标准正在编制过程中。国内学者主要从健康建筑的评价标准研究、案例分析、影响因素、室内环境、健康建材、防潮及抑菌、通风技术等方面进行研究。

3. 基于城市规划要素的公共健康主动干预研究

（1）城市规划对慢性非传染病的主动干预研究进展

目前，国内相关研究也涵盖了理论建构、基础实证和健康影响评估等方面，但研究起步较晚，存在文献数量少、涉及慢性非传染疾病类型较少以及相关实践运用仍处在探索阶段等特点。理论研究方面，学者在明确规划干预要素以及健康影响路径的基础上建构理论模型，进而对包括慢性非传染病在内的居民健康促进提供理论支持。在蓝皮书《中国健康城市报告（2019）》中指出，健康城市规划的核心本质是运用空间规划的可调整要素，通过多种路径，实现提升公共健康的目标，并总结为“四要素三路径”的理论框架。其中，四要素包括土地使用、空间形态、道路交通以及绿地和开放空间，三路径包含了减少污染源及其人体暴露风险、促进体力活动和交往、提供可获得的健康设施。实证分析方面，既有文献已反映出跨学科交叉、关心特定群体的特点，但关注的环境变量较为单一，并且分析针对慢性非传染性疾病类型较少。近几年，越来越多的学者开展了国内实证研究，主要关注呼吸健康、肥胖和脑卒中等慢性疾病，也有针对老年或青少年等群体的肥胖（或超重）研究①。健康影响评估方面，目前，国内城乡规划领域相关研究以国外相关概念引介和案例评析为主，但也有少数学者开始探索健康影响评估工具与我国规划实践的结合路径，并开展了初步实践应用②。

（2）城市交通与居民健康发展研究

道路交通对公共健康的影响因素可分为机动交通和慢行交通③。从控制污染的角度，机动交通的排放是空气污染的主要来源之一，通过减少机动车出行、鼓励慢行交通，可降低污染的产生。从促进锻炼的角度，推广步行和骑行的出行方式有益于减少肥胖、高血压、糖尿病和心血管疾病。但机动交通和慢行交通线路的重叠将增加人体对污染物的暴露剂量（或污染暴露度），即人体所吸入的颗粒物剂量，需要通过一定的设计减轻此类污染物对慢行出行者的影响。

（3）城市景观与居民健康发展研究

近年来，国内的研究集中在城市景观对居民健康的影响机制方面④。后疫情时代，中国将进入新公共卫生发展阶段，相关研究热点主要聚焦居民健康的规划设计、管理运行和跨学科研究。规划设计方面，社区绿地是需要关注的重点；管理运行方面，发展趋势为通过运营公共健康活动项目和构建智慧管理体系来提供更完善的公共健康改善和卫生防疫服务；跨学科研究方面，居民健康包含了多方面的学科内容，涵盖医学、历史、社会、经

---

① 杨秀，王劲峰，类延辉，等．城市层面建成环境要素影响肺癌发病水平的关系探析：以 126 个地级市数据为例［J］．城市发展研究，2019，26（07）：81-89.

② 王兰，凯瑟琳·罗斯．健康城市规划与评估：兴起与趋势［J］．国际城市规划，2016，31（04）：1-3.

③ 王兰，廖舒文，赵晓菁．健康城市规划路径与要素辨析［J］．国际城市规划，2016，31（04）：4-9.

④ 李翅．健康与韧性理念下应对突发性公共卫生事件的空间规划策略［J］．风景园林，2020，27（08）：114-119.

济、地理等方面的知识，其研究目的在于为多学科的互相借鉴与融合提供基础，继而推动我国以健康为导向的风景园林的快速发展。

4. 面向全生命周期的健康城市发展研究

（1）老年人居环境发展研究

目前的研究主要集中在老年人的空间分布、社会空间特征、交通出行、居住空间环境、老年人居住环境的空间发展模式以及影响老年人健康的建成环境因素等方面。在老年人健康与建成环境关系的研究中，重点针对建成环境对老年人生理健康和体力活动的影响与作用机制进行探究，主要包括密度、土地利用混合度、设计、距公交站距离和设施可达性、可步行性、城市蔓延、食品环境等。

（2）儿童人居环境发展研究

近年来，对我国学龄儿童的研究显示，儿童超重、肥胖检出率持续上升，与体力活动不足有着密切关系。学龄儿童体力活动的影响因素具有多维性，包括个体因素（性别、体重、年龄、生活习惯及技能、情绪感知等）、社会因素（家庭、学校、朋友、政策等）、建成环境因素（公共设施、交通环境、土地混合利用、居住密度等），且这些多维因素之间相互影响，营造利于提升儿童健康水平的健康空间迫在眉睫。

（三）本学科国内外研究进展比较

由于健康城市实践历程的不同，国内外健康城市在研究方法、主要研究内容等方面均存在较大差异。

总体而言，国内研究起步晚于国外，且在数量和深度上不及国外水平。根据相关学者总结，国外健康城市的研究从 20 世纪 80 年代开始，第一阶段（20 世纪 80 年代中后期）是健康城市理念的萌芽和实践探索时期，为健康城市建设在全球的开展奠定了早期的认知基础。第二阶段（20 世纪 90 年代）是内涵丰富与实践扩展的时期，这一时期健康城市的定义得以明确，并颁布了相关指南；与此同时，一系列相关指南构建了从目标设定到建设步骤，再到评估测度的流程范式，给地方实践提供了最初的技术支持。第三阶段（21 世纪第一个 10 年）是健康城市全球实践与健康影响评估开展的时期，健康影响评估（Health Impact Assessment，以下简称 HIA）逐渐成为一项重要政策工具被运用于健康城市规划和建设之中，进一步促进了健康理念的融入。第四阶段（21 世纪第二个 10 年）是规划实践持续推进与 HIA 深度应用的时期。而我国健康城市实践和研究与党和国家发展战略及政策息息相关，大致分为四个阶段。第一阶段（2000 年之前），为健康城市研究的探索与起步阶段，包括健康城市概念的引入，研究主要集中在对国外健康城市理论的总结与国内健康城市试点建设研究；第二阶段（2000—2009 年），在经历了如“非典”为代表的公共卫生事件后，相关文献涌现，研究进入了平稳发展期；第三阶段（2010—2016 年），研究进入了快速发展期，基于新理念、新技术，围绕着城市环境、人体疾控、社会政策等展开研究；第四阶段（2016 年之后），进入了空前繁荣期，研究不再集中于城市功能及生态环境的健康化，开始重视公共政策对健康的促进，健康建筑、健康社区等健康单元塑造，并与信息化技术广泛结合（图 2-11-3）。

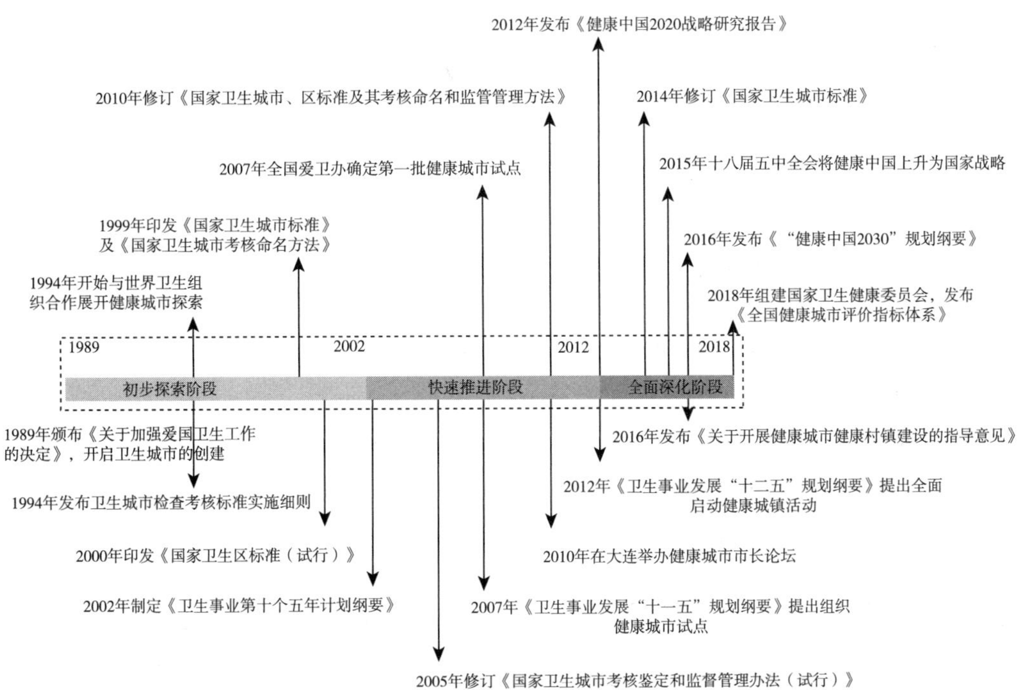

图 2-11-3　我国健康城市建设与发展战略政策的关系①

就研究方法而言，国际上对于人居环境空间的研究，已体现为现代前沿科学技术的全面渗透与植入，尤其是遥感、地理信息系统、全球定位系统技术已全面应用于研究人居环境中宏观、微观要素的知识挖掘、规律分析和决策指导。而国内研究多数停留在初步的定量化分析层面，技术手段的单一和分析模型的欠缺使得人居环境空间研究成果不成体系，与国外研究的理论框架、主客观结合定量方法、多时空尺度实证实地研究、科学技术研究、综合实践应用等方面仍存在较大差距。

就研究内容而言，国外研究中对于城市化带来的健康挑战逐步开展了建成环境对体力活动、公共健康的影响评估，持续推进城市规划设计与公共健康的结合。得益于完善的健康数据库建设，国外基于个体的健康数据可获得性较强的研究主题丰富，学科交叉研究特征显著，对健康状况、健康的非医疗影响因素、健康服务三大基本维度开展健康影响评估极大促进了健康城市研究和实践开展。而国内研究主要包括规划设计方案、综述研究和案例引介为主，缺乏健康城市理论的实证研究。相关研究对提升健康人居环境的规划设计方法进行了持续探索，但尚未形成完整的理论研究体系。其中，健康影响评估工作还处于发

① 丁国胜，曾圣洪．中国健康城市建设 30 年：实践演变与研究进展［J］．现代城市研究，2020（04）：2-8.

展阶段，内受基础数据缺乏的限制，相关研究较少，并大多停留在定性分析层面，在城市规划领域对于环境如何主动干预健康的研究相较于国外尚处于起步阶段，亟须针对具体健康问题提出相应的干预手段及途径。

当前阶段，规范化和标准化是国内健康城市研究发展中面临的主要问题。后续研究亟须通过城市环境的身心健康影响及机理的基础研究，逐步探索中国特色城镇化背景的健康城市研究框架。立足于健康领域理论体系、规划设计方法体系、科学技术研究支撑体系的构建，为健康人居环境建设提供实证基础和询证设计方法，为健康中国的理念落地提供有效的数据支撑和实证基础。

（四）发展趋势与展望

1. 多学科交叉融合推动理论体系构建

在新一轮科技革命和产业变革快速发展背景下，跨学科研究是取得重大科学发现和产生引领性原创成果重大突破的重要方式，也是提升创新能力的重要途径。近年来，健康城市研究不仅包含了传统城市规划和公共卫生领域议题，还涉及经济领域、社会领域、生态环境、社区生活、个人行为、社会公正等，呈现明显的多学科交叉融合趋势，理论体系不断完善。

2. 新技术融合助力研究方法和范式转变

随着以计算机技术和多源城市数据为代表的新技术和新数据的迅猛发展，（新）城市科学在过去的十几年间逐渐兴起，成为一门融合了城市计算、人工智能、增强现实、人机交互等方向的交叉学科，为城市研究和城市规划设计带来了变革可能。这些新技术的发展与融合不但促进了研究定量化技术的进步，也带来了研究思维与方式的转变。为健康城市研究提供了新方法，并推动建立了新范式。

3. 新发展阶段和理念促进研究主题与内容深化

城市是一个开放的复杂巨系统，健康城市的研究规划也从不同层面对人民生活环境及生活模式产生重要影响。随着国民经济社会发展水平的不断提高，生态文明建设、以人为本的城镇化等重要理念的先后提出，特别是健康中国战略等政策方针的实施，健康城市的研究主题和内容不断深化，从生理健康单一维度转变为生理、心理和社会健康等多维度，对老年、儿童等群体关注持续增加，并初步呈现在多空间尺度关联和长时间跨度动态变化方面的研究探索。

本节撰稿人：龙瀛、戚均慧、王兰

第十二节　智能科学与技术

进入21世纪以来，全球科技创新进入空前密集活跃的时期，新一轮科技革命和产业变革正在重构全球创新版图、重塑全球经济结构，深刻改变人们的思维、生产和生活方式。

一、本学科近年来的最新研究进展

在人工智能基础理论研究的支撑下，近些年来激发了众多人工智能方法的研究，包括机器感知、博弈对抗以及视觉理解等。作为人工智能研究的重要内容，多学科交叉下人工智能方法的研究，推动了人机融合智能、机器自主智能以及多智能体等新兴技术领域的发展和产学研技术落地。当前，人工智能技术与传统行业深度融合，广泛应用于交通、医疗、教育和工业等多个领域，在有效降低劳动成本、优化产品和服务、创造新市场和就业等方面为人类的生产和生活带来革命性的转变。机器学习、深度学习、自然语言处理、语音识别、计算机视觉、计算机图形、机器人、人机交互、数据库、信息检索与推荐、知识图谱、知识工程、数据挖掘、安全与隐私、深度神经网络、可视化、物联网等人工智能技术，已经被引入医疗领域的电子病历、影像诊断、医疗机器人、健康管理、远程诊断、新药研发、基因测序等应用场景中；被引入金融领域的智能获客、身份识别、智能风控、智能投顾、智能客服、移动支付以及业务流程优化等应用场景；被引入教育领域的智适应学习、教育机器人、智慧校园、智能课堂、智能题库、语音测评、人机对话、教育辅助等场景，还被引入制造领域的智能工厂、工程设计、工程工艺设计、生产制造、计算机集成制造系统、生成调度、故障诊断、智能物流、智能制造执行系统、生产信息化管理系统等，以及被引入城市管理领域的智能政务、城市指挥中心、城市公共安全、物流及建筑服务系统、能源系统、交通系统、城市环境管理系统、智能家居、医疗系统自动驾驶等多个应用场景。人工智能未来将更多向强化学习、神经形态硬件、知识图谱、智能机器人、可解释性人工智能等方向发展。

1. 人工智能基础理论

我国正抓住这个新兴产业的发展契机，在近三年陆续出台了人工智能相关的发展政策，构筑中国人工智能发展先发优势的重要战略机遇。早在 2016 年，《中国互联网 + 人工智能三年计划（2016—2018）》明确指出人工智能将成为社会经济发展的强大动力。《促进新一代人工智能产业发展三年行动计划（2018—2020 年）》中加强了这一目标并概述了四个主要任务，包括：人工智能重点产品模块化发展、人工智能整体核心基础能力显著增强、智能制造深化发展和人工智能产业支撑体系基本建立。另外，《新一代人工智能发展规划》特别指出，要研究数据驱动的通用人工智能数学模型与理论。

2. 人工智能相关的脑认知基础

人工神经网络为基础的深度学习在近年来取得了长足的进展，展示了神经网络架构在人工智能领域的独特优势。人工神经网络是对于生物神经网络的抽象和简化。在现阶段，高等动物脑中生物神经网络不仅在神经元数量上远多于深度神经网络，在网络的异构特性（不同的神经元类型和前馈、反馈杂糅的网络拓扑等）、丰富多样的突触可塑性、网络所展现的复杂的动力学特性等众多方面，都有着现有人工神经网络所不具备的复杂特征。

3. 机器感知与模式识别

模式识别领域的研究内容包括模式识别基础（模式分类、聚类、机器学习）、计算机视觉、听觉信息处理、应用基础研究（生物特征识别、文字识别、多媒体数据分析等），有多方面、多层次、深入的基础理论方法和关键技术问题，同时在国家安全、国民经济和社会发展领域又有广泛的应用需求。过去半个多世纪以来，模式识别理论与方法体系得到了巨大的发展，很多关键技术得到了成功应用。近几年来，随着互联网、物联网、云计算、大数据、深度学习等技术、方法、平台的发展，模式识别也迎来一个新的快速发展时期，“大数据 + 深度学习”框架推动了模式识别方法快速发展、性能快速提升，带动了应用的实现和推广。

4. 信息检索

近年来，信息检索的发展方向十分丰富，关注的范围也很广泛：从信息检索的各个环节来看，包括对异质信息资源的理解与使用、对用户信息需求与行为的建模、对检索算法与模型的构建以及对系统性能和检索效果的评价等；从信息获取与应用的场景来看，包括从桌面搜索向移动搜索的转变、从传统网页搜索向各种垂直领域多媒体搜索（如图片、音乐等）的演化、从通用搜索引擎向各种特定领域搜索（如法律、健康等）的深入等；此外，对于基础理论的探究以及与其他领域的结合也是信息检索关注的方向，例如对用户隐私、伦理、公平性等方面的探究以及与推荐、对话、问答、人机交互等相关技术的结合。稠密向量检索和标识学习成为信息检索的研究热点。

5. 推荐系统

随着互联网的普及，信息技术极大地方便了人们的生产生活，但同时也带来了信息爆炸问题。互联网上存储了来自各种渠道不可计数的信息，从历史到科技、从娱乐到电商，人们获取自己需要的信息变得越来越困难。以搜索引擎为代表的信息检索是人们主动从互联网上获取信息的一种重要方式，但它依赖于用户主动输入的关键词，需要用户有明确的信息需求，检索系统只能被动地提供信息。个性化推荐系统则提供了一种让系统能够主动提供信息的方式，不依赖于用户输入，系统能够分析用户特征，主动推送用户可能感兴趣的个性化信息，有利于挖掘用户的潜在需求。我国在个性化推荐系统的应用已经深入社会生活的各个方面，成为用户日常工作生活中获取信息不可或缺的服务，新闻推荐系统可以给用户推送各种用户可能感兴趣的新闻；音乐推荐系统可以给用户提供个性化电台服务来播放和推荐可能喜欢的歌；电商推荐系统可以根据用户行为分析用户喜好推荐可能会购买的商品等，成为重要的人工智能技术应用场景。随着知识推理需求的挑战，基于知识的推荐是一种特定类型的推荐系统，充分利用知识图谱开展推荐系统研究成为语义理解的热点。

6. 自然语言处理与理解

自然语言处理具有典型的边缘交叉学科特色，涉及语言科学、计算机科学、数学、认知科学、逻辑学、心理学等诸多学科。其研究一般分为两个部分：自然语言理解和自然语言生成。自然语言理解的目的是让计算机通过各种分析与处理，理解人类的自然语言（包括其内在含义）。自然语言生成则更关注如何让计算机自动生成人类可以理解的自然语言形式或系统。人工智能自底向上可以分为运算智能、感知智能和认知智能。运算智能是指机器的记忆、运算能力；感知智能是指机器的视觉、听觉、触觉等感知能力；认知智能则包括理解、运用语言的能力，掌握知识、运用知识的能力以及在语言和知识基础上的推理能力。目前，人工智能的发展已基本实现了运算智能，机器存储和运算数据的能力已远远超过人类的现有水平；感知智能也取得了许多重要突破，在业界多项权威测试中，很多人工智能系统都已经达到甚至超过了人类水平，如人脸识别、语音识别等感知智能技术已广泛运用在图片处理、安防、教育、医疗等多个领域；以自然语言处理为核心的语言智能处理是实现认知智能的重要手段和关键基础。人工智能在认知智能层面上尽管已有所作为，但在自然语言处理与理解领域，无论是其基础性的语言分析技术，还是具体的语言智能应用产品与系统的设计和研制，都是未来的研究方向。

7. 遥感图像智能理解与解译研究进展及趋势分析

图像解译包含多种技术，如图像去噪、图像地物分类、道路提取、目标检测、目标识别等。此类应用我们期望无须人工干预，由机器进行自动解译，其处理准确性和可靠性能达到实用化的标准。遥感图像解译技术在军事和民用领域均得到了广泛的应用。在军事领域未来高科技信息化战争中，信息网络覆盖整个战场，空基系统是整个信息网络的重要组成部分，而遥感数据又是空基作战体系中信息获取、传输、中继的主要来源，在多维、非线性战场上，实现战场态势的快速感知、传递和精确打击方面，具有得天独厚的优势。遥感图像处理是图像处理的一个重要研究领域，先进的图像解译技术能从遥感数据中快速获得军事情报信息，在无人机自主导航、战场侦察、目标识别以及目标定位等方面均有十分重要的作用。在民用领域，气象的精准预报、灾害预警、城市绿地规划、海上交通管控、走私稽查等工作均与遥感数据解译密切相关。随着国产遥感卫星数量的增加和分辨率的提高，防控新型冠状病毒肺炎疫情期间，高分二号卫星实时拍摄火神山、雷神山医院建设进程，助力精准施策，为我国遥感自主独立应用开创新局面。

8. 人际融合智能

人机融合智能是指一种新的智能形式，它是人、机和环境三种因素相互之间发生作用所产生的，是将人类智能中的联想性、感性推理与人工智能的知识性、理性推理相结合，同时涉及物理性和生物性的智能科学体系，它的根本目标是把人类和机器的优点和长处结合起来，从而形成一套崭新的智能适配机理。它既包含了人类智慧，也蕴含了机器智能，同时融合孕育新的智能升华。人机融合智能可以使用分层科学体系结构来描述。人通过逐步提升自身的主观认知能力分析感知外部的自然环境，这一过程涉及多个层次，例如记忆层、意图层、感知层、决策层和行为层，人在认知的过程中，形成了具有主观性的思维。机器则通过其自身的传感器获取数据，感知和分析外部环境，此过程包含知识库、目标层、信息感知层、任务规划层和行为执行层，机器在此过程中培养客观、形式化的思维。分层的体系结构表明人机融合可以发生在相同的层次之中，并且人机融合智能体系中不同的层次之间也存在一定的因果关系，形成人机融合的协同感知、认知交互、融合决策与行为增强，实现人、机、环境相互协同过程中人类智能与机器智能的融合协同。

9. 智能机器人技术

预计 2025—2030 年，加强机器人技术与正在飞速发展的物联网、云计算、大数据技术进行深度融合，充分利用海量共享数据、计算资源，智能机器人产品服务化能力延伸将取得突破；随着人类脑部工作机理的深入研究，脑机交互技术将得到突破性发展，极大地拓展了机器人的应用领域。这一期间，新一代智能机器人将具备互联互通、虚实一体、软件定义和人机融合的特征，具体为：通过多种传感器设备采集各类数据，快速上传云端并进行初级处理，实现信息共享；虚拟信号与实体设备的深度融合，实现数据收集、处理、分析、反馈、执行的流程闭环，实现“实－虚－实”的转换；对海量数据进行分析运算的智能算法依托优秀的软件应用，新一代智能机器人将向软件主导、内容为王、平台化、应用程序接口中心化方向发展；通过深度学习技术实现人机音像交互，乃至机器人对人的心理认知和情感交流。

10. 发展智能经济具有重要意义

智能技术已经成为推动经济发展的新引擎，我国智能经济发展已初具规模，其作为未来经济增长突破口的地位业已凸显，将全面助推经济高质量发展。人工智能是智能技术中居于领军地位的关键技术，对推动我国传统产业变革，催生新经济、新业态意义重大。发展智能经济对贯彻落实新的发展理念、培育新经济增长点、以创新驱动推进供给侧改革、贯彻落实数字中国战略等都将产生深远影响，将整体驱动生产方式、生活方式和治理方式变革，促进自主创新的发展。智能经济是贯彻落实创新驱动发展战略、推动“双创”“四众”的最佳试验场，也是抢占“新基建”战略高地的强大动力。面对国际经贸博弈和新冠肺炎疫情后的全球变局，着眼于全球数字经济即将进入智能化阶段的大趋势，为“新基建”提供了机遇。5G（第五代移动通信技术）、数据中心、物联网、人工智能、工业互联网等新型基础设施，将会赋能交通、电网、医院、校园、工业园区等传统公共设施的智能化升级，形成智能经济的基础支撑。

二、本学科发展趋势及展望

可以预计未来几年，智能科学与技术的发展将会对科学研究、技术变革和产业升级将起到重要的作用。

1）近年来，随着对人工智能的认知加深，传统人工智能潜在的技术壁垒和应用风险已经逐渐浮现，人工智能的发展正在寻觅从领域人工智能到通用人工智能的新突破口，实现从特定领域人工智能向通用人工智能的跨越发展已经成为下一阶段的重要趋势。区别于领域人工智能的通用人工智能和类脑智能的研究成为未来重要的发展方向，智能科学与技术的“人－机－物”智能融合将更为广泛地应用。

2）一方面，脑启发形式的类脑智能、可解释性机器学习、因果推理、知识图谱等知识类智能机器系统将解决现有智能科学和应用发展存在的不足，成为突破人工智能发展瓶颈和重要方向；另一方面，量子计算、高性能计算将进一步推动人类的计算能力，为智能科学提供强有力的计算能力。

3）产学研融合发展成为智能科学与技术发展的机遇和挑战。从科学发现到技术应用，从机器感知到决策执行，从经济发展到国家安全，全链条的产学研融合发展，产学研用一体化的转化能力将成为各国发展智能科学与技术的焦点。我国应该抓住机遇，以理论研究为源头强化基础性研究的战略性，以技术研究为主体强调技术研发的前瞻性，以应用研究为出口体现技术应用的普惠性。

4）跨学科人才培养成为发展基石。智能科学与技术这一新兴领域以及各个分支领域均具有跨学科的特性，对现有的高等教育学科人才培养体制提出了挑战。中国科学技术协会为满足科学在20世纪以来的一个重要发展趋势：技术的融合以及科学、技术与社会的相互渗透，跨学科联合攻关，组织全国学会形成学会联合体，积极推动跨学科人才体系建设。

5）数据成为重要的生产要素，以推动技术突破并制定适当的技术标准、保护包括公民隐私在内的人工智能伦理价值，增强公众对人工智能技术的信任和信心，在各国价值观的约束下，进行自动化决策、帮助其他领域发展和帮助弱势群体，减少数字鸿沟，使人工智能在科技向善的精神指导下，将成为智能经济发展上的重要一环。

本节撰稿人：戴琼海、唐杰

第三章

相关学科进展与趋势简介（英文）

1 Tubular Weapons Technology

1.1 Introduction

The report on the development of tubular weapons summarises the results and technical breakthroughs achieved through the fast growth of artillery weapons, rocket launchers and firearms. Developments of tubular weapon technology are discussed regarding the areas of overall design, propulsion, control, integrated information management, carrier platforms, new–concept propulsion, materials and manufacturing. The future development trend of tubular weapon technology is analyzed by comparing with the status quo of foreign systems and suggestions are made.

1.2 The Latest Research Progress of this Discipline in Recent Years

1.2.1 Overall Technology of Tubular Weapons

The research on the development of the overall technology of tubular weapons focuses on the technical priorities of weapon system of systems(SoS) formation, performance requirements demonstration, design plan optimisation and integrated validation. With respect to field artillery weapons, naval guns, rocket artillery weapons, anti–aircraft guns, assault guns, aircraft cannons, automatic firearms and system simulation and testing, the current development of the overall technology of tubular weapons is elaborated, the technical development at home and abroad compared, future technical development trends are analyzed and suggestions made for the development of the overall technology of Chinese tubular weapons.

Over the past few years, tubular weapon technology and systems developed rapidly. Traditional stand–alone systems have been converted and forming a SoS. Focusing on combat missions and capability requirements, integrated SoS design methods have been devised, providing vigorous SoS method support for forming and maintaining the fire strike superiority of tubular weapons featuring "longer range, faster response, better fusion, improved accuracy, more intelligence and increased firepower". To meet the requirement of constructing an organic SoS, a SoS design framework has been established, which evolved from "requirement level decomposition" to "design and development process iteration" and then to "complete integrated SoS packages". With the concepts and methods of object–oriented and system–oriented design, fast and complete research and development of weapons and their support systems have been realized. In order to address the challenges posed by diversified combat tasks for tubular weapon systems, an integrated path of development for product lines has been set up with the characteristics of "fused technologies, common modules and multiple forms". By means of ballistic compatibility of different ammunition, common ballistic technical specifications, combination of functional component modules, platform and gun system integration, weapons are made multi–functional, capable of providing suppressing fires, assaulting and air defence and adaptable to forests, mountains and high altitude environments. Thus, a system of systems based on product lines has come into being. For the in–depth application of the overall demonstration methods for tubular weapons based on effectiveness and ergonomical evaluation, the priority is the establishment of an assessment model of SoS contribution ratio by combining modern modes of war with the field application of tubular weapons so that the development of technology and equipment are driven by SoS needs. Advanced design theories are developing rapidly in the overall design of tubular weapons with launching dynamics, human–machine integration modeling, response analysis of sophisticated configurations, digitalised design, virtual–reality(VR) simulation improving everyday in terms of technical readiness. They have promoted the use of model–based design methods for tubular weapons, developed a full life cycle dynamic design theory with high–level reliability and safety , and formed a corresponding application framework. These have in turn effectively improved the efficiency of the overall design of tubular weapons. The platform framework and interfaces for coordinated design are constantly improving, laying a solid foundation for the systematized R&D of tubular weapons.

1.2.2 Propulsion Technology of Tubular Weapon

Tubular weapon propulsion technology focuses on new development priorities of tubular weapons such as super long range propulsion, high accuracy firing, recoil control, automated loading and underwater firing. The current status of propulsion technology is elaborated, the development of propulsion technology at home and abroad compared, and suggestions for the development of China's tubular weapon propulsion technology made.

Propulsion technology is one of the most distinctive technical priorities of tubular weapons. The propulsion of modern tubular weapons stresses high propulsive energy efficiency, the precise control of firing accuracy, the reasonable distribution of the launched payload, the automatic control of the firing process and the compatibility with the firing environment. As firing energy keeps increasing, traditional classic interior ballistics has evolved into an accurate modeling theory of multi-dimensional two-phase flow interior ballistics, which serves as the theoretical foundation for the ignition control, propellant gas generating pattern regulation, pressure wave suppression and safe firing of tubular weapons when large propellant charges are used. The theoretical system of exterior ballistic range extension is gradually improving. Based on the extensive application of aerodynamic streamlining, powered and glide range extension, further developments of range extension are seen, such as gun-launched solid ramjets, pulsed detonation propulsion and smart morphing control. All of these have extended the range of tubular weapons by leaps and bounds. Progress in key foundational theories of tubular weapons has improved the firing accuracy control theory, breaking through the bottleneck of high accuracy firing with complicated disturbances by establishing high accuracy firing simulation models with knowledge and data-driven methods. As a result, tubular weapons have become precision area and point strike weapons with the help of real-time adjustment, ballistic correction, guidance, navigation and control. In order to meet the needs of weight reduction and high reliability, constant efforts are made to investigate the engineering application of new recoil reduction technology. The soft recoil technology based on the fire-out-of-battery(FOOB) principle has made a major breakthrough and entered the engineering application phase. The design theories of new recoil reduction devices using the multi-dimensional recoil technology based on load separation and buffered energy release principles have become more and more technically ready. They have opened new paths for the lightweight design of launchers with higher kinetic energy than before. At the same time, with the development of the smart control technology, other highly effective recoil reduction technologies using new materials and new principles are also breaking new ground. These include magnetically damped recoil, resilient rubber damping and rarefaction waves. When it comes to automatic ammunition handling, breakthroughs have been achieved in key areas such as the flexible-rigid and electromechanical-hydraulic modeling of the sophisticated and heterogeneous controlled object of specialised systems, the governing laws of parametric uncertainty and non-linear factors on dynamic characteristics, the accurate measurement and identification of the characteristic parameters of control models and control model validation. All of these combined with the progress of the smart fusion of various technologies have lead to the successful development of high real-time motion control algorithms extreme conditions of strong and complicated disturbances and uncertain parameters, thus making tubular weapons capable of rapid, reliable and automatic loading. Underwater launching has also been advancing rapidly with theoretical breakthroughs in fully sealed, fully submerged and gas screen launching. Some key technologies are validated, such as the cross–media launching of tubular weapons and underwater high rate of fire launching. They have moved underwater launching technology further out of the laboratory and into the field.

1.2.3 Control Technology of Tubular Weapons

Tubular weapon control mainly consists of weapon control and fire control. It serves as the foundation for the informatisation and digitization of tubular weapons. With respect to the fast response control of tubular weapons, high precision auto–laying, ballistic data correction control, fire coordination control and smart power distribution management, the status quo of tubular weapon control technology is discussed in details and the gap between tubular weapon control technologies at home and abroad analyzed. Suggestions are also made for future development priorities and solutions.

Modern tubular weapons must be responsive and able to "shoot and scoot". Therefore, major efforts are made for the modeling of sophisticated electromechanical coupling among multiple subsystems of a tubular weapon and the coordinated control of different systems at extreme service conditions, leading to breakthroughs in multi–source data driven tubular weapon control. Inertial measurement and satellite positioning are used extensively to realize the real–time positioning and orientation of tubular weapon platforms. And high–speed auto–laying is achieved by using strap–down inertial navigation laying and big inertia servo stabilizing control. Fast and accurate correction can now be made to firing data and flight trajectories thanks to real–time ballistic trajectory extrapolation models and real–time ballistic adjustment control. Distributed fire coordination control has been developed for integrated and coordinated fire strikes. In key technological areas such as tactical internet–based and distributed communication, fire coordination, multi–target fire assignment, optimum fire decisions and tactical unit fire mobility coordination, breakthroughs have been achieved and engineering applications realised. In order to adapt to the needs of rapid laying and automatic ammunition handling for high power supply management and smart power distribution management, breakthroughs have been made in key technological areas such as the integrated control of electromagnetic payload power supply, high voltage accumulation and peak power compensation, high and low voltage smart power distribution management and high voltage power supply safety protection. Fault detection and diagnosis have been made autonomous for complex missions and control is becoming smarter and smarter.

1.2.4 Integrated Information Management of Tubular Weapons

The integrated information management of tubular weapons refers to the technology that integrates various functions of a weapon system and platform such as detection, identification, communication, navigation, electronic countermeasures(ECM), mission management, travelling and fire control into an organic whole so as to make full use of the effectiveness of the integrated weapon system. In recent years, the priorities of integrated information management are on-board electronic communication networks, smart human-machine interaction, fault prediction and diagnosis and simulated training. They have effectively supported tubular weapons to be more information-based and to develop as a SoS.

The bus used by Chinese tubular weapons, which is CAN-based, has been improving constantly. Currently, The application research of new buses based on CAN-FD, Flexray and switched Ethernet is gathering speed. Multi-field bus integration is realised to adapt to the needs of real-time transmission of different types of data. Multi-frequency wireless broadband ad-hoc networking has been developed for building the communication network for the command and control, reconnaissance, communication of tubular weapons. With this technology, multiple weapon platforms can be interconnected and come on and offline with local access while sub-networks can be merged and divided. The crew control terminals are no longer based on the interaction mode using keyboards and menus. Instead, new information management control methods including body feeling augmented control, situation coupled control and man-on-the-loop monitoring are gradually put to use owing to the development of multi-source information sensing and fusion. Research has also been done in the areas of reliability analysis, integrated fault diagnosis and preventative maintenance for the health management and status monitoring of tubular weapons. Thanks to these efforts, predictive methods based on theoretical inference have been developed and performance degradation analysis models built. All of the above combined with situational awareness and machine learning have promoted the engineering application of the fault prediction and prevention of tubular weapons. While the emphasis is put on the development of combat systems, simulated training is also improving accordingly. Simulated training architecture based on the DIS and HLA hybrid architecture has been established by combining tubular weapons with distributed interactive simulation, VR and computerized force generation, thus leading to the conversion of combat system training to simulated joint operations and force-on-force training.

1.2.5 Carrier Platforms of Tubular Weapons

Carrier platforms are the basis for modern tubular weapons to realise rapid manoeuver and cross-domain operations. China has developed various land-based, air-based, sea-based and specialised platforms for tubular weapons. Over the past few years, significant progress has been made in product line expansion, mission integration, compatibility and adaptability and autonomous control. It has supported the development of tubular weapon product lines.

Land-based carrier platforms emphasise “product line expansion and cross-domain mobility” and make possible the combat mode of decentralised forces and concentrated fires. Carrier platforms and tubular weapons are integrated as modules. The product line development paradigms of wheeled, truck-mounted, tracked and towed systems have been formed. The application of wheel hub drive, large-displacement suspension, advanced sensing and auto driving, amphibious/air-dropped/transported technologies have improved the multi-domain operations capability of equipment. Air-based carrier platforms focus on "firepower improvement and mission integration". The helicopter cannon weapon has solved the problem of high firepower and low recoil accurate firing. The combination of transport aircraft and multiple types of tubular weapons has promoted the development of tubular weapon systems based on aerial platforms, achieved breakthroughs in the buffered control of launched payloads, constructed a precision computational model for large angles of attack trajectories based on non-linear aerodynamics and realised the integration of the mission payloads of aerial platforms. Sea-based carrier platforms attach importance to "compatibility and adaptability and function integration". The large-caliber naval gun has achieved key technological breakthroughs and made progress in multiple original technologies. The control technology of surface-to-air engagement based on radar threshold is developed, stabilised launching control theories based on sea wave spectrum inversion models proposed, and sea-based long-range precision fires achieved. Unmanned vehicle platforms focus on "autonomous control and smart decision-making". Efforts are made to match weapon systems with unmanned ground, aerial and surface vehicles and realise their autonomous control so as to promote the development of the unmanned equipment.

1.2.6 New Propulsion Concepts of Tubular weapons

New propulsion concepts are no longer limited to solid energetic materials used by traditional tubular weapons as the source of energy. Instead, new energy sources are used for propulsion, such as the Lorentz force, plasma and gas with low molecular weight. This has gone beyond the limit of traditional propulsion technologies.

Although China is a latecomer when it comes to new propulsion concepts, it has come a long way, especially in the areas of electromagnetic(EM) launch and electro-thermal-chemical(ETC) launch, where significant progress and fruitful results have been achieved. Breakthroughs are made in EM railgun in-bore stability control during high-speed launch. As a result, launching consistency is significantly improved. And breakthroughs in high accuracy launch and rail erosion and wear control have promoted the engineering application of EM railguns. In terms of ETC launch, key solutions are found for high energy density pulsed power-supplies, plasma generators and low-temperature muzzle velocity compensation.ETC launchers have also been successfully integrated. As for combustion light gas(CLG) launch, a simulated experimental system has been built and stable interior ballistic control realized.

1.2.7 Materials and Manufacturing Techniques of Tubular Weapons

The materials and manufacturing techniques of tubular weapons serve as the technical foundation for the delivery of design and field application. They are indispensable in the technical development of tubular weapons. In recent years, China has conducted research on tubular weapons and achieved a streak of technical breakthroughs in key areas such as the processing of new high strength gun steel, fabrication of lightweight components, application of nonmetallic materials and improvement of specialised processing techniques.

The new gun steel is a type of advanced gun steel, which is of high strength and ductility because alloying and oxidant control methods are employed together with corresponding metallurgic and heat treatment techniques. By means of the topology optimisation of lightweight structures, lightweight materials such as titanium and aluminum alloys are now used in key structures of tubular weapons, significantly reducing system weight. Super high–strength carbon fiber materials are now applied to launchers, particularly to newly–emerged ones like EM railguns, which has led to significant progress. Processing techniques are constantly improving, for example, the precision processing of large size components, the processing of deep holes with large L/D ratios and the precision installation of sophisticated components. New materials and processing techniques such as bionic materials and additive manufacturing(AM) are applied to the manufacturing of tubular weapons, improving manufacturing efficiency and laying a foundation for flexible manufacturing.

1.3 Comparison of Research Progress in this Discipline at Home and Abroad

1.3.1 Overall Technology of Tubular Weapons

Compared with the development of the overall technology of foreign tubular weapons, China has fast–tracked the development of its tubular weapons in recent years. A number of advanced world–class systems have been developed, some even being top–ranking in the world. As for Chinese tubular weapons, significant achievements have been made in terms of overall design ideas, design methods, module integration and multi–capability combination. However, there are still some outstanding problems such as caliber redundancy, incomplete ballistic standards, impeded R&D coordination and shallowly explored frontier areas. These are the priorities to which attention should be paid in the future development of the overall technology of tubular weapons.

1.3.2 Propulsion Technology of Tubular Weapon

As the propulsion technology of foreign tubular weapons continues to develop in a steadfast way, China is advancing rapidly in this area and has made major breakthroughs in long–range firing, high accuracy firing and high–speed automatic loading. Weaknesses in foundational theories are being made up for and some of the technologies are already world–class. As the exploration and application of next–generation technologies for tubular weapons paces up, more innovative technical plans are being proposed by Chinese scholars in the areas of long–range firing and precision strikes, laying a sound foundation for China to pick up speed and lead the frontier research of tubular weapons in the world. Tubular weapon propulsion is moving towards increased intelligence, extended range and precision. Therefore, more importance should be attached to the merging of the different fields of tubular weapon technology, the intertwining of different disciplines and the in–depth development of foundational theories.

1.3.3 Control Technology of Tubular Weapons

Compared with what other countries have achieved in automated control, smart management, network interconnection and control integration and their application, China is still lagging behind in terms of unmanned autonomous operation of tubular weapons, smart target identification, battlefield situational awareness and visualisation, networked and coordinated operations and smart and autonomous control. Targeted research should be conducted and accelerated so as to close the gap existing in the technological foundation and make tubular weapon control more unmanned and smarter.

1.3.4 Integrated Information Management of Tubular Weapons

Some foreign countries applied digital communication to tubular weapons much earlier than China, by which they have realised automated control, network interconnection and integration, as well as integrated fusion of gun control and fire control data. Comparatively, China's integrated information management technology started much later. However, with the rapid development in recent years, China is gradually closing the gap and forming a distinctive technological system. To make future systems more information–based and smarter, more efforts should be made to achieve breakthroughs in key areas such as the reliable interconnection of tubular weapons in sophisticated battlefield environments, the modularity of information management systems, the intelligence level of interactive terminal modes, the precision of dynamic fire control and the VR combination of training exercises.

1.3.5 Carrier Platforms of Tubular Weapons

Compared with the development of the carrier platforms for tubular weapons in other countries,

China has developed a more complete array of carrier platforms, particularly unmanned ones, which are mushrooming. However, many foreign manned and unmanned platforms are battle-proven. It helps determine the technical approach that should be adopted when developing carrier platforms for tubular weapons and it is also something that Chinese carrier platforms lack. In China, different platforms are developing in parallel without any priority. This means there should be more studies about a system aimed at smart operations and a core carrier platform product line should be established.

1.3.6 New Propulsion Concepts of Tubular Weapons

After many painstaking efforts, China has come a long way in terms of the foundational theories, key technologies and engineering application of EM and ETC launch compared with the development of new propulsion concepts in other countries. System integration has been successfully achieved and reached world-class level, with some core features ranking the top in the world. However, Chinese CLG launch still has not moved out of the lab. There is a gap yet to be closed as other countries are consistent with relevant foundational research.

1.3.7 Materials and Manufacturing Techniques of Tubular Weapons

Compared with the advanced material and manufacturing system of tubular weapons in other countries, the application of new materials in China is still on a limited scale. The fabrication of new materials and processing techniques are yet to be improved. A clear gap is to be closed in terms of barrel life and the application of lightweight materials. Future priorities should be the technical development of barrel life extension, advanced manufacturing equipment, processing system standards and smart manufacturing methods.

1.4 Development Trend and Prospect of the Discipline

To meet the enhancing of the informatization, unmanned, intelligentize requirements in future battlefield, tubular weapons equipment will be more prominent in features of long-range, accuracy and coordination, which put forward new requirements for the development of tubular weapons technology. Long range will be the typical feature of cross-generation promotion and development. Accuracy will be the basic requirement of modern barrel weapons. Intelligentization design will become the inherent basic element of tubular weapon equipment. Multi-functional will become the important foundation for improving efficiency of tubular weapons. Lightweight will become the core constraint that determines the vitality of tubular-weapon equipment. The systematization of equipment will reflect the comprehensive ability of tubular weapons to meet the actual combat needs.

2 Aviation Science and Technology

Aviation science and technology is a highly intensive industry of talents, knowledge, technology, financial resources and policy resources, and it is also a rapidly developing industry full of fierce competition. At present, digital technology, artificial intelligence technology, new energy technology, environmental protection technology and other high technologies have been widely applied to the aviation field, which puts forward higher requirements for our development of aviation technology.

As an annual report on the development of aviation science and technology for 2020—2021, this report introduces the domestic and overseas remarkable achievements and research gaps in the aviation field from 2016 to now, as well as the present situation of the aviation industry in recent years. The report covers the following eight aspects: aircraft, aircraft structure, aviation electromechanical technology, aircraft guidance, navigation and control system; avionics, aviation physiology and lifesaving protection, aeronautical materials technology, aviation manufacturing technology. Here is a brief introduction to these ten aspects.

In overall aircraft technology research and engineering applications, The J-20 aircraft, J-15 and Y20 have been officially installed in the Chinese air force and Navy. Some of these aircraft have been equipped with domestic engines. Their derivative models are also under development. Besides, significant progress has also been made on the C919, the AG600 amphibious aircraft, the new long-range inspection and fighter multi-purpose UAS - Wing Dragon II, the L15 advanced trainer and the Teach-10 advanced trainer, and many other types of aircraft.

In terms of helicopters, Military helicopters such as the WZ-10, WZ-19 and WZ-20 have greatly improved the ability of our military to conduct reconnaissance attacks and transport supplies. The AC311, AC312A and AC313 helicopters have also opened up the field of civil helicopters in China, filling the gap of developing large transport helicopters in full accordance with the requirements and procedures of the airworthiness regulations.

The official establishment of Aero Engine Corporation of China (AECC) in 2016 marked a new beginning in the development of Chinese aero-engines, which means the development of China's engine industry changes from the traditional product-centered organization mode to the customer-centered organization mode. WS-16 engine received the type certificate issued by the Civil Aviation Administration of China in October 2019. the design and development of various kinds of turboprop engines, such as the AEP500 engine, the AEP80 engine and the AEP50E engine, is being carried out orderly. In the aspect of small and medium thrust turbofan engines, engines like AEF50E, AEF20E and AEF100 can meet the power requirements of different classifications of UAVs. While in the aspect of large commercial turbofan engines, the CJ-1000 engine, can provide thrust for large trunk airliners such as the C919. Private enterprises that have made great breakthroughs in engine materials and blades also began to integrate more into China's engine industry chain.

In the aspect of aircraft structure, a preliminary strength design automation system has been built, thus improving the efficiency of strength design. The aerospace structural health monitoring technology has completed laboratory research and is being carried out to verify the application in ground strength tests of aircraft structures and flight tests of some sensors.

In the field of aviation electromechanical technology, China has carried out two main aspects of work. First, they put forward the overall solution from the top-level design of the system which carries out systematic and comprehensive research work starting from two technical platforms. Second, they put forward the overall system solution from the combat mission and the overall functional needs of aircraft. China has made progress in many aspects such as system software, bus technology, sensor technology and fault prediction and health management.

In the area of aircraft guidance, navigation and control systems, China's self-developed guidance technology is making rapid progress with the vigorous development of missiles and unmanned aerial vehicles, which basically meet the needs of military and civilian missions. In terms of navigation technology, optical gyroscope technology has developed rapidly; inertial/GNSS combination has achieved great success. Progress has also been made in advanced technology fields such as atomic navigation. The flight control system is constantly evolving with the development of technology. Intelligent autonomous control is the main direction of current flight control system.

The domestic avionics system has made great progress mainly in the following areas. the civil aircraft system development capabilities and environment have formed preliminarily, which leads to the development of other models. Each supplier has built up a development environment covering the whole life cycle of system development. Through the development of domestic civil aircraft projects, the major avionics system companies have deepened their understanding of civil aircraft airworthiness. The development of avionics systems has always been centered on the development vein of "integrated, digital, networked, intelligent" and has been deepening.

The development in the field of aviation physiology in China has played a role in promoting innovative developments in the development of intergenerational system equipment for electronic breathing regulators for pilots of new-generation aircraft. In the field of aviation protection life-saving research, China has carried out upgrading work on the third-generation rocket ejection seat, while the fourth-generation ejection seat has also achieved leapfrog development. China has developed individual protective devices such as FZH-2 integrated protective suit, WTK-4 integrated protective helmet and YKX-1 chair-mounted oxygen anti-charge adjustment subsystem for the characteristics of fourth-generation warplanes and so on.

With the development of aviation equipment, China has basically formed a more complete aerospace materials development, application research and batch production capacity, and successfully developed a number of more advanced material grades, the development of a number of material acceptance, process and testing standard. China's independent development of high-temperature, high-strength alloys breakthrough in a number of key technologies, some of which have been successfully applied in aviation equipment. The performance of some materials in the transparent parts and rubber sealing materials has reached the international advanced level. The development of China's coating materials not only make the coating layer performance significantly improved, but also make the coating technology gradually from the traditional high pollution technology to the new green technology change.

For aviation manufacturing technology, the amount of resin-based composite materials for domestic aircraft has been rapidly improved, and the amount of composite materials for large passenger aircraft C919 aircraft accounts for about 15%, and the main structure of most domestic unmanned aircraft is 100% composite materials. China's new direction in the development of automated assembly digital flexible assembly has carried out a lot of research, and also formed a certain scale of patented technology group and high-quality development industry chain in advanced welding technology characterized by high efficiency and high precision.

This research work tries to analyze the development of aviation science and technology according to the classification in this field. By summarizing the new progress, new achievements, new insights, new ideas, new methods and new technologies, as well as conducting comparative research with the international advanced level, the development trends and hot topics of aviation science and technology are presented in this report. Based on the strategic needs of national economic and social development, the prospects in this field are indicated, and suggestions on key research are put forward.

In recent years, China has steadily increased its investment in the development of aviation science and technology. New projects have been completed. New aircrafts have made their first flight. New equipment has been deployed to the army. Technological research and verification experiments have been done continuously. Although China is still in the catch–up stage from the current situation and status, it is still a serious competitor in the aviation field. It is an inevitable choice for China to take the road of independent research and development. In the future, we Chinese should strive to make greater breakthroughs in key technologies such as aero–engines, new materials and aerodynamic configuration design with strong will and enduring patience. We Chinese should strive to achieve fully autonomous and controllable development and constantly narrow the technological gap with other aviation superpowers.

3 Bridge Engineering

3.1 Introduction

Bridges refer to the structures erected on the water or in the air to cross obstacles to achieve traffic functions. Bridges are the economic arteries and traffic carriers related to the national economy and the people's livelihood. In recent years, China's bridge engineering has developed rapidly and has achieved world–renowned achievements. It has become one of the main driving forces for the advancement of international bridge technology and technological innovation, and it is developing from "follow runner" to "leader runner". China has built 910,000 highway bridges with more than 66 million meters, and about 90,000 railway bridges with a length of about 30,000 kilometers, ranking first in the world in the number of bridges. Among the 10 world widely largest span bridges in each bridge type, China has 5 beam bridges, 7 arch bridges, 7 cable–stayed bridges, and 6 suspension bridges.

Bridge engineering refers to the working process of planning, design, construction, operation and dismantling in the life of bridges. The main content of the research of bridge engineering discipline includes survey, design, construction, monitoring, maintenance, verification, testing, etc. This development report on bridge engineering discipline carried out nine special researches, summarized the development status of bridge engineering discipline in China, comparative analysis of bridge engineering discipline in our country with abroad, and proposes the prospects and proposal for the advance in bridge engineering discipline.

3.2 Research Development in Recent Years in China

3.2.1 Important Progress in Scientific Research

In terms of bridge structure and span research, reasonable systems for a 5000m-span suspension bridge and a 1500m-span cable-stayed bridge were proposed, and a 600m-span arch bridge has already been under construction. A number of key technologies have achieved breakthrough developments, including multi-functional large-span bridges, steel box or truss girder and steel-concrete composite girder, design and construction of the deep-water foundation.

In terms of new materials and structures, a lot of research has been conducted on the materials, structural performance, existing structure reinforcement and new structure related to ultra-high performance concrete (UHPC). Technical standards have been also formed and gradually applied to practice. In terms of high-performance steel, Q690 high-performance bridge steel and high-strength steel wire with a strength of 2000MPa have been successfully applied.

In terms of loading and effects, the corresponding vehicle load model was established and a new calculation method of impact coefficient was proposed. For the vehicle-rail-bridge coupled vibration problem with rail transit bridges, significant progress has been achieved in analysis models and efficient algorithms, random vibration and coupled vibration under multi-dynamic forces (wind, earthquake), etc. A bridge wind vibration and control theory based on structural robustness has been proposed, and the bridge wind resistance design theory has been changed from the traditional "current safety design" to the theory of "life-cycle performance design". The performance-based seismic design theory and methods for large-span bridges have been proposed. New types of damping and energy consumption system or self-recovery structure have been developed. The multi-field coupling effects of wind, waves, and currents in the marine environment have been studied.

In terms of monitoring and testing, high-precision automated monitoring systems with Beidou, optical fiber sensing, and fully automatic intelligent robots have been developed, realizing the real-time monitoring of structural effects, cracks, corrosion, and environment of important bridge structures. Cloud monitoring platforms with cloud computing and cloud services have been established.

In terms of vibration and control, inertial capacity technology was introduced for passive control of bridge structure vibration. Active and passive control technology for wind vibration, self-resetting anti-seismic bridge pier system, bridge impact and shock vibration control technology and rail transit bridge noise control technology have all achieved important progress.

3.2.2 Innovation Achievements in Technological Development

In terms of design methods and standards, the current design of bridge structures in China mainly adopts the limit state method. In recent years, roads, railways, and the municipal industries have released new design standards. In terms of full-life performance design, the stress limit design method of prestressed concrete girder bridge under complicated stress was established. The design theory of the large-span steel structure bridge based on system reliability has been proposed, and the concrete structure durability design standard has been established. The research of durability design of orthotropic steel deck and the basic design based on environmental protection have been conducted.

In terms of construction and equipment, the construction technology with proprietary intellectual property rights of large sea/river crossing bridge, prefabricated assembly highway and railway bridge and mountainous bridge have been developed. Series of foundation construction equipment have been developed. The management concept of "people-oriented", "quality engineering" and "delicacy management" have been implemented. Informational technologies of bridge construction management have been wildly applied.

In terms of bridge operational and maintenance management, portable non-destructive testing equipment and bridge loading experimentation suitable for various types of bridges have been developed. The structural health monitoring system, and the field of sensing, data storage and processing have great progress. In the performance and state assessment of the bridge, the long-term evolution rules of time-dependent reliability for the life-cycle bridge structure was ascertained, and condition evaluation, failure mode prediction and safety warning mechanism of the structure were proposed. The anti-corrosion ability of concrete structures was enhanced from the improvement of corrosion resistance of steel and concrete. The anti-corrosion ability of steel structure and steel cable was improved by coating and dehumidification. The maintenance management system combines information technology to form an asset management system. In terms of intelligent maintenance, rapid identification and intelligent analysis of bridge inspection data have been realized, and BIM was gradually becoming the technical basis for the integration of bridge construction, management and maintenance.

In terms of intelligent construction, operation and maintenance, artificial intelligence-based bridge structure design and aerodynamic shape optimization design technologies have been studied, and intelligent concrete and intelligent cables have been developed. The information management of the entire construction process based on the new generation of information technology such as BIM technology and "Internet +" has been realized. Intelligent detection technologies with unmanned aerial vehicles (UAVs) and intelligent robots have been developed, and a significant progress has been achieved in intelligent disaster prevention and mitigation.

3.2.3 Significant Achievements in Bridge Construction

China's bridges are constantly breaking world records, and major achievements in bridge engineering construction continue to emerge. In recent years, Quanzhou Chenggong Bridge with a main span of 300m has been built. The largest concrete arch bridge, Beipanjiang Bridge in Shanghai–Kunming High–speed Railway, and the largest concrete–filled steel tube arch bridge, Guangxi Pingnan Third Bridge, have been built successively. The second and largest suspension bridge in China, Wuhan Yangsigang Bridge and Nansha Bridge, the longest sea–crossing bridge, Hong Kong–Zhuhai–Macao Bridge, and China's first rail–cum–road sea–crossing bridge, Pingtan Straits Bridge, have been built. The world's first rail–cum–road cable–stayed bridge over 1000m, Shanghai–Sutong Yangtze River Bridge, and the world's first rail–cum–road suspension bridge over 1000m, Wufengshan Yangtze River Bridge, have been open to traffic. The world's first three–tower cable–stayed bridge with an all–steel–concrete composite structure, Nanjing Jiangxinzhou Yangtze River Bridge, has been also built.

Series of super–large–span bridges will be established in the 14th Five–Year Plan period. The construction of the cable–stayed Changtai Yangtze River Bridge with a main span of 1176m has started, and the Guanyinsi Yangtze River Bridge with a main span of 1160m and the Ma'anshan 2 × 1120m three–tower rail–cum–road Yangtze River Bridge have been under design. The above–mentioned bridge will once again refresh the world record of cable–stayed bridges. Furthermore, Guangxi Longtan Tianhu Bridge will promote the world arch bridge span record to 600m. The Zhang Jinggao Yangtze River Bridge with a main span of 2300 m, and the Shiziyang Sea Crossing Channel with a main span of 2180 m will break the world record for suspension bridges.

3.2.4 Successful Practice of Operational and Maintenance Management

Chinese bridge construction is in a critical transition period from "construction as theme" to "equal emphasis on construction and maintenance". On the one hand, with the rapid development of new bridges, the contradiction between the high requirements for service safety or quality of in–service bridges and the insufficient structural performance has become increasingly prominent. On the other hand, bridge operational and maintenance management have the characteristics of long time, complex problems, many influencing factors and complex mechanisms. Therefore, it is necessary to build a complete bridge operation and maintenance support system.

In terms of systematic monitoring and safety assessment, Shanghai Xupu Bridge, Poyang Lake Bridge and three major bridges in Hongkong have achieved great success in the early stage bridge health monitoring systems. After that, standardized management and ensuring driving safety have become the development direction of bridge operation and maintenance management. Nanjing Dashengguan Yangtze River Bridge, Sutong Yangtze River Bridge and Guangzhou Huangpu Bridge have achieved great success in this area. In terms of preventive maintenance and performance improvement, Jiangyin Yangtze River Bridge, Donghai Bridge and Junshan Bridge have improved the safe service level of degraded bridges by adopting reasonable materials, structures and technological measures. In terms of intelligent detection and digital twinning, Hong Kong–Zhuhai–Macao Bridge and Wuhan Tianxingzhou Yangtze River Bridge has made many explorations in intelligent detection.

3.3 Comparison of the Research Development at Home and Abroad

3.3.1 Bridge Structure and New Materials

In terms of large–span girder bridges, China has 5 bridges among the 10 largest–span girder bridges in the world. The 2nd Chongqing Shibanpo Yangtze River Bridge built in 2006 has created and maintained the world record for girder bridge spans. In terms of large–span arch bridges, China has 12 bridges among the 15 largest–span arch bridges. Guangxi Pingnan Third Bridge is now the largest arch bridge in the world. In terms of large–span cable–stayed bridges, China has 7 bridges among the 10 largest cable–stayed bridges in the world. The Shanghai–Sutong Yangtze River Highway–Rail Bridge is the world's first rail–cum–road cable–stayed bridge with a span of over one thousand meters. In terms of large–span suspension bridges, China has 6 among the 10 largest suspension bridges in the world. Yangsigang Yangtze River Bridge and Nansha Bridge are the second and third largest suspension bridges in the world, respectively. The Wufengshan Yangtze River Bridge is the world's first rail–cum–road suspension bridge with a span of over one thousand meters. In terms of sea–crossing bridges, China has 6 bridges among the 10 longest sea–crossing bridges. The Hong Kong–Zhuhai–Macao Bridge is now the longest sea–crossing bridge in the world. The Pingtan Straits Rail–Cum–Road Bridge is China's first rail–cum–road cross–sea bridge. In terms of large–scale deep–water foundations, while China's pile foundation has made great achievements in construction technology, it faces the dilemma of outdated theoretical methods and design specifications. There are extremely high construction risks and long construction periods behind the brilliant achievements of the deep–water foundation. In addition, the insufficient construction technology with high integration of mechanization, automation and intelligence needs to be improved.

In terms of high–performance materials, Chinese ultra–high–performance concrete research started relatively late, but it has developed rapidly in material and structure. Compared with Japan, the

United States, Europe and South Korea, Chinese high-performance bridge steel has a large gap in strength, performance and application volume, but the gap in steel-concrete composite bridges is gradually narrowing.

3.3.2 Load Effect and Vibration Control

In terms of bridge load effects, the loading determination methods suitable for super long-span multipurpose bridges and specific-purpose bridges are needed to be established currently. The method for determining bridge load and effect suitable for different regions, economically developed regions and heavy industrial areas should be formulated. Multi-hazard bridge effects research should be conducted, and keep up with the progress of foreign research.

In terms of bridge disaster-resistant design and control, the number of wind tunnel laboratories and earthquake simulation shaking tables in China ranks first in the world. Flutter and vortex-induced vibration control mainly adopted passive control methods, and all countries are exploring active control methods. Domestic and foreign researches on the resilience evaluation of bridge structures, pier anti-collision design, and noise control of rail transit bridges are still in the preliminary stage.

3.3.3 Design Methods and Standards

In terms of design methods and index, most bridge designs used to limit state design methods. The structural reliability index during the design reference period specified in the Chinese standard is generally higher than that of the European and the American.

The design value of the load effect calculated in accordance with the Chinese standard is about 20% larger than that of the Japanese code. The design service life of highway bridges in the United States is 75 years, while that of China is 100 years.

3.3.4 Construction Technology and Major Equipment

In the construction of large-span bridges, China has a number of technologies that are in a leading position in the world, such as the stiff skeleton construction methods of arch bridges, climbing formwork construction methods, steel tower hoisting methods, large-segment steel beam hoisting technology, rotation construction, etc.

In terms of bridge prefabricated assembly construction technology, China mainly focuses on piers, cap beams and superstructures. Foreign research on foundation is more in-depth. For bridge hoisting construction equipment, large hydraulic piling hammers are almost entirely monopolized by foreign companies, and key parts of domestic equipment are still imported.

In terms of deep-water foundation construction technology, China has been in the forefront of the world in traditional bored pile foundations and caisson foundations, but there is still a gap in the application of setting foundations, composite foundations and inclined pile foundations.

In terms of large-scale bridge construction management, China is still dominated by the general contractor mode, while foreign usually adopt DB (design and build) or EPC (engineering procurement construction) mode.

3.3.5 Monitoring, Inspection and Operational and Maintenance Management

In terms of monitoring and testing technology, foreign scholars are in a leading position in health and safety monitoring, non-destructive testing technology and intelligent testing technology. Besides, foreign scholars have proposed many new technologies and conducted pilot applications.

In terms of structural condition assessment methods, all countries have established their own bridge inspection and assessment systems according to their maintenance needs. The condition assessment methods have also tended to be diversified.

In terms of preventive maintenance methods, the Federal Highway Administration of the United States has promulgated corresponding instruction manuals and guidelines. However, China has only promulgated a few local standards.

Bridge operational and maintenance management systems have gradually developed in China. However, China's bridge management systems have problems such as unclear goals and inability to achieve intercommunication and sharing of data and information between systems. Foreign system information data sources generally have a unified format, and data integration and sharing have been further developed.

3.3.6 Intelligent Construction and Digital Integration

In terms of bridge design and analysis software, although the research of bridge parameterization, automatic design and analysis software have been conducted, there is still a gap between domestic and foreign in analysis software.

In terms of intelligent bridge construction, domestic research has been more in-depth, but there is still a gap compared with foreign countries in terms of 3D printing, intelligent bridge construction control technology, and the development of automated construction equipment.

In terms of intelligent bridge operation and maintenance, the research of structural health monitoring data science and engineering has been established in China, which leading the international research direction. However, the development for the integration of intelligent construction, management and maintenance technology is need to be improved. The development and application of bridge asset management systems and intelligent information technology specifically for national or regional bridges are needed to be further improved.

3.4 Developing Trends and Prospects

3.4.1 Integrate and Optimize Resources, Strengthen General Basic Research

With the implementation of national development strategies such as "the Belt and the Road", "the Yangtze River Economic Belt and Beijing-Tianjin-Hebei collaborative development", the "Made in China 2025" and the "innovation-driven development", it is necessary to realize the dream of leading the country by technology and talent, under the premise of the safety and durability of bridges. Therefore, the bridge high-performance materials industrialization, the bridge information technology originality, the bridge construction technology industrialization, and improvement of the intelligent of bridge operation and maintenance technology need to rely on the integration and optimization of the resources and strengthened common basic innovation.

3.4.2 Reform Mechanisms and Systems, Promote Innovation-driven Development

In the past 40 years, China's bridge engineering has made great achievements that have attracted worldwide attention, which is inseparable from Chinese unique system. According to the goals by the strategy of building a strong transportation nation, it is extremely necessary to deepen the structural reform, fully stimulate innovation, promote the transformation of achievements, and establish a bridge engineering development mechanism guaranteeing system with Chinese characteristics. In addition, it is a major strategic demand for the high-quality development of China's bridge engineering and the in-depth promotion of the strategy for building a strong transportation country in the new era. Therefore, it is necessary to give full play to the guiding role of systems and policies, improve the mechanism for sustainable and high-quality development of bridges, strengthen original and leading scientific and technological research on bridges, and promote the engineering application of new bridge structural systems.

3.4.3 Improve Scientific and Technological Strength, Lead Innovation in Major Projects

During the "13th Five-Year Plan" period, China's bridge engineering relies on the ever-increasing comprehensive national strength and independent innovation capabilities. China's bridge construction scale has been continuously improved, and creating a number of world's largest bridges. The improvement of Chinese bridge construction scale has played a significant role in "the Belt and the Road" and "Dual Circulation". During the "14th Five-Year Plan" period, many major bridge projects under construction will break world records. Therefore, it is necessary to closely focus on the high-quality and sustainable development of bridge engineering, and use major projects to surpass and lead international bridge engineering. In accordance with the concept of sharing and collaborative development, we need to follow the development principles of "resource sharing, complementary advantages, joint development, and win-win cooperation" to achieve a win-win situation for collaborative innovation.

3.4.4 Benchmarking International and Domestic, Accelerate the Building of a Powerful Nation of Bridge

China has become a country with large population of bridges in terms of the number, construction scale and technology of bridges. However, the status of the development of China's bridge engineering is "big" rather than "strong". Therefore, it is necessary to further develop and improve the relevant fields of bridge engineering disciplines, formulate standards for building a bridge power, and strengthen the international role of Chinese bridges. We must further promote the creation of more original innovations in bridge technology, and improve the system for training or selection of outstanding talents. We need to attach importance to the training of international talents based on English or foreign languages, and increase the international influence of Chinese bridge engineering disciplines. We must create an international brand of Chinese bridge standards, and realize the international generalization and leadership of bridge engineering standards.

4 Engineering Thermophysics

Engineering thermophysics is an applied-fundamental discipline that focuses on the basic laws and technical theories in the transformation, transfer, and utilization of energy and matter. It consists of several sub-disciplines, such as engineering thermodynamics, aerothermodynamics, combustion, heat and mass transfer, and multiphase flow, and serves as an important theoretical foundation in the fields of high-efficiency and low-pollution utilization of energy, aerospace propulsion, electricity generation, power, and refrigeration, etc. In order to meet the major needs for sustainable development, especially the strategic needs for the transformation of economic development pattern, the adjustment of industrial structure, and the construction of low-carbon energy system that China is facing, Chinese researchers in recent years have been constantly exploring new hot topics based on the traditional research directions of engineering thermophysics, making this discipline play an increasingly important role in the fields of information, materials, space, environment, manufacturing, life science, agriculture, etc. Therefore, the evolution, crossover, and innovation of research directions have become a key issue in the development of engineering thermophysics, leading to an urgent need for new strategies of discipline development to provide a scientific basis for the development of the emerging energy industries. Centered around the independent and innovative research of several key topics, including scientific energy utilization, low–carbon utilization of fossil energy, renewable energy conversion and utilization, energy conversion and utilization in power equipments, energy storage and smart energy, and engineering thermophysics problems in advanced technologies, this report serves to propose the disciplinary development strategies and priority areas with the features of this discipline. It is expected to enhance the scientific, strategic, and prospective nature of the discipline development plan, and provide a scientific basis for China to build the renewable energy system and achieve the strategic goals of carbon peaking and carbon neutralization.

The latest research progress of this discipline in recent years mainly includes the following aspects: ①The scientific energy utilization focuses on how to use energy with high efficiency and low pollution, and it plays a guiding role in engineering thermophysics discipline. Recent research progress is concentrated on the total energy system method of "temperature correspondence with cascade utilization", the integrated cascade utilization principle of chemical and physical energies, the integration principle for energy conversion and greenhouse gas control, and the integrated multi–energy complementary system, etc. ② The low–carbon utilization of fossil energy is a general trend of the future. Recently, great progress has been made in the researches on ultra–low–emission coal combustion technology, clean and low–carbon conversion of coal, clean utilization of oil and gas resources, high–efficiency and low–carbon combustion in power equipments, carbon dioxide capture, utilization and storage technologies, etc. ③ The energy revolution through conversion and utilization of renewable energy is emerging worldwide, and significant progress has been made in solar–thermal power generation technology, atmospheric boundary layer wind characteristics and wind energy utilization, biomass power generation technology, etc. ④ In terms of energy conversion and utilization in power equipments, China has initiated the "Aero Engine and Gas Turbine" major science and technology project, and provided major support to the key technology research and fundamental research of high thrust–to–weight–ratio turbofan engines, large bypass–ratio turbofan engines, and turboshaft/turboprop engines. Meanwhile, the steam turbine and the internal combustion engine technologies are also developing rapidly. ⑤ At present, energy storage and smart energy have become hot research topics in the international engineering thermophysics community, and are also an important direction for China's energy structure transformation. So far, China has developed or planned out technologies such as pumped water energy storage, compressed air energy storage, flywheel energy storage, heat storage, heat pump electricity storage, and has completed several smart energy demonstration projects, the applications of which have been demonstrated in Shanghai, Jiangsu, Sichuan, Inner Mongolia, Ningxia, etc. ⑥Hydrogen has the highest energy density among known fuels, and meanwhile, hydrogen energy is both clean and sustainable. Therefore, hydrogen energy is considered to be the ultimate roadmap towards future energy. The smooth development of the hydrogen energy industry requires the coordination of hydrogen production, hydrogen storage, and hydrogen utilization. As the world's largest hydrogen producer, China has gradually shifted the research focus from gray hydrogen to green hydrogen in recent years and is also stepping up efforts of research and development in both hydrogen storage and hydrogen utilization. ⑦Engineering thermophysics problems like thermal management and cooling have become a major challenge in the development of advanced technologies such as chips and batteries. China has made large progress in chip temperature measurement, investigated micro-nano channel heat sink methods, and carried out in-depth research in the directions of battery thermal runaway mechanism, thermal management system, and temperature control optimization, etc.

It is worth noting that China has reached or even exceeded the international advanced level in multiple fields and aspects, such as clean and high-efficiency coal power generation technologies, biomass combustion power generation, turbomachinery aerodynamic design based on full three-dimensional steady flow analysis and optimization methods, pumped water energy storage, compressed air energy storage, heat storage, smart energy systems, thermochemical hydrogen production, high-efficiency chip heat dissipation, chip thermal design evaluation, solid-state battery development and thermal design, etc. However, compared to those developed countries in Europe and America, China's fundamental research and industrial technology levels are still lagging behind to some extent. These include low-carbon coal power generation, carbon dioxide capture, utilization, and storage, large-scale wind turbines, smart wind farms, offshore wind power system theory, biomass hybrid-combustion power generation, new technologies of biomass utilization, high-performance turbo-machinery engineering research and development, flywheel energy storage, heat pump electricity storage, electrolysis of water for hydrogen production based on proton exchange membrane, fuel cells based on proton exchange membrane, hydrogen storage technology, and thermal design tools for electronic devices, etc. Thus, it is necessary to facilitate our development and narrow down the gaps during the 14th Five-Year Plan period in order to catch up or even take the lead.

Finally, this report provides suggestions on the development directions and predictions on the needs of research fields including low-carbon utilization of fossil energy, conversion and utilization of renewable energy, energy conversion and utilization in power equipments, energy storage and smart energy, and engineering thermophysics problems in advanced technologies. By putting forward the suggestions on the development of this discipline, the report also serves as a reference for funding agencies and researchers within this discipline and other related disciplines.

5 Landscape Architecture

Landscape Architecture is a comprehensive discipline that studies, plans, designs and manages natural and human environments by means of science and art. To coordinate the relationship between man and nature for the purpose of protecting and restoring the natural environment, to create a healthy and beautiful living environment.

In the past decade, the connotation and extension of landscape architecture continue to develop, and the research interests and practice types have been enriched, but the focus of enhancing and improving human and natural ecosystem has not changed, and continues to play a unique and irreplaceable role in the protection of natural resources and environment as well as the construction of human living environment. National strategies such as regional coordinated development, new urbanization, rural revitalization, healthy China, park city and people-oriented ideology have become the social background for its vigorous development. Chinese landscape architecture has also played an active role in international cooperation on climate change, the Belt and Road Initiative, biodiversity and human health.

In 2011, the first-level discipline of Landscape Architecture was formally established, which has played an important supporting role in the development of the discipline in two aspects: on the one hand, the research and practice of traditional fields such as landscape architecture history, planning and design, garden plants, green space ecology, scenic spots, management and engineering need to be further developed; on the other hand, new areas such as national landscape, regional landscape, urban natural system, park city, national park, ecological restoration, biodiversity, smart landscape and public health have made great progress. In the past ten years, landscape architecture has shown distinct characteristics of interdisciplinary integration while consolidating the core of the discipline to meet the major strategic needs of the country. From an international perspective, the research hotspots at home and abroad are gradually converging in terms of climate change, biodiversity, landscape and environmental evolution. However Chinese landscape architecture has maintained its characteristics and advantages in the fields of national landscape, scenic spots and local landscape. In addition, the construction of academic communities and exchanges and cooperation have been significantly enhanced. A number of small–scale local cooperation networks have been formed, and the frequency and quantity of academic exchanges have also been significantly increased.

In the future, Chinese Landscape Architecture will continue to improve the theoretical system of the discipline, to provide insights into climate change, carbon emissions, environmental pollution, biological diversity and other common problems faced by the global, to respond to the demand facing the new era of national spatial development and the ecological civilization construction, to expand and deepen the planning and design connotation, continue to carry out specialized research and practice, to conduct research on the design and creation of safe, healthy and friendly public environments with the goal of improving people's well–being. At the same time, continue to promote the development of landscape architecture education, emphasize the construction of talent team, to provide guarantee for the high–quality development of the discipline.

6 Micro–Nano Robot Science and Technology

Micro robots based on micro / nano scale effect and those with feature size and / or functional size less than submillimeter are mainly divided into micro–nano operation robot and micro–nano scale robot. Micro–nano robots can be divided into two categories: one is the robot body, which is a micro robot, and its main application targets are human blood vessel or digestive tract interventional health monitoring, drug particle targeted delivery, disease treatment, etc.; the other type is nano operation robot, whose actuator operation precision is sub nano ~ nano level, facing information industry and biomedical industry, and the operation object is nano Rice materials and biological samples are mainly used in the manufacture of three–dimensional nano devices (IC, NEMS), automatic detection of mechanical, physical and chemical characteristics of DNA, chromosome, large protein, cell and other biological samples based on limited information, drug evaluation of new drug development, and three–dimensional biological tissue assembly.

Micro–nano robot is the epitome of micro–nano technology, which is the extension of robot technology in micro scale. It integrates the frontier research of physics, chemistry, material science, biology, mechanics, informatics, control science and so on. Micro–nano robots have great scientific significance and broad application prospects in the information industry IC / NEMS manufacturing and detection, micro–nano manufacturing, subcellular cell modeling and multi specificity detection, promoting transgenic, cloning and other cells, ultramicro disease diagnosis, vascular blockage and dredging, cancer cell clearance, precise drug delivery and other aspects. Micro–nano robot, which combines the top–down and bottom–up processing methods, is the commanding point of micro–nano manufacturing and biological detection, and has become the focus of scientific research in various countries. The research direction of micro–nano robot is the development of new micro–nano functional devices, multi characteristic detection of biological samples, micro scale space detection, etc., which provides strong support for the study of life mechanism such as energy, material transformation, biological information transmission, etc Promote the development of semi–automatic cloning and other technologies. It provides a theoretical basis for the control and manufacture of three–dimensional human tissues, the manufacture of human organs, and the exploration and targeted therapy of human blood vessels and tissues.

In conclusion, micro–nano robot is a research integrating all human science and technology so far, which lays the foundation and provides technical support for a series of applications, such as exploring the secret of life, upgrading the manufacturing capacity of electronic industry, developing new drugs, intervening in human vascular and digestive tract health examination and drug particle targeted therapy.

The continuous development of microscopy technology has provided a good test platform for the realization of precision and controllable nano operation, which makes nano operation systems based on various microscopes come into being. Nano operating system is a system suitable for operating nano scale objects with nano or sub nano precision. Generally speaking, a complete nano operating system includes nano scale object imaging equipment, manipulator and end effector, nano or sub nano resolution driver, force sensing equipment, human–computer interaction equipment and so on. An ideal nano operating system can realize various operations such as positioning, picking, placement and assembly of nano scale objects.At present, there are mainly two types of control and operation strategies for operating objects in nano scale: ①Operation technology based on scanning probe microscope (SPM). ②Technology based on nano manipulation robot and electron microscope (EM). The operating platforms based on SPM mainly include: scanning tunneling microscope (STM) and the operating system under atomic force microscope (AFM). The operating platforms based on electron microscope mainly include the operating systems under scanning electron microscope (SEM) and transmission electron microscope (TEM).

At present, the micro–nano swimming robot not only has a variety of driving modes, but also has its own uniqueness in its structure, materials and processing methods. The following is the research status of micro–nano swimming robot at home and abroad. In order to realize the movement of micro–nano swimming robot in human body, it is necessary to design smaller and more diverse micro–nano swimming robot. At present, there are three kinds of micro–nano swimming robot: chemical self driving, physical field driving and biological driving. The driving modes of swimming micro–nano swimming robot can be divided into the following four modes: ①Chemical driving: oxidation reaction driving, catalytic reaction driving and self electrophoresis driving. ②Based on physical field driving: magnetic field driving, light field driving and ultrasonic driving. ③Hybrid drive: catalysis and magnetic field drive, catalysis and light field drive, biological drive: flagella drive, enzyme drive and bacteria drive. Chemical self driven micro–nano swimming robots are mainly divided into oxidation reaction drive, catalytic reaction drive and self electrophoresis drive. The fuel driven by oxidation reaction is usually more biocompatible, such as water, gastric acid, etc., but its short service life restricts its validity period, and the reaction organisms are not biocompatible and cannot be used in large quantities; catalytic reaction drive and self electrophoresis drive use metal catalytic fuel to generate driving force to drive micro–nano swimming robot. Hydrogen peroxide solution with low biocompatibility is usually used, which can not be widely used in vivo. The micro–nano swimming robot driven by external field can drive and control the micro–nano swimming robot without fuel. For the micro–nano swimming robot driven by magnetic field, the external equipment is large, and X–ray and CT need to be used for auxiliary observation. It is harmful to biology, complex manufacturing and slow speed, which restricts its wider application. The micro–nano swimming robot driven by ultrasound has high speed, but its motion direction is difficult to control. Because light cannot penetrate the human body, it cannot be widely used in the human body. Biological micro–nano swimming robot has good targeting, but its short life restricts its further development. At the same time, it also has the problems of biological compatibility and biosafety that can not be ignored.

7 Rock Mechanics and Engineering

7.1 Introduction

The world today is marked by changes unseen in a century. The domestic situation and the international environment facing China's development have changed significantly. The importance of science and technology to China is unprecedent. Both the large-scale infrastructure constructions and deep resource exploitation and other engineering activities are in a rapid development stage. As an important foundation for the construction of such projects, Rock Mechanics and Engineering is of great significance to develop the cutting-edge science and technology and to serve the strategy of the country.

A detailed review of the development and academic achievements from 2017 to 2020 reveals that the progress of Rock Mechanics and Engineering in China has the following characteristics.

7.1.1 By Seizing the Opportunity and Overcoming the Challenges, China is Increasingly Becoming a Powerhouse in Rock Mechanics and Engineering Technology

In recent years, the rock engineering related practice in China is among the largest and fastest in the world. In particular, in mega projects like South-to-North Water Diversion Project and Baihetan Hydropower Station, complex rock mechanics problems have been overcome one by one, which refresh the scope and depth of research into rock mechanics from time to time. A WOS core database analysis of the international collaborations in rock mechanics and engineering shows that China is one of the major centers for research corporations in the world. In the short term, China will have the most deep-mines in the world. Also, "high geo-stress, high temperature, high hydro-pressure, and dynamic disturbance" will become the typical engineering environment for resource exploitation. In the meanwhile, a large number of mega projects will be launched very soon, such as Sichuan-

Tibet Railway (also known as "the most difficult railway to build"), Central Yunnan Water Diversion project (the largest trans-basin water diversion project under construction), Beishan Underground Laboratory (that built in response to overcome the world-wide problems of geological disposal of high-level radioactive waste). The "Chinese theories and Chinese methods" developed by the Chinese rock mechanics and engineering community will safeguard the successful construction of these major projects.

7.1.2 Through Emphasizing both Practice and Research and Aiming Research towards Practice, Significant Scientific and Technological Achievements have Emerged and have been Converted into Productivity

In view of the complexity and particularity of rock engineering, Chinese professionals in the field of rock mechanics and engineering are committed to contributing to building the infrastructures for economic development. Centered around the needs of engineering practice, significant scientific and technological achievements have been achieved, many of which have been transformed into productivity to promote the high-quality development of rock engineering related industries. Through collaborative work and innovation, scientists and engineers have solved many bottleneck problems related to the construction and geological disaster prevention in rock engineering, and transformed scientific and technological achievements into productivity, which effectively promoted the rapid development of rock mechanics and engineering. These critical bottleneck problems include, for instance, the safe and efficient mining in underground coal mines, the ultra-deep detection of mine disaster sources, the electromagnetic detection of deep resources, the construction of kilometer-deep mine wells, the stability control of giant underground powerhouse chambers, the adaptive excavation and overall reinforcement of ultra-high arch dam foundations, the distributed optical fiber sensor monitoring, the monitoring and early warning and management of major engineering landslide, the TBM tunnelling in composite strata and deep tunnels, disaster prediction and early warning and control of deep and long tunnel water burst and mud inrush, the control of deep rock burst and soft rock large deformation, the geological disposal of high-level radioactive waste, the unconventional oil and gas exploration, drilling and fracturing technology, etc.

7.1.3 With Progress both in Quantity and Quality in Terms of Outstanding Achievements, the Contribution from China to the Rock Mechanics and Engineering in the International Community is Becoming Increasingly More Prominent

As shown in Figure 3-7-1, the number of articles published by Chinese scholars indexed by WOS database and the citation rate have been steadily increasing. During 2017—2020, there were

30,365 articles from Chinese scholars indexed by WOS core database in the field of rock mechanics. The proportion of contributions from Chinese scholars has increased from 38.4% in 2017 to 53.6% in 2020. A survey of papers published in the top 6 international rock mechanics journals, Chinese scholars accounted for 56.4% of the articles. In particular, the proportions of contributions from Chinese scholars in *International Journal of Rock Mechanics and Mining Sciences*, *Rock Mechanics and Rock Engineering*, *Engineering Geology*, and *Tunnelling and Underground Space Technology* are 51.7%, 58.7%, 57.6%, and 64.6%, respectively. The quantity and the quality of these publications indicate that the research capability of rock mechanics and engineering in China is rising steadily.

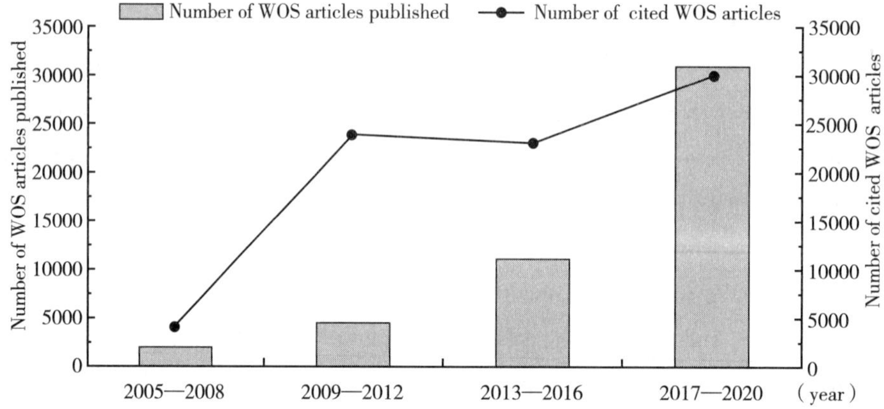

Figure 3-7-1 Statistics of Chinese scholars' publications and citations indexed by WOS database from 2005 to 2020

7.1.4 With the Rapid Growth in the Number of Outstanding Scientists, the Impact of Chinese Scholars in the International Rock Mechanics and Rock Engineering Community Continues to Increase

With the continuous improvement of the science and technology of rock mechanics and engineering in China, more and more Chinese scholars have received the recognition from the international academic community. In 2018, the Chinese Academy of Engineering (CAE) academician He Manchao was elected as a foreign fellow of the National Academy of Engineering of Argentina. CAE academician Feng Xiating was elected as the chairman of the International Federation of Geological Engineering in 2018 after becoming the first Chinese scientist who served as the chairman of the International Society for Rock Mechanics in 2009. CAE academician Zhao Yangsheng won the Science and Technology Progress Award of the International Association for Geological Hazard and Disaster Reduction in 2019. At the same year, Professor Yin Yueping was honored the Outstanding Engineering Award jointly by the International Association for Geological Hazard and Disaster Reduction and the Chinese Society of Rock Mechanics and Engineering. In 2020, Professor

Wu Faquan won the Lifetime Achievement Award from the International Society of Engineering Geology and Environment. Among the young scholars, Professor Zhuang Xiaoying won the "Heinz-Meyer-Leibniz Young Scientist" award issued by the German Federal Ministry of Education and Research and the German Science Foundation in 2018. Professor Zuo Jianping won the Scientific Achievement Award from the International Society for Rock Mechanics in 2020. Dr. Qinghua Lei and Dr. Junlong Shang won ROCHA Medal from the International Society for Rock Mechanics in 2019 and 2020, respectively.

In order to fully understand the development of rock mechanics and engineering in recent years, and to accurately analyze the progress of research in China, Figure 3-7-2 shows the high frequency key words of the papers related to rock mechanics indexed by WOS core database from 2005 to 2020. As can be seen from this figure, the research hotspots from 2017 to 2020 mainly focus on numerical simulation, rock burst, mechanical properties, and acoustic emission, among which numerical simulation, strength, model, instability, deformation are high frequent key words. In the following, a systematic review of the research progress in the discipline of Rock Mechanics and Engineering in China between 2017—2020 will be presented. The review will focuses on the following six aspects, i.e., the basic theories of rock mechanics, technologies of rock engineering, instruments and equipment in rock mechanics, rock mechanics software, the application of rock mechanics in major engineering projects, standardization and society journals in Rock Mechanics And Engineering. In the review, future trends of the scientific development are also envisaged to help guide the development of Rock Mechanics and Engineering in China.

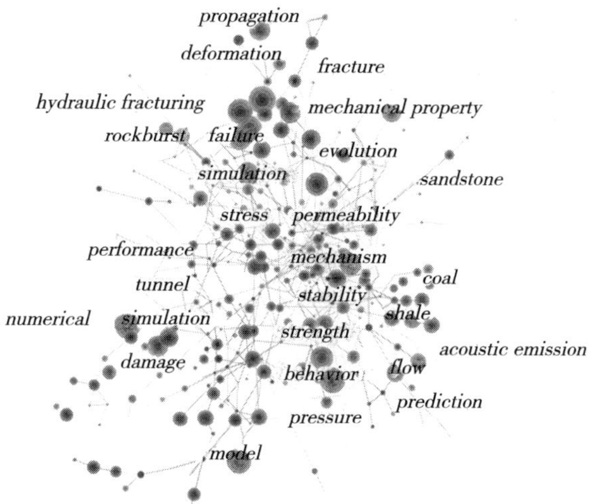

Figure 3-7-2　High-frequency keywords of academic research in international rock mechanics and engineering from 2017 to 2020

7.2 The Latest Research Progresses of this Subject in Recent Years

7.2.1 Advances in Elementary Theory of Rock Mechanics

Wu Shunchuan et al. proposed a generalized nonlinear strength criterion suitable for different frictional materials in combination with the partial plane function, which unified the mainstream classical strength criterion. They further revised the classic Hoek–Brown rock strength criterion using the new partial plane function and proposed a modified three–dimensional Hoek–Brown rock strength criterion. Based on the fracture mechanism of coal, Zuo Jianping proposed an invariant that represents the failure characteristics of coal, and theoretically deduced a strength equation that is in line with the Hoek–Brown empirical strength criterion. The research results won him the Scientific Achievement Award from the International Society for Rock Mechanics. Feng Xiating et al. proposed a three–dimensional hard rock failure strength criterion (3DHRC) based on the heterogeneity of tension and compression, Lode effect and nonlinear strength characteristics of deep–buried hard rock under true triaxial conditions. Through the energy balance during the crack propagation process, Xie Heping obtained the coefficients of the compliance matrix that considers the strain rate parameter and established the dynamic constitutive model of rock in different stress environments at varied depths. More outstanding research progress has been made by Chinese scholars, for instance, Chen Mian and Tao Zhigang et al. on rock anisotropy and time and size effects, Li Jianchun and Li Haibo et al. on the dynamic characteristics of rock, Lu Yiyu and Li Shugang et al. on the multi–field coupling characteristics of rock, Huang Runqiu and Zhou Xiaoping et al. on rock fracture and damage mechanics, Zhao Jinzhou, Jin Yan, etc. in the rock mass crack model and structural surface mechanical properties, etc.

7.2.2 Advances in Techniques of Rock Engineering

Techniques in rock slope and geological disaster prevention and control engineering. He Manchao et al. developed a remote monitoring and early warning system for Newtonian force in landslide geological disasters using the procedures of "data acquisition–transmission–storage–send–reception–analysis–processing–feedback"; they also invented a Negative Poisson's Ratio (NPR) anchor cable with high constant resistance, large deformation and super energy absorption characteristics. The patent "Constant resistance–large deformation anchor cable and constant resistance device" won the 21st China Patent Gold Award, which was then promoted and applied nationwide, successfully solving the scientific problem of short–term landslide prediction. Xu Qiang et al. focused on key technical difficulties in the prevention and control of large–scale landslide disasters in western mountainous areas, and used interdisciplinary integration to establish an early identification system for landslide hidden hazards organically combined with "geology + technology". This significantly improved the comprehensive identification ability and accuracy of major geological disasters. They developed a monitoring equipment suitable for geological disaster in high-altitude and high-cold extreme environments, established a real-time monitoring and early warning technology featuring "threshold warning" and "process warning". This technology has successfully identified and warned of many large-scale landslide disasters. Wu Shunchuan et al. proposed a limit equilibrium slice method based on the non-uniform distribution of the normal force on the slice surface and established a "double safety factor method" for slope stability evaluation. In addition, many scholars such as Huang Runqiu, Yin Yueping, Tang Huiming, Sheng Qian, Zhang Yufang et al. have made significant progress in slope stability evaluation, landslide formation mechanism and prediction and warning, prevention and control of landslide and engineering slope disaster.

Techniques in underground rock engineering. Zhao Yangsheng et al. established the theory of solid-gas coupling coalbed methane migration through the study of the porosity of pressure relief fracture in low-permeability coal seams and the conditions and laws of enhancing permeability. They proved the principle of pressure relief fracture and enhanced permeability technology, and invented a complete set of technology and equipment for enhanced gas drainage with ultra-high pressure hydraulic slotting in deep holes, which greatly improves the gas drainage rate of low-permeability coal seams. Kang Hongpu et al. have carried out research on key technologies for impact-resistant pre-stressed support of coal mine roadways, where they invented high-impact toughness, ultra-high strength, low-cost pre-stressed bolt material and its manufacturing process and high pre-stress application equipment, and developed a new type of drill-anchor-grouting integrated bolts, anchoring and grouting materials and supporting construction equipment. These technologies have solved the difficult problems of rockburst, high stress in depth, and strong mining roadway support, which achieved a breakthrough in coal mine roadway support technology. Li Shucai et al. have made outstanding contributions in disaster structure caused by water and mud inrush and their geological identification methods, advanced forecasting methods and quantitative identification theory of disaster source, multi-information characteristics and comprehensive prediction theory, dynamic risk assessment and early warning theory of disasters, etc. These methods and technologies have been successfully applied to the advanced forecasting and disaster prevention and control of water and mud inrush disaster sources in dozens of deep and long tunnels in China. Changjiang River Scientific Research Institute has developed an elastic wave advanced geological prediction system for hydraulic tunnels to obtain information on adverse geological hazards ahead of the excavation work and realized the long-distance advanced geological prediction during the construction period of underground tunnels. Based on the Xinjiang ABH diversion tunnel and other TBM projects, Liu Quansheng, et al. through the study of the interaction mechanism between the surrounding rock of the deep composite strata and the TBM, proposed a step-by-step joint control theory for the compression and deformation jamming disasters in the deep soft strata and developed a complete set of technology for disaster control using "advanced pipe shed and pre-grouting reinforcement" + "anchor-grouting integrated step-by-step support" + "steel arch lining support". Feng Xiating et al. put forward the cracking-suppression design method concept and its basic principles, key technologies and implementation procedures for optimizing the stability of large-scale hard rock underground chambers under high geo-stress. These methods and technologies have been successfully applied in major engineering practices such as the optimization of the excavation sequence of the underground tunnel group of the Laxiwa Hydropower Station, the optimization of the arch support scheme of the underground powerhouse of the Baihetan Hydropower Station, and the validation of the surrounding rock support parameters of the Jinping Deepland Laboratory in China. Lin Peng et al. developed a complete set of technologies such as zoned and layered fine excavation and active protection, complex dam foundation solidification and anchoring timing and cracking risk control, high anti-seepage standards and fast deep hole curtain grouting, and fine control of information construction based on BIM technology. A complete set of construction methods for adaptable excavation and overall reinforcement of the ultra-high arch dam foundation were proposed, which played an important role in ensuring the safety of the dam. In addition, Yang Renshu, He Chuan, He Xueqiu, He Fulian and others have made significant progress in the prevention and control of underground engineering disasters. Chen Mian, Jin Yan, Yao Jun, Ge Hongkui, Chang Xu, etc. have made significant contributions in the theoretical research and technological development of shale gas mining.

7.2.3 Advances in Instrument and Equipment

The formation and development of rock mechanics theory is closely related with test technology. Rock failure criteria and yield conditions can be obtained from experiments, and the relationship between stress, strain, temperature, and time can then be characterized. The whole process of understanding, using and reforming rock masses depends on the progress and development of the test technology of rock mechanics. In recent years, great progress has been made in China.

In laboratory experimentation and test instrument: Feng Xiating et al. developed a new type of true triaxial test machine for hard rock based on the principle of true triaxial test of Mogi's rock. This instrument has improved key testing techniques including measurement of rock volume deformation, effect of end friction, effect of stress blank angle, and post-peak behavior under true triaxial conditions. Yuan Liang et al. have developed large-scale physical simulation test equipment, which realized the test simulation of coal and gas outburst induced by roadway excavation under the condition of large-scale loading and inflation pressure, the key physical information during the whole process of gas outburst was mastered, laying a foundation for accurately revealing the mechanism of gas outburst. Li Xiao et al. invented a high-energy accelerator CT rock mechanics test system, which can obtain the full stress-strain curve of the rock under uniaxial, triaxial, and void pressure conditions and the three-dimensional scanning image of the rupture corresponding to the selected stress point. Su Guoshao et al. invented a high-voltage servo dynamic three-axis rockburst testing machine, studied the dynamic characteristics and the disturbance and fracture mechanism of deep hard rock, which realized the physical simulation of dynamic triggered rockburst, and revealed the process and mechanism of rockburst triggered by dynamic disturbance. Xia Caichu et al. developed a complete shear-seepage coupling test system of rock joints. Wu Aiqing et al. developed the HMTS-1200 type fractured rock mass hydraulic coupling true triaxial test system and the HMSS-300 type rock mass hydraulic coupling direct shear test system. Du Shigui et al. developed a series instruments of structural surface roughness coefficient measurement, created a field rapid measurement technology for structural surface roughness coefficient, and developed a test system of size effect of the rock-mass structural surface shear strength , which provides the fundamental test platform for the study of size effect of the structural surface shear strength.

In field test, monitoring and geophysical prospecting equipment: He Jishan et al. invented the wide-area electromagnetic method and high-precision electromagnetic exploration technology equipment and engineering systems, established an electromagnetic exploration theory centered on surface waves, and constructed a holographic electromagnetic exploration technology system. Li Shucai et al. used physical simulation tests to carry out quantitative simulations of coal and gas outbursts under various combined conditions, and developed a quantitative physical simulation test system for large-scale true three-dimensional coal and gas outbursts that can consider different geological conditions, in-situ stress, coal and rock mass strength, gas pressure and construction process. Shi Bin et al. have successfully applied distributed optical fiber sensing technology to safety monitoring, prediction and early warning of geological and geotechnical engineering, which showed unique advantages in the monitoring of geological disasters such as landslides in the Three Gorges reservoir area, large-scale ground subsidence and other geological disasters as well as shield tunnels, buried pipelines, pile foundations and foundation pits. They have also established a comprehensive testing platform for sensing optical fiber performance, a basic performance calibration device for sensing optical cables, and a three-dimensional simulation experiment platform for optical fiber strain. The Polar Research Center of Jilin University designed a movable and modular drilling system for the Antarctic Gambortsev Mountains featuring ultra-low temperature climate, remote location, and difficult logistics support. During China's 35th Antarctic Scientific Expedition (2018—2019

Antarctic working season), this drilling system successfully drilled on the ice sheet on the edge of the Dalk Glacier, about 12km away from Zhongshan Station in China's Antarctica.

In major rock engineering equipment: Liu Feixiang et al. have developed a three-dimensional autonomous measurement positioning system for intelligent and precise operations of equipment, and developed an intelligent complete set of equipment with the core of man-machine-rock space-time information interconnection technology. China Railway Construction Heavy Industry independently developed the first large-diameter earth pressure/TBM dual-mode shield machine, which was applied to the Guangzhou-Foshan Ring Road Project of the Pearl River Delta Intercity Railway. China Railway Equipment independently developed the domestic largest diameter earth pressure/slurry dual-mode shield in China, which was applied to the Chengdu Zirui Tunnel Project. Guangzhou Metro Group Co., Ltd., China Railway Engineering Equipment Group Co., Ltd., China Railway China Tunnel United Heavy Equipment Co., Ltd. and other units have jointly developed a shield machine with three tunneling modes: earth pressure balance, mud water balance and TBM, which breaks the limitations of a single-mode shield machine and improves its adaptability to changing geological conditions and complex surrounding environments. It has been successfully applied to the west extension project of Guangzhou Metro Line 7. Ji Hongguang et al. put forward a research and development system for deep well intelligent tunneling equipment and intelligent control system, which solves the scientific and technical problems that urgently needed to be overcomed of design and manufacture of the upper slagging shaft tunneling machine from three aspects: efficient rock breaking and slag discharge, equipment configuration and space optimization, and precise intelligent drilling control. This has formed the key technology and equipment capabilities of high-efficiency excavation of deep shafts in metal mines with a depth of 1500m to 2000m and large-tonnage high-speed hoisting and control. The corresponding technical standards and specifications have been formulated. The first domestic shaft boring machine "Jinshajiang No. 1" developed by Liu Zhiqiang et al. was successfully launched in the shaft project of Yilihe Hydropower Station in Yunnan, which realizes mechanization, intelligence, and unmanned tunneling in the well and indicates that China has the capability of independent research and development and manufacturing of the shaft tunnel boring machines.

7.2.4 Advances in Rock Mechanics Software

In recent years, international rock mechanics software research hotspots have been constantly changing. The hot spot software for numerical simulation from 2017 to 2020 is the discrete element simulation software, and the simulation of crack propagation mechanism has become a hot topic in numerical analysis. The numerical simulation software of rock mechanics in China is also in the rapid development stage, especially the discontinuous, continuous-discontinuous analysis software for the failure mechanism and failure simulation of rock mass structures, including rock failure process analysis system RFPA, Deep soft rock engineering large deformation mechanical analysis software LDEAS, engineering rock mass failure process cellular automata analysis software CASrock, etc. The monopoly of foreign software has been gradually broken. At the same time, engineering design and decision-making software represented by the first open source data integration management and control iS3 system provided internationally has also been highly valued by domestic and international scholars.

7.2.5 Application of Rock Mechanics in Major Projects

In recent years, China's rock engineering construction is among the fastest and largest in the world. Facing the rare opportunity of engineering construction and the imminent practical needs of engineering, rock mechanics and engineering science and technology researchers and engineers seize the opportunity and take the initiative. Fruitful research results have been achieved in the construction of Baihetan Hydropower Station, slope disaster prediction, forecast and early warning, high gas mine 110 construction method and N00 construction method application, mine ultra-deep shaft construction, deep rockburst disaster control and high-level waste geological disposal and other major engineering construction. Great contributions have been made to the safe construction of major projects and the safety of people's lives and properties.

7.2.6 Advances in Rock Mechanics and Engineering Standardisation and the Development of First-class Journals

In recent years, great progress has been made in rock mechanics and engineering standardization, especially in the establishment of group standards. In May 2017, the Chinese Society of Rock Mechanics and Engineering launched substantive work on standardization in an all-round way. Till September 2021, the society has approved 69 project group standards, and officially released 18 group standards. In terms of journals, the impact factor and international influence of the journals of *Chinese Journal of Rock Mechanics and Engineering* and *Geotechnical Engineering* have been continuously improved, and they are moving towards the goal of building world-class journals.

In summary, the Rock Mechanics and Engineering disciplines have made important progress in basic theories, engineering technology, instruments and equipment, numerical simulation software, major project construction and standardization work in recent years. A large number of fruitful achievements have been obtained, which are effectively supported the construction of a series of major national infrastructure projects and promoted the high-quality and rapid development of the national economy.

7.3 Comparison of Research Progress at Home and Abroad

Due to the influence of economic development level and scientific and technological input, the process of rock mechanics and engineering research in China started a little later. However, benefitting from the objective demand and promotion of large-scale and numerous infrastructure construction, deep resource development and geological disaster prevention and other engineering activities in China, the study of rock mechanics and engineering in China has reached a new historical level in recent years, compared with developed countries.

7.3.1 Basic Theoretical Research of Rock Mechanics

Chinese scholars have conducted comprehensive and in-depth studies on rock strength criteria, constitutive model, timeliness, dynamic characteristics and other issues, they have made many innovative contributions especially in the modification and improvement of Hoke-Brown, Mohr-Coulomb and other mainstream strength criteria, the establishment of rock dynamic constitutive model, rock fracture model and structural plane mechanical properties. The research on the multi-field coupling characteristics of rocks in China is basically synchronous with that in other countries, and even some aspects are carried out earlier than those in other countries.

7.3.2 Rock Engineering Technology and Application

Based on their own national conditions, developed countries such as Europe and the United States have continuously increased scientific and technological input in resource exploitation, disaster prevention and reduction and other fields. While increasing investments in frontier basic research, they also focus on strengthening the application of research results in the research and development of key technologies. China gives full play to the advantage of being a "late comer", and has achieved international leading research results in the construction of large hydropower stations, the development and application of new coal mining technologies, and the design of geological disposal repositories for high-level radioactive waste.

7.3.3 Rock Mechanics Instruments and Equipment

Great progresses have been made in the development of instruments and equipment such as the room temperature true triaxial testing machine, multi-field coupling rock mechanics facilities, CT rock mechanics test system, in situ test systems, similarity model test system, monitoring and geophysical prospecting equipment, etc. Compared with that in developed countries, these instruments have their own characteristics, leading the related research on the combination of macro and micro rock mechanics. However, there is still a gap in the standardization and marketization of most domestic instruments and equipment; in terms of major rock engineering equipment, such as TBM, shaft boring machine, etc., China has basically mastered the core technologies, and has achieved the capabilities of researching and manufacturing, and even be in the lead of the world in some aspects.

7.3.4 Rock Mechanics Software Development

Driven by major engineering needs and the development of innovative scientific research, the development of rock mechanics software in China has made rapid progress, and some software even incorporates original theories. However, the mainstream numerical calculation methods, such as finite element method, boundary element method, discrete element method, interface element method, etc., are all proposed by foreign scholars. The basic theoretical research of numerical calculation method is still insufficient in China. Compared with the mainstream software abroad, domestic software often combines the latest research theories and analysis methods, with distinct characteristics, but there is still a big gap in commercialization, which requires further investment and improvement of the operating mode of software development.

7.3.5 Rock Mechanics and Engineering Standards and First-class Journal Construction

Due to historical and cultural reasons, foreign engineering construction generally adopts European and American standards, and rock engineering is no exception. At the same time, the international top rock mechanics journals are still dominated by European and American journals. Therefore, it is necessary to invest more in the international promotion of standard codes in rock mechanics and engineering and the construction of first-class journals in China.

7.4 Development Trend and Prospect of this Subject

With the rapid development of Rock Mechanics and Engineering disciplines, the intersection with engineering geology, informatics, and environmental science is becoming more and more important. It is more difficult to adapt to the increasing scale of the project and the complexity of the environment based on experience alone. A new scientific paradigm is needed to deal with new challenges. The development of disciplines will show the following trends: the research content will transform from the traditional static average and local phenomenon to the new dynamic structure and system behavior paradigm; research methods will shift from traditional qualitative analysis, single discipline, data processing and simulation calculations to new types of quantitative prediction, interdisciplinary, artificial intelligence and virtual simulation paradigms; the scope of research will shift from traditional knowledge blocks, traditional theories, pursuit of details and levels of discipline to a new type of knowledge system, complex science, scale correlation and exploration of commonality paradigms.

8 Traditional Chinese Medicine Epidemics

8.1 Introduction

Traditional Chinese medicine (TCM) epidemics is a discipline that studies the occurrence and development laws of epidemic diseases and their prevention, diagnosis, treatment and rehabilitation. Epidemic diseases in TCM are exogenous diseases with high infectivity and epidemicity, which are equivalent to infectious diseases in Western medicine. TCM epidemics focus on the integration of basic theories and clinical practice, and the cross fusion of TCM and multiple disciplines with the guidance of TCM theory. Its content involves scientific research, talent training, team building and platform construction. Among them, scientific research covers the whole process of infectious disease early warning, prevention, diagnosis, treatment and rehabilitation. The scope of the discipline involves medicine, society, environment, industry, public health services, etc. In the long history of fighting against infectious diseases, TCM has played an important role, accumulated rich prevention and treatment experience, and formed a unique theoretical and clinical system.

8.2 The Latest Research Progress in this Discipline in Recent Years

The hot spot analysis of TCM epidemics includes the following aspects: ①In terms of diseases, the research on TCM prevention and treatment of COVID-19, chronic hepatitis B and influenza is common. ②In terms of research methods, basic pharmacological experimental research, bioinformatic research, clinical research and evidence-based evaluation are common research methods. ③In terms of research content, more attention has been paid to the prediction of infectious diseases guided by the theory of five-yun and six-qi, and more international attention has been paid to the in-depth research on artemisinin-type drugs. During the prevention and control of COVID-19, famous TCM experts all over the country made an important contribution to the fight against COVID-19 according to their rich experience in diagnosis and treatment, achieved fruitful results, and promoted the development of TCM epidemic prevention and treatment theory. The latest clinical research on the TCM prevention and treatment of COVID-19 has demonstrated that the combination of TCM and conventional Western medicine therapy has the following advantages compared with conventional Western medicine therapy alone: reducing the aggravation rate of COVID-19, improving the disappearance rate of cough and fatigue, shortening the duration of fever, cough and fatigue, and enhancing the improvement rate of pulmonary CT imaging features.

8.3 Comparison of the Discipline at Home and Abroad

TCM epidemics involve many disciplines, such as modern loimology, loimology, epidemiology, immunology, preventive medicine, etc. Although TCM therapies in disease prevention and vaccine immunization are two different means of preventing and treating diseases in Western medicine, their mode of action and mechanism are similar. It is not the direct killing of pathogens by introduced exogenous drugs, but the activation of their own defense function to resist the invasion of pathogenic foreign bodies. In the future research, the exploratory research on TCM therapy in increasing the efficiency or reducing the side effects of vaccines, and further exploration of the biological effect and mechanism of TCM in the fields of TCM intervention in multidrug-resistant bacteria and TCM anti-virus can be carried out.

8.4 Development Trend and Prospect of the Discipline

At present, there is still a lack of integration between the discipline development of TCM epidemics and modern science, a discipline system adapted to the new era has not been formed, special epidemic prevention and control institutions of integrated traditional Chinese and Western medicine are lacking, the construction of relevant specialties in existing medical institutions is also insufficient, and high-level scientific research platform and scientific research achievements of TCM epidemics are rare. The talent team of TCM epidemics is small, the overall strength is weak, there is no undergraduate and graduate training system for TCM epidemics, and the financial investment in the prevention and treatment of infectious diseases with integrated traditional Chinese and Western medicine is seriously insufficient, which also challenges the development of TCM epidemics.

TCM epidemics is a new cross-discipline. To build this discipline, we should take "integrity and innovation" as the guiding ideology, take typhoid fever, febrile disease and other classical TCM disciplines as the basis, and integrate loimology, public health and preventive medicine, life science, astronomy, meteorology, environmental science, computer science and big data. The discipline carries out scientific research, talent training and clinical application around the prevention, early warning, diagnosis, treatment and rehabilitation as well as the etiology, pathogenesis and transmission of infectious diseases, cultivates a team of epidemic talents with integrated traditional Chinese and Western medicine who can quickly and effectively deal with public health emergencies, and develops safe and effective drugs and equipment for infectious diseases, so as to provide support for enriching and improving China's public health system.

It is suggested to construct and develop TCM epidemics from the following five aspects. Firstly, guided by the core theory of TCM, an epidemic prevention and control system with Chinese characteristics should be built. Secondly, traditional Chinese and Western medicine should be coordinated to quickly form a prevention and treatment plan for new and sudden infectious diseases. Thirdly, interdisciplinary research should be tackled to reveal the key scientific connotation of TCM in the treatment of infectious diseases. Fourthly, an integrated platform should be constructed to enhance the collaborative research capacity of epidemic prevention and control. Fifthly, a talent echelon should be established and an inter-disciplinary talent team in the TCM prevention and treatment of infectious diseases should be cultivated.

9 Biochemistry and Molecular Biology

Biochemistry and molecular biology is a branch of life sciences that explores the nature of life at the molecular level, focusing on the study of the properties, structural characteristics, regulation and interrelationships of important biological macromolecules such as nucleic acids and proteins. Biochemistry and molecular biology are two of the most dynamic and fast-growing fields in life sciences. They are highly interdisciplinary, penetrating into all other areas of biology and having cross-talks with disciplines such as physics, chemistry and mathematics. The development of biochemistry and molecular biology not only provides people with the chance to understand the phenomena and mysteries of life, but also creates broad prospects for humans to utilize biological resources and improve the quality of life, promoting the development of modern medicine, agriculture and industries.

In recent years, the disciplines of biochemistry and molecular biology and related fields have been developing rapidly, with new achievements and new technologies emerging. Meanwhile, the application of new methods and technologies has made a step closer to the realization of ultimate goals such as "revealing the mysteries of the biological world at the molecular level" and "actively transforming and reorganizing the natural world". However, biological macromolecules such as proteins and nucleic acids have complex three-dimensional structures to form precise interaction networks in governing organismal growth and development, metabolic regulation and species diversity. It is hence necessary to truly clarify the importance of these complex systems. While considerable progress has been achieved to reveal the relationship of structure and function, many challenges remain.

China places great importance on the infrastructures and platform facilities of biochemistry and molecular biology disciplines and related fields. The National Key Research and Development Plan and the Major Research Plan of the National Foundation of China are among the efforts. With the support of these research plans, China has accomplished a series of important achievements in the fields of biochemistry and molecular biology. For example, the analysis of 30-nm fiber chromatin structure has taken an important step in understanding how chromatin is assembled; the complete PIC including TFIID and the revelation of the structure of the PIC-Mediator complex have provided a more comprehensive answer to the transcription initiation process; the establishment of a new method to construct artificial lipid droplets provides new ideas and technologies for the research of nano-medicine carriers, etc.

This Comprehensive Report analyzes and summarizes research hotspots and frontiers of biochemistry and molecular biology, focusing on the new developments in epigenetics and gene expression regulation, ribonucleic acids, protein science, glycoconjugates, lipids and lipoproteins, systems biology in the past five years. The Report also contains domestic and foreign planning layout, platform facilities, research progress and development trend, as well as the development status and development trend of the biotechnology industry, thereby providing the readers with a glance at the status of our national research in biochemistry and molecular biology.

10 Biomedical Engineering

10.1 Introduction

Biomedical engineering integrates mathematics, physics, chemistry, materials, information and computer technology in the fields of biology and medicine, using engineering principles and methods to obtain new knowledge and methods for the progress of life science and medical science. As an open, interdisciplinary and integrated field, biomedical engineering runs through human exploration of life science, maintenance of health, diagnosis and treatment of diseases, and even replication of organs and life. The research fields of biomedical engineering mainly include biomaterials, neural engineering, tissue engineering and regenerative medicine, medical information technology, medical imaging technology, biomedical sensors, biomechanics and other branches.

10.2 Recent Advances in Biomedical Engineering

In recent years, the medical application of artificial intelligence (AI) has increased sharply, mainly applied in medical imaging, drug research and development, disease prediction and health management. In the field of medical imaging, deep learning technology has been integrated into the whole process of clinical diagnosis and treatment from scanning, imaging, screening, diagnosis, treatment and follow-up. AI improves learning ability and provides large-scale decision support system, which is changing the future of health care.

Stem cell therapy provides a great application prospect for tissue regeneration, repair and reconstruction of functional organs. In recent years, a series of progress has been made in stem cell fate regulation, organ formation, damage repair, aging, gene editing, human stem cell disease model and so on.

In 2021, "China Brain Plan" project was officially launched, focusing on five aspects: analysis of brain cognitive principles, pathogenesis and intervention technology of major brain diseases related to cognitive impairment, brain-inspired computing and brain machine intelligence technology and application, brain intelligence development of children and adolescents, and construction of technology platform. Chinese scientists have made significant progress in the mapping of whole brain mesoscopic neural connection map, single cell sequencing, brain cell census, fluorescent protein/virus labeling of specific types of neurons, and the regulation of neuronal activity by photogenetic technology.

The focus in the field of medical information has shifted from the construction of hospital information system in the past to the medical application of new technologies such as Internet, cloud computing, big data, Internet of things, mobile communication and artificial intelligence.

At present, the frontier development of medical imaging presents the following typical characteristics, including: from 2D surface imaging to 3D volume imaging, from static imaging to dynamic imaging, from simple structure imaging to complex function imaging and so on.

In terms of the development of brain computer interface (BCI), the systems based on vision and motor intention respectively are important aspects of optimal selection of natural human-computer interaction and motor rehabilitation. As for new type of BCI, emotional BCI focusing on emotional interaction is becoming more and more popular. Multi-mode fusion and brain network research are the key to its development.

Nerve regulation techniques mainly include deep brain electrical stimulation, transcranial stimulation, optogenetic regulation and ultrasonic regulation. Deep brain stimulation has been proved to be suitable for many diseases such as idiopathic tremor and Parkinson's disease; the investigation of transcranial stimulation in regulating brain function, concerning the regulation of neuronal excitability, visual memory processing, depression, anxiety, are explored.

The main advances in surgical robot include path autonomous planning, state perception and safety monitoring based on multi-mode information for operation area. While in rehabilitation robot, there are bionic flexible exoskeleton technology and wearable intelligent sensors. Micro scale mechanism of micro robot, bionic material and micro-nano actuator, combined with 3D / 4D printing.

Multi-level and multi system coupling has increasingly become an important feature of rehabilitation engineering. Virtual reality, artificial intelligence, advanced sensing, BCI, wearable technology, robot and other cutting-edge technologies have been continuously integrated into the research of rehabilitation engineering, and the field has been extended to the rehabilitation of motor dysfunction, cognitive impairment and mental disorder and the evaluation of treatment effect.

Nano detection aims to achieve high sensitivity and high specificity in detecting bioactive substances; nano therapy uses the structural and functional properties of nano materials to develop nano drug/gene targeted drug delivery system and realize intelligent controlled release; nano regenerative medicine uses nano materials and technology to imitate the microstructure of human or animal tissues or organs.

The research hotspots of tissue engineering focus on stem cells, biomaterials (including composition and construction methods), bioprinting and so on. Stem cell therapy is still in the stage of clinical trial. Tissue engineering technology is used to provide a sufficient number of exogenous stem cells to maintain biological activity.

From a global perspective, traditional Chinese medicine (TCM) diagnosis and treatment equipment has attracted more and more international attention, and has become a research and development hotspot in some western countries. At the same time, the key technologies of tongue diagnosis, pulse diagnosis and other health information collection are studied domestic.

10.3 Comparison of Progress in Biomedical Engineering at home and Abroad

From 2016 to June 2021, more than 340,000 SCI papers were published worldwide in the field of biomedical engineering. China has the fastest growth in the number of SCI papers every year. Since 2019, the number of SCI papers has surpassed that of the United States and become the first in the world. Cluster analysis is carried out by using the high cited papers of ESI top 1% in the same period. It is shown that the main hotspots in the field of biomedical engineering can be divided into five clusters: disease diagnosis based on artificial intelligence, big data and image; classification and recognition based on deep learning; nano materials; drug delivery system and its *in vivo* test for tumor treatment; tissue engineering and regenerative medicine.

According to the statistics of invention patents authorized in various technology source countries from 2015 to 2020, the number of invention patents authorized in the United States ranks first and China ranks second. Surgical robot, biocompatibility and renal nerve therapy are foreign research hotspots in recent five years, while BCI, ECG signal and rehabilitation exoskeleton robot are domestic research hotspots.

10.4 Development Trend and Prospect in Biomedical Engineering

Biomedical engineering has made great progress in both depth and breadth, which not only greatly promoted the progress of life science and medicine, but also profoundly changed the structure and appearance of discipline and medical device industry. The development trend of biomedical engineering mainly includes the following aspects.

10.4.1 Intelligent Medical Equipment

Intelligent medical devices include wearable human signal acquisition devices, intelligent processing and control in large-scale diagnosis and treatment devices, as well as new intelligent devices such as intelligent diagnosis robots and surgical robots. In the area of small equipment, the detection of personal health data, such as motion, blood oxygen, blood pressure, blood sugar and sleep record. And intelligent devices for treatment of heart, mental, diabetes and nephropathy are developed as well.

10.4.2 Health Monitoring Based on Wearable Technology

Wearable intelligent devices fully reflect the integration of intelligent bio technology (IBT). There are two trends for its development. One is wearable sensing related technologies, including relevant sensors on wearable device acquisition, human body sensor network on transmission and basic data processing methods; the other is the medical or health application based on intelligent data processing technology, including the intelligent mining method of medical data and the evaluation mechanism of user health status. Wearable device technology is developing from single physiological and motion parameter monitoring to electronic, chemical, optical and other multi-sensor monitoring.

10.4.3 Medical Informatization

With the popularization of hospital informatization and the application of a large number of new technologies, the massive health and medical data has become a national strategic resource. Health care big data, especially the in-depth utilization of cross agency and multicenter clinical data, has gradually become a new research hotspot. The introduction of *Data Security Law of The People's Republic of China* and *Personal Information Protection Law* has accelerated the medical application of federal learning, privacy computing, homomorphic encryption, blockchain and other technologies. Knowledge mapping, reinforcement learning, swarm intelligence and other technologies bright a new way for early diagnosis and personalized intervention of major diseases.

10.4.4 Biosensor Technology

With the wide application of mobile Internet in recent years, data acquisition combined with wireless transmission has become a powerful partner. The combination of new materials, nanotechnology and biotechnology has spawned a number of innovative sensors. The new medical sensors have the advantages of higher sensitivity, miniaturization, low cost, non-invasive or minimally invasive, interconnection and so on. Human sensor networks were proposed in which each sensor can be regarded as a node of this network. As the entrance of human information and data, sensors need wireless transmission technology to achieve a balance in terms of high speed, high transmission quality, low power consumption, autonomous networking, anti-interference and high confidentiality.

10.4.5 New Multimodal Imaging Technology

The construction of multimode optical microscope is a direction of the research and development of optical microscopic imaging technology. A variety of imaging technologies complement each other, making the results more accurate and reliable. Multimodal imaging provides much more information than single-mode imaging methods. It is an important development direction to combine multiple imaging methods for accurately identifying, extracting and integrating multiple complementary information of tissues.

10.4.6 Neuromodulation

Noninvasive transcranial electrical/magnetic stimulation is a common technique in nerve feedback regulation with the characteristics of low cost, safety and non-invasive. Transcranial electrical/magnetic stimulation can improve the mathematical calculation ability and learning and memory ability of healthy people, and it is also effective for mental diseases. Ultrasonic stimulation has higher spatial resolution and deeper stimulation depth than transcranial magnetic and current stimulation. The mechanical waves used can be compatible with EEG and other brain imaging tools. It is necessary to further explore the mechanism, reliability and safety for its neural regulation.

10.4.7 Exoskeleton Rehabilitation Aids and Dysfunction Rehabilitation Devices for the Elderly

The dysfunctional rehabilitation apparatus represented by exoskeleton will show a trend of rapid development; combining nerve remodeling theory with light/sound/electric/magnetic nerve regulation technology, motor dynamics technology, behavior and physiological monitoring technology, a real-time close-loop can be formed for intelligent brain regulation and intervention strategy. The frontier problem to be solved for the virtual reality rehabilitation system is how to play an irreplaceable role in the process of nerve remodeling and motor pattern reconstruction through the separation and integration stimulation of various sensory channels. The automatic evolution of virtual scene, and integration with BCI, physiological signal detection and motion analysis are also its development trend.

10.4.8 Tissue Engineering and Regenerative Medicine

At present, the reconstruction of complex tissue structure cannot be realized. The physiological and stress environment plays a vital role in the structural development and functional maturity of tissues and organs. Therefore, based on the anatomical structure and biochemical composition of complex tissues, the development of multiphase composite scaffolds to simulate the specific microenvironment of complex tissues and important organs will be the main development direction of tissue engineering in the future. Bioreactor, 3D / 4D printing and develop key signal molecules will be integrated to regulate multicellular interaction, directional tissue regeneration, orderly assembly and interface integration. Related stem cell research includes 3D stem cell printing, organ culture, stem cell embryo model, single cell omics, single cell imaging, etc.

10.4.9 Cardiovascular and Cerebrovascular Interventional Device

There is emergent need to develop a new generation of biodegradable bioactive small caliber artificial vascular scaffolds that can promote vascular tissue regeneration, and realize the phenotypic regulation of vascular endothelium and middle smooth muscle cells. It is of great potential to develop interventional biological valves for the treatment of senile aortic valve stenosis and insufficiency in the elderly, including preinstalled interventional valves, breakthrough in the design and technology to prevent perivalvular leakage, and development of intravascular imaging system, smart surgical instrument delivery system and corresponding supporting measurement and insertion instruments.

10.4.10 High Value Orthopaedic Materials and Bone Repair Alternative Instruments and Equipment

It is crucial to break through the key technologies such as the preparation technology of the combination of bioactive coating on the surface of artificial joint and its high–strength interface, the preparation technology of wear–resistant surface of new artificial joint friction pair materials, surface antibacterial technology and so on; there is needed to develop new spinal fusion cage and segmental bone defect repair instruments that can induce spinal tissue regeneration, including alternative materials with bone regeneration and treatment functions, degradable polymers and metal materials. At the same time, in order to achieve accurate and minimally invasive surgical implantation and repair, intelligent instruments and surgical robots have great requirements as well.

11 Urban Science

11.1 (New) Urban Science

11.1.1 Introduction

The Fourth Industrial Revolution is profoundly changing our cities with a series of disruptive technologies, characterized by the boom of Internet industries and the everyday application and wide integration of intelligent technologies. Individuals' traditional mechanical thinking has changed into a mindset based on big data, whose cognition also relies more and more on a combination of both virtual and physical reality experiences. At the same time, cities, where we live, are witnessing a significant revolution in resource utilization, societal conditions, and spatial use. Along with the surge of new technologies and new data represented by computer technologies and multi-source urban data, the (new) Urban Science, as a transdisciplinary combination of urban computing, Artificial Intelligence, augmented reality, and human-computer interaction, rises over the past decade.

This report systematically summarizes the research progress and hot issues in this field, discusses the development process and achievements of New Urban Science in recent years. Based on the comparative analysis between domestic and overseas, this reports judges the development trend and prospects of the trend of (new) Urban Science.

11.1.2 Recent Advances in (New) Urban Science

1. Cognition of New Representation of Cities Based on Big Data and Open Data

With the emergence of Internet technology, people's various behaviors in the city are gradually transferred from "physical space" to "virtual space", such as online shopping, online clock-in consumption, using social media to explore stores, etc. This kind of change is becoming more and more obvious, which makes relevant researchers have to re-examine the relationship between "physical space" and "virtual space" from the theoretical level. The interaction, mutual construction and symbiosis between "virtual world" and "real world" and their impact on cities are one of the hot issues in the direction of Urban Science.

2. Use New Technology, New Method to Study the Urban Space

In recent years, the fourth industrial Revolution, marked by new technologies such as the Internet and artificial intelligence, has not only provided massive urban data and a new perspective for urban research, but also brought miniaturized and high-power computers, providing feasible analysis tools for Urban Science researchers. At the same time, new theories and methods in complex science and artificial intelligence provide new theoretical and technical support for urban research.

The study of urban space by new methods and new data can be divided into the following aspects.

1) Cross-scale analysis of urban space

Using the new data such as cell phone signaling, this paper makes an in-depth study on the urban level, population distribution and urban interior spatial structure.

2) Urban morphology at human scale

Many scientific research teams use urban POI data and street view image data to measure urban spatial quality on a large scale, which provides a basis for supporting the improvement of urban spatial quality.

3) Urban simulation

Based on urban big data, some scholars have carried out in-depth cognition and analysis of individual behaviors in cities, and applied knowledge and methods in other fields such as machine learning to simulate the spatial distribution of a large number of people at the urban scale, thus providing a favorable analysis tool for urban emergency management and urban development evaluation.

3. Urban Studies for the Future

Faced with the impossibility of simply "knowing" future cities, the researchers proposed that "the best way to predict the future is to create the future", including extracting the prototype of future city and exploring the path of future urban design.

11.1.3 Comparison of Progress in (New) Urban Science at Home and Abroad

1. Schools Related to (New) Urban Science

Complexity Science schools related to (new) Urban Science include the Complexity Science school represented by the American Santa Fe Institute; the Illinois School of Planning represented by the American urban and regional planning expert Lewis Hopkins; and the Science of Cities school represented by Michael Batty.

However, the research on (new) Urban Science in China started a little later, and the research content includes DAD(Data Augmented Design), future city, etc.

2. Research Institutions / Programs on (New) Urban Science

The (new) Urban Science now is been studied and promoted by a number of research institutions globally, including several renowned international colleges and universities. Relevant international research institutions mainly include:

Media Lab, MIT; SENSEable City Laboratory, MIT; Future Cities Laboratory, Singapore–ETH Center; City Analytics Lab, Faculty of Built Environment, University of New South Wales; Urban Center for Computation and Data, University of Chicago; Center for Urban Science and Progress, New York University; Center for Spatial Research, Columbia University; The Bartlett Center for Advanced Spatial Analysis, University College London; Urban Informatics Group, Queensland University of Technology Design Lab, etc.

MIT Media Lab was founded in 1986; SENSEable City Laboratory of MIT was founded in 2004; Future Cities Laboratory was founded in 2010 by Singapore–ETH Center; City Analytics Lab founded in 2018, by University of New South Wales; Urban Center for Computation and Data founded in 2012 by University of Chicago; Center for Urban Science and Progress, New York University; Center for Spatial Research, Columbia University; The Bartlett Center for Advanced Spatial Analysis, University College London; Urban Center for Computation and Data, University of Chicago; Center for Urban Science and Progress, New York University; Center for Spatial Research, Columbia University; The Bartlett Center for Advanced Spatial Analysis, University College London; Urban Informatics Group, Queensland University of Technology Design Lab.

China's research institutions and programs in (new) Urban Science include the Smart City the Digital City Engineering Research Center and the Smart City Joint Lab co–founded by Chinese Institute of Urban Scientific Planning and Design and the Chinese Society for Urban Studies in 2012; the research programs on urban space cognition and data augmented design with new data, methods, and technologies launched by Beijing City Lab founded in 2013; and Administration Center of Urban Data Safety was established by the Chinese Society for Urban Studies which was founded in 2019.

3. Disciplines and Courses on (New) Urban Science

Chinese and foreign colleges and universities have started to set up disciplines and degree programs on (new) Urban Science in recent years. The bachelor degree of Science in Urban Science and Planning with Computer Science was introduced at MIT on May 16, 2018, receiving wide attention from academic and practitioner circles.

However, there are few courses on (new) Urban Science in China's colleges or universities. The undergraduate program"New Urban Science"provided by the School of Architecture of Tsinghua University, established in the fall of 2018, is the first course on the (new) Urban Science in China's urban and rural planning education system.

Through a review of domestic and foreign research schools, research institutions and related courses, it can be seen that (new) Urban Science is emerging in various forms around the world. The research background of international institutions is based on the intersection of many disciplines, including quantitative urban studies, the impact of new technologies on cities, future–oriented urban space and multi–agent urban studies. However, domestic research on (new) Urban Science is still lagging behind.

11.1.4 Development Trend and Prospect in (New) Urban Science

1. Continue to Strengthen the Application of Big Data in Urban Science

(1) The combination of present–oriented big data and future–oriented urban models can help support more long–term and refined research on cities.

(2) The big data based on the Internet platform is biased in population categories and data collection, and cannot completely meet the needs of urban research, especially fine–scale urban research. Therefore, it is necessary to develop large–scale, low–cost and human–scale active city perception methods based on various sensors for specific research problems, and collect data of built environment, natural environment and social environment.

(3) With big data research macro and medium scale has been relatively mature, the future from the Internet of things and wearable devices, such as "super" big data, is expected to surpass inside and outside of the building, the boundaries of built environment and the natural environment, let us see more humanistic scale space of the objective laws, support research, design and operation of built environment monitoring and evaluation.

2. Further Improve the Scientific Nature of Urban Space Research

(1) Improve the definition of city, avoid scale mismatch and other basic problems.

(2) Improve the scientific community to ensure that every research can have scientific increment. In the future, Urban Science should adhere to the principle of "City Lab", improve the scientific community of disciplines (such as studying an urban community, using a set of data together, focusing on a small direction together, etc.), ensure that each research can have "scientific increment", and improve the scientific nature of urban research.

3. Focus on New Urban Changes and Explore Future Urban Spaces

(1) Actively discuss the space prototype of future city.

(2) Based on SIPMDI (Spatial Intervention, Place Making and Digital Innovation), multiple actors work together to support future urban design. For SIPMDI concept, should also be stressed more power into, especially with the digital technology team cooperation, on urban space planning, design, management and construction are no longer the job of planners and urban designers, managers,

technology or equipment providers such as power will also be involved, provide interactive facilities, management middle or intelligence technology solutions.

11.2 Healthy City

Public health is a persistent topic in city science and human settlements research. With the city public health problems becoming more and more prominent in recent thirty years, the upsurge of healthy city research and practice has been launched all over the world, which has promoted urban planning to pay more attention to public health through high requirements and new perspectives. It is an important mission for the disciplinary development of Health City to study and compare domestic and foreign differences in the disciplinary development of healthy city, therefore predict new problems and lay out new directions, at the same time give full play to the strategic leading role. This report systematically combs the research progress and hot issues of healthy city in recent years, and discusses the process of the disciplinary development and its achievements in discipline construction. Based on the comparative analysis between domestic and overseas, this report judges the development trend and prospects the health city research, and puts forward the development direction and countermeasures in the field of health city in China.

The research on healthy city in urban science mainly focuses on four directions.

(1) Research on the impact of environmental health from the perspective of multi–dimensional health, including the impact of an urban environment on mental health and residents' behavioral health. More and more attention has been paid to the impact of an urban environment on mental health and mental disorders in recent years. As for the research on the residents' health behavior, it mainly describes people's health behavior and analyzes its related influencing factors., which mainly include eating behavior, physical activity, sleeping, smoking, drinking and so on.

(2) Multiscale research on the shaping of healthy urban space: including the healthy city research from the perspective of urban agglomeration and urban space, healthy community research and the evaluation standards of healthy buildings. As for the research on health city development from the perspective of urban agglomeration, more and more scholars have begin to explore the healthy development strategy of cross provincial low–carbon urban agglomeration, and systematically constructs the "Internet + medical health" coordinated development mechanism of urban agglomeration. In terms of health city research from the perspective of urban space, it focuses on the elements at the macro level, such as urban form, land use and infrastructure. In terms of healthy community research, more attention are paid to the usage requirements and using feeling of residents, focusing on spatial scale, residential mixing, facility accessibility and public space

construction. As for the research of health building evaluation standards, domestic scholars mainly study from the aspects of health building evaluation case analysis, influencing factors, indoor environment, health building materials, moisture-proof and bacteriostasis, ventilation technology and so on.

(3) Public health active intervention research based on urban planning elements: including urban planning active intervention research on chronic non communicable diseases, urban transportation and residents' health research, urban landscape and residents' health research. As for the active intervention of urban planning on chronic non communicable diseases, domestic relevant research covers theoretical construction, basic demonstration and health impact assessment. However, compared to the foreign research, it started later, and fewer types of chronic non communicable diseases are involved, also the relevant practical application is still in the exploratory stage. In terms of research on urban traffic and residents' health, the influencing factors of traffic on public health can be divided into motor traffic and non-motorized traffic. Reducing motor traffic and encouraging pedestrian and bicycle traffic can control pollution and promote exercise. As far as the research on urban landscape and residents' health is concerned, domestic research focuses on the impact mechanism of urban landscape on Residents' health.

(4) Research on health city oriented to the whole life cycle, including research on the residential environment for the elderly and children. As for the research on the residential environment for the elderly, the research focuses on the spatial distribution, social spatial characteristics, transportation, living space environment of the elderly, as well as the built environmental factors affecting the health of the elderly. In terms of the research on the children's living environment, multi-dimensional factors such as individual factors, social factors and built environment factors which influence each other affect children's physical activity and health level.

The main differences of domestic and foreign research in the field of health city lie in different development periods, different research methods and contents, and different problems in development. As far as the development period is concerned, domestic research started later than foreign countries, and its quantity and depth are lower than foreign levels too; in terms of research methods and contents, domestic research remains at the level of preliminary quantitative analysis. The single technical methods and the lack of analysis model leads to the unsystematic research results. There is still a large gap between domestic and foreign research in terms of theoretical framework, subjective and objective quantitative methods, multi-temporal and spatial scale empirical field research, scientific and technological research, comprehensive practical application and so on. In terms of the faced problems, standardization and normalization are the main problems faced in the research and development of health city in China. It is urgent for follow-up research to gradually explore the research framework of Chinese health city under the background of urbanization with Chinese characteristics.

There are few developments trend and research prospect based on disciplinary development process and comparative analysis between domestic and overseas:

(1) Interdisciplinary integration promotes the theoretical system. In recent years, healthy city research not only includes topics in the fields of traditional urban planning and public health, but also involves the fields of economy, society, ecological environment, personal behavior, social justice, etc., showing an obvious trend of interdisciplinary integration, continuously improving the theoretical system.

(2) The integration of new technologies contributes to the transformation of research methods and paradigms. With the rapid development of new technologies and new data represented by computer technology and multi-source urban data, it promotes the progress of quantitative research technology and brings about the transformation of research thinking mode. It provides a new method for the study of health city and promotes the establishment of a new paradigm.

(3) The new development stage and concept promote the deepening of research topics and contents. The research changed from a single dimension of physical health to multiple dimensions of physical, psychological and social health. And pay more attention to the elderly, children and other groups. Now the research and exploration present multi spatial scale correlation and long-term dynamic change.

12 Intelligent Science and Technology

In the 21st century, the global research innovation is unprecedentedly intensive and active. A new round of technological revolution and industrial transformation is rebuilding the global innovation pattern, reshaping the global economic structure, and profoundly changing people's thinking, production and lifestyle.

12.1 Research Progress of the Discipline in Recent Years

In recent years, AI basic theory research has motivated research on many AI methods, including machine perception, game adversary and visual understanding. As an important content of AI research, the interdisciplinary AI method research has promoted development of emerging technologies such as human machine infusion intelligence, autonomous machine intelligence, multi–agent, and implementation of production, study and research technology. Deep integration of AI technology and traditional industries is extensively applied to fields such as transportation, medical care, education, and industry, bringing revolutionary changes to human production and life in terms of effective reduction of labor cost, product and service optimization, generation of new market and employment. AI technologies, such as machine learning, deep learning, natural language processing, speech recognition, computer vision, computer graphics, robotics, human machine interface, database, information retrieval and recommendation, knowledge graphs, knowledge engineering, data mining, security and privacy, deep neural network, visualization, and IoT, has been introduced to medical application scenarios such as electronic medical record, image diagnosis, medical robotics, health management, remote diagnosis, new drug research and development, gene sequencing; introduced to financial application scenarios such as intelligent customer acquisition, identification, intelligent risk control, intelligent investment counseling, intelligent customer service, mobile payment, and business process optimization; introduced to education scenarios such as smart adaptive learning, education robotics, smart campus, smart classroom, smart question bank, speech evaluation, human machine dialogue, education assistance; introduced to manufacturing scenarios such as smart factory, engineering design, engineering process design, manufacturing, CIMS, generation scheduling, fault diagnosis, intelligent logistics, MES production information technology management system, as well as urban management scenarios such as smart government affairs, urban command center, urban public security, logistics and building service system, energy system, transportation system, urban environment management system, smart home, medical system, autonomous driving. In the future, AI development will be extended more into fields such as reinforcement learning, neuromorphic hardware, knowledge graphs, intelligent robotics and interpretable AI.

12.1.1 AI Basic Theory

With the development opportunity of this emerging industry, China has successively issued the relevant AI development policies in three recent years, creating the important strategic opportunity of preemptive edge of Chinese AI development. As early as 2016, *the Three-Year Program of Chinese Internet +AI (2016—2018)* clearly pointed out that AI would become the powerful impetus for social and economic development. *The Three-Year Action Program for Promoting A New Generation AI Development (2018—2020)* reinforced the objective and summarized four major tasks, including modular development of important AI product, significant enhancement of AI overall core basic capability, deepened development of intelligent manufacturing, and basic establishment of AI industry support system. Besides, *the New Generation AI Development Planning* specially pointed out, it's required to study the data driven general AI mathematical models and theories.

12.1.2 AI-related Brain Cognition Basis

Deep learning based on artificial neural networks has made considerable progress in recent years, an embodiment of neural network architecture's unique advantages in AI field. Artificial neural network is an abstraction and simplification of biological neural network. At present, the biological neural network in the brains of higher animals has far more neurons than deep neural network. Besides, it's far more complex than the present artificial nervous network in terms of heterogeneous characteristics of network (different types of neuron and feedforward, feedback hybrid network topology, etc.), diverse synaptic plasticity, complex network dynamics. The paper focuses on the relevant AI brain cognition basis and highlights four aspects including plotting of brain graphs, nervous network information processing, brain cognition detection and regulation, brain network modeling and simulation and brain–computer interface required to understand brain structure and function.

12.1.3 Machine Perception and Pattern Recognition

The research content of pattern recognition includes pattern recognition basis (pattern classification, clustering, machine learning), computer vision, auditory information processing, application basis research (biometric recognition, text recognition, multimedia data analysis, etc.). Apart from multi–aspect, multi–level, in–depth basic theoretical methods and key technical issues, there are extensive application demands with respect to national security, national economy and social development. For over half a century in the past, the theory and methodology of pattern recognition has achieved profound development, and many key technologies have been successfully applied. In recent years, with development of technologies and methods and platforms such as the Internet, IoT, cloud computing, big data, and deep learning, pattern recognition have also embraced a new phase of rapid development. The framework of "big data +deep learning" has promoted the rapid development of pattern recognition method, fast performance enhancement, and driven widespread application.

12.1.4 Information Retrieval

In recent years, the information retrieval has ushered in rich development directions and widespread attention, such as understanding and use of heterogeneous information resources, modeling of user information needs and behaviors, retrieval algorithm and modeling, evaluation on system performance and retrieval effect. In terms of information acquisition and application scenarios, it includes transition from desktop search to mobile search, evolution from traditional web page search to vertical field multimedia search (such as picture, music), deepening from the general search engine to specific field search (such as law, health). Besides, the information retrieval also focuses on the basic theory exploration and combination with other fields, such as exploration and recommendation for user privacy, ethics, equality, dialogue, question and answer, human machine interface. Dense vector retrieval and representation learning have become a research hot spot for the information retrieval.

12.1.5 Recommendation System

With Internet popularization, information technology has greatly facilitated people's production and life. However, it has also brought the issue of information explosion. Countless online information from various channels including history, research, entertainment, e–commerce, makes people more and more difficult to get the information they really need. Information retrieval represented by search engine is an important way for people to actively get online information. However, it relies on the key word actively imported by the user. The user needs to have the clear–cut information need, and the retrieval system can only passively provide information. The personalized recommendation system provides a way for the system to actively provide information. Rather than relying on user input, the system can analyze user characteristics and actively push personalized information of user interest, which is favorable for mining user's potential demand. The domestic personalized recommendation system is deeply penetrated into all social aspects, becoming an indispensable service for the user to get information in daily work and life. The news recommendation system can push for the user news of interest. The music recommendation system may provide for the user personalized radio service to play and recommend possible songs of interest. The e–commerce recommendation system may recommend possible–to–buy commodity by analyzing user behavior and hobby, becoming the important AI application scenario. With the challenge of knowledge reasoning demand, the knowledge–based recommendation is a specific type of recommendation system. To conduct recommendation system research by adequate use of knowledge graphs has become a hot spot of semantic understanding.

12.1.6 Natural Language Processing and Understanding

As a typical interdisciplinary discipline, the natural language processing involves a number of subjects, including language science, computer science, mathematics, cognitive science, logic, psychology. The research is generally composed of two parts: Natural Language Understanding (NLU) and Natural Language Generation (NLG). Natural language understanding aims to make the computer understand human natural language (including its inherent meaning) through various analysis and processing. Natural language generation focuses more on how to make the computer automatically generate natural language forms or systems that humans can understand. AI, from the bottom up, is composed of computation intelligence, perception intelligence, and cognition intelligence. Computation intelligence refers to the machine memory and computation capability; perception intelligence refers to machine's visual, auditory, and tactile perception capabilities; cognition intelligence refers to the capability to understand and use language, grasp and use knowledge, and inference capability based on language and knowledge. At present, AI development basically achieves computation intelligence. The capability of machine storage and computation date far exceeds the current level of human beings. The perception intelligence also achieves many important breakthroughs. In many industry authoritative tests, many AI system has achieved or even exceeded human level. For example, the perception intelligence technologies such as face recognition and speech recognition have been widely used in many fields such as image processing, security, education, and medical care. With the core of natural language processing, the language intelligence processing is an important way and key foundation to achieve perception intelligence. AI has made some fulfillment in the perception intelligence level. In the natural language processing and understanding, whether it's basic language analysis technology or specific language intelligence application product and system design, research and development, they are all the future research direction.

12.1.7 Research Progress and Trend Analysis of Intelligent Understanding and Interpretation of Remote Sensing Image

Image interpretation includes a variety of technologies, such as image noise removal, image feature classification, road extraction, target detection and recognition. Without manual intervention, we expect that such applications will be automatically interpreted by machine, with processing accuracy and reliability up to practical standards. Remote sensing image interpretation technology has been widely used in military and civilian fields. In the future high-tech information warfare, the information network covers the entire battlefield. The space-based system is an integral part of the whole information network. In the space-based battle system, remote sensing data is the main source of information acquisition, transmission, and relay. Regarding multi-dimensional and nonlinear battlefield, it has unique advantages to secure rapid perception, transmission of battlefield information and achieve precision strike. Remote sensing is an important research part of image processing. With advanced image interpretation technology, it's possible to rapidly get military intelligence from remote sensing data, and plays a very important role in autonomous navigation, battlefield reconnaissance, target recognition, and positioning. In the civil society, remote sensing data interpretation is closely related to sectors such as precise weather forecast, disaster warning, urban green space planning, maritime traffic control, smuggling inspection. As the domestic remote sensing satellites increase and resolution improves, during COVID-19 prevention and control, the HD satellite 2 provides real-time information on the construction progress of Huoshenshan hospital and Leishenshan hospital, helps precise policy implementation, and ushering in a new pattern of Chinese independent application of remote sensing.

12.1.8 Human Machine Fusion Intelligence

As a new type of intelligence, human computer fusion intelligence is produced by interaction of human, machine and environment. With the combination of human intelligence association, perceptual reasoning, and AI knowledge and rational reasoning, it also involves physical and biological intelligent science system. Its fundamental objective is to combine human and machine merits and advantages, thus forming a brand-new intelligent adaptation mechanism. It contains human and machine intelligence, and integrates and nurtures new sublimation of intelligence. Human machine fusion intelligence can be described with the hierarchical scientific architecture. Through gradual improvement on subjective cognitive ability, people analyze and perceive the external natural environment. This process involves a number of layers such as memory, intention, perception, decision and behavior. During cognition, people form subjective thinking. The machine uses the sensor to obtain data, perceive and analyze external environment. This process includes the knowledge base, target, information perception, task planning and behavior execution. In this process, the machine cultivates the objective and formal thinking. The hierarchical architecture indicates that human machine fusion can happen in the same layer. In the human fusion intelligent system, different layers also have certain causal relation. With collaborative perception, cognitive interaction, fusion decision and behavior enhancement, human machine fusion achieves the collaboration of human and machine intelligence during interaction of human, machine and environment.

12.1.9 Intelligence Robotics

It's anticipated that in 2025—2030, we will make breakthrough in deep integration of machine technology and rapidly-developing IoT, cloud computing, and big data, and adequate use of massive share data, computing resources, intelligent robotics service capability extension. With in-depth study into human brain work mechanism, the brain machine interaction technology will make breakthrough development, greatly expanding the robotics application. In this period, the new-generation robotics will feature connectivity, virtual and real integration, software definition and human machine fusion, specifically: use sensors to collect data, quickly upload to the cloud, conduct primary processing and achieve information share. Deeply integrate virtual signal and real device, achieve closed loop of data collection, processing, analysis, feedback, and execution, and realize "real-virtual-real" conversion. Intelligent algorithm of analysis and computation of massive data relies on the outstanding software application. The new generation intelligent robotics will be software and software focused, and platform and API centric. Through deep learning, it's possible to achieve human machine audio-visual interaction, and human machine psychological cognition and emotional communication.

12.1.10 Significance of Intelligent Economy Development

Intelligent technology has become a new engine to promote economic development. Chinese intelligent economy development already takes shape. It will be increasingly important to be future economic growth breakthrough, and comprehensively push forward high quality economic development. As a leaking key technology among intelligent technology, AI is of great significance to promote the transformation of transformation of Chinese traditional industries and give rise to new economies and new business forms. Development of intelligent economy will produce profound influence on implementation of new development concepts, nurturing new economic growth points, advancing reform driven supply side reform, and conducting the digital China strategy. It will generally drive reform of the production method, lifestyle and governance, and promote independent innovation. Intelligent economy is the best test ground for implementing the innovation-driven development strategy and promoting "mass entrepreneurship and innovation" and "crowd innovation; crowd sourcing; crowd support; and crowd funding", as well as the powerful impetus to seize the strategic heights of "new infrastructure". The global pattern of international trade competition and post-pandemic situation as well as the big trend of intelligent global digital economy give rise to new opportunity for "new infrastructure". The new infrastructure such as 5G, data center, IoT, AI, industrial internet will empower the intelligent upgrade of traditional public facilities such as transportation, power grid, hospital, campus and industrial park, and form the basic support of intelligent economy.

12.2 Discipline Development Trend and Prospect

In the few years to follow, it's expected that intelligent science and technology development will play an important role for research, technology renovation and industry upgrade. ①In recent years, with deepening AI perception, the potential technical barriers and application risks of traditional AI gradually appear. AI development is seeking new breakthrough from domain artificial intelligence to general artificial intelligence. To achieve the leapfrog development from specific artificial intelligence to general artificial intelligence has become an important trend in the next stage. The research into general AI and brain-like intelligence, different from domain AI, has become the important development direction in the future. "Human-machine-thing" fusion of intelligent science and technology will be more extensively applied. ②On one hand, knowledge-based intelligent machine systems such as brain-inspired intelligence, interpretable machine learning, causal reasoning, and knowledge graphs will complement the existing intelligent science and application development, and become an important direction to seek AI development breakthroughs. On the other hand, quantum computing and high-performance computing will further promote human computing capability, and provide powerful computing capability for intelligent science. ③ The integrated development of production, study and research brings opportunities and challenges for development of intelligent science and technology. From scientific discovery to technology application, from machine perception to decision, from economic development to national security, the whole chain production, study, research and application integrated development and conversion capability will become the focus of intelligent science and technology development of all nations. China should seize opportunity, focus on the theoretic study to enhance strategic basic study, emphasize forward technology research and development focusing on technology research, and showcase university technology application by application research. ④Nurturing interdisciplinary talents has become the cornerstone of development. The emerging field of intelligent science and technology and branch interdisciplinary characteristics pose a challenge to the nurturing mechanism for higher education discipline talents. In order to keep aligned with an important science development trend since the 20th century,: technology integration, penetration of science, technology and society, interdisciplinary breakthrough, China Association for Science and Technology(CAST) coordinates nationwide academies to form the consortium, and actively push forward building of interdisciplinary talent system. ⑤Data is an important production element. In the future, during the intelligent economy development, we should push forward technology breakthrough and formulate appropriate technical standards, protect AI ethics value including protection of citizen privacy, enhance public trust and confidence on AI technology. Restricted by the value outlook of all nations, we should conduct auto decision, drive development in other fields, help vulnerable groups, shorten digital gap and develop AI for good.

附　件

附件 1：2019 年分行业规模以上工业企业研究与试验发展（R&D）经费情况

行业	R&D 经费（亿元）	R&D 经费投入强度（%）	行业	R&D 经费（亿元）	R&D 经费投入强度（%）
合计	13971.1	1.32	化学原料和化学制品制造业	923.4	1.4
采矿业	288.1	0.62	医药制造业	609.6	2.55
煤炭开采和洗选业	109.2	0.44	化学纤维制造业	123.7	1.44
石油和天然气开采业	93.8	1.08	橡胶和塑料制品业	357.6	1.41
黑色金属矿采选业	13.4	0.39	非金属矿物制品业	520.1	0.97
有色金属矿采选业	21.8	0.65	黑色金属冶炼和压延加工业	537.7	0.87
非金属矿采选业	18.6	0.54	有色金属冶炼和压延加工业	406.8	0.76
开采辅助活动	31.2	1.31	黑色金属冶炼和压延加工业	886.3	1.25
制造业	13538.5	1.45	有色金属冶炼和压延加工业	479.8	0.85
农副食品加工业	262	0.56	金属制品业	466.4	1.36
食品制造业	156.2	0.82	通用设备制造业	822.9	2.15
酒、饮料和精制茶制造业	107.6	0.7	专用设备制造业	776.7	2.64
烟草制品业	30.4	0.27	汽车制造业	1289.6	1.6
纺织业	265.9	1.11	铁路、船舶、航空航天和其他运输设备制造业	429.1	3.81
纺织服装、服饰业	105.6	0.66	电气机械和器材制造业	1406.2	2.15
皮革、毛皮、羽毛及其制品和制鞋业	80.3	0.69	计算机、通信和其他电子设备制造业	2448.1	2.15
木材加工和木、竹、藤、棕、草制品业	63.2	0.74	仪器仪表制造业	229.1	3.16
家具制造业	73.6	1.03	其他制造业	39.8	2.44
造纸和纸制品业	157.7	1.18	电力、热力、燃气及水生产和供应业	144.5	0.18
印刷和记录媒介复制业	79.6	1.2	电力、热力生产和供应业	113	0.17
文教、工美、体育和娱乐用品制造业	118.2	0.92	燃气生产和供应业	17	0.19
石油、煤炭及其他燃料加工业	184.7	0.38	水的生产和供应业	14.4	0.48

数据来源：2019 年全国科技经费投入统计公报。

附件 2：国家重点实验室名单

序号	实验室名称	依托单位	主管部门
化学领域			
1	材料化学工程国家重点实验室	南京工业大学	江苏省科技厅
2	超分子结构与材料国家重点实验室	吉林大学	教育部
3	催化基础国家重点实验室	中国科学院大连化学物理研究所	中国科学院
4	电分析化学国家重点实验室	中国科学院长春应用化学研究所	中国科学院
5	多相复杂系统国家重点实验室	中国科学院过程工程研究所	中国科学院
6	分子反应动力学国家重点实验室	中国科学院大连化学物理研究所	中国科学院
7	高分子物理与化学国家重点实验室	中国科学院长春应用化学研究所	中国科学院
8	功能有机分子化学国家重点实验室	兰州大学	教育部
9	固体表面物理化学国家重点实验室	厦门大学	教育部
10	化工资源有效利用国家重点实验室	北京化工大学	教育部
11	化学工程联合国家重点实验室	清华大学　天津大学 华东理工大学　浙江大学	教育部
12	化学生物传感与计量学国家重点实验室	湖南大学	教育部
13	结构化学国家重点实验室	中国科学院福建物质结构研究所	中国科学院
14	金属有机化学国家重点实验室	中国科学院上海有机化学研究所	中国科学院
15	精细化工国家重点实验室	大连理工大学	教育部
16	聚合物分子工程国家重点实验室	复旦大学	教育部
17	煤转化国家重点实验室	中国科学院山西煤炭化学研究所	中国科学院
18	生命分析化学国家重点实验室	南京大学	教育部
19	生命有机化学国家重点实验室	中国科学院上海有机化学研究所	中国科学院
20	羰基合成与选择氧化国家重点实验室	中国科学院兰州化学物理研究所	中国科学院
21	无机合成与制备化学国家重点实验室	吉林大学	教育部
22	稀土资源利用国家重点实验室	中国科学院长春应用化学研究所	中国科学院
23	现代配位化学国家重点实验室	南京大学	教育部
24	元素有机化学国家重点实验室	南开大学	教育部
25	重质油国家重点实验室	中国石油大学（北京） 中国石油大学（华东）	教育部
数理领域			
26	半导体超晶格国家重点实验室	中国科学院半导体研究所	中国科学院
27	波谱与原子分子物理国家重点实验室	中国科学院武汉物理与数学研究所	中国科学院
28	低维量子物理国家重点实验室	清华大学	教育部
29	非线性力学国家重点实验室	中国科学院力学研究所	中国科学院

续表

序号	实验室名称	依托单位	主管部门
30	高温气体动力学国家重点实验室	中国科学院力学研究所	中国科学院
31	固体微结构物理国家重点实验室	南京大学	教育部
32	核探测与核电子学国家重点实验室	中国科学院高能物理研究所 中国科学技术大学	中国科学院
33	核物理与核技术国家重点实验室	北京大学	教育部
34	精密光谱科学与技术国家重点实验室	华东师范大学	教育部
35	科学与工程计算国家重点实验室	中国科学院数学与系统科学研究院	中国科学院
36	强场激光物理国家重点实验室	中国科学院上海光学精密机械研究所	中国科学院
37	人工微结构和介观物理国家重点实验室	北京大学	教育部
38	声场声信息国家重点实验室	中国科学院声学研究所	中国科学院
39	湍流与复杂系统国家重点实验室	北京大学	教育部
40	应用表面物理国家重点实验室	复旦大学	教育部
	地学领域		
41	冰冻圈科学国家重点实验室	中国科学院寒区旱区环境与工程研究所	中国科学院
42	测绘遥感信息工程国家重点实验室	武汉大学	教育部
43	城市和区域生态国家重点实验室	中国科学院生态环境研究中心	中国科学院
44	城市水资源与水环境国家重点实验室	哈尔滨工业大学	工业和信息化部
45	大地测量与地球动力学国家重点实验室	中国科学院测量与地球物理研究所	中国科学院
46	大陆动力学国家重点实验室	西北大学	陕西省科技厅
47	大气边界层物理与大气化学 国家重点实验室	中国科学院大气物理研究所	中国科学院
48	大气科学和地球流体力学数值模拟 国家重点实验室	中国科学院大气物理研究所	中国科学院
49	地表过程与资源生态国家重点实验室	北京师范大学	教育部
50	地震动力学国家重点实验室	中国地震局地质研究所	中国地震局
51	地质过程与矿产资源国家重点实验室	中国地质大学（武汉） 中国地质大学（北京）	教育部
52	地质灾害防治与地质环境保护 国家重点实验室	成都理工大学	四川省科技厅
53	冻土工程国家重点实验室	中国科学院寒区旱区 环境与工程研究所	中国科学院
54	海洋地质国家重点实验室	同济大学	教育部
55	河口海岸学国家重点实验室	华东师范大学	教育部
56	湖泊与环境国家重点实验室	中国科学院南京地理与湖泊研究所	中国科学院
57	环境地球化学国家重点实验室	中国科学院地球化学研究所	中国科学院

续表

序号	实验室名称	依托单位	主管部门
58	环境化学与生态毒理学国家重点实验室	中国科学院生态环境研究中心	中国科学院
59	环境基准与风险评估国家重点实验室	中国环境科学研究院	环境保护部
60	环境模拟与污染控制国家重点实验室	清华大学　中国科学院生态环境研究中心 北京大学　北京师范大学	教育部
61	荒漠与绿洲生态国家重点实验室	中国科学院新疆生态与地理研究所	中国科学院
62	黄土高原土壤侵蚀与旱地农业 国家重点实验室	中国科学院教育部水土保持 与生态环境研究中心	中国科学院
63	黄土与第四纪地质国家重点实验室	中国科学院地球环境研究所	中国科学院
64	近海海洋环境科学国家重点实验室	厦门大学	教育部
65	空间天气学国家重点实验室	中国科学院空间科学与应用研究中心	中国科学院
66	矿床地球化学国家重点实验室	中国科学院地球化学研究所	中国科学院
67	流域水循环模拟与调控国家重点实验室	中国水利水电科学研究院	水利部
68	煤炭资源与安全开采国家重点实验室	中国矿业大学（北京）　中国矿业大学	教育部
69	内生金属矿床成矿机制研究 国家重点实验室	南京大学	教育部
70	热带海洋环境国家重点实验室	中国科学院南海海洋研究所	中国科学院
71	生物地质与环境地质国家重点实验室	中国地质大学（武汉）	教育部
72	同位素地球化学国家重点实验室	中国科学院广州地球化学研究所	中国科学院
73	土壤与农业可持续发展国家重点实验室	中国科学院南京土壤研究所	中国科学院
74	卫星海洋环境动力学国家重点实验室	国家海洋局第二海洋研究所	国家海洋局
75	污染控制与资源化研究国家重点实验室	同济大学　南京大学	教育部
76	现代古生物学和地层学国家重点实验室	中国科学院南京地质古生物研究所	中国科学院
77	岩石圈演化国家重点实验室	中国科学院地质与地球物理研究所	中国科学院
78	遥感科学国家重点实验室	中国科学院遥感与数字地球研究所 北京师范大学	中国科学院
79	油气藏地质及开发工程国家重点实验室	西南石油大学成都理工大学	四川省科技厅
80	油气资源与探测国家重点实验室	中国石油大学（北京）	教育部
81	有机地球化学国家重点实验室	中国科学院广州地球化学研究所	中国科学院
82	灾害天气国家重点实验室	中国气象科学研究院	中国气象局
83	植被与环境变化国家重点实验室	中国科学院植物研究所	中国科学院
84	资源与环境信息系统国家重点实验室	中国科学院地理科学与资源研究所	中国科学院
生物领域			
85	病毒学国家重点实验室	武汉大学 中国科学院武汉病毒研究所	教育部
86	草地农业生态系统国家重点实验室	兰州大学	教育部

续表

序号	实验室名称	依托单位	主管部门
87	淡水生态与生物技术国家重点实验室	中国科学院水生生物研究所	中国科学院
88	蛋白质与植物基因研究国家重点实验室	北京大学	教育部
89	动物营养学国家重点实验室	中国农业科学院畜牧研究所 中国农业大学	农业部
90	分子发育生物学国家重点实验室	中国科学院遗传与发育生物学研究所	中国科学院
91	分子生物学国家重点实验室	中国科学院上海生命科学研究院	中国科学院
92	旱区作物逆境生物学国家重点实验室	西北农林科技大学	教育部
93	家蚕基因组生物学国家重点实验室	西南大学	教育部
94	家畜疫病病原生物学国家重点实验室	中国农业科学院兰州兽医研究所	农业部
95	林木遗传育种国家重点实验室	中国林业科学研究院　东北林业大学	国家林业局教育部
96	棉花生物学国家重点实验室	中国农业科学院棉花研究所　河南大学	农业部 河南省科技厅
97	农业虫害鼠害综合治理研究 国家重点实验室	中国科学院动物研究所	中国科学院
98	农业生物技术国家重点实验室	中国农业大学	教育部
99	农业微生物学国家重点实验室	华中农业大学	教育部
100	神经科学国家重点实验室	中国科学院上海生命科学研究院	中国科学院
101	生物大分子国家重点实验室	中国科学院生物物理研究所	中国科学院
102	生物反应器工程国家重点实验室	华东理工大学	教育部
103	膜生物学国家重点实验室	中国科学院动物研究所　清华大学 北京大学	中国科学院
104	食品科学与技术国家重点实验室	江南大学南昌大学	教育部
105	兽医生物技术国家重点实验室	中国农业科学院哈尔滨兽医研究所	农业部
106	水稻生物学国家重点实验室	中国水稻研究所　浙江大学	农业部
107	微生物代谢国家重点实验室	上海交通大学	教育部
108	微生物技术国家重点实验室	山东大学	教育部
109	微生物资源前期开发国家重点实验室	中国科学院微生物研究所	中国科学院
110	系统与进化植物学国家重点实验室	中国科学院植物研究所	中国科学院
111	亚热带农业生物资源保护与利用 国家重点实验室	广西大学 华南农业大学	广西壮族自治区科学 技术厅 广东省科技厅
112	遗传工程国家重点实验室	复旦大学	教育部
113	遗传资源与进化国家重点实验室	中国科学院昆明动物研究所	中国科学院
114	有害生物控制与资源利用国家重点实 验室	中山大学	教育部

续表

序号	实验室名称	依托单位	主管部门
115	杂交水稻国家重点实验室	湖南杂交水稻研究中心　武汉大学	湖南省科技厅教育部
116	真菌学国家重点实验室	中国科学院微生物研究所	中国科学院
117	植物病虫害生物学国家重点实验室	中国农业科学院植物保护研究所	农业部
118	植物分子遗传国家重点实验室	中国科学院上海生命科学研究院	中国科学院
119	植物基因组学国家重点实验室	中国科学院遗传与发育生物学研究所 中国科学院微生物研究所	中国科学院
120	植物生理学与生物化学国家重点实验室	中国农业大学　浙江大学	教育部
121	植物细胞与染色体工程国家重点实验室	中国科学院遗传与发育生物学研究所	中国科学院
122	作物生物学国家重点实验室	山东农业大学	山东省科技厅
123	作物遗传改良国家重点实验室	华中农业大学	教育部
124	作物遗传与种质创新国家重点实验室	南京农业大学	教育部
		信息领域	
125	传感技术国家重点实验室	中国科学院上海微系统与信息技术研究所 中国科学院电子学研究所	中国科学院
126	电子薄膜与集成器件国家重点实验室	电子科技大学	教育部
127	发光学及应用国家重点实验室	中国科学院长春光学精密机械与物理研究所	中国科学院
128	复杂系统管理与控制国家重点实验室	中国科学院自动化研究所	中国科学院
129	工业控制技术国家重点实验室	浙江大学	教育部
130	毫米波国家重点实验室	东南大学	教育部
131	红外物理国家重点实验室	中国科学院上海技术物理研究所	中国科学院
132	机器人学国家重点实验室	中国科学院沈阳自动化研究所	中国科学院
133	集成光电子学国家重点实验室	吉林大学　中国科学院半导体研究所	教育部
134	计算机辅助设计与图形学国家重点实验室	浙江大学	教育部
135	计算机科学国家重点实验室	中国科学院软件研究所	中国科学院
136	计算机软件新技术国家重点实验室	南京大学	教育部
137	计算机体系结构国家重点实验室	中国科学院计算技术研究所	中国科学院
138	精密测试技术及仪器国家重点实验室	天津大学　清华大学	教育部
139	量子光学与光量子器件国家重点实验室	山西大学	山西省科技厅
140	流程工业综合自动化国家重点实验室	东北大学	教育部
141	模式识别国家重点实验室	中国科学院自动化研究所	中国科学院
142	区域光纤通信网与新型光通信系统国家重点实验室	上海交通大学　北京大学	教育部
143	软件工程国家重点实验室	武汉大学	教育部

续表

序号	实验室名称	依托单位	主管部门
144	软件开发环境国家重点实验室	北京航空航天大学	工业和信息化部
145	生物电子学国家重点实验室	东南大学	教育部
146	瞬态光学与光子技术国家重点实验室	中国科学院西安光学精密机械研究所	中国科学院
147	网络与交换技术国家重点实验室	北京邮电大学	教育部
148	微细加工光学技术国家重点实验室	中国科学院光电技术研究所	中国科学院
149	现代光学仪器国家重点实验室	浙江大学	教育部
150	信息安全国家重点实验室	中国科学院信息工程研究所	中国科学院
151	信息光子学与光通信国家重点实验室	北京邮电大学	教育部
152	虚拟现实技术与系统国家重点实验室	北京航空航天大学	工业和信息化部
153	移动通信国家重点实验室	东南大学	教育部
154	应用光学国家重点实验室	中国科学院长春光学精密机械与物理研究所	中国科学院
155	专用集成电路与系统国家重点实验室	复旦大学	教育部
156	综合业务网理论及关键技术国家重点实验室	西安电子科技大学	教育部
157	媒体融合与传播国家重点实验室	中国传媒大学	教育部
158	传播内容认知国家重点实验室	人民日报社　人民网	人民日报社
159	媒体融合生产技术与系统国家重点实验室	新华通讯社新媒体中心	新华通讯社
160	超高清视音频制播呈现国家重点实验室	中央广播电视总台	中央广播电视总台
		材料领域	
161	材料复合新技术国家重点实验室	武汉理工大学	教育部
162	超硬材料国家重点实验室	吉林大学	教育部
163	发光材料与器件国家重点实验室	华南理工大学	教育部
164	粉末冶金国家重点实验室	中南大学	教育部
165	高分子材料工程国家重点实验室	四川大学	教育部
166	高性能陶瓷和超微结构国家重点实验室	中国科学院上海硅酸盐研究所	中国科学院
167	固体润滑国家重点实验室	中国科学院兰州化学物理研究所	中国科学院
168	光电材料与技术国家重点实验室	中山大学	教育部
169	硅材料国家重点实验室	浙江大学	教育部
170	硅酸盐建筑材料国家重点实验室	武汉理工大学	教育部
171	金属材料强度国家重点实验室	西安交通大学	教育部
172	金属基复合材料国家重点实验室	上海交通大学	教育部
173	晶体材料国家重点实验室	山东大学	教育部

续表

序号	实验室名称	依托单位	主管部门
174	凝固技术国家重点实验室	西北工业大学	工业和信息化部
175	纤维材料改性国家重点实验室	东华大学	教育部
176	新金属材料国家重点实验室	北京科技大学	教育部
177	新型陶瓷与精细工艺国家重点实验室	清华大学	教育部
178	信息功能材料国家重点实验室	中国科学院上海微系统与信息技术研究所	中国科学院
179	亚稳材料制备技术与科学国家重点实验室	燕山大学	河北省科技厅
180	有机无机复合材料国家重点实验室	北京化工大学	教育部
181	制浆造纸工程国家重点实验室	华南理工大学	教育部
	工程领域		
182	爆炸科学与技术国家重点实验室	北京理工大学	工业和信息化部
183	材料成形与模具技术国家重点实验室	华中科技大学	教育部
184	电力设备电气绝缘国家重点实验室	西安交通大学	教育部
185	电力系统及大型发电设备安全控制和仿真国家重点实验室	清华大学	教育部
186	动力工程多相流国家重点实验室	西安交通大学	教育部
187	钢铁冶金新技术国家重点实验室	北京科技大学	教育部
188	高性能复杂制造国家重点实验室	中南大学	教育部
189	工业装备结构分析国家重点实验室	大连理工大学	教育部
190	轨道交通控制与安全国家重点实验室	北京交通大学	教育部
191	海岸和近海工程国家重点实验室	大连理工大学	教育部
192	海洋工程国家重点实验室	上海交通大学	教育部
193	火灾科学国家重点实验室	中国科学技术大学	中国科学院
194	机器人技术与系统国家重点实验室	哈尔滨工业大学	工业和信息化部
195	机械传动国家重点实验室	重庆大学	教育部
196	机械结构力学及控制国家重点实验室	南京航空航天大学	工业和信息化部
197	机械结构强度与振动国家重点实验室	西安交通大学	教育部
198	机械系统与振动国家重点实验室	上海交通大学	教育部
199	机械制造系统工程国家重点实验室	西安交通大学	教育部
200	流体动力与机电系统国家重点实验室	浙江大学	教育部
201	煤矿灾害动力学与控制国家重点实验室	重庆大学	教育部
202	煤燃烧国家重点实验室	华中科技大学	教育部
203	摩擦学国家重点实验室	清华大学	教育部
204	内燃机燃烧学国家重点实验室	天津大学	教育部

续表

序号	实验室名称	依托单位	主管部门
205	能源清洁利用国家重点实验室	浙江大学	教育部
206	汽车安全与节能国家重点实验室	清华大学	教育部
207	汽车车身先进设计制造国家重点实验室	湖南大学	教育部
208	汽车仿真与控制国家重点实验室	吉林大学	教育部
209	牵引动力国家重点实验室	西南交通大学	教育部
210	强电磁工程与新技术国家重点实验室	华中科技大学	教育部
211	深部岩土力学与地下工程 国家重点实验室	中国矿业大学 中国矿业大学（北京）	教育部
212	输配电装备及系统安全与新技术 国家重点实验室	重庆大学	教育部
213	数字制造装备与技术国家重点实验室	华中科技大学	教育部
214	水力学与山区河流开发保护 国家重点实验室	四川大学	教育部
215	水利工程仿真与安全国家重点实验室	天津大学	教育部
216	水沙科学与水利水电工程 国家重点实验室	清华大学	教育部
217	水文水资源与水利工程科学 国家重点实验室	河海大学 南京水利科学研究院	教育部
218	水资源与水电工程科学国家重点实验室	武汉大学	教育部
219	土木工程防灾国家重点实验室	同济大学	教育部
220	先进焊接与连接国家重点实验室	哈尔滨工业大学	工业和信息化部
221	新能源电力系统国家重点实验室	华北电力大学	教育部
222	亚热带建筑科学国家重点实验室	华南理工大学	教育部
223	岩土力学与工程国家重点实验室	中国科学院武汉岩土力学研究所	中国科学院
224	轧制技术及连轧自动化国家重点实验室	东北大学	教育部
医学领域			
225	癌基因与相关基因国家重点实验室	上海市肿瘤研究所	国家卫生和计划生育委员会
226	病原微生物生物安全国家重点实验室	中国人民解放军军事医学科学院	中央军委后勤保障部
227	传染病预防控制国家重点实验室	中国疾病预防控制中心	国家卫生和计划生育委员会
228	传染病诊治国家重点实验室	浙江大学	教育部
229	创伤、烧伤与复合伤研究国家重点实验室	中国人民解放军第三军医大学	中央军委训练管理部
230	蛋白质组学国家重点实验室	中国人民解放军军事医学科学院	中央军委后勤保障部
231	分子肿瘤学国家重点实验室	中国医学科学院肿瘤医院肿瘤研究所	国家卫生和计划生育委员会

续表

序号	实验室名称	依托单位	主管部门
232	呼吸疾病国家重点实验室	广州医科大学	广东省科技厅
233	华南肿瘤学国家重点实验室	中山大学	教育部
234	干细胞与生殖生物学国家重点实验室	中国科学院动物研究所	国家卫生和计划生育委员会
235	口腔疾病研究国家重点实验室	四川大学	教育部
236	脑与认知科学国家重点实验室	中国科学院生物物理研究所	中国科学院
237	认知神经科学与学习国家重点实验室	北京师范大学	教育部
238	肾脏疾病国家重点实验室	中国人民解放军总医院	中央军委后勤保障部
239	生化工程国家重点实验室	中国科学院过程工程研究所	中国科学院
240	生物治疗国家重点实验室	四川大学	教育部
241	生殖医学国家重点实验室	南京医科大学	江苏省科技厅
242	实验血液学国家重点实验室	中国医学科学院血液病医院血液学研究所	国家卫生和计划生育委员会
243	天然药物活性物质与功能国家重点实验室	中国医学科学院药物研究所	国家卫生和计划生育委员会
244	天然药物活性组分与药效国家重点实验室	中国药科大学	教育部
245	天然药物与仿生药物国家重点实验室	北京大学	教育部
246	细胞生物学国家重点实验室	中国科学院上海生命科学研究院	中国科学院
247	细胞应激生物学国家重点实验室	厦门大学	教育部
248	心血管疾病国家重点实验室	中国医学科学院阜外心血管病医院	国家卫生和计划生育委员会
249	新药研究国家重点实验室	中国科学院上海药物研究所	中国科学院
250	眼科学国家重点实验室	中山大学	教育部
251	药物化学生物学国家重点实验室	南开大学	教育部
252	医学分子生物学国家重点实验室	中国医学科学院基础医学研究所	国家卫生和计划生育委员会
253	医学基因组学国家重点实验室	上海交通大学	教育部
254	医学免疫学国家重点实验室	中国人民解放军第二军医大学	中央军委训练管理部
255	医学神经生物学国家重点实验室	复旦大学	教育部
256	医药生物技术国家重点实验室	南京大学	教育部
257	植物化学与西部植物资源持续利用国家重点实验室	中国科学院昆明植物研究所	中国科学院
258	肿瘤生物学国家重点实验室	中国人民解放军第四军医大学	中央军委训练管理部
259	疑难重症及罕见病国家重点实验室	中国医学科学院北京协和医院	卫生健康委

资料来源：

1）科学技术部基础研究司科学技术部基础研究管理中心《2016 年度国家重点实验室年度报告》。

2）科技部官方网站公布资料整理：科技部《关于批准建设媒体融合与传播等 4 个国家重点实验室的通知》、科技部《关于批准建设疑难重症及罕见病国家重点实验室的通知》。

附件 3：53 个省部共建国家重点实验室名单

序号	实验室名称	依托单位	主管部门	批准年度
1	省部共建能源与环境光催化国家重点实验室	福州大学	福建省科技厅	2013
2	省部共建耐火材料与冶金国家重点实验室	武汉科技大学	湖北省科技厅	2013
3	省部共建有色金属先进加工与再利用国家重点实验室	兰州理工大学	甘肃省科技厅	2013
4	省部共建小麦玉米作物学国家重点实验室	河南农业大学	河南省科技厅	2013
5	省部共建器官衰竭防治国家重点实验室	南方医科大学	广东省科技厅	2013
6	省部共建华南应用微生物国家重点实验室	广东省微生物研究所	广东省科技厅	2013
7	省部共建分子疫苗学和分子诊断学国家重点实验室	厦门大学	福建省科技厅	2013
8	省部共建猪遗传改良与养殖技术国家重点实验室	江西农业大学	江西省科技厅	2014
9	省部共建复杂有色金属资源清洁利用国家重点实验室	昆明理工大学	云南省科技厅	2014
10	省部共建茶树生物学与资源利用国家重点实验室	安徽农业大学	安徽省科技厅	2015
11	省部共建高品质特殊钢冶金与制备国家重点实验室	上海大学	上海市科委	2015
12	省部共建分离膜与膜过程国家重点实验室	天津工业大学	天津市科技局	2015
13	省部共建云南生物资源保护与利用国家重点实验室	云南大学　云南农业大学	云南省科技厅	2015
14	省部共建三江源生态与高原农牧业国家重点实验室	青海大学	青海省科技厅	2015
15	省部共建青稞和牦牛种质资源与遗传改良国家重点实验室	西藏自治区农牧科学院	西藏自治区科技厅	2015
16	省部闽台作物有害生物生态防控国家重点实验室	福建农林大学	福建省科技厅	2016
17	省部共建药用资源化学与药物分子工程国家重点实验室	广西师范大学	广西壮族自治区科技厅	2016
18	省部共建药用植物功效与利用国家重点实验室	贵州医科大学	贵州省科技厅	2016
19	省部共建绵羊遗传改良与健康养殖国家重点实验室	新疆农垦科学院	新疆维吾尔自治区科技厅	2016
20	省部共建淡水鱼类发育生物学国家重点实验室	湖南师范大学	湖南省科技厅	2016
21	省部共建南海海洋资源利用国家重点实验室	海南大学	海南省科技厅	2016
22	省部共建草原家畜生殖调控与繁育国家重点实验室	内蒙古大学	内蒙古自治区科技厅	2017
23	省部共建电工装备可靠性与智能化国家重点实验室	河北工业大学	河北省科技厅	2017
24	省部共建煤炭高效利用与亮橙色化工国家重点实验室	宁夏大学	宁夏回族自治区科技厅	2017
25	省部共建食品营养与安全国家重点实验室	天津科技大学	天津市科技局	2017
26	省部共建亚热带森林培育国家重点实验室	浙江农林大学	浙江省科技厅	2017
27	省部共建眼视光学与视觉科学国家重点实验室	温州医科大学	浙江省科技厅	2017

续表

序号	实验室名称	依托单位	主管部门	批准年度
28	省部共建中亚高发病成因与防治国家重点实验室	新疆医科大学	新疆维吾尔自治区科技厅	2017
29	省部共建深部煤矿采动响应与灾害防控国家重点实验室	安徽理工大学	安徽省科技厅	2018
30	省部共建肿瘤化学基因组学国家重点实验室	北京大学深圳研究生院　清华大学深圳研究生院	广东省科技厅 深圳市科创委	2018
31	省部共建西部绿色建筑国家重点实验室	西安建筑科技大学	陕西省科技厅	2018
32	省部共建西北旱区生态水利国家重点实验室	西安理工大学	陕西省科技厅	2018
33	省部共建生物基材料与绿色造纸国家重点实验室	齐鲁工业大学	山东省科技厅	2018
34	省部共建生物多糖纤维成形与生态纺织国家重点实验室	青岛大学	山东省科技厅	2018
35	省部共建生物催化与酶工程国家重点实验室	湖北大学	湖北省科技厅	2018
36	省部共建核资源与环境国家重点实验室	东华理工大学	江西省科技厅	2018
37	省部共建环境友好能源材料国家重点实验室	西南科技大学	四川省科技厅	2018
38	省部共建作物逆境适应与改良国家重点实验室	河南大学	河南省科技厅	2019
39	省部共建食管癌防治国家重点实验室	郑州大学	河南省科技厅	2019
40	省部共建组分中药国家重点实验室	天津中医药大学	天津市科技局	2020
41	省部共建交通工程结构力学行为与系统安全国家重点实验室	石家庄铁道大学	河北省科技厅	2020
42	省部共建华北作物改良与调控国家重点实验室	河北农业大学	河北省科技厅	2020
43	省部共建木本油料资源利用国家重点实验室	湖南省林业科学院	湖南省科技厅	2020
44	省部共建超声医学工程国家重点实验室	重庆医科大学	重庆市科技局	2020
45	省部共建山区桥梁及隧道工程国家重点实验室	重庆交通大学	重庆市科技局	2020
46	省部共建西南特色中药资源国家重点实验室	成都中医药大学	四川省科技厅	2021
47	省部共建西南作物基因资源发掘与利用国家重点实验室	四川农业大学	四川省科技厅	2021
48	省部共建纺织新材料与先进加工技术国家重点实验室	武汉纺织大学	湖北省科技厅	2021
49	省部共建煤基能源清洁高效利用国家重点实验室	太原理工大学	山西省科技厅	2021
50	省部共建农产品质量安全危害因子与风险防控国家重点实验室	浙江省农业科学院 宁波大学	浙江省科技厅	2021
51	省部共建非人灵长类生物医学国家重点实验室	昆明理工大学	云南省科技厅	2021
52	省部共建碳基能源资源化学与利用国家重点实验室	新疆大学	新疆维吾尔自治区科技厅	2021
53	省部共建有机电子与信息显示国家重点实验室	南京邮电大学	江苏省科技厅	2021

资料来源：科技部官方网站公布资料整理（统计截至2021年11月）。

附件 4：99 个企业国家重点实验室评估结果

排名	实验室名称	依托单位	领域
优秀类实验室（25 个）			
1	半导体照明联合创新国家重点实验室	半导体照明产业技术创新战略联盟	材料
2	有色金属材料制备加工国家重点实验室	北京有色金属研究总院	
3	高性能土木工程材料国家重点实验室	江苏省建筑科学研究院有限公司	
4	硬质合金国家重点实验室	株洲硬质合金集团有限公司	
5	高速铁路轨道技术国家重点实验室	中国铁道科学研究院	交通
6	矿物加工科学与技术国家重点实验室	北京矿冶研究总院	矿产
7	提高石油采收率国家重点实验室	中国石油天然气股份有限公司勘探开发研究院	
8	煤炭资源高效开采与洁净利用国家重点实验室	煤炭科学研究总院	
9	海洋石油高效开发国家重点实验室	中海油研究总院	
10	深部煤炭开采与环境保护国家重点实验室	淮南矿业（集团）有限责任公司	
11	化学品安全控制国家重点实验室	中国石油化工股份有限公司青岛安全工程研究院	
12	电网安全与节能国家重点实验室	中国电力科学研究院	能源
13	乳业生物技术国家重点实验室	光明乳业股份有限公司	农业
14	啤酒生物发酵工程国家重点实验室	青岛啤酒股份有限公司	
15	光纤光缆制备技术国家重点实验室	长飞光纤光缆股份有限公司	信息
16	光纤通信技术与网络国家重点实验室	武汉邮电科学研究院	
17	无线通信接入技术国家重点实验室	华为技术有限公司	
18	高效能服务器和存储技术国家重点实验室	浪潮集团有限公司	
19	中药制药过程新技术国家重点实验室	江苏康缘药业股份有限公司	医药
20	释药技术与药代动力学国家重点实验室	天津药物研究院	
21	新型药物制剂与辅料国家重点实验室	石药控股集团有限公司	
22	压缩机技术国家重点实验室	合肥通用机械研究院	制造
23	先进成形技术与装备国家重点实验室	机械科学研究总院	
24	数字化家电国家重点实验室	海尔集团公司	
25	盾构及掘进技术国家重点实验室	中铁隧道集团有限公司	
良好类实验室（62 个）			
26	先进耐火材料国家重点实验室	中钢集团洛阳耐火材料研究院有限公司	材料
27	金属多孔材料国家重点实验室	西北有色金属研究院	
28	绿色建筑材料国家重点实验室	中国建筑材料科学研究总院	
29	新型钎焊材料与技术国家重点实验室	郑州机械研究所	
30	特种纤维复合材料国家重点实验室	中材科技股份有限公司	

续表

排名	实验室名称	依托单位	领域
31	浮法玻璃新技术国家重点实验室	蚌埠玻璃工业设计研究院　中国洛阳浮法玻璃集团有限责任公司	材料
32	先进钢铁流程及材料国家重点实验室	钢铁研究总院	
33	稀贵金属综合利用新技术国家重点实验室	贵研铂业股份有限公司	
34	汽车用钢开发与应用技术国家重点实验室	宝钢集团有限公司	
35	海洋涂料国家重点实验室	海洋化工研究院有限公司	
36	特种电缆技术国家重点实验室	上海电缆研究所	
37	超材料电磁调制技术国家重点实验室	深圳光启高等理工研究院	
38	先进不锈钢材料国家重点实验室	太原钢铁（集团）有限公司	
39	工业产品环境适应性国家重点实验室	中国电器科学研究院有限公司	
40	汽车噪声振动和安全技术国家重点实验室	中国汽车工程研究院股份有限公司　重庆长安汽车股份有限公司	交通
41	动车组和机车牵引与控制国家重点实验室	中国铁道科学研究院　中国中车股份有限公司	
42	桥梁工程结构动力学国家重点实验室	招商局重庆交通科研设计院有限公司	
43	民用飞机模拟飞行国家重点实验室	中国商用飞机有限责任公司	
44	汽车振动噪声与安全控制综合技术国家重点实验室	中国第一汽车集团公司	
45	建筑安全与环境国家重点实验室	中国建筑科学研究院	
46	航运技术与安全国家重点实验室	上海船舶运输科学研究所	
47	深海矿产资源开发利用技术国家重点实验室	长沙矿冶研究院有限责任公司	矿产
48	稀有金属分离与综合利用国家重点实验室	广州有色金属研究院	
49	低品位难处理黄金资源综合利用国家重点实验室	紫金矿业集团股份有限公司	
50	钒钛资源综合利用国家重点实验室	攀钢集团有限公司	
51	瓦斯灾害监控与应急技术国家重点实验室	煤炭科学研究总院重庆研究院	
52	金属矿山安全与健康国家重点实验室	中钢集团马鞍山矿山研究院有限公司	
53	工业排放气综合利用国家重点实验室	西南化工研究设计院有限公司	
54	硅砂资源利用国家重点实验室	北京仁创科技集团有限公司	
55	金属矿山安全技术国家重点实验室	长沙矿山研究院有限责任公司	
56	煤基清洁能源国家重点实验室	中国华能集团公司	能源
57	生物质热化学技术国家重点实验室	阳光凯迪新能源集团有限公司	
58	煤液化及煤化工国家重点实验室	兖矿集团有限公司	
59	石油化工催化材料与反应工程国家重点实验室	中国石油化工股份有限公司石油化工科学研究院	
60	水力发电设备国家重点实验室	哈尔滨电站设备集团公司	

续表

排名	实验室名称	依托单位	领域
61	煤基低碳能源国家重点实验室	新奥集团股份有限公司	能源
62	光伏材料与技术国家重点实验室	英利集团有限公司	
63	风电设备及控制国家重点实验室	国电联合动力技术有限公司	
64	光伏科学与技术国家重点实验室	常州天合光能有限公司	
65	非粮生物质酶解技术国家重点实验室	广西农垦明阳生化集团股份有限公司	
66	海上风力发电技术与检测国家重点实验室	湘潭电机股份有限公司	
67	饲用微生物工程国家重点实验室	北京大北农科技集团股份有限公司	农业
68	畜禽育种国家重点实验室	广东省农业科学院畜牧研究所	
69	种苗生物工程国家重点实验室	宁夏林业研究所股份有限公司	
70	肉品加工与质量控制国家重点实验室	江苏雨润肉类产业集团有限公司	
71	农业基因组学国家重点实验室	深圳华大基因研究院	
72	无线移动通信国家重点实验室	电信科学技术研究院	信息
73	移动网络和移动多媒体技术国家重点实验室	中兴通讯股份有限公司	
74	数字多媒体技术国家重点实验室	海信集团有限公司	
75	数字出版技术国家重点实验室	北大方正集团有限公司	
76	长效和靶向制剂国家重点实验室	山东绿叶制药有限公司	医药
77	创新药物与制药工艺国家重点实验室	上海医药工业研究院	
78	抗体药物与靶向治疗国家重点实验室	上海张江生物技术有限公司	
79	新农药创制与开发国家重点实验室	沈阳中化农药化工研发有限公司	
80	药物制剂新技术国家重点实验室	扬子江药业集团有限公司	
81	药物先导化合物研究国家重点实验室	上海药明康德新药开发有限公司	
82	抗体药物研制国家重点实验室	华北制药集团新药研究开发有限责任公司	
83	土壤植物机器系统技术国家重点实验室	中国农业机械化科学研究院	制造
84	建设机械关键技术国家重点实验室	中联重科股份有限公司	
85	矿山重型装备国家重点实验室	中信重工机械股份有限公司	
86	金属挤压与锻造装备技术国家重点实验室	中国重型机械研究院股份公司	
87	混合流程工业自动化系统及装备技术国家重点实验室	冶金自动化研究设计院	
	整改类实验室（8 个）		
88	固废资源化利用与节能建材国家重点实验室	北京建筑材料科学研究总院有限公司	材料
89	生物源纤维制造技术国家重点实验室	中国纺织科学研究院	
90	煤矿安全技术国家重点实验室	煤科集团沈阳研究院有限公司	矿产
91	车用生物燃料技术国家重点实验室	河南天冠企业集团有限公司	能源
92	肉食品安全生产技术国家重点实验室	厦门银祥集团有限公司	农业

续表

排名	实验室名称	依托单位	领域
93	数字多媒体芯片技术国家重点实验室	北京中星微电子有限公司	信息
94	中药制药共性技术国家重点实验室	鲁南制药集团股份有限公司	医药
95	全断面掘进机国家重点实验室	北方重工集团有限公司	制造
未通过评估类实验室（4 个）			
96	风力发电系统国家重点实验室	浙江运达风电股份有限公司	能源
97	主要农作物种质创新国家重点实验室	山东冠丰种业科技有限公司	农业
98	软件架构国家重点实验室	东软集团股份有限公司	信息
99	高档数控机床国家重点实验室	沈阳机床（集团）有限责任公司	制造

资料来源：科技部关于发布 99 个企业国家重点实验室评估结果的通知。http://www.most.gov.cn/xxgk/xinxifenlei/fdzdgknr/qtwj/qtwj2018/201806/t20180604_139746.html。

附件 5：未开展评估的 79 个企业国家重点实验室名单

序号	实验室名称	依托单位	主管部门
1	长寿命高温材料国家重点实验室	东方电气集团东方汽轮机有限公司	四川省科技厅
2	超硬材料磨具国家重点实验室	郑州磨料磨具磨削研究所有限公司	河南省科技厅
3	废旧塑料资源高效开发及高质利用国家重点实验室	金发科技股份有限公司	广东省科技厅
4	氟氮化工资源高效开发与利用国家重点实验室	西安近代化学研究所	国务院国资委
5	钢铁工业环境保护国家重点实验室	中冶建筑研究总院有限公司	国务院国资委
6	共伴生有色金属资源加压湿法冶金技术国家重点实验室	云南冶金集团股份有限公司	云南省科技厅
7	海洋装备用金属材料及其应用国家重点实验室	鞍钢集团公司	辽宁省科技厅
8	含氟功能膜材料国家重点实验室	山东华夏神舟新材料有限公司	山东省科技厅
9	含氟温室气体替代及控制处理国家重点实验室	浙江省化工研究院有限公司	浙江省科技厅
10	聚烯烃催化技术与高性能材料国家重点实验室	上海化工研究院	上海市科委
11	宽禁带半导体电力电子器件国家重点实验室	中国电子科技集团公司第五十五研究所	国务院国资委
12	绿色化工与工业催化国家重点实验室	中国石油化工股份有限公司上海石油化工研究院	国务院国资委

续表

序号	实验室名称	依托单位	主管部门
13	膜材料与膜应用国家重点实验室	天津膜天膜科技股份有限公司	天津市科技局
14	特种表面保护材料及应用技术国家重点实验室	武汉材料保护研究所	国务院国资委
15	特种玻璃国家重点实验室	海南中航特玻材料有限公司	海南省科技厅
16	特种功能防水材料国家重点实验室	北京东方雨虹防水技术股份有限公司	北京市科委
17	特种化学电源国家重点实验室	贵州梅岭电源有限公司	贵州省科技厅
18	稀有金属特种材料国家重点实验室	西北稀有金属材料研究院	宁夏回族自治区科技厅
19	新型电子元器件关键材料与工艺国家重点实验室	广东风华高新科技股份有限公司	广东省科技厅
20	新型功率半导体器件国家重点实验室	株洲中车时代电气股份有限公司	湖南省科技厅
21	轧辊复合材料国家重点实验室	中钢集团邢台机械轧辊有限公司	河北省科技厅
22	智能传感功能材料国家重点实验室	北京有色金属研究总院	国务院国资委
23	稀土永磁材料国家重点实验室	安徽大地熊新材料股份有限公司	安徽省科技厅
24	电网环境保护国家重点实验室	中国电力科学研究院武汉分院	湖北省科技厅
25	电网输变电设备防灾减灾国家重点实验室	国网湖南省电力公司	湖南省科技厅
26	高效清洁燃煤电站锅炉国家重点实验室	哈尔滨锅炉厂有限责任公司	黑龙江省科技厅
27	空间电源技术国家重点实验室	上海空间电源研究所	上海市科委
28	炼焦煤资源开发及综合利用国家重点实验室	中国平煤神马能源化工集团有限责任公司	河南省科技厅
29	清洁高效燃煤发电与污染控制国家重点实验室	国电科学技术研究院	国务院国资委
30	石油石化污染物控制与处理国家重点实验室	中国石油集团安全环保技术研究院	国务院国资委
31	先进输电技术国家重点实验室	全球能源互联网研究院	北京市科委
32	新能源与储能运行控制国家重点实验室	中国电力科学研究院	国务院国资委
33	直流输电技术国家重点实验室	南方电网科学研究院有限责任公司	国务院国资委
34	智能电网保护和运行控制国家重点实验室	南京南瑞集团公司	江苏省科技厅
35	白云鄂博稀土资源研究与综合利用国家重点实验室	包头稀土研究院	内蒙古自治区科技厅
36	煤炭开采水资源保护与利用国家重点实验室	神华神东煤炭集团有限责任公司	国务院国资委
37	镍钴资源综合利用国家重点实验室	金川集团股份有限公司	甘肃省科技厅

续表

序号	实验室名称	依托单位	主管部门
38	页岩油气富集机理与有效开发国家重点实验室	中国石油化工股份有限公司石油勘探开发研究院	国务院国资委
39	中低品位磷矿及其共伴生资源高效利用国家重点实验室	瓮福（集团）有限责任公司	贵州省科技厅
40	煤与煤层气共采国家重点实验室	山西晋城无烟煤矿业集团有限责任公司	山西省科技厅
41	藏药新药开发国家重点实验室	青海金诃藏医药集团有限公司	青海省科技厅
42	创新天然药物与中药注射剂国家重点实验室	江西青峰药业有限公司	江西省科技厅
43	创新药物与高效节能降耗制药设备国家重点实验室	江西江中制药（集团）有限责任公司 江西本草天工科技有限责任公司	江西省科技厅
44	创新中药关键技术国家重点实验室	天士力制药集团股份有限公司	天津市科技局
45	抗感染新药研发国家重点实验室	广东东阳光药业有限公司	广东省科技厅
46	络病研究与创新中药国家重点实验室	石家庄以岭药业股份有限公司	河北省科技厅
47	转化医学与创新药物国家重点实验室	江苏先声药业有限公司	江苏省科技厅
48	大黄鱼育种国家重点实验室	福建福鼎海鸥水产食品有限公司	福建省科技厅
49	动物基因工程疫苗国家重点实验室	青岛易邦生物工程有限公司	青岛市科技局
50	海藻活性物质国家重点实验室	青岛明月海藻集团有限公司	青岛市科技局
51	蔬菜种质创新国家重点实验室	天津科润农业科技股份有限公司	天津市科技局
52	养分资源高效开发与综合利用国家重点实验室	金正大生态工程集团股份有限公司	山东省科技厅
53	玉米生物育种国家重点实验室	辽宁东亚种业有限公司	辽宁省科技厅
54	作物育种技术创新与集成国家重点实验室	中国种子集团有限公司	国务院国资委
55	大功率交流传动电力机车系统集成国家重点实验室	中车株洲电力机车有限公司	湖南省科技厅
56	大型电气传动系统与装备技术国家重点实验室	天水电气传动研究所有限责任公司	甘肃省科技厅
57	大型先进智能冲压设备国家重点实验室	济南二机床集团有限公司	山东省科技厅
58	复杂产品智能制造系统技术国家重点实验室	北京电子工程总体研究所	国务院国资委
59	高端工程机械智能制造国家重点实验室	徐州工程机械集团有限公司	江苏省科技厅
60	高端装备轻合金铸造技术国家重点实验室	沈阳铸造研究所	辽宁省科技厅
61	航空精密轴承国家重点实验室	洛阳 LYC 轴承有限公司	河南省科技厅

续表

序号	实验室名称	依托单位	主管部门
62	核电安全监控技术与装备国家重点实验室	中广核工程有限公司	深圳市科创委
63	空调设备及系统运行节能国家重点实验室	珠海格力电器股份有限公司	广东省科技厅
64	矿山采掘装备及智能制造国家重点实验室	太原重型机械集团有限公司	山西省科技厅
65	矿冶过程自动控制技术国家重点实验室	北京矿冶研究总院	北京市科委
66	内燃机可靠性国家重点实验室	潍柴动力股份有限公司	山东省科技厅
67	深海载人装备国家重点实验室	中国船舶重工集团公司第七〇二研究所	国务院国资委
68	石油管材及装备材料服役行为与结构安全国家重点实验室	中国石油天然气集团公司管材研究所	陕西省科技厅
69	特种车辆及其传动系统智能制造国家重点实验室	内蒙古第一机械集团有限公司	内蒙古自治区科技厅
70	拖拉机动力系统国家重点实验室	中国一拖集团有限公司	河南省科技厅
71	天地一体化信息技术国家重点实验室	中国航天科技集团公司第五研究院第五〇三研究所	国务院国资委
72	卫星导航系统与装备技术国家重点实验室	中国电子科技集团公司第五十四研究所	国务院国资委
73	高寒高海拔地区道路工程安全与健康国家重点实验室	中交第一公路勘察设计研究院有限公司	国务院国资委
74	轨道交通工程信息化国家重点实验室	中铁第一勘察设计院集团有限公司	陕西省科技厅
75	空中交通管理技术国家重点实验室	中国电子科技集团公司第二十八研究所	国务院国资委
76	在役长大桥梁安全与健康国家重点实验室	苏交科集团股份有限公司	江苏省科技厅
77	桥梁结构健康与安全国家重点实验室	中铁大桥局集团有限公司	湖北省科技厅
78	天然气水合物国家重点实验室	中海油研究总院	国务院国资委
79	认知智能国家重点实验室	科大讯飞股份有限公司	安徽省科技厅

资料来源：

1）科技部基础研究司关于组织开展2015年批准建设的企业国家重点实验室建设运行情况总结的通知。http://www.most.gov.cn/xxgk/xinxifenlei/fdzdgknr/qtwj/qtwj2020/202011/t20201103_159537.html。

2）科技部关于批准建设天然气水合物、认知智能2个企业国家重点实验室的通知。http://www.most.gov.cn/xxgk/xinxifenlei/fdzdgknr/qtwj/qtwj2017/201712/t20171225_137142.html。

附件 6：“十三五”教育部重点实验室评估优秀类名单

序号	实验室名称	依托单位	学科领域	评估年度
1	细胞增殖与分化实验室	北京大学	生命科学	2016
2	儿童发育疾病研究实验室	重庆医科大学		
3	航空航天医学实验室	第四军医大学		
4	分子表观遗传学实验室	东北师范大学		
5	生物多样性与生态工程实验室	复旦大学　北京师范大学		
6	心血管药物研究实验室	哈尔滨医科大学		
7	发酵工程实验室	湖北工业大学		
8	器官移植实验室	华中科技大学		
9	生物医学光子学实验室	华中科技大学		
10	园艺植物生物学实验室	华中农业大学		
11	工业生物技术实验室	江南大学		
12	生物信息学实验室	清华大学		
13	细胞分化与凋亡实验室	上海交通大学		
14	遗传发育与精神神经疾病实验室	上海交通大学		
15	中药标准化实验室	上海中医药大学		
16	神经变性病实验室	首都医科大学		
17	心血管重塑相关疾病实验室	首都医科大学		
18	生物资源与生态环境实验室	四川大学		
19	靶向药物与释药系统实验室	四川大学		
20	方剂学实验室	天津中医药大学		
21	心律失常实验室	同济大学		
22	环境与疾病相关基因实验室	西安交通大学		
23	海水养殖实验室	中国海洋大学		
24	海洋生物遗传学与育种实验室	中国海洋大学		
25	植物 – 土壤相互作用实验室	中国农业大学		
26	热带病防治研究实验室	中山大学		
27	高可信软件技术实验室	北京大学	信息	2017
28	机器感知与智能实验室	北京大学		
29	精密光机电一体化技术实验室	北京航空航天大学		
30	泛网无线通信实验室	北京邮电大学		
31	系统控制与信息处理实验室	上海交通大学		
32	特种光纤与光接入网实验室	上海大学		
33	光电信息技术实验室	天津大学		

续表

序号	实验室名称	依托单位	学科领域	评估年度
34	宽禁带半导体材料实验室	西安电子科技大学	信息	2017
35	电子装备结构设计实验室	西安电子科技大学		
36	智能网络与网络安全实验室	西安交通大学		
37	纳米器件物理与化学实验室	北京大学	材料	2018
38	新型功能材料实验室	北京工业大学		
39	空天先进材料与服役实验室	北京航空航天大学		
40	超细材料制备与应用实验室	华东理工大学		
41	生物医学材料与工程实验室	华南理工大学		
42	先进材料实验室	清华大学		
43	有机光电子与分子工程实验室	清华大学		
44	先进陶瓷与加工技术实验室	天津大学		
45	水沙科学实验室	北京大学 / 北京师范大学	工程	2018
46	金属矿山高效开采与安全实验室	北京科技大学		
47	精密与特种加工实验室	大连理工大学		
48	混凝土及预应力混凝土结构实验室	东南大学		
49	电子精密制造装备及技术实验室	广东工业大学		
50	化工过程先进控制和优化技术实验室	华东理工大学		
51	工程仿生实验室	吉林大学		
52	粒子技术与辐射成像实验室	清华大学		
53	热科学与动力工程实验室	清华大学		
54	土木工程安全与耐久实验室	清华大学		
55	动力机械与工程实验室	上海交通大学		
56	机构理论与装备设计实验室	天津大学		
57	热流科学与工程实验室	西安交通大学		
58	软弱土与环境土工实验室	浙江大学		
59	生物冶金实验室	中南大学		
60	轨道交通安全实验室	中南大学		
61	山地城镇建设与新技术实验室	重庆大学		
62	功能高分子材料实验室	南开大学	化学化工	2019
63	结构可控先进功能材料及其制备实验室	华东理工大学		
64	理论及计算光化学实验室	北京师范大学		
65	绿色合成与转化实验室	天津大学		
66	绿色化学与技术实验室	四川大学		
67	煤科学与技术实验室	太原理工大学		

续表

序号	实验室名称	依托单位	学科领域	评估年度
68	生命有机磷化学及化学生物学实验室	清华大学	化学化工	2019
69	生物无机与合成化学实验室	中山大学		
70	系统生物工程实验室	天津大学		
71	计算语言学实验室	北京大学	交叉	2019

附件7：自然资源部重点实验室建设名单

排序	重点实验室名称	依托单位及共建单位	主管单位
1	浅层地热能重点实验室	北京市地质矿产勘查院，中国地质大学（北京）、中国地质科学院地球深部探测中心、北京市华清地热开发集团有限公司	北京市规划和自然资源委员会
2	矿业城市自然资源调查监测与保护重点实验室	山西省煤炭地质物探测绘院，中国地质大学（北京）、山西省自然资源确权登记中心	山西省自然资源厅
3	超大城市自然资源时空大数据分析应用重点实验室	上海市测绘院，华东师范大学、苍穹数码技术股份有限公司	上海市规划和自然资源局
4	滨海盐沼湿地生态与资源重点实验室	江苏省有色金属华东地质勘查局地球化学勘查与海洋地质调查研究院，江苏省海域使用动态监视监测中心、南京大学、江苏海洋大学	江苏省自然资源厅
5	海洋空间资源管理技术重点实验室	浙江省海洋科学院	浙江省自然资源厅
6	江淮耕地资源保护与生态修复重点实验室	安徽省土地勘测规划院，安徽农业大学、安徽省测绘总院	安徽省自然资源厅
7	东南沿海海洋信息智能感知与应用 重点实验室	漳州市测绘设计研究院，厦门大学、浙江科比特创新科技有限公司	福建省自然资源厅
8	离子型稀土资源与环境重点实验室	江西应用技术职业学院，江西理工大学、赣南地质调查大队	江西省自然资源厅
9	滨海城市地下空间地质安全重点实验室	青岛地质工程勘察院（青岛地质勘查开发局），山东大学、吉林大学	山东省自然资源厅
10	黄河流域中下游水土资源保护与修复重点实验室	河南省煤炭地质勘察研究总院，河南省自然资源监测院、华北水利水电大学	河南省自然资源厅
11	城市仿真重点实验室	武汉市自然资源和规划信息中心，华中科技大学、武汉市测绘研究院、武汉市规划研究院	湖北省自然资源厅
12	南方丘陵区自然资源监测监管重点实验室	湖南省第二测绘院，国防科技大学、湖南省国土资源规划院、航天宏图信息技术股份有限公司	湖南省自然资源厅

续表

排序	重点实验室名称	依托（共建）单位	主管单位
13	华南热带亚热带自然资源监测重点实验室	广东省国土资源测绘院，中山大学、华南师范大学、华南农业大学	广东省自然资源厅
14	中国－东盟卫星遥感应用重点实验室	广西壮族自治区自然资源遥感院，武汉大学	广西壮族自治区自然资源厅
15	国土空间规划监测评估预警重点实验室	重庆市规划设计研究院，南京大学、重庆大学、西南大学	重庆市规划和自然资源局
16	耕地资源调查监测与保护利用重点实验室	四川省国土科学技术研究院（四川省卫星应用技术中心），四川农业大学、四川省煤田地质局	四川省自然资源厅
17	复杂构造区非常规天然气评价与开发重点实验室	贵州省油气勘查开发工程研究院，中国石油大学（北京）、中国矿业大学、贵州乌江能源集团有限责任公司	贵州省自然资源厅
18	高原山地地质灾害预报预警与生态保护修复重点实验室	云南省地质环境监测院，昆明理工大学	云南省自然资源厅
19	矿山地质灾害成灾机理与防控重点实验室	陕西省地质调查院，长安大学、中国自然资源航空物探遥感中心、中国冶金地质总局西北局	陕西省自然资源厅
20	黄河上游战略性矿产资源重点实验室	甘肃省有色金属地质勘查局兰州矿产勘查院，兰州大学、中国科学院西北生态环境资源研究院	甘肃省自然资源厅
21	自然资源要素耦合过程与效应重点实验室	中国地质调查局自然资源综合调查指挥中心，中国科学院地理与资源研究所、中国地质大学（北京）	中国地质调查局
22	黑土地演化与生态效应重点实验室	中国地质调查局沈阳地质调查中心，中国科学院沈阳应用生态研究所	
23	流域生态地质过程重点实验室	中国地质调查局南京地质调查中心，江西师范大学	
24	活动构造与地质安全重点实验室	中国地质科学院地质力学研究所	
25	矿山生态效应与系统修复重点实验室	中国地质环境监测院，中国地质大学（武汉）、江苏绿岩生态技术股份有限公司	
26	渤海生态预警与保护修复重点实验室	国家海洋局北海环境监测中心，国家海洋局北海预报中心、山东大学、中海石油（中国）有限公司天津分公司	自然资源部北海局
27	时空信息与智能服务重点实验室	国家基础地理信息中心，中南大学、中国矿业大学（北京）、浙江大学	自然资源部科技发展司归口管理
28	海洋观测技术重点实验室	国家海洋技术中心，天津大学	
29	热带海洋生态系统与生物资源重点实验室	自然资源部第四海洋研究所	
30	战略性金属矿产找矿理论与技术重点实验室	中国地质大学（北京），航天宏图信息技术股份有限公司	北京市规划和自然资源委员会

续表

排序	重点实验室名称	依托（共建）单位	主管单位
31	京津冀城市群地下空间智能探测与装备重点实验室	河北地质大学	河北省自然资源厅
32	寒地国土空间规划与生态保护修复重点实验室	哈尔滨工业大学，黑龙江省国土空间规划研究院、中国科学院东北地理与农业生态研究所、东北林业大学	黑龙江省自然资源厅
33	国土空间智能规划技术重点实验室	同济大学，上海市城市规划设计研究院、江苏省城市规划设计研究院、浙江省国土空间规划研究院	上海市规划和自然资源局
34	碳中和与国土空间优化重点实验室	南京大学，中国国土勘测规划院、广东国地规划科技股份有限公司	江苏省自然资源厅
35	环鄱阳湖区域矿山环境监测与治理重点实验室	东华理工大学，江西省地质局	江西省自然资源厅
36	深部地热资源重点实验室	中国地质大学（武汉），国家能源投资集团有限责任公司	湖北省自然资源厅
37	陆表系统与人地关系重点实验室	北京大学深圳研究生院，广东省城乡规划设计研究院有限责任公司、广东省土地调查规划院、广州市阿尔法软件信息技术有限公司	广东省自然资源厅
38	深时地理环境重建与应用重点实验室	成都理工大学	四川省自然资源厅
39	生态地质与灾害防控重点实验室	长安大学	陕西省自然资源厅
更名及整合已有实验室建设名单			
40	国土空间规划与开发保护重点实验室（更名）	北京大学	北京市规划和自然资源委员会
41	海岸带科学与综合管理重点实验室（整合建设）	自然资源部第一海洋研究所，中国海洋大学、山东省地质科学研究院	自然资源部科技发展司归口管理
42	海洋生态保护与修复重点实验室（整合建设）	自然资源部第三海洋研究所，自然资源部海岛研究中心	

附件 8：2020 年度国家绿色数据中心名单

序号	名称
1	中国电信天津公司武清数据中心
2	中国联通四川天府信息数据中心
3	中国移动（新疆克拉玛依）数据中心
4	中国移动（重庆）数据中心
5	中国移动呼和浩特数据中心

续表

序号	名称
6	中国移动（辽宁沈阳）数据中心
7	中国移动长三角（无锡）数据中心
8	中国（西部）云计算中心
9	中国移动长三角（苏州）数据中心
10	中国移动（河南郑州航空港区）数据中心
11	中国联通华北（廊坊）基地
12	中国联通贵安云数据中心
13	中国联通哈尔滨云数据中心
14	中国联通深汕云数据中心（腾讯鹅埠数据中心 1 号楼）
15	中国联通德清云数据中心
16	中国联通呼和浩特云数据中心
17	北京联通黄村 IDC 机房
18	中原数据基地 DC1 数据中心
19	中国电信云计算内蒙古信息园 A6 数据中心
20	中国电信上海公司漕盈数据中心 1 号楼
21	中国电信云计算重庆基地水土数据中心
22	中经云亦庄数据中心
23	顺义昌金智能大数据分析技术应用平台云计算数据中心
24	房山绿色云计算数据中心
25	腾讯天津滨海数据中心
26	阿里巴巴张北云计算庙滩数据中心
27	怀来云交换数据中心产业园项目 1# 数据机房、2# 数据机房
28	环首都 · 太行山能源信息技术产业基地
29	乌兰察布华为云服务数据中心
30	鄂尔多斯国际绿色互联网数据中心
31	国裕绿色海量云存储基地（哈尔滨）
32	数讯 idxii 蓝光数据中心
33	京东云华东数据中心
34	中金花桥数据系统有限公司昆山数据中心暨腾讯云 IDC
35	世纪互联杭州经济技术开发区数据中心
36	世纪互联安徽宿州高新区数据中心
37	数字福建云计算中心（商务云）
38	东江湖数据中心
39	长沙云谷数据中心

续表

序号	名称
40	广州睿为化龙 IDC 项目
41	重庆腾讯云计算数据中心
42	雅安大数据产业园
43	贵州翔明数据中心
44	宁算科技集团一体化产业项目—数据中心（一期）
45	观澜锦绣 IDC 机房 3# 楼项目
46	百旺信云数据中心一期
47	中国科学院计算机网络信息中心信息化大厦
48	丽水市公安局数据中心
49	宁波市行政中心信息化集中机房
50	中国石油数据中心（吉林）
51	平安深圳观澜数据中心
52	中国邮政储蓄银行总行合肥数据中心
53	广发银行股份有限公司南海生产机房
54	中国人寿保险股份有限公司上海数据中心
55	中国工商银行股份有限公司上海嘉定园区数据中心
56	汉口银行光谷数据中心
57	重庆农村商业银行鱼嘴数据中心
58	中国人民保险集团股份有限公司南方信息中心
59	安徽省联社滨湖数据中心
60	北京银行西安灾备数据中心

附件 9：2020—2021 年香山科学会议学术讨论会一览表

序号	会议号	会议主题	召开日期
		2020 年	
1	673	病原组国家大数据与生物安全	2020/1/17
2	674	人工智能与中医药学	2020/9/18
3	675	深地过程与地球宜居性	2020/9/21
4	676	核酸生物化学与技术	2020/9/24
5	677	全民营养健康关键科学问题与发展战略	2020/9/28
6	678	化学生物医药工程与皮肤健康	2020/10/9

续表

序号	会议号	会议主题	召开日期
7	679	单原子催化	2020/10/13
8	680	织物电子、传感和计算的学术前沿、核心技术与应用展望	2020/10/15
9	681	太空治理能力现代化前沿问题与政策建议	2020/10/19
10	682	制造流程物理系统与智能化	2020/10/21
11	683	空间交通管理的前沿科学问题及关键技术	2020/10/29
12	684	旱区盐碱地多学科综合治理的核心科学与技术问题	2020/11/5
13	685	细胞可塑性调控与细胞工程应用	2020/11/9
14	686	艾滋病免疫重建和免疫恢复	2020/11/12
15	687	“健康中国”与智慧健康医疗体系构建	2020/11/17
16	688	免疫学理论前沿与技术应用：挑战与机遇	2020/11/19
17	689	激光驱动多束流科学及应用	2020/11/21
18	690	我国伴生放射性煤矿开采利用中的职业健康挑战与环境风险	2020/11/24
19	691	时空相干电子源关键科学问题与前沿技术	2020/12/8
20	692	环境氡污染监测、评价与防治技术	2020/12/15
21	693	离子液体功能调控及交叉融合前沿技术	2020/12/17
2021 年			
22	S59	新污染物的健康风险及防控对策	2021/1/29
23	Y5	面向睡眠健康的智能感知与计算	2021/3/25
24	694	用于硼中子俘获肿瘤治疗的含硼药物	2021/3/30
25	695	基于大数据的中医精准用药机制关键科学问题	2021/4/8
26	696	揭示生命领域三大科学问题，解析人体信息能量网络机制	2021/4/10
27	S60	碳中和科技创新路径选择	2021/4/12
28	S61	保护生物学研究与国家生态安全	2021/4/12
29	697	同一健康与人类健康	2021/4/21
30	698	车路协同自动驾驶关键科学问题及技术前沿	2021/4/14
31	699	水的微观结构和超快动力学	2021/5/11
32	700	大陆型强震孕育发生的物理机制及地震预测探索	2021/5/12
33	701	老年骨关节病发病机理与早期干预	2021/5/14
34	703	科学传播与科学教育	2021/6/21
35	704	针灸面临的机遇与挑战：大科学与国际化的融合	2021/6/29
36	705	新阶段聚烯烃的困境与高端突破机制	2021/7/12
37	706	变化环境下自然资源及综合观测与模拟	2021/9/2
38	707	宇宙缺失重子探寻的关键科学和技术问题	2021/9/9
39	708	作物表型组学与精准设计育种	2021/9/23

续表

序号	会议号	会议主题	召开日期
40	709	强激光光学元件逼近体材料损伤阈值的超精密制造基础问题研究：机遇和挑战	2021/9/26
41	710	杂交小麦育种与生产	2021/9/27
42	S64	定量合成生物学	2021/9/29
43	711	太阳物理前沿科学问题和立体探测中的关键技术	2021/10/11
44	712	中国西南山地生物多样性与生态安全：现状与挑战	2021/10/18
45	713	濒危药材代用品研究的科学基础	2021/10/20

附件 10：2020 年度国家最高科学技术奖获得者名单

获奖者	单位	获奖理由
顾诵芬	中国航空工业集团有限公司	飞机空气动力学家，两院院士
王大中	清华大学	中国核反应堆工程与核安全专家，中国科学院院士，清华大学原校长

附件 11：2020 年度国家自然科学奖获奖项目名单

序号	编号	项目名称
一等奖 2 项		
1	Z-103-1-01	纳米限域催化
2	Z-103-1-02	有序介孔高分子和碳材料的创制和应用
二等奖 44 项		
1	Z-101-2-01	p 进霍奇理论及其应用
2	Z-101-2-02	不可压流体方程组的非线性内蕴结构
3	Z-101-2-03	同余数问题与 L- 函数的算术
4	Z-101-2-04	波动方程反问题的数学理论与计算方法
5	Z-102-2-01	基于超冷费米气体的量子调控
6	Z-102-2-02	基于量子信息技术研究量子物理基本问题
7	Z-102-2-03	基于高精度脉泽天体测量的银河系旋臂结构研究
8	Z-103-2-01	活细胞化学反应工具的开发与应用
9	Z-103-2-02	碳链与金属的螯合化学
10	Z-103-2-03	荧光探针性能调控与生物成像应用基础研究

续表

序号	编号	项目名称
11	Z-103-2-04	手性金属 - 有机多孔固体的设计构筑及性能研究
12	Z-103-2-05	单壁碳纳米管的可控催化合成
13	Z-104-2-01	峨眉山大火成岩省与地幔柱研究
14	Z-104-2-02	黄土高原生态系统过程与服务
15	Z-104-2-03	华南陆块中生代陆内成矿作用
16	Z-104-2-04	二万年以来东亚古气候变化与农耕文化发展
17	Z-104-2-05	寒武纪特异保存化石与节肢动物早期演化
18	Z-105-2-01	水稻高产与氮肥高效利用协同调控的分子基础
19	Z-105-2-02	早期胚胎发育与体细胞重编程的表观调控机制研究
20	Z-105-2-03	水稻驯化的分子机理研究
21	Z-105-2-04	成年哺乳动物雌性生殖干细胞的发现及其发育调控机制
22	Z-106-2-01	造血干细胞调控机制与再生策略
23	Z-106-2-02	麻风危害发生的免疫遗传学机制
24	Z-106-2-03	非酒精性脂肪性肝病及相关肝癌自然史、发病机制、诊断和防治研究
25	Z-106-2-04	新型纳米载药系统克服肿瘤化疗耐药的应用基础研究
26	Z-107-2-01	面向多义性对象的新型机器学习理论与方法
27	Z-107-2-02	真实感图形的实时计算理论与方法
28	Z-107-2-03	面向多租户资源竞争的云计算基础理论与核心方法
29	Z-107-2-04	非线性切换系统的分析与控制
30	Z-107-2-05	特种光电器件的超快激光微纳制备基础研究
31	Z-107-2-06	深度学习处理器体系结构新范式
32	Z-107-2-07	视觉运动模式学习与理解的理论与方法
33	Z-107-2-08	分布式动态系统的自学习优化协同控制理论与方法
34	Z-108-2-01	面心立方材料弹塑性力学行为及原子层次机理研究
35	Z-108-2-02	光催化材料的能带与微观结构调控
36	Z-108-2-03	限域反应构建晶态能量转换材料及调控机制
37	Z-108-2-04	基于结构基元的新电磁材料和新效应的发现
38	Z-108-2-05	秉承自然生物精细构型的遗态材料
39	Z-109-2-01	河流动力学及江河工程泥沙调控新机制
40	Z-109-2-02	状态相关非饱和土本构关系及应用
41	Z-109-2-03	内燃机复合循环理论与方法
42	Z-109-2-04	耗散最小化多场协同对流传热强化理论和方法
43	Z-110-2-01	考虑非均匀结构效应的金属材料剪切带
44	Z-110-2-02	具有界面效应的复合材料细观力学研究

附件 12：2020 年度国家技术发明奖获奖项目名单

序号	编号	项目名称
一等奖 1 项		
1	F-309-1-01	超高清视频多态基元编解码关键技术
二等奖 43 项		
1	F-301-2-01	良种牛羊卵子高效利用快繁关键技术
2	F-301-2-02	水稻抗褐飞虱基因的发掘与利用
3	F-301-2-03	小麦耐热基因发掘与种质创新技术及育种利用
4	F-301-2-04	苹果优质高效育种技术创建及新品种培育与应用
5	F-302-2-01	奥利司他不对称催化全合成关键技术与产业化
6	F-303-2-01	海洋深水浅层钻井关键技术及工业化应用
7	F-303-2-02	煤矿巷道抗冲击预应力支护关键技术
8	F-303-2-03	新型聚驱大幅度提高原油采收率关键技术
9	F-303-2-04	煤矿井下智能化采运关键技术
10	F-304-2-01	污水深度生物脱氮技术及应用
11	F-304-2-02	强化废水生化处理的电子调控技术与应用
12	F-305-2-01	包装食品杀菌与灌装高性能装备关键技术及应用
13	F-305-2-02	淀粉结构精准设计及其产品创制
14	F-305-2-03	高曲率液面静电纺非织造材料宏量制备关键技术与产业化
15	F-306-2-01	烯烃可控配位聚合方法与高性能弹性体制备技术
16	F-306-2-02	血液细胞荧光成像染料的创制及应用
17	F-306-2-03	典型农林废弃物快速热解创制腐植酸环境材料及其应用
18	F-307-2-01	平板显示用高性能 ITO 靶材关键技术及工程化
19	F-307-2-02	有机无机原位杂化构筑高感性多功能纤维的关键技术
20	F-307-2-03	浮法在线氧化物系列功能薄膜高效制备成套技术及应用
21	F-307-2-04	高分子分散与高分子稳定液晶共存体系的材料设计、制备及应用
22	F-307-2-05	铁路轨道用高锰钢抗超高应力疲劳和磨损技术及应用
23	F-307-2-06	拉曼光谱快速检测毒品毒物的增强基片、方法及仪器的关键技术
24	F-308-2-01	航天飞行器极端条件下主动热防护关键技术及应用
25	F-308-2-02	大型复杂薄壁结构的多柔性匹配切削制造技术及应用
26	F-308-2-03	海洋深水钻探井控关键技术与装备
27	F-308-2-04	航天新型轻质高承载结构及其高效优化设计技术与应用
28	F-308-2-05	难变形合金异形整体薄壳双调热介质压力成形技术
29	F-308-2-06	高性能龙门加工中心整机设计与制造工艺关键技术及应用
30	F-308-2-07	复杂电网差动保护关键技术及应用

续表

序号	编号	项目名称
31	F-308-2-08	高效低成本晶硅太阳能电池表界面制造关键技术及应用
32	F-308-2-09	腹腔微创手术机器人与器械关键技术及应用
33	F-309-2-01	复杂工业系统安全高效运行的无线控制系统技术及应用
34	F-309-2-02	锌冶炼过程智能控制与协同优化关键技术及应用
35	F-309-2-03	空间全固态激光器技术及应用
36	F-309-2-04	高压智能功率驱动芯片设计及制备的关键技术与应用
37	F-309-2-05	知识增强的跨模态语义理解关键技术及应用
38	F-309-2-06	物联网系统数据安全关键技术及应用
39	F-309-2-07	超精密三维显微测量技术与仪器
40	F-309-2-08	超高纯铝钛铜钽金属溅射靶材制备技术及应用
41	F-310-2-01	复杂环境深部工程灾变模拟试验装备与关键技术及应用
42	F-310-2-02	超软土地基排水体防淤堵高效处理技术
43	F-310-2-03	预应力结构服役效能提升关键技术与应用

附件 13：2020 年度国家科学技术进步奖获奖项目名单

序号	编号	项目 / 团队名称
		一等奖 10 项（通用项目）
1	J-213-1-01	400 万吨 / 年煤间接液化成套技术创新开发及产业化
2	J-231-1-01	工业烟气多污染物协同深度治理技术及应用
3	J-236-1-01	高密度柔性天线机电耦合技术与综合设计平台及应用
4	J-256-1-01	天空地遥感数据高精度智能处理关键技术及应用
5	J-235-1-01	高场磁共振医学影像设备自主研制与产业化
6	J-221-1-01	现代空间结构体系创新、关键技术与工程应用
7	J-216-1-01	高密度高可靠电子封装关键技术及成套工艺
8	J-221-1-02	中国城镇建筑遗产多尺度保护理论、关键技术及应用
9	J-201-1-01	水稻遗传资源的创制保护和研究利用
10	J-213-1-02	复杂原料百万吨级乙烯成套技术研发及工业应用
		创新团队 1 项
1	J-207-1-01	钟南山呼吸疾病防控创新团队
		二等奖 110 项（通用项目）
1	J-201-2-01	玉米优异种质资源规模化发掘与创新利用
2	J-201-2-02	高产优质、多抗广适玉米品种京科 968 的培育与应用

续表

序号	编号	项目 / 团队名称
3	J–201–2–03	超高产专用早籼稻品种中嘉早 17 等的选育与应用
4	J–201–2–04	长江中游优质中籼稻新品种培育与应用
5	J–202–2–01	南方典型森林生态系统多功能经营关键技术与应用
6	J–202–2–02	竹资源高效培育关键技术
7	J–203–2–01	食品动物新型专用药物的创制与应用
8	J–203–2–02	海参功效成分解析与精深加工关键技术及应用
9	J–203–2–03	畜禽饲料质量安全控制关键技术创建与应用
10	J–203–2–04	奶及奶制品安全控制与质量提升关键技术
11	J–203–2–05	奶牛高发病防治系列新兽药创制与应用
12	J–203–2–06	猪圆环病毒病的免疫预防关键技术研究及应用
13	J–204–2–01	图解畜禽标准化规模养殖系列丛书
14	J–205–2–01	超大直径盾构掘进新技术及应用
15	J–211–2–01	特色浆果高品质保鲜与加工关键技术及产业化
16	J–211–2–02	玉米淀粉及其深加工产品的高效生物制造关键技术与产业化
17	J–211–2–03	高性能木材化学浆绿色制备与高值利用关键技术及产业化
18	J–211–2–04	食品工业专用油脂升级制造关键技术及产业化
19	J–212–2–01	固相共混热致聚合物基麻纤维复合材料制备技术与应用
20	J–212–2–02	高性能无缝纬编智能装备创制及产业化
21	J–213–2–01	高纯 / 超高纯化学品精馏关键技术与工业应用
22	J–213–2–02	高可靠长寿命锂离子电池关键技术及产业化应用
23	J–213–2–03	催化裂化汽油超深度加氢脱硫 – 烯烃分段调控转化成套技术
24	J–214–2–01	深水大断面盾构隧道结构 / 功能材料制备与工程应用成套技术
25	J–214–2–02	高导热油基中间相沥青碳纤维关键制备技术与成套装备及应用
26	J–215–2–01	特高压高能效输变电装备用超低损耗取向硅钢开发与应用
27	J–215–2–02	连铸凝固末端重压下技术开发与应用
28	J–215–2–03	钢材热轧过程氧化行为控制技术开发及应用
29	J–215–2–04	大型高质量铝合金铸件控压成型关键技术及应用
30	J–216–2–01	氢气规模化提纯与高压储存装备关键技术及工程应用
31	J–216–2–02	高端包装印刷装备关键技术及系列产品开发
32	J–216–2–03	五轴联动数控机床 S 形试件检测方法及加工精度提升技术
33	J–216–2–04	高性能滚动轴承加工关键技术与应用
34	J–217–2–01	海岛 / 岸基高过载大功率电源系统关键技术与装备及应用
35	J–217–2–02	含高比例新能源的电力系统需求侧负荷调控关键技术及工程应用
36	J–217–2–03	± 800kV 换流变压器自主化研制及工程应用

续表

序号	编号	项目 / 团队名称
37	J-217-2-04	网源友好型风电机组关键技术及规模化应用
38	J-217-2-05	有载调容配电变压器关键技术、系列装备及规模化应用
39	J-217-2-06	轴流式和贯流式水轮机关键技术及工程应用
40	J-219-2-01	固态存储控制器芯片关键技术及产业化
41	J-219-2-02	面向机动平台的高清晰精准光电探测关键技术与装备
42	J-219-2-03	高通量多靶标核酸自动化定量检测关键技术及产业化应用
43	J-219-2-04	多轴联动多传感器协同现场坐标测量技术及应用
44	J-220-2-01	高比例新能源电力系统电能净化关键控制技术及应用
45	J-220-2-02	海洋窄带环境复杂目标探测识别技术与装备
46	J-220-2-03	广域协同的高端大规模可编程自动化系统及应用
47	J-220-2-04	智能型科技情报挖掘和知识服务关键技术及其规模化应用
48	J-220-2-05	国家超级计算基础设施支撑软件系统
49	J-221-2-01	青藏高海拔多年冻土高速公路建养关键技术及工程应用
50	J-221-2-02	复杂受力钢 - 混凝土组合结构基础理论及高性能结构体系关键技术
51	J-221-2-03	城市供水管网水质安全保障关键技术及应用
52	J-221-2-04	高压富水长大铁路隧道修建关键技术及工程应用
53	J-221-2-05	深部复合地层隧（巷）道 TBM 安全高效掘进控制关键技术
54	J-221-2-06	高性能隔震建筑系列关键技术与工程应用
55	J-221-2-07	高速铁路Ⅲ型板式无砟轨道系统技术及应用
56	J-221-2-08	建筑热环境理论及其绿色营造关键技术
57	J-222-2-01	大型泵站水力系统高效运行与安全保障关键技术及应用
58	J-223-2-01	高性能电动汽车动力系统关键技术及产业化
59	J-223-2-02	道路与桥梁多源协同智能检测技术与装备开发
60	J-223-2-03	高速铁路用高强高导接触网导线关键技术及应用
61	J-223-2-04	轨道交通大型工程机械施工安全关键技术及应用
62	J-223-2-05	彩虹四多用途无人机
63	J-230-2-01	空间电推进综合测试技术及应用
64	J-230-2-02	面向复杂数控装备的监测评估关键技术及标准体系
65	J-230-2-03	核酸与蛋白质生物计量关键技术及基标准体系创建和应用
66	J-231-2-01	钢铁行业多工序多污染物超低排放控制技术与应用
67	J-231-2-02	城镇污水处理厂智能监控和优化运行关键技术及应用
68	J-231-2-03	基于 3S 维度的生物质固废清洁高效燃气能源化关键技术及应用
69	J-231-2-04	煤矸石煤泥清洁高效利用关键技术及应用
70	J-231-2-05	锌电解典型重金属污染物源头削减关键共性技术与大型成套装备

续表

序号	编号	项目 / 团队名称
71	J–232–2–01	区域 / 全球一体化数值天气预报业务系统
72	J–232–2–02	重大工程黄土灾害机理、感知识别及防控关键技术
73	J–233–2–01	肺癌早期精准诊断关键技术的建立与临床应用
74	J–233–2–02	肾小球肾炎诊治策略和关键技术的创新与应用
75	J–233–2–03	糖尿病免疫诊断与治疗关键技术创新及应用
76	J–233–2–04	低氧与缺血适应防治缺血性脑卒中新技术体系的创研及推广应用
77	J–233–2–05	发育源性疾病和遗传性出生缺陷的机制研究及临床精准防控
78	J–233–2–06	难治性白血病诊治新策略的建立与临床应用
79	J–233–2–07	脑血管病医疗质量改进关键技术与体系的建立和应用
80	J–233–2–08	耳科影像学的关键技术创新和应用
81	J–234–2–01	中医药循证研究“四证”方法学体系创建及应用
82	J–234–2–02	基于“物质 – 药代 – 功效”的中药创新研发理论与关键技术及其应用
83	J–235–2–01	静脉注射用脂质类纳米药物制剂关键技术及产业化
84	J–235–2–02	血管通路数字诊疗关键技术体系建立及其临床应用
85	J–235–2–03	聚乙二醇定点修饰重组蛋白药物关键技术体系建立及产业化
86	J–236–2–01	宽带移动通信有源数字室内覆盖 QCell 关键技术及产业化应用
87	J–236–2–02	超大容量智能骨干路由器技术创新及产业化
88	J–251–2–01	营养健康导向的亚热带果蔬设计加工关键技术及产业化
89	J–251–2–02	粮食作物主要杂草抗药性治理关键技术与应用
90	J–251–2–03	北方旱地农田抗旱适水种植技术及应用
91	J–251–2–04	基于北斗的农业机械自动导航作业关键技术及应用
92	J–251–2–05	优势天敌昆虫控制蔬菜重大害虫的关键技术及应用
93	J–251–2–06	主要粮食作物养分资源高效利用关键技术
94	J–251–2–07	绿茶自动化加工与数字化品控关键技术装备及应用
95	J–253–2–01	足踝外科精准微创治疗关键技术体系建立与推广应用
96	J–253–2–02	基于液体活检和组学平台的肝癌诊断新技术和个体化治疗新策略
97	J–253–2–03	颞下颌关节外科技术创新与推广应用
98	J–253–2–04	缺血性心脏病细胞治疗关键技术创新及临床转化
99	J–253–2–05	创伤后肘关节功能障碍关键治疗技术的建立及临床应用
100	J–253–2–06	前列腺创面修复新理论与精准外科干预体系
101	J–255–2–01	深部煤矿冲击地压巷道防冲吸能支护关键技术与装备
102	J–255–2–02	煤与油型气共生矿区安全智能开采关键技术与工程示范
103	J–255–2–03	复杂地质条件储层煤层气高效开发关键技术及其应用
104	J–255–2–04	大型复杂碳酸盐岩油藏高效开发关键技术及应用

续表

序号	编号	项目 / 团队名称
105	J-255-2-05	高含水油田提高采收率关键工程技术与工业化应用
106	J-256-2-01	厘米级型谱化移动测量装备关键技术及规模化工程应用
107	J-256-2-02	自然资源卫星光学遥感测绘关键技术及立体中国应用
108	J-256-2-03	智能化地图综合与多尺度级联更新关键技术及应用
109	J-256-2-04	自主可控高性能地理信息系统关键技术与应用
110	J-256-2-05	断陷盆地油气精细勘探理论技术及示范应用——以济阳坳陷为例

附件 14：2020 年度中华人民共和国国际科学技术合作奖获奖项目名单

序号	人物（组织）	国别
1	苏・欧瑞莉	澳大利亚
2	雅克・冈	法国
3	理查德・戈登・斯特罗姆	荷兰
4	藤嶋昭	日本
5	国际热带农业中心	哥伦比亚（总部）
6	阿兰・贝库雷	法国
7	约翰・霍尔德伦	美国
8	戴尔・桑德斯	英国
9	哈罗德・海因茨・富克斯	德国

附件 15：2020—2021 年未来科学大奖获奖者名单

年度	奖项	获奖者	获奖理由
2020	生命科学奖	张亭栋 王振义	发现三氧化二砷和全反式维甲酸对急性早幼粒细胞白血病的治疗作用
	物质科学奖	卢 柯	开创性的发现和利用纳米孪晶结构及梯度纳米结构以实现铜金属的高强度、高韧性和高导电性
	数学与计算机科学奖	彭实戈	在倒向随机微分方程理论、非线性 Feynman-Kac 公式和非线性数学期望理论中的开创性贡献
2021	生命科学奖	袁国勇 裴伟士	发现了冠状病毒（SARS-CoV-1）为导致 2003 年全球重症急性呼吸综合征（SARS）病原，以及由动物到人的传染链，为人类应对 MERS 和 COVID-19 冠状病毒引起的传染病产生了重大影响

续表

年度	奖项	获奖者	获奖理由
2021	物质科学奖	张　杰	通过调控激光与物质相互作用产生精确可控的超短脉冲快电子束，并将其应用于实现超高时空分辨高能电子衍射成像和激光核聚变的快点火研究
	数学与计算机科学奖	施　敏	对金属与半导体间载流子互传的理论认知作出的贡献，促成了过去 50 年中按“摩尔定律”速率建造的各代集成电路中如何形成欧姆和肖特基接触的关键技术

附件 16：2020 年度“中国科学十大进展”

序号	进展名称
1	我国科学家积极应对新冠肺炎疫情取得突出进展
2	“嫦娥五号”首次实现月面自动采样返回
3	“奋斗者号”创造中国载人深潜新纪录
4	揭示人类遗传物质传递的关键步骤
5	研发出具有超高压电性能的透明铁电单晶
6	2020 珠峰高程测定
7	古基因组揭示近万年来中国人群的演化与迁徙历史
8	大数据刻画出迄今最高精度的地球 3 亿年生物多样性演变历史
9	深度解析多器官衰老的标记物和干预靶标
10	实验观测到化学反应中的量子干涉现象

附件 17：2020 年度“中国十大科技进展新闻”

序号	进展名称
1	“嫦娥五号”完成我国首次地外天体采样返回之旅
2	“北斗三号”最后一颗全球组网卫星发射成功
3	我国无人潜水器和载人潜水器均取得新突破
4	我国率先实现水平井钻采深海可燃冰
5	科学家找到小麦“癌症”克星
6	科学家达到“量子计算优越性”里程碑
7	科学家重现地球 3 亿多年生物多样性变化历史
8	我国最高参数“人造太阳”建成
9	科学家攻克 20 余年悬而未决的几何难题
10	中美团队获 2020 戈登贝尔奖

注 释

AC /Article Count（论文计数）：Nature Index 里面的一个指标，不论一篇文章有一个还是多个作者，每位作者所在的国家或机构都获得一个 AC 分值。

FC/ Fractional Count（分数式计量）：Nature Index 里面的一个指标，FC 考虑的是每位论文作者的相对贡献。一篇文章的 FC 总分值为 1，在假定每人的贡献是相同的情况下，该分值由所有作者平等共享。例如，一篇论文有 10 位作者，那每位作者的 FC 得分为 0.1。如果作者有多个工作单位，那其个人 FC 分值将在这些工作单位中再进行平均分配。

Nature Index（自然指数）：依托于全球 68 种顶级期刊，统计各高校、科研院所（国家）在国际上最具影响力的研究型学术期刊上发表论文数量的数据库。自然指数最近 12 个月的数据都在指数网站上（https://www.natureindex.com/）滚动发布，以方便用户分析自己的科研产出情况。通过该网站，科研机构可根据大的学科分类浏览自己最近 12 个月的论文产出情况，各机构的国际和国内科研合作情况也有显示。

WFC/Weighted Fractional Count（加权分数式计量）：Nature Index 里面的一个指标，即为 FC 增加权重，以调整占比过多的天文学和天体物理学论文。这两个学科有四种期刊入选自然指数，其发表的论文量约占该领域国际期刊论文发表量的 50%，大致相当于其他学科的五倍。因此，尽管其数据编制方法与其他学科相同，但这四种期刊上论文的权重为其他论文的 1/5。

研究与试验发展（R&D）：指在科学技术领域，为增加知识总量以及运用这些知识去创造新的应用而进行的系统的、创造性的活动，包括基础研究、应用研究、试验发展三类活动。

基础研究：指为了获得关于现象和可观察事实的基本原理的新知识（揭示客观事物的本质、运动规律，获得新发展、新学说）而进行的实验性或理论性研究，它不以任何专门或特定的应用或使用为目的。

应用研究：指为获得新知识而进行的创造性研究，主要针对某一特定的目的或目标。应用研究是为了确定基础研究成果可能的用途，或是为达到预定的目标探索应采取的新方法（原理性）或新途径。

试验发展：指利用从基础研究、应用研究和实际经验所获得的现有知识，为产生新的产品、材料和装置，建立新的工艺、系统和服务，以及对已产生和建立的上述各项作实质性的改进而进行的系统性工作。

R&D 经费：统计年度内全社会实际用于基础研究、应用研究和试验发展的经费支出。包括实际用于研究与试验发展活动的人员劳务费、原材料费、固定资产购建费、管理费及其他费用支出。

R&D 经费投入强度：全社会 R&D 经费支出与国内生产总值（GDP）之比。

研究人员：指 R&D 人员中具备中级以上职称或博士学历（学位）的人员。

R&D 人员全时当量：是国际上通用的、用于比较科技人力投入的指标。指 R&D 全时人员（全年从事 R&D 活动累积工作时间占全部工作时间的 90% 及以上人员）工作量与非全时人员按实际工作时间折算的工作量之和。例如：有 2 个 R&D 全时人员（工作时间分别为 0.9 年和 1 年）和 3 个 R&D 非全时人员（工作时间分别为 0.2 年、0.3 年和 0.7 年），则 R&D 人员全时当量 =1+1+0.2+0.3+0.7=3.2（人年）。

规模以上工业企业：规模以上工业企业的统计范围是年主营业务收入 2000 万元及以上的工业法人单位。

发文量：指被 WOS 核心合集中的三大期刊引文数据库收录的且文献类型为论文（article）和综述（review）的论文数量。

被引频次：指论文被来自 WOS 核心合集论文引用的次数。

专利家族：具有共同优先权的在不同国家或国际专利组织多次申请、多次公布或批准的内容相同或基本相同的一组专利文献称作专利家族。

影响因子：影响因子（Impact Factor，IF）是汤森路透（Thomson Reuters）出品的期刊引证报告（Journal Citation Reports，JCR）中的一项数据。即某期刊前两年发表的论文在该报告年份（JCR year）中被引用总次数除以该期刊在这两年内发表的论文总数。这是一个国际上通行的期刊评价指标。

国际合作论文：指由两个或两个以上国家和 / 或地区作者合作发表的被 WOS 收录的论文。本报告中，中国的国际合作论文特指中国大陆学者与国外学者合作发表的论文。合作论文的计数方式为，每一篇合作论文在每个参与国家和 / 或地区中均计作一篇发文。

高被引论文占比：指基于合作论文总量的高被引论文占比。若国际合作论文中高被引论文总数为 A，国际合作论文总量为 B，则高被引论文占比为 $H_{index}=A/B$。

学科国际合作论文占比：指某学科的国际合作发文量在全部学科国际合作论文总量中的占比。若全部学科国际论文发文总量为 N，其中某学科的国际合作论文总量为 G，则学科国际合作论文占比为：G/N。

学科内国际合作论文占比：指某学科的国际合作发文量在该学科论文总量中的占比。若某学科论文发文总量为 M，而该学科的国际合作论文总量为 G，则学科内国际合作论文占比为 G/M。

国际科研合作中心度：是用来测度某国在国际科研合作网络中地位和重要性的一个指标。计算方法如下：如果两个国家 A 和 B 合作的论文数为 P，B 国的国际合作论文总数是 N，P/N 代表 A 国在 B 国的所有合作国家中的活跃度。P/N 比值越高，表明 A 国作为 B 国的合作伙伴的地位和重要性越高。A 国与所有国家合作的活跃度 P/N 值相加，即为 A 国的国际科研合作中心度。